化合物群と官能基，その代表的化合物名*，化学式，性質（教科書 p.52～65）　問題・豆テスト2は p.250

有機化合物群名	(1) 一般式 R−＝C_nH_{2n+1}−	(2) 官能基	(3) 代表的化合物 置換名（官能種類名*，慣用名）	(4) (3)の示性式・構造式	(5) 代表的性質
①アルカン（油）	R−H	アルキル基，R−	メタン，エタン，プロパン，ブタン（-ane，アン）	CH_4，C_2H_6，C_3H_8，C_4H_{10}	油（燃料），疎水性（水に不溶），水より軽い，低反応性
②ハロアルカン（ハロゲン元素）	R−X	ハロゲン，−X	トリクロロメタン（クロロホルム：トリハロメタンの代表例）	$CHCl_3$	麻酔作用，アルカンの親戚，水より重い，（発ガン性）
③アミン（アンモニアの親戚）	R−NH_2	アミノ基，−NH_2	メタン（メチル*）アミン，（トリメチルアミン*）	CH_3NH_2，$(CH_3)_3N$	アンモニアの親戚，腐敗臭，塩基性
④アルコール（水の親戚）	R−OH	ヒドロキシ基，−OH	エタノール（-ol，オール）（エチルアルコール*）	C_2H_5OH（CH_3CH_2OH）	水の親戚，酒の主成分，消毒剤
⑤エーテル（水と他人）	R−O−R′	エーテル結合，C−O−C	エトキシエタン（ジエチルエーテル*）	$C_2H_5OC_2H_5$（$CH_3CH_2OCH_2CH_3$）	水と他人，油の親戚，麻酔作用
⑥アルデヒド（④から脱水素）	R−C−H ‖ O　RCHO	アルデヒド基（ホルミル基），−CHO	メタナール，エタナール（-al，アール）（ホルムアルデヒド，アセトアルデヒド）	H−C−H ‖ O　（HCHO）　CH_3CHO	ホルマリンの成分，酒の悪酔いの素，高反応性
⑦ケトン（⑥の親戚）	R−C−R′ ‖ O　RCOR′	ケトン基，C−CO−C	2-プロパノン・プロパン-2-オン（-one，オン）（アセトン）	CH_3−C−CH_3 ‖ O　（CH_3COCH_3）	アルデヒドの親戚，体の異常代謝産物（飢餓，糖尿病）
⑧カルボン酸（食酢の成分）	R−C−O−H ‖ O　RCOOH	カルボキシ基，−COOH	エタン酸（-酸）（酢酸）	CH_3−C−O−H ‖ O　（CH_3COOH）	食酢主成分，脂肪酸（中性脂肪成分），酸っぱい，酸性
⑨エステル（果物の香り）	R−C−O−R′ ‖ O　RCOOR′ R′−O−CO−R	エステル結合，C−CO−O−C，C−O−CO−C	エタン酸エチル（酢酸エチル）	CH_3−C−O−C_2H_5 ‖ O　（$CH_3COOC_2H_5$）	芳香（果物の香り・酒の吟醸香），中性脂肪
⑩アミド（タンパク質結合一般名）	R−C−NH_2 ‖ O　RCONH_2	アミド結合，C−CO−NH−C	エタンアミド（アセトアミド）	CH_3−C−NH_2 ‖ O　（CH_3CONH_2）	タンパク質，ペプチド
⑪アルケン（二重結合）	>C=C<	二重結合，C=C	エテン（-ene，エン）（エチレン）	CH_2=CH_2	カロテン，DHA・EPA，付加反応
⑫芳香族炭化水素（①と別の油）	Ph−H	フェニル基，C_6H_5−，	ベンゼン	C_6H_6	油（フェノール，アニリン・$C_6H_5NH_2$）
⑬フェノール（⑫と④の親戚）	Ph−OH	ヒドロキシ基，−OH	フェノール，ベンゼノール	C_6H_5OH	（お茶などの）ポリフェノール，抗酸化作用

*どのような科目，項目の学習においても，身につける・学んだことが応用できるためには，具体例（ここでは具体的化合物）を**1つだけ覚えておく**ことがポイントである．この表はまさにそのためのものである．しっかり理解・記憶し，身につけること！

*アンモニア・アミン・アミノ酸；水・アルコール・エーテル；アルデヒド・ケトン；カルボン酸・エステル・アミドは，それぞれセットで覚えること．また，（第一級）アルコール・アルデヒド・カルボン酸も酸化される順にセットで覚えてお　　レの酸化）．

(13種類の覚え方（変な切り方なので注意　　　　　　　　　　　　　　　　　　　　　　　　ーテル・アルデヒド／ケトン・カルボン酸・エステル／アミド・ア

JN223559

生命科学
食品・栄養学
化学 を学ぶための

有機化学
基礎の基礎
第3版

立屋敷 哲 著

丸善出版

はじめに

この教科書について

　　最近とみに学生の基礎学力低下が指摘され，多くの教員からは従来の大学教育ができない状態になっていると言われている．これは進学率が 50 ％近くになり，受験制度の多様化もあいまって，様々なバックグラウンドの学生が入学するようになったためと考えられる．学生の化学的基礎学力は大きく様変わりしており，化学の得意な学生から高校で化学を全く学んで来なかった学生まで多様である．このような状況にもかかわらず，専門基礎科目・専門科目の授業内容は当然ながら昔と同一であり，生物系の各分野においても，生化学・生理学・栄養学・食品学・衛生学・臨床化学といった，化学を基礎とする講義科目・実験実習科目を学ぶ必要がある．専門科目の授業は成り立っているのだろうか．かなりの学生が単位を取るために過去問の暗記に頼っているのが現状のようである．

　　基礎学力が不十分な今日の学生に勉強させるためには，わかりやすいテキストを用いてわかりやすい授業を行う必要がある．ある程度の学問的な深さを持った詳しい説明のある教科書を用いて，授業で予習・復習の宿題を出すことである．基礎学力の不足した学生には自習でその補充を行わせる．既に基礎学力のある学生には暗記知識ではなく，しっかりした基礎を身につけるために根底から理解する勉強に加えて，ある程度は新しい内容を勉強する授業とすること，自ら学び・考える姿勢を育む機会とすることであろう．

　　そこで，基礎学力の不足した学生が丸暗記に頼らないで，興味を持ちながら，有機化学の基礎を身につけることができるように，体験し・考え・理解する授業用テキスト，トレーニングにより基礎の理解と必要事項の記憶ができる，役に立たない机上の知識・知識のための知識ではなく，使える知識・考え方を身につける授業用テキスト，同時に，将来社会人として生活する上でも役に立つ勉強ができるテキストとして本書を上梓した．即ち，本書は専門基礎と一般教養を兼ねた授業用の教科書である．テキストが絵ばかりでは基本から理解することは難しい．本書では活字離れした学生に迎合しないで，詳しい説明のある本とすると共に，読んでおもしろい雑談と問題を随所に散りばめて，問題を予習の宿題として毎回提出させる授業を行うことにより，本文を読ませる工夫をしている，いわばアメリカ型の厚めのテキストである．

本書の内容

　　有機化学のおもしろさが反応にあることは間違いないことであろう．しかし化学の専門家にならない人で，かつ有機化学的基礎が必要な人，例えば，生化学・食品学・栄養学・臨床化学・衛生学・薬理学等の学科目を学ぶ必要のある生命科学分野の人，生物系の人，栄養学・食品学・家政学・衛生学・看護学などを学ぶ人にとっては，様々な反応について知ることはそれほど必要ではない．むしろ「もの」を知る・有機化合物の性質を知ること

がより重要である．非化学理科系・一般教養としての有機化学の場合も同様であろう．本書は，生物系・非化学系の有機化学の入門書・専門科目への橋渡しとして，ものを知り有機化学的考え方を理解し身につけることを目指した有機化学の基礎を学ぶためのものである．有機物の性質を理解するためには有機電子論的考えも必要であるので，その初歩を学ぶ中で少しは反応のおもしろさも知ることができるようにした．即ち，高校の「覚える有機化学」の単なる復習でなく，「理解する・納得する有機化学」を学び直す，文字通りの初歩（周期律・分子模型・構造式の書き方・アルカンから始まる一連の化合物群の名称・命名法と一般式）から有機電子論の導入まで，有機化学の体系を理解するための基礎の基礎を学ぶものである．原子・周期表・化学結合・分子間力についても詳述している．教養の化学的精神でかつ，専門のためのしっかりした基礎を作ることを目指している．

　ところで，有機化学の基礎を学ぶ際に出てくる化合物は通常，簡単な物質であり，専門分野で学ぶ複雑な化合物との間には，学生から見た場合，大きな隔たりがある．せっかく有機化学の基礎を学んでも，それを学生が独力で複雑な化合物へとつなぐことは大変難しい．生化学・栄養学・食品化学を学ぶことを難しくする所以のひとつである．本書はこの障壁を取り除くために，これらの専門領域の化合物も最初の単元から取り上げている．

　本書は初歩的な内容ではあるが，到達点は決して低レベルではないと考えている．有機化学を本格的に勉強するためのしっかりした基礎・本当の力をつけるための基礎が養成されると信じる．高校生の参考書にもなりうると考えている．

　　（今ひとつの重要な化学的基礎・実験実習の基礎である濃度計算ができるようになるための
　　テキスト『演習・溶液の化学と濃度計算　実験・実習の基礎』（酸と塩基・平衡と pH・酸化
　　還元を含む）は別途丸善出版より出版されている）

本書の目標と特徴

　本書は内容を単に解説するのが目的ではなく，化学を受験しなかった学生・高校で化学を未履修の学生の全員が，受験化学の内容＋αを基礎から理解・納得して身につけ，使えるようにすることを目標としている．このためのトレーニング・演習書を兼ねている．そのために，詳しい説明だけでなく，次のような様々な工夫が凝らされている．

① 各単元ごとに解答付きの問題を多数用意した．

② 1章で構造式が書けるようにする（付録で，まず分子模型による学習を行う）．

③ 2章のアルカンまで学び終わったところで，命名法・示性式の基礎をマスターする．

④ 3章で，掛算の九九に対応する一連の有機化合物群のグループ名・官能基名・構造式・示性式・性質等についての最低限の知識を学ぶ．付録の豆テスト 1・2 を用いてこれらを暗記する（暗記する意義・動機づけも示した）．

⑤ 2，4～6章で，それぞれの化合物群について，順次，デモや実際に「もの」に触るなどして五感により体験的にものを知り理解を深める．この中で命名法と性質・反応性の理解の仕方・考え方の基礎を，なぜそうなるかにこだわって学ぶ．

⑥ 生化学・栄養学・食品学その他の専門の分野で出てくる複雑な有機化合物の構造・名称・性質をどのように眺め，理解するか，学んだ知識・考え方の生かし方を各項目の末尾の問題で確認する（学んだことが他学科目の学習にすぐに役立つことを実感する）．

⑦ 7章で問題形式により専門分野の化合物・反応を学ぶ．また，生化学で学ぶ複雑な代謝反応式を「化学反応」として，覚えるのではなく，理解できることを知る．

⑧ 各単元の最初には，両開きの左右に質問と解答という形式でその単元のまとめを示し，何を頭に入れるべきかを明示した．総まとめとして本書の表紙裏と付録2に化合物群のまとめを付した．

⑨ 章・節末にここでは取り扱わない代表的な有機反応について略記した．

追記

　本書の執筆中に，著者の勤務先の提携校である西オーストラリア州立のカーティン大学（首相名，2万人以上の学生数の大学）へ出張する機会に恵まれた．そこでの教育は，講義のほかに，Tutorial（少人数の個別指導クラス），Personalized Self Instruction（Keller's method，学生各自の学習ペースで各学習単元について1学期あたり13回のテストを受けていくものである．8割で合格，同一単元で7回まで再試験を受けることができる）がセットになっており，学習内容を身につけるためのトレーニングや具体的ノウハウ・skillの伝授等，その人の能力・可能性を伸ばすことが目標としてはっきり見える教育がなされていた．また PSI テストの前提として，講義用教科書と演習書がセットになっており，テストに先立って学生はアメリカ式の詳しい教科書を自習し，演習問題を解き内容をマスターすることが要求されていた．このような授業が化学に限らず全ての学科目（但し一学期あたり数科目）で組織的に行われていた．Active Learning（主体的学習）・Mastery Learning（身につけていく学習）・Continuous Assignment（授業ごとの提出課題・宿題）がこの大学の教育のキーワードであった．この全てが制度として日本の大学教育に欠けているものである．以上の方法は，著者が本書を用いて実践している授業法とかなり近い教育方法であったことを付記したい．

「本書を用いた著者の授業に対する学生による授業評価」の一部を紹介しておこう．
　　A. 教科書の説明がわかりやすくて有機化学が少しだけわかった気がした．　B. 基礎からよくわかった．他の授業にも役だったのでこの授業を受けておいて本当に良かった．　C. 生物学的基礎や実践栄養学や食品学の授業で応用が効き，他の授業もよりわかりやすくなった．　D. 他の教科とのつながりがあり，化学を勉強したことがとても役立っていて，履修してよかった．　E. 化学受験でなくても一からやり直せた．　F. 高校では有機化学はやっていなかったけれど，とてもわかりやすくてよかった．大嫌いだった化学も嫌いじゃなくなった．　G. すごく楽しい授業だった．　H. 高校では有機化学はほとんどやっていなかったので，初めは授業がチンプンカンプンでした．中間テストのために自分で勉強してからは内容が理解でき，授業がたのしくなった．　I. 今まで化学が嫌いだったが，構造式など考えるのが楽しくなった．　J. 少し違った視点から化学を取り組めてよかった．化学式が大嫌いで高校も文系だったけれど，今回，自分で構造式などが書けるようになれて良かった．　K. 高校時代にわからなかったことがわかった．なぜなら，この授業では「こうなるのはなぜ」ときちんと教えてくれたから．　L. 受験化学の知識では学問はできないということがわかった．　M. 教科書は一人で読んでもゆっくりならわかる．電車の中で読んでいました．しかし他の教科で覚えるべきことに追われて知る楽しさを感じる感覚が疲弊してしまう．　N. 教科書の余談はとてもおもしろかった．他の教科を勉強しても化学の授業でやった内容が出てくると「あっ！あれは化学で勉強した！」と思えて自分の知識が多くなった気がした．

謝　辞

　この本はささやかな一冊の教科書にすぎないが，著者の全履歴を反映させたものである．本書および著者の担当授業に少しでもプラスに評価される面があるとしたら，それは著者の学生時代の先生方の薫陶の賜である．この場を借りて先生方に感謝したい．

　山寺秀雄先生からは研究指導を通して自分の頭で考えること・自分の個性を生かすこと・独立自尊・自主独往の大切さを教えて戴いた．著者のその後の人生にとって最も重要な大学・大学院教育であった．このことが本書の個性の基となっている．山崎一雄先生の授業では様々な実物が回覧されて当時の退屈な記述的内容の無機化学の授業をより魅力的にしただけでなく，本物を知ることの大切さを教えて戴いた．大瀧仁志先生のインターラクティブな授業・双方向授業から，このような形式の大学授業の存在を初めて知った．著者の授業ではこの二つのやり方を踏襲させて戴いており，本書にもこのことが生かされている．また，故平田義正先生からは視野の広い化学者（人間）となることの大切さを教わった．著者の教養部2年生後期に学部から出張講義に来ておられた先生の「将来化学をやる気なら今は数学・物理・生物・地学といった別の分野を勉強しなさい」という言葉は今でも新鮮である．先生は小学校から大学を通じてノートのとり方・勉強の仕方を教えてくれた唯一の教員でもある．有機電子論の面白さを知ったのも，黒板に書かれたものがすぐ消されてしまう，また話しも聞き取りにくかった先生の授業を理解するために，いやでも勉強せざるをえず，教養部図書室の蔵書 Alexander の Ionic Electronic Reactions ? を原書で勉強したことがきっかけである．本書に有機電子論の考えが出てくるのは著者が感じた，この，暗記でない有機化学のおもしろさを読者にも共有して欲しいからである．2001年にノーベル化学賞を受賞された野依良治先生を弱冠29歳で講座担当助教授（即ち実質的には教授）に採用するという空前絶後の大抜擢人事をされたのも，じつは平田先生（山崎先生・久保先生）である．先生ご自身はふぐ毒の構造決定の研究で学士院賞を受賞され，また一門からは優秀な研究者が輩出した（2008年ノーベル化学賞 "オワンクラゲの発光タンパク質の研究" 受賞者，下村脩先生など）．

　本書は次の方々の助力でできあがったものである．女子栄養大学卒業生の城田麻衣氏には講義の録音テープ起こしを行って戴き，刈屋妙子・清水美帆の両氏には様々な助力を戴いた．城西大学理学部化学科卒業生の木幡浩昌氏には教科書中の細かい化学構造式を書いて戴く大変な労をかけた．学生諸姉の様々な意見・疑問・質問が内容改善に大きく寄与した．本書が多少ともわかりやすいとすれば，それは全く彼らのおかげである．既版の共著・初歩からの有機化学の実質的著者である中山博明・元女子栄養大学教授にも大変お世話になった．本書出版の考えは中山教授より得たものである．執筆にあたっては巻末記載の成書他を参考にさせて戴いた．出版に際して添削を含めて多々お世話になった丸善の安平氏，陰ながら支援してくれた家内・喜美子を含め，上記の方々に謝意を表したい．また，型破りな本書を出版して戴いた丸善出版事業部の蛮勇にも感謝したい．有機化学・生化学・食品学・栄養学とは専門が全く異なり（錯体化学・無機光化学・無機溶液化学），かつ浅学無知の著者故の間違いも多々あると思われる．読者諸賢から本書の間違い・内容改善・使用後のご意見等，ご教示戴ければ幸いである．

　著者にとって最初の単著である本書を亡父母の寿・スミエに捧げたい．

2002年8月　立屋敷　哲

本書を用いた学習について

本書の学習目標

　　本書が目指す最低限の目標は，専門を勉強する基礎として，読者がまず構造式に慣れること・構造式を見てもゾッとしないことである．次に「化合物の名称から構造式がわかること・知らない化合物でも構造式からそのものの性質が推定できること」である．ものを見る目・学んでいないことでもわかる・少なくとも当たらずとも遠からずの予知能力を身につけることである．そのためには最低限でも化合物群の名称・その他を知っておく必要がある．そのまとめ・確認が，まず，表紙の裏の表および p.249 の暗記事項（右側を隠して左側の質問に答えられるように十分に練習するためのもの）に示してある．また豆テスト 1・2，化合物群の名称・性質・反応性のまとめ，代表的化合物の名称，命名法も巻末に示してある．

基礎を暗記すること

　　有機化学は決して暗記科目ではない．しかし勉強する上では，どんな科目でも基礎・約束（定義）は記憶しなくてはならない．例えば，掛け算をするには，九九を覚えておかないことには計算できない．赤ちゃんが言葉を話すことができるようになるのも，まずママ，マンマ，といった言葉から始まり，必要な言葉を順次覚えていくからである．英語で会話しようとするとき，言葉の意味を知らなければ何も話せないが，単語さえ知っておけば何とか通じるものである（例えば，Water please. Coffee please. Time please. など）．同様に，化学の基礎も化学の世界の言葉を覚えることからスタートする．ただし，基礎を丸ごと暗記するのは労苦が多い．本書では，身の周りの現象に注目し解説を加えることにより，学ぶ内容に興味・好奇心を持ちつつ，基礎理論を理解できるように，また基礎的言葉を覚えられるように意図している．机上の知識ではなく，ものを直接見たり触ったりすることによりその性質を知り，体感・納得したうえで（百見は一触にしかず（著者の造語）），生化学・栄養学・食品学・衛生学・臨床化学・薬理学などの専門科目・専門基礎科目を勉強するための基礎としての必要最低限の有機化学の考え方・知識を無理なく理解・記憶できるように工夫した．有機化学といえども本当に覚えるべきことはそれほど多くはない．また，有機電子論という有機化学の基礎理論・考え方の初歩を勉強することにより有機化学が暗記科目でないことを実感してもらう．高校の「覚える化学」から「五感で体験し理解する化学」を目指している．

　　20 年も生きていれば既にたくさんのことを知っている．そのことを意識していないだけである．この知識にプラス a して既存の知識を体系化・理論化し，再度頭に仕舞い込む．自分が既存のことに関連させて新しいことを抵抗なく吸い取る．物を知り，物の見方・考え方を身につけ，考えるための基礎知識・理論・基本概念を学ぶことにより，自分で考えるための基礎，新しいこと・わからないことを人から教わらなくとも自らの力で理解で

きる基礎を身につける. 役に立たない知識の詰め込みでなく, 役に立つ本当の勉強をする.

本書の構成

　本書は, 基礎知識・考え方が身につき, かつ読む気がする面白いものを目指した. 本文の構成は以下の通りである.

　まず, 各単元の頭には, 両開きの体裁で左ページが質問・右ページが答えになったまとめがある. これはその単元で身につけるべき項目をキーワード的に示したものである. その後に続く本文（頭で理解する）, 教員による演示実験・薬品等の回覧（五感で理解する）, 練習問題（身体で理解する）を勉強した後で, まとめの項に戻り, 右ページの答えを伏せて左ページの質問に答えられるようにする. このことにより, 勉強したことを理解しているかどうかの確認と, 理解・納得した上での基礎知識の記憶をする. この記憶はいわば算数の掛算の九九に当たるものである. この時点での記憶・暗記は決して丸暗記にはならず, 学習した知識・キーワードは整頓された形で頭の中に容易に収納されるはずである.

　また, 本文中には, 余談として, 知って得をする・役に立つ学習内容に関わる実生活の雑学がたくさん述べてある. これは単に勉学の息抜きとしてだけではなく, 今学んでいることが実際に意味のある必要なことであることを実感し, 興味を持ってもらう, 学習意欲を引き出すためのものである. 興味・好奇心こそが学ぶ原点, 自主的・自発的な勉強の動機であるはずだから. もちろん, これらの雑学はいわば富士山の裾野として, 学ぶ内容を下支えするためのものでもある.

本書を用いた授業方法・学習方法

　授業を受けるだけでなく, テキストを自習し演習問題を解く, わからないことは図書館で調べる・友達に聞く・教員に質問する. 理解し身につけるためには頭だけでなく体も使う必要がある. 新しいことを学ぶのに努力しないで理解できるはずがない. 諸君は天才ではない. 新しいことを学ぶのにテキストを1回読んだだけでわかるはずがない. 「わからない・高校で化学を履修していない」を努力不足の言い訳にしないこと. ただし, 勉強の仕方にもこつ*がある. 本書中の指示**に従い, 無駄な努力をしないで済むように要領良く学んで欲しい.

　　*努力しても理解できない箇所には？印をつけてスキップするとよい. あとで理解できることが多い.
　　**本書では勉強法が身についていない人のために, たくさんの押しつけを行っている. この学習を契機として, 各自, 独自の勉強法を見い出し, 他の学科目の学習に自主的に取り組んで欲しい.

　本書は自習でほぼ理解できるように詳述してあり, 著者の行っている授業ではテキストの予習を前提としている. 予習した証拠・本文を読んだ証拠として節末演習問題（解答付き）の宿題レポート提出を要求, 授業ではデモを中心に, 重要な部分・わかりにくい部分のみを解説する. この授業形式は, 自ら学び, 自らの力で理解する訓練である. また, 基礎的事項（いわば掛け算の九九）に関する暗記テスト（巻末付録の豆テスト1・2）および基礎学力・理解度の確認として基礎確認テスト（各単元の頭の両開きページのまとめの

内容）を中間テストおよび期末テストの一部として行う．いずれも9割以上で合格を単位取得の条件とする（ただし9割以上取るまで何回も繰り返すので心配無用）．これはいわば受験勉強の代わりである．勉強しても・理解しても身につかなくては役に立たない．

（最近の学校の授業はトレーニングして身につけさせるという点が不十分に思える．受験勉強は能率よく基礎を詰めこみ・暗記とトレーニング＝身体で覚える・理解することを徹底できることが良い点である．ただし受験勉強で要求されるものには無駄な知識も多いし，また必ず唯一の正解がある，誰かが教えてくれると錯覚したり，受身になり自分で考える習慣をなくしてしまうといった弊害も大きいが．）

評価のためのテストは行わない．理解の助けとなるような・自分が本当に勉強し，身につけるために役に立つ，本来の目的のテストを行う．他人を気にしない・自分のための勉強をする．どんなレベルから勉強を始めても可．それを恥じる必要はない・今まで勉強しなかっただけである．今から勉強すればよい．ただし，丸暗記でなく，理解・納得した上で覚える．なぜ，という言葉（自分の頭で考えること）を忘れない．そうすれば自分で使える方法・武器が身につく．

学ぶ内容は，専門の勉強だけでなく，ものの見方・考え方・視野が広がれば，雑学でも何でも大いに意味がある．今は役に立つようには思えないがあとでじわっときいてくるような勉強がいい勉強である，大学で勉強するのはそのような勉強である，と昔はよく言われた．遊び心（心のゆとり・幅・余白）を持つことが大切ということである．「為にする」勉強だけではつまらない．また，「すぐに役に立つことは，すぐに役に立たなくなる」とはよく聞く言葉である．

自分で調べること

わからない語句・事項は，他人に聞かないで，自分で調べること．自分で調べること・作業すること，が理解する・頭に詰め込むための早道である．調べることはそのことに集中することである．調べて，読み，書き写す，目で見て，手を動かす．音読すれば，目で見て，口を動かすと同時にさらに耳で聞く作業もしていることになる．頭を多重に使っている・刺激している訳であるから頭にも残りやすい．身体を使うことが重要な所以である．頭だけでなく，身体で理解する・身体で覚えることが重要である．わからないことがあったら高校の化学の教科書，国語辞典，百科事典，理化学辞典，化学大辞典などを見よ．国語辞典にも元素，その他の説明がある．化学大辞典には海水・醤油・マッチの軸頭の成分組成すら出ている．実験を行う時には前もって実験で扱う化合物の性質を調べておけば危険防止にもなる．

本書は親切すぎている．「習う」だけではダメである．プラスα，自分で創り出すもの・加え足すものが必要である．自分で調べることは自主的・自立的・主体的な未知への学び・取り組みの第1歩である．

何の為に学ぶのか

勉強は人類の知的財産を次世代が引き継ぐ遺産相続行為である．よって，学ぶことは次世代を支える若い人の責務である．また，学ぶことは自分の一生を生きるための糧を得る手段を身につけることでもある．この人類の未来に対する責任から逃れようとする人は，人として・社会の一員として生きることを放棄する人である．人は自分の能力の何かを生

かさなければならない・伸ばさなければならない・それをもって社会に寄与しなければならない．これが生きるということである．能力を他人と比較する必要はない．世界に二人といないオンリーワンである自分自身をどう伸ばすか・どう生かすか・どう生きるかである．従って，少なくとも若いうちは誰でも何かを学ばなければならない．それが人間として生きる義務である．学ぶ場所・方法・時期はもちろん学校でだけ，机上だけ，学生時代だけではない，学び方は多種多様である．学生諸君の健闘を祈りたい．

立屋敷　哲（女子栄養大学・生物無機化学研究室）

（以上は 2000 年 4 月 10 日付の旧手製教科書の文章を一部修正したものである）

第 3 版序文

　　本書は 2002 年の初版以来，字は多いが "読めばわかる本" として評価され，これまで 23 刷を重ねてきた（2002 初版，2006 補訂版合わせて）．重版のたびに出版社のご厚意で毎年の学生の反応に合わせてより使いやすいように修正を重ねてきたが，このたび，「演習書」，本書の問題解答に学生の質問に答える形の詳しい解説を加えたもの，の出版に合わせて，本書の第 3 版を出版することとなった．補訂版からの主な変更点は IUPAC の 2013 年勧告に基づき化合物名に優先 IUPAC 名を併記したこと，誤りの修正，本書の記述と既版拙著『ゼロからはじめる化学』（2008）と『からだの中の化学』（2017）の有機化学部分に整合性を持たせたことである．第 3 版をより良いものとするためにご尽力いただいた丸善出版の糠塚さやか氏に感謝する．

　　著者の現役教員時代の授業では，定期試験不合格で再試験だった大先輩学生のアドバイスに従い，この十数年間，入学早々の新入生に，授業初日に要提出の宿題として本書の序文（p. i～viii）を読んだ感想文を要求してきた．すると，文字数・ページ数が多い序文をいやいや読みだした新入生の多くは，一気にページを読み切り，がぜんやる気を出して本書で勉強し始めてくれた．文字は多いが読んでわかる初めての教科書との評価も得てきた．本書第 3 版と「演習書」の学習で有機化学の基礎の基礎がしっかり身に付くことを期待したい．

　　2019 年盛夏

立屋敷　哲

目　　　次

序章　好奇心を取り戻そう ··· 1
　　§ 1. デモ実験 ··· 1
　　§ 2. 分子模型 ··· 3
　　§ 3. 元素，元素記号，周期表 ······································· 4

1章　最も簡単な化合物，構造式の書き方と構造異性体 ················ 16
　　1-1　分子式・示性式・組成式 ······································· 16
　　1-2　分子量 ··· 16
　　1-3　構造式 ··· 18
　　1-4　二重結合と三重結合 ··· 22
　　1-5　示性式とは ··· 28

2章　飽和炭化水素（Saturated Hydrocarbon）アルカン（Alkane） ····· 30
　　2-1　飽和炭化水素アルカンとは ····································· 32
　　2-2　直鎖の飽和炭化水素とその命名法 ······························· 35
　　2-3　アルカンはどこにある？ ······································· 40
　　2-4　アルカンの性質 ··· 42
　　2-5　分岐炭化水素とその命名法 ····································· 45
　　2-6　脂環式飽和炭化水素シクロアルカン ····························· 48

3章　13種類の有機化合物群について理解すること・頭に入れること ····· 52
　　3-1　化合物群（グループ）の表 ····································· 53
　　3-2　官能基の表 ··· 54
　　3-3　化合物の名称について ··· 55
　　　　アルカン・ハロアルカン・アンモニア・アミン・アミノ酸・水・アルコール・エーテル・アルデヒド・ケトン・カルボン酸・エステル・アミド・アルケン・ポリエン・芳香族炭化水素

4章 簡単な飽和有機化合物：アルカンの誘導体 ································66

4-1 ハロアルカン ································66

4-1-1 ハロアルカンとは ································68

4-1-2 ハロアルカンの性質 (1) ································69

4-1-3 ハロアルカンの性質 (2) ································69

4-1-4 共有結合（電子対共有結合）の分極 ································70

4-1-5 ハロアルカンの用途 ································71

4-1-6 ハロアルカンの反応 ································76

4-2 アミン ································80

4-2-1 アミンとは ································82

4-2-2 アミンの性質 ································83

4-2-3 アンモニアの沸点はなぜ高い？ ································84

4-2-4 水の性質と水素結合 ································84

4-2-5 NH_3，$(C_2H_5)_3N$ の水溶液はなぜアルカリ性を示すのか ································85

4-2-6 第四級アルキルアンモニウムイオン ································86

4-2-7 発ガン性物質・ニトロソアミンの生成 ································87

4-2-8 その他のアミン ································87

4-3 アルコール ································88

4-3-1 アルコールとは ································90

4-3-2 アルコールの性質 ································91

4-3-3 アルコールの用途 ································92

4-3-4 アルコールの異体性 ································92

4-3-5 アルコールの分類と酸化反応の種類 ································94

4-3-6 アルコールの合成法・アルコールの酸性度 ································95

4-4 多価アルコール ································96

4-4-1 多価アルコールとは ································98

4-4-2 二価アルコール ································98

4-4-3 三価アルコール ································98

4-4-4 多価アルコールの性質 ································99

4-4-5 多価アルコールの用途・存在・ほか ································99

4-5 エーテル ································96

4-5-1 エーテルとは ································100

4-6 アルコールの反応・縮合反応と脱離反応 ································103

5章　不飽和有機化合物 ··· 108

5-1　カルボニル化合物 ··· 110

5-1-1　アルデヒド ··· 110

5-1-2　ケトン ·· 112

5-1-3　カルボニル化合物の性質 ··· 113

5-1-4　カルボニル基の立ち上がり（π結合の分極） ····························· 115

5-1-5　沸点が高くなる理由・水に溶ける理由 ····························· 115

5-1-6　ホルマリン漬け ·· 116

5-1-7　ケトン体（アセトン体） ··· 117

5-1-8　酸化還元反応 ··· 117

5-1-9　アルドース（アルデヒド糖）とケトース（ケトン糖） ················· 118

5-1-10　食品の非酵素的褐変 ·· 119

5-1-11　カルボニル化合物の反応 ··· 120

5-2　カルボン酸 ··· 122

5-2-1　カルボン酸の性質 ··· 123

5-2-2　カルボン酸はなぜ酸なのか ·· 124

5-2-3　共鳴と共鳴構造式 ··· 125

5-2-4　ジカルボン酸 ··· 126

5-2-5　ヒドロキシ酸 ··· 126

5-2-6　2-オキソ酸（α-ケト酸） ·· 126

5-2-7　脂肪酸とは ·· 127

5-2-8　アミノ酸 ·· 128

5-2-9　アミド ··· 130

5-3　エステル ··· 132

5-3-1　エステルの性質 ·· 134

5-3-2　エステルはなぜ反応性が低いのか ··· 134

5-3-3　中性脂肪 ·· 134

5-3-4　エステルの生成反応機構 ··· 135

5-3-5　コレステロールエステル ··· 136

5-3-6　リン酸エステル ·· 137

5-3-7　硫酸エステル ··· 138

5-3-8　カルボン酸の誘導体 ··· 138

5-4　アルケン ··· 140

5-4-1　アルケン ·· 142

5-4-2　シス・トランス異性体（幾何異性体） ····························· 144

多価不飽和脂肪酸とn-3系，n-6系必須脂肪酸，（エ）イコサノイド

5-4-3	アルケンの性質	146
5-4-4	カロテンと共役二重結合	147
5-4-5	物質の色	148
5-4-6	シクロアルケン	149
5-4-7	アルケンの反応	149
5-4-8	アルキン	150

6章 芳香族炭化水素とその化合物 ······ 152

6-1	芳香族炭化水素とは	154
6-1-1	代表的な芳香族化合物とその名称（命名法）	154
6-1-2	置換ベンゼンの異性体	156
6-1-3	芳香族の性質・特徴	158

6-2	芳香族性：脂肪族のアルケン・アルキンと異なる性質	159
6-2-1	ベンゼンの構造式：共鳴	159
6-2-2	芳香族の反応	161

6-3	ベンゼン以外の芳香族化合物	161

多環式芳香族化合物，複素環式芳香族化合物，核酸塩基

7章 生体物質とのつながり ······ 168

7-1	アミノ酸・糖と鏡像異性体（光学異性体）・対掌体・鏡像体	168
7-2	光学活性と偏光・旋光性	169
7-3	今まで学んだことの専門分野への応用	171
7-3-1	香気性物質	171
7-3-2	アミノ酸	171
7-3-3	ビタミン・ホルモン	172
7-3-4	代謝	176

糖の代謝，脂質の代謝，アミノ酸の代謝

8章 原子構造と化学結合 ······ 188

8-1	原子量と原子番号	190
8-2	原子の構造	190
8-3	原子の同心円モデル	191
8-4	原子の電子配置と周期律	191
8-5	イオン化エネルギー・電子親和力：陽イオン，陰イオンへのなりやすさ	194

8-6	元素の性質の周期性，イオン化エネルギー・電子親和力の周期性	197
8-7	電気陰性度	197
8-8	原子の構造：同心円モデルの修正	198
8-9	電子スピン	199
8-10	電子式	202
8-11	量子論の考え方Ⅰ	207
8-12	化学結合	208
8-12-1	イオン結合	208
8-12-2	共有結合	208
8-12-3	配位結合	212
8-12-4	金属結合	213
8-13	量子論の考え方Ⅱ	214
8-13-1	波の干渉	215
8-13-2	非定常波と定常波	216
8-13-3	一次元井戸の中の電子の振舞い	216
8-13-4	s軌道	217
8-13-5	p軌道	219
8-14	共有結合	221
8-14-1	分子軌道法に基づく化学結合の解釈	221
8-14-2	σ結合とπ結合	224
8-14-3	分子構造と化学結合	226
8-14-4	π電子系の分子軌道	228

付録1　分子模型で遊びながら学ぶ有機化学の基礎：メタンからダイヤモンドまで … 230

原子価と構造	230
もっとも簡単な分子	230
構造式	232
炭化水素	233
環式炭化水素	235
不飽和炭化水素	237
CHO化合物の分子模型	239
CHN化合物の分子模型	241
アミノ酸・糖と光学異性体	242
芳香族炭化水素とその置換体	243

付録2　化合物群の名称・性質・反応性のまとめ …………………………………………… 247
暗記事項 ………………………………………………………………………………………… 249
豆テスト ………………………………………………………………………………………… 250
参考文献 ………………………………………………………………………………………… 252
索　　引 ………………………………………………………………………………………… 253

序章　好奇心を取り戻そう

§1. デモ実験：すごい！ きれい！ 不思議！ けど，なぜ？

A. 酸・アルカリ・水を区別する.

　　　3 本の試験管に ① 純水，② うすい塩酸（HCl）水溶液，③ うすい水酸化ナトリウム（NaOH）水溶液が入っている．この 3 本を区別するにはどうしたらよいか，その方法をあげよ．ただし，2 本だけが区別できてもよい．原理的に可能ならばいかなる方法，試薬，装置を用いてもよい．いくら高価であってもよい．

　　　読者は 20 通り以上の方法を知っているはずである ⇔ 知識と理解・応用・使える知識.

B. カメレオン化合物：様々な条件下での塩化コバルト（$CoCl_2$）の色の変化を観察する.

　　　きれい！ 不思議！ なぜ？（感動する心，好奇心，考える気持ちを思い出そう）

　　　結晶 $CoCl_2 \cdot 6H_2O$ の色．結晶を試験管中で加熱した時の変化（赤→青＋水滴）

　　　水溶液少量＋エタノール・この混合液＋少量の水：溶媒による色変化（赤→青→ピンク）

　　　上のピンク溶液を加熱・氷冷時の色変化：温度による色変化（赤↔青），

　　　水溶液＋濃塩酸（赤→青），

　　　あぶり出し・シリカゲル乾燥剤（回覧する）・お天気人形（赤↔青，コバルトブルー）

C. 原子の色：Li，Na，Rb，Cu の炎色反応　　　紅，橙，青，緑 きれい！ なぜ？

　　　発光の原因を考えたことがあるだろうか？　イオンの検出反応に用いるがイオンの出す光の色ではない：高校の知識＋a で理解可（8 章）

　　　花火の光の色，トンネル・高速道路の照明灯，火花（スパーク），ネオンサイン

D. 茶こしに水をためる：まか不思議！

　　　筆者は，理屈がわかっていても，何度やっても感動する不思議な現象である.

　　　最も身近な液体・物質である水が，いかに特異な・特別な性質を持った液体であるかを認識して欲しい．⇔ 洗濯時の洗剤の使用とどう関係しているだろうか？

E. 火山：すごい！　This is Chemistry! 化学（ばけがく）＝変化を扱う学問

　　　20 世紀における最も偉大な化学者ポーリング博士（ノーベル化学賞・平和賞受賞）の原体験（電気陰性度，原子価結合法，混成軌道，共鳴，タンパク質のaヘリックス他の研究）

好奇心が学ぶ原点である．学びは探求的であるべき（化学と工業誌・田丸先生）

A. 区別する方法：なめる，さわる，においを嗅ぐ，が生き物としての基本

　　　　　酸とは酸っぱいものが知識・理解の原点である．アルカリはしぶい・ぬるぬるする．身近な酸・アルカリは食酢，せっけん，灰．体験学習を重視した小学校の理科を思い出して欲しい．「**五感で理解すること**」の大切さを再認識してほしい．「理科・化学」は難しくはない．身近で楽しいものである．身近なもの・体験を通して理解したことが真に**身についた知識・役に立つ知識**である．机上の知識は生きない知識・知識のための知識である．「リトマス紙を赤くする」は受験に役立つが実生活には役立たない．「酸っぱい」がよほど役立つ．経験は最大の財産である．百聞は一見にしかずという諺があるが「百見は一触にしかず」である．体験は生きていく・考える根っ子になる．理屈抜きに理解，直感的に理解することの大切さを思い出すべきである．

　　　　　「危険だから薬品をなめさせるべきではない」という議論がある．危険だから子供にナイフで遊ばせない・木登りさせない….排泄しても気持ちが悪くならない快適なおしめで赤ん坊は泣くという運動・自己表現・我慢する機会を取り上げられて脳の発育を遅れさせられているのかもしれない．「火傷をした猫は火に近づかない」という諺もある．ケガをした体験がなくてナイフで人を刺した結果を本当に理解できるだろうか．身近な祖父母の死を体験してこそ「死」の本当の意味が理解できるだろう．**体験**の意味をもっと真剣に考えるべきである．

　　　　　知識以上に大切なことは知恵・考え方である．さらに重要なことはそれを応用できることである．孔子の言葉「学びて思わざれば即ち罔く，思いて学ばざれば即ち殆うし」に続ければ，「学びて生かさざれば即ち無なり」である．著者の勤めた女子栄養大学の創始者・香川　綾（文化功労賞受賞）は「実践」こそが学ぶこと・生きることの本質だとして，予防医学の立場から食を通して医者要らずの世界を作るべく，98歳で亡くなるまでみずから栄養学の実践の日々を送った．

B. 錯化合物，錯イオン：$[Co(H_2O)_6]Cl_2$（ピンク・赤），$[CoCl_4]$（青）の生成に基づく色の変化．

　　　　　O と Cl の Co への競争的結合．結晶中の Co の構造も水溶液中と同じである．

C. 原子の構造と炎色反応：イオンではなく原子が出す光の色．副殻構造と電子配置の基底状態・励起状態，電子遷移が関与．後で学ぶ（8章参照）．

D. ロウを塗った茶こし：表面張力と界面活性剤，ぬれと洗濯・洗剤（p.127）

E. 火山の噴火：過マンガン酸カリウム $KMnO_4$ によるグリセリンの酸化反応＝燃焼反応

　　　　　$C_3H_8O_3 + 7O\ (KMnO_4) \rightarrow 3CO_2 + 4H_2O$（粉化した $KMnO_4$ 3 g のへこませた山頂に 1 mL グリセリンを加える／蒸発皿中で行う）

　　　　　化学はテレビ・スマホゲームよりもおもしろい！画面上ではなく，実際に体験できる．
　　　　　化学はマージャンよりもおもしろい！（2001 年度ノーベル化学賞受賞者・野依先生の弁）

§2. 分子模型

　有機化学の基礎知識が十分ではなく，構造式はよくわからない，見ただけでぞっとするという人は案外多いようだ．化学を専門として学んだ著者にはピンとこないが，考えてみれば著者もその昔，生化学の授業で糖の構造式が出てきた時には似た感情を抱いたものである．しかし「習うより慣れろ」である．大学に職を得た当時，著者は学生と一緒に他の教員の授業を受けることによりこれを克服した経験がある．構造式など見るのもいやだと言う人が構造式に慣れるためには，分子を触る・組み立てることが一番の近道である．しかし分子は小さすぎて触れないので，代りに分子模型で様々な分子を組み立てて遊ぶことにより構造式を身近なものにしてほしい．この目的に合った模型として「丸善出版　HGS分子構造模型 A 型セット（有機化学入門用）（1600 円（税別））」が市販されている．

　「構造式がない生物有機化学の教科書が欲しい」などという声も聞くが，著者にはそのような教科書はイメージしただけでもぞっとする．理解しづらく，それこそ暗記をたくさん強いるものになるのは目に見えている．若い諸君は丸暗記をものともしないようだが，吸い取り紙のように何でも吸収してしまう幼稚園児・低学年の小学生のようにはいかないはずである．彼らに比べれば，残念ながら諸君の頭脳は既に十分に老化してしまっている．諸君が丸暗記できるくらいに有能ならば・努力をすることができるのならばむしろ理解する方がずっと楽である．その気になれば構造式のマスターなどは朝飯前のはずである．

　元素記号・分子式・構造式は化学の言葉である．言葉を学ばずして日本語・英語がわかるはずがない．化学も同じである．複雑な物質を構造式なしで理解する努力をするより，構造式を理解する努力をした方がずっと楽だし役に立つ．<u>構造式にはたくさんの情報がつまっている．この情報を読み出すための見方・考え方・能力を身につけるのが本書の目的</u>であり，そのためにはまず構造式に対する恐怖心，違和感を取り除く必要がある．構造式に慣れること，その第一歩は分子模型で遊ぶことである．

　本書の末尾に「**分子模型で遊びながら学ぶ有機化学の基礎：メタンからダイヤモンドまで**」を付記した．1 年時にこの授業や他の授業で学ぶ化学物質の基礎的部分はこの分子模型の項に示してある．従って，授業の進行状況とは関係なくこの部分を自習することは大変良い予習となる．化学を高校で勉強してこなくて不安だという人はこの章で遊ぶこと．難しく考えないで，子供になったつもりで楽しむ．<u>書いてあることをやってみればよい．手を動かすだけでよい</u>．

メタン

ダイヤモンドの単位構造

§3. 元素，元素記号，周期表

我々の身のまわりのものは，我々の身体を含めて，すべて物質からできている．この物質を構成成分に分けていったときの究極の純粋成分（種類）が元素である．例えば，水は水素と酸素の2種類の元素から成る．一方，物質を小さく分けていくと，元素の性質を持ったものでそれ以上分けられない究極の粒子に到達する．この粒子を原子という．例えば1個の水（分子）は水素原子2個と酸素原子1個から成る．炭素化合物の化学である有機化学を学ぶにも，その基礎として，元素とその性質，原子の構造に関する知識が必要である．このための高校化学の知識を復習しよう．

（1）周期表とは？

元素を重さの軽い順に並べた表のこと（右ページを見よ）．表の縦方向に同じ性質の元素が並ぶ．ここでは周期表とはこんなものだ，ということを思い出せばよい．初めて学ぶ人はフーンと思えばよい．後で覚える．

（2）元素記号　（質量数の小さいもの，軽いもの，順）

*元素記号を見て元素名（右ページ）が言えるようになること
**英語名（右ページ）：参考のために記載してある．記憶する必要はない．
*存在・利用（右ページ）：こんなところにあるということを知るだけでよい．覚える必要はない．

H
He
Li
Be
B
C
N
O
F
Ne
Na

ヒンデンブルグ号炎上

序章　好奇心を取り戻そう　5

周期表（短周期型）

H							He
Li	Be	B	C	N	O	F	Ne
Na	Mg	Al	Si	P	S	Cl	Ar
K	Ca	（Cr Mn Fe Co Ni Cu Zn）			Se	Br	
		（Mo）				I	

元素名*	英語名**	存在・利用（身近にある元素）※
水素	Hydrogen	一番軽い気体，燃えて水を生じる．爆発しやすく危険．1937年5月，全長245mの飛行船ヒンデンブルグ号が爆発炎上．以降，飛行船ブーム去る．
ヘリウム	Helium	太陽光の分光スペクトル線から発見され，ギリシャ語の太陽（helios）にちなんで名づけられた．地球上には少なく（なぜか？）貴重な物質．現在の飛行船・アドバルーンの中身はヘリウムガス
リチウム	Lithium	リチウム電池（携帯電話の電源），Li^+はそううつ病の治療に利用
ベリリウム	Beryllium	軽合金に利用．性質はマグネシウム・アルミニウムに似ている．
ホウ素	Boron	ホウ酸（洗眼に用いる），原子炉の中性子減速材（原子核反応の速さを制御する制御棒成分），ゴキブリ殺虫剤
炭素	Carbon	炭（木炭・コークス・活性炭・スス），炭酸ガス，メタン他の有機物の成分，ダイヤモンド，石墨，C_{60}（サッカーボール状の化合物フラーレン）
窒素	Nitrogen	空気の約80％は窒素分子，アンモニア・尿素（尿中の成分）・アミノ酸の成分，肥料（硫安・植物の三大栄養素のひとつ）
酸素	Oxygen	空気の約20％は酸素分子，水の成分
フッ素	Fluorine	虫歯予防（歯成分鉱物のヒドロキシルアパタイトをフルオロアパタイトに変える），テフロン＝フッ素樹脂（こげないフライパン），フロンガス
ネオン	Neon	ネオンサイン
ナトリウム	Sodium	NaCl（食塩），高速道路・トンネルの照明：ナトリウムランプ

Mg
Al
Si
P
S
Cl
Ar
K
Ca
V
Cr
Mn
Fe
Co
Ni
Cu
Zn
Se
Br
I
Mo

花火（元素の炎色反応，原子スペクトル＝原子が出す様々な色の光）

マグネシウム	Magnesium	豆腐の凝固剤ニガリ（$MgCl_2$, $MgSO_4$），ジュラルミン（飛行機の材料）などの軽金属合金の成分
アルミニウム	Aluminium	一円硬貨（1個 1.0 g），アルミサッシ窓，軽金属合金の主成分，台所のアルミホイル
ケイ素	Silicon	IC（コンピュータチップ）の基盤，岩石，ガラス
リン	Phosphorus	ATP，DNA，RNA，リン酸，肥料（植物の三大栄養素のひとつ）
硫黄（イオウ）	Sulfur	硫酸，硫黄温泉，ゴムの硫化剤成分（車のタイヤ，輪ゴム），火薬・マッチの原料，漂白剤
塩素	Chlorine	NaCl，ブリーチ，水道水の消毒，フロンガス
アルゴン	Argon	空気中に 1%存在，電球中の充填ガス（フィラメントの燃焼防止）
カリウム	Potassium	木灰（K_2CO_3），肥料（植物の三大栄養素のひとつ）
カルシウム	Calcium	骨（ヒドロキシアパタイト $Ca_{10}(OH)_2(PO_4)_6$），牛乳
バナジウム	Vanadium	特殊鋼の成分，硫酸製造の触媒（V_2O_5）
クロム	Chromium	電熱器のニクロム（ニッケルクロム）線（電気抵抗大）
マンガン	Manganese	乾電池の二酸化マンガン，ATP 加水分解酵素の成分，合金の成分
鉄	Iron	ヘモグロビン，鉄鋼材
コバルト	Cobalt	ビタミン B_{12}，コバルトブルー（顔料），磁器の青色（呉須），ガンマ線源（コバルト 60），合金の成分
ニッケル	Nickel	五十円硬貨（白銅：Ni 磁石にくっつく），百円硬貨（白銅：Cu 75%, Ni 25%），五百円硬貨（白銅：Cu 75% Ni 25%），ニクロム線,ステンレス（stain-less＝錆び無し）スチール
銅	Copper	十円硬貨（Cu：70〜95%とスズ・亜鉛），ブロンズ像（青銅＝銅とスズの合金），青銅器時代（中国無錫市），黄銅（真鍮＝しんちゅう＝銅亜鉛合金・ドアの取手・ブラスバンドで用いる金管楽器・五円硬貨（Zn：30〜40%），ナイフ・フォーク・スプーン（洋白＝洋銀：Cu-Zn-Ni 合金）
亜鉛	Zinc	トタン板（鉄板への亜鉛めっき），ちなみにブリキ板（缶詰め）はスズめっき
セレン	Selenium	旧式の赤信号のガラスの着色，必須元素のひとつ
臭素	Bromine	酸化剤・殺菌剤，写真用薬品・医薬の原料
ヨウ素	Iodine	ヨードチンキ，医薬品・染料の原料，必須元素のひとつ
モリブデン	Molibdenum	必須元素のひとつ，高速度鋼（硬い鋼）の成分

（3）**周期表の暗記法**（p.5 の表が書けるように暗記せよ．暗記の仕方は右ページ参照）

　　　　受験もしないのに何でいまさらこんなものの暗記が必要か？

　　　　⇒ 元素を身近なものにするためである．暗記することは無駄ではない．

　　必須元素：人が生きるための三大栄養素としてタンパク質・脂質・糖質があげられるが，ビタミンや数多くのミネラル元素無しに生命は維持できない．ミネラル元素の不足・過剰が原因の病気も多い．従って，医学，薬学，生理学，生化学，栄養学，食品学においてもミネラル元素，周期表についての知識は必須である．生命維持に不可欠な元素である必須元素にはマグネシウム，リン，カルシウム，クロム，マンガン，鉄，コバルト，銅，亜鉛，セレン，モリブデン，ヨウ素などがある．健康を維持するために必要とされるこれらの元素の1日に摂取すべき量は栄養摂取基準として定められている（p.9）．

　　最近，ミネラル元素に焦点をあてた生命科学（生物無機化学，無機薬化学，必須元素・微量元素の栄養学など）が注目されている．生物無機化学は無機化学・地球化学と生物学・医学・薬学・栄養学などとの境界に新しく生まれた学問領域である．

　　＊ミネラルとは栄養素として生理作用に必要な無機物（有機物でないもの）の称．

　　同族元素（p.10〜11）：果物（K^+（カリウムイオン），Mg^{2+}（マグネシウムイオン）が多い）が骨に良い？（週刊誌タイムの記事）→ 骨は Ca^{2+}（カルシウム）のはずなのに…？ → Mg は Ca とは同族元素である．なぜ亜鉛鉱山の廃液で Cd（カドミウム）が原因のイタイイタイ病になるのか？ → Cd と Zn（亜鉛）は同族元素である．水道水の塩素消毒でなぜ Br を含んだトリハロメタンが生成するのか？ → Cl（塩素）と Br（臭素）は同族元素である．いずれも二つの元素が同族元素，つまりお互いに似た性質があるので，似た役割を果たしたり，物質中に同じ形で含まれる・一緒に振舞うことが多い．

　　ミネラル元素の役割：味盲と Zn，糖尿病と Cr など元素と大きな相関がある病気が存在する．乳児用ミルクには Cu 化合物が添加されている（必須元素）．医学・生理学・栄養学で Na^+/K^+ バランスは重要な概念である．Ca^{2+} は第二のメッセンジャーと言われ，体内での情報伝達に重要な役割を果たしている．ジンクフィンガー（亜鉛の指）とよばれる特別な構造部位をもつ亜鉛タンパク質が遺伝子発現に関与している．チェルノブイリ原発事故では幼児の甲状腺ガンが大量発生．事故当時，欧州の諸国では幼児が放射性ヨウ素を取りこまないようにヨウ素剤が投与された（甲状腺ホルモン分子（p.175，チロキシン，発育に関与）には I 原子が含まれている）．

　　ハイテクと元素：現在注目されている，かつ我々が恩恵を受けている「ハイテク」は材料・新素材が支えている．新素材は周期表の元素の新しい性質を利用したり，新しい組み合わせに基づいている．これらの物質を作り出し，その性質を理解するためには，また，我々が日常利用しているハイテク製品の基本を理解する上で，周期表中の元素の知識は必須である．

序章　好奇心を取り戻そう　9

周期表の暗記法（暗記せよ）

① H He Li　Be　B C N O　F　Ne Na　Mg Al
　　水 兵 リー ベ　ぼくの　　ふ ね　ナー 曲がる

　　　　　　　　　Si　P　S　Cl Ar K　　Ca
　　　　　　　　　シップス　クラーク　カルシウム

「水兵さんは自分（僕）の船を愛している（ドイツ語でリーベは愛の意）．ナー（ソー：英語 sodium）曲がる船（Ship's：船の）のクラーク船長（Clark 船長）はカルシウムと言っている.」

② H He Li Be B C N O F Ne Na Mg Al　　Si P S Cl Ar K Ca
　　水兵リーベ 僕 の お船 名前があるんだ シップスクラークか？
　「水兵さんは自分（僕）の船を愛していて，名前までつけている．誰かが「シップスクラークかい？」と聞いてきた.」

元素名と元素記号を対応して覚えておく元素
(Sc（スカンジウム），Ti（チタン），V（バナジウム))，Cr（クロム），Mn（マンガン），Fe（鉄），Co（コバルト），Ni（ニッケル），Cu（銅），Zn（亜鉛），Se（セレン），Br（臭素），I（ヨウ素），Mo（モリブデン）

　Sc, Ti, V, Cr, Mn, Fe, Co, Ni, Cu, Zn　　　　　　　　　　　　F, Cl, Br, I
　スコッチバクロマンテツコニドウアエン
　　　（クカ）スカチバクロマンフェコニッケルドウアエン

　　余談：宇宙人の体の元素組成の予言
　　　物質は元素より成るので，身近なものも・そうでないものもすべて，この周期表中の元素でできていると言ってほぼ間違いない．宇宙の隅から隅まで，どんな変なものでも，我々の知っている百余の元素からできているはずである．従って，未だ見ぬ宇宙人の体組成すら予想できる．大変夢のない話ではあるが，我々人類の持っている知識がすごい，人類が偉大であるともいえる．原子番号 150 程度の未発見の超重元素群が存在する可能性があることが近年示されている.

＊日本人の食事摂取基準における必須元素の摂取量：ミネラルの摂取量は元素によって量が異なるが，大雑把には第三周期元素では g，第四周期元素では mg，第五周期元素は μg 単位の量である．すなわち，周期表の下に行くほど，重たい元素ほど，摂取量は少なくなる．これは地球上（地表・海水中）における元素の存在量にほぼ比例している.

（4）同族元素

同族元素とは？（右ページを見よ） p.190〜197

アルカリ金属とは？（右ページを見よ）

デモ：金属ナトリウムとその性質（金属 Li と K の反応性の差異のコメント）

アルカリ土類金属とは？（右ページを見よ）

ハロゲンとは？（右ページを見よ）

デモ：塩素ガスとその性質（台所の塩素系漂白剤＋酸）

貴ガス・稀（希）ガスとは？（右ページを見よ）

遷移元素とは？（右ページを見よ）

長周期型の周期表（裏表紙内側の表の一部）

同族元素名	アルカリ金属	アルカリ土類金属	3〜11 (12)			13	14	15	16	ハロゲン 17	貴ガス 18 族
族番号	1 族	2	3〜11 (12)			13	14	15	16	17	18 族
一周期	H					典型元素 (1, 2 (12), 13〜18 族)					He
二周期	Li	Be				B	C	N	O	F	Ne
三周期	Na	Mg	遷移元素			Al	Si	P	S	Cl	Ar
四周期	K	Ca	(Cr Mn Fe Co Ni Cu (Zn))						Se	Br	
五周期			(Mo)							I	
最高酸化数*	＋1	＋2				＋3	＋4	＋5	＋6	＋7	0
イオンの価数	＋1	＋2				＋3			－2	－1	0
イオンの例	Na^+	Ca^{2+}	Fe^{2+}, Fe^{3+}			Al^{3+}			O^{2-}	Cl^-	

*最外殻電子がすべて失われたときの原子の電荷数．オクテット則も参照（p.190〜197, 202）．

同族元素：周期表（左ページ下表）の縦並びの元素のこと．これらはお互いに化学的性質が似ており，下に行くほど重たくなり（気体→液体→固体），金属的性質が増す．左下ほど**陽性**であり＋のイオン*になりやすく，右上ほど**陰性**であり，－のイオンになりやすい**．同族元素なる言葉を覚える必要はない．このような傾向があること（周期律）を理解すればよい（p.190〜）．ただし，下記の同族元素のグループ名は覚えておくと便利である．「族」とはグループ・家族の族・family の意．

　　*イオン：次ページを参照のこと．
　　**この理由の説明は p.194〜197．ただし今は気にしなくて良い．あとで触れる．

アルカリ金属：1族元素（H を除く）Li，Na，K；＋1価の陽イオンになりやすい（陽性元素）．Li^+，Na^+，K^+ 他．水酸化ナトリウム NaOH などのように，その水酸化物は水によく溶けて強いアルカリ性を示すのが語源．p.194．アルカリとは植物灰の意．水に溶ける塩基の総称．

アルカリ土類金属：2族元素，Be，Mg，Ca，…；＋2価の陽イオンになりやすい．Mg^{2+}，Ca^{2+}．狭義には Ca…を指す．その水酸化物はアルカリ性を示すが水にはあまり溶けない．酸化物をアルカリ土という．この名称は，これらの酸化物がアルカリ（酸化アルカリ・水酸化アルカリ）と土（アルミニウムなどの酸化物）との中間の性質を持つことに由来．
＊アルカリ土類元素とは元々は Ca，…を指していたが，周期表の構成原理が理解された現在，日本・米国の大学教科書の多くでは2族元素全体をアルカリ土類元素と拡大呼称している．

ハロゲン：17族元素，F，Cl，Br，I；－1価の陰イオンになりやすい（陰性元素）．F^-，Cl^-，Br^-，I^-．halogen とは塩を生み出すものという意味のギリシャ語由来の造語．p.195．例，NaCl

貴ガス・稀（希）ガス：18族元素，He，Ne，Ar；陽イオンにも陰イオンにもなりにくい．他の物質と反応しにくいので「貴ガス」（孤高を守る高貴なガス noble gas）という名がある．→ これに対して，様々なものと容易に反応する塩素ガス，フッ素ガスなどは「卑ガス」とも表現できよう（高貴な男・女と卑しい男・女の違いは？）．実際に，貴金属，卑金属（Na，K など）は同意である．「稀（まれな）ガス」rare gas なる言葉は，酸素・窒素と違って，空気中にわずかしか存在しないガスという意味である．

　　以上の同族元素グループの性質の根本を理解するには p.190〜198 を参照のこと．

遷移元素：左表の（　）中に記した金属元素 Cr，Mn，Fe，Co，Ni，Cu，(Zn*)，Mo など．その多くが数種類の原子価を有し，多くの化合物が着色している．錯体**をつくりやすい．
　　*Zn は遷移元素ではないが，生体内では遷移元素と似た役割を果たしている．
　　**錯体については「演習 溶液の化学と濃度計算」p.158 参照．
　　メンデレーエフの当時は 13〜17族元素は 3〜7族に分類された．遷移元素も 1〜8族に分類され，その代表的元素である Fe，Co，Ni は 8族とされたので，メンデレーエフはこれらを遷移元素，即ち，陰性の強い 7族（ハロゲン元素）から陽性の強い 1族（アルカリ金属元素）へ移る途中にある元素と呼んだ．現在は 3〜11族の金属元素を示す言葉として用いられている．

（5）原子番号とは？（右ページを見よ）

イオン：食塩は Na 原子と Cl 原子よりできており，これを NaCl と書くが，じつはこの Na は Na 原子ではなく原子から電子を 1 個失った Na^+，Cl は逆に電子を 1 個もらった Cl^- の形をしている（p.190〜198）．このように正，負の電荷を持つ粒子のことを**陽イオン，陰イオン**という．固体の食塩 NaCl は水に溶かすと**ナトリウムイオン Na^+ と塩化物イオン Cl^-** に分かれてばらばらに存在する（p.84, 85）．塩の一種である塩化カルシウム $CaCl_2$ も水に溶けると 1 個の**カルシウムイオン Ca^{2+}** と 2 個の Cl^- になり，硫酸ナトリウム Na_2SO_4 は水に溶けると 2 個の Na^+ と 1 個の**硫酸イオン SO_4^{2-}** に分かれる．

問題1　H，C，O，N，Na，Cl の原子番号はそれぞれいくつか．暗記した周期表に基づいて自分で考えよ．また，Fe，Br，I の原子番号はそれぞれいくつか．周期表（裏表紙の内側）で調べよ（結果を覚える必要はない）．　　　　　　　（答は右ページを見よ）

（6）原子量とは？（右ページを見よ）

　　上記イオンの続き：SO_4^{2-} は 1 個の S と 4 個の O にばらばらには分かれないで，ひとかたまりのままでイオンになる．このようなイオンのことを**多原子イオン**という．**硫酸イオン SO_4^{2-}** の他に**硝酸イオン NO_3^-，アルカリ性の素である水酸化物イオン OH^-，酸性の素である水素イオン H^+** がアンモニア分子に結合することにより生じた**アンモニウムイオン NH_4^+** などがある．

　　水分子は水中では，わずかではあるが，$H_2O \rightarrow H^+ + OH^-$ のようにイオンに分かれて（解離して）いる．これを水の電離（イオン解離）といい，濃度 $[H^+]$ と $[OH^-]$ の間には $[H^+] \times [OH^-] = 10^{-14} (mol/L)^2$（室温での値，実測値）なる関係式が常に成立している*．これを**水のイオン積**という．$[H^+] = [OH^-]$ の時が中性である．従って，中性では $[H^+] = 10^{-7}$ mol/L，pH＝7 となる（$pH = -\log [H^+]$，または $[H^+] = 10^{-pH}$）．

＊ H^+ は水中では H_2O とすぐに反応（配位，p.212）して H_3O^+（オキソニウムイオン）となり，H^+ の形では存在しない（$2H_2O \rightarrow H_3O^+ + OH^-$）．従って，文中における H^+，$[H^+]$ は H_3O^+，$[H_3O^+]$ を意味する．

問題2　H　C　O　N　Na　Cl　Fe　Br　I　の原子量はそれぞれいくつか？
　　　　原子量の表（裏表紙の内側）を調べよ）結果を覚える必要はない）．

　　　　　　　　　　　　　　　　　　　　　　　　　　（答は右ページを見よ）

序章　好奇心を取り戻そう　　13

原子番号：元素を軽いものから順に並べたその順番．（p.190〜193 も参照のこと）

例えば，金属鉄と金属鉛とではどちらが重いかといえば，原子番号を見ればよい．鉄（原子番号 26），鉛（原子番号 82）⇒ よって鉛の方が重い（原子のサイズも関係しているので必ずしも単純には言えないが）．1 cm³ の水は 1 g であるが，1 cm³ の鉛は約 11 g もある．鉛レンガ（レンガ 1 個の重さ＝11 kg）は放射線・X 線の遮蔽材料として用いられる（重たい元素は放射線を通さない）．（現在の正しい定義である，原子番号＝陽子・電子の数なる知識は実生活には役に立たない．もちろん，学問的には重要である）

答え 1　H, 1；C, 6；O, 8；N, 7；Na, 11；Cl, 17；　　　　原子番号 ────→ $_{26}$Fe

　　　　Fe, 26；Br, 35；I, 53　　　　　　　　　　　　　裏表紙の内側　　| 55.85 |←原子量

原子量：原子 1 個の重さ，原子の体重．一番軽い元素である水素の重さを 1* とした時の，その元素の構成原子の相対質量．例：Fe の原子量＝55.85 → H の 55.85 倍の重さ

*原子量の最初の定義：宇宙に一番多く存在し（90 %），かつ一番軽い元素である水素の重さを基準として他の元素の相対的な重さを表した．すべての元素は水素原子からできているという説もあった．現在，その説は水素原子核が陽子であるということでいわば証明されている．原子量の現在の定義は ^{12}C＝12．「酸は青リトマス紙を赤にする」なる知識は実生活では役に立たず，「酸は酸っぱい」なる知識が余程意味があるように，^{12}C＝12 では我々には何の役にも立たない．H＝1 ならよく納得できる・忘れないし，実際，原子量なるもののイメージがわく・役に立つ．

　学問の世界では，勿論，同位体（p.190）の影響がきちんと除かれた ^{12}C＝12 なる定義でないと困るし，役に立たない．例えば核分裂・核融合反応の前後では質量がわずかに減少するが，同位体核種の精密な質量値に基づき質量減少を求めれば，この質量と等価な膨大なエネルギー $E＝mc^2$ が計算できる（原子爆弾・水素爆弾で放出されるエネルギー；m は質量，c は光速）．1945 年（昭和 20 年）の広島・長崎の原爆では，わずか 1 g の質量がエネルギーに変換されただけである．

答え 2　H, 1.008　；C, 12.01　；O, 16.00

　　　　N, 14.01　；Na, 22.99；Cl, 35.45　　　　　　裏表紙の内側　　| $_{26}$Fe |

　　　　Fe, 55.85；Br, 79.90；I, 126.9　　　　　　　　　　　　　　| 55.85 |←これが原子量

（7）**有機化学に出てくる元素**

有機化学とは？（右ページを見よ）

問題3　炭素，水素，酸素，窒素（フッ素，塩素，臭素，ヨウ素）（硫黄，リン）の元素
記号を書け．　　　　　　　　　　　　　　　　　　　　　（答は右ページを見よ）

（8）**原子価**（最重要！暗記せよ）　p.230，分子模型の項を参照のこと

問題4　C　　　　　？価　の価数，分子の代表例を示せ．　　　（答は右ページ，要暗記）
　　　　N　　　　　？価　　　　　（P　　　？価）
　　　　O　　　　　？価　　　　　（S　　　？価）
　　　　H　　　　　？価
　　　　F, Cl, Br, I　？価

（9）**原子の構造**（高校レベルの復習）　p.190 参照
　　　　質量数＝？（陽子数，中性子，電子の数との関係式を示せ）　p.190 の図
　　　　原子番号＝？（同上）

（10）**同位体とは何か？**

放射性同位体

問題5　（1）p.9 の周期表の覚え方を勉強した上で，p.5 の周期表を何も見ないで書け．
　　　　（2）元素のグループ名(同族元素他) 5 種類と，その性質，代表的元素名を述べよ．
　　　　（3）次の言葉について短く説明せよ．
　　　　　　原子価，原子量・原子番号（陽子・中性子・電子），同位体
　　　　　　　　　　　　　　　　　　　　　　　　　　　　　　（答は右ページを見よ）

課題　①　序文を読むこと．
　　　　②　p.1〜15 を復習し，問題を自分で解くこと．
　　　　③　p.190〜197 の問題を解くこと．高校で化学を勉強し，気持ちにゆとりのある人
　　　　　　は p.198〜206 までを勉強し，問題を解くこと．
　　　　④　p.10 の周期表とそれに付随した記述内容を暗記すること．

序章　好奇心を取り戻そう　15

有機化学に出てくる元素

　　　　有機化学とは：我々のからだの大部分は水と有機化合物といわれる炭素化合物より成っている．有機化学とはこの有機化合物の構造・性質・反応性などを理解するための学問である．専門分野を学ぶ際の基礎として必要である．

　　　　答え3　（暗記せよ）　C，H，O，N　（F，Cl，Br，I）　（S，P）

原子価（他の原子とつなぐことができる手の数）　＊分子模型で p.230〜235（〜239）を演習のこと

　　　なぜ，原子価がそれぞれ次の値を取るかは p.208〜213 を参照のこと．

　　答え4　C　　　　　　　　4価　CH_4 メタン

　　　　　　N　　　　　　　　3価　NH_3 アンモニア　（P　　3価，5価＊（N と同族元素））

　　　　　　O　　　　　　　　2価　H_2O 水　　　　　（S　　2価，6価＊（O と同族元素））

　　　　　　H　　　　　　　　1価　H_2　水素分子　＊3s，3p 電子の 3d 軌道への昇位（p.201，227）

　　　　　　F，Cl，Br，I　　1価（ハロゲン元素）　　　HCl

原子の構造（高校レベルの復習）　→ p.190，191 を参照のこと

　　　　質量数＝陽子数＋中性子数

　　　　原子番号＝陽子数＝電子数（原子は電気的に中性だから）

同位体とは：（周期表中の同じ位置を占めるもの（アイソトープ）という意味）．原子番号（＝陽子数＝電子数）が同じで，質量数（＝陽子数＋中性子数）が異なる原子，従って中性子数が異なる原子である．ある元素の原子量が整数から大きくずれるのは，その元素に同位体が複数存在するためである（p.190 の Cl）．

　　　　例：水素の同位体は通常の水素原子 ^1H，D（デューテリウム）＝^2H 重水素（普通の水素の 2 倍の重さ），（T（トリチウム）＝^3H 三重水素（3 倍の重さ））；酸素 ^{16}O，^{17}O，^{18}O；炭素 ^{12}C，^{13}C（^{14}C）（（　）中のものは放射性同位体＊である）．元素 X の同位体を区別するには ^m_nX，または ^mX_n（n は原子番号，m は質量数）と書く．n は元素名 X からわかるので省略することが多い．　＊放射線を放出して別の元素に変化していく不安定な同位体．

　　　　（同位体 D の発見のストーリーと実験の精度・有効数字）

　　答え5　（1）p.5 の表を見よ．（完全に暗記すること）

　　　　　　（2）アルカリ金属（Na，K，…），1 族元素，＋1 価の陽イオンとなりやすい

　　　　　　　　アルカリ土類金属（Mg，Ca，…），2 族元素，＋2 価の陽イオンとなりやすい

　　　　　　　　ハロゲン（F，Cl，Br，I），17 族元素，－1 価の陰イオンとなりやすい

　　　　　　　　貴ガス（He，Ne，Ar，…），不活性・陽イオンにも陰イオンにもなりにくい

　　　　　　　　遷移元素（Cr，Mn，Fe，Co，Ni，Cu，(Zn)，Mo，…）（元素名を記憶する）

　　　　　　（3）p.14，15，190，191 を参照．

1章： 最も簡単な化合物，構造式の書き方と構造異性体

　　たとえば H 原子 2 個と O 原子 1 個が結合して H_2O ができるように，複数の原子が結合して分子を生じる．有機化合物は 1 個から複数個の炭素原子を骨格として，これに H，O，N などの原子が結合することにより生じた様々な種類の分子の一群である．分子は分子式（元素組成）と構造式（原子のつながり方）により区別される．従って有機化学を学ぶにはまず構造式の書き方・読み方を学ぶ必要がある．

　　CH_4，NH_3，H_2O　は何か？　名称を述べよ．　　　　　（答は右ページを見よ）

1-1　分子式・示性式・組成式とは何か？（下の問題に答えられればそれでよい．これらの言葉にはこだわらなくてもよい）

　　化学式とは元素記号を用いて物質を表示した式のことであり，組成式・分子式・示性式・構造式を含む．

　　問題 1-1　水素分子，水，メタン，アンモニア，二酸化炭素，塩化水素（塩酸），硫酸，エタノール（酒の成分），酢酸（食酢の成分）の示性式（分子式），グルコース（ブドウ糖）の分子式・組成式を書け．（答は右ページを見よ）

　　＊ここで示したもの（ブドウ糖は除く）は化学の常識，いわば掛算の九九である．これらの分子式・示性式・組成式が書けない人は暗記せよ．エタノール・酢酸は後で理解して記憶する方法を学ぶが，ここで記憶しておくと，このあとの学習が楽になる．

1-2　分子量（式量（化学式量））とは何か？　　（同上）

　　問題 1-2　水，メタン，アンモニア，塩化水素，硫酸，水酸化ナトリウム，エタノール，酢酸の分子量・式量を求めよ（裏表紙内側に示した周期表中の原子量を用いよ）．
　　　　　　　　　　　　　　　　　　　　　　　　　　　　　（答は右ページを見よ）

1章：最も簡単な化合物，構造式の書き方と構造異性体　　17

最も簡単な化合物（暗記せよ）

CH_4：メタン（台所の都市ガス）

NH_3：アンモニア（尿中の尿素が分解して生じるトイレ臭，虫刺され薬の中身）

H_2O：水

分子式：分子の元素組成を示した式（例えば，H_2O は水素という元素の原子が 2 個と酸素という元素の原子が 1 個からできているという意味である）

組成式：物質の元素組成を最も簡単な整数比で示した式．たとえば，グルコース（p.118）の分子式は $C_6H_{12}O_6$，組成式は CH_2O である．分子を作らない物質の場合，分子式に代って組成式で示す．食塩の NaCl，水酸化ナトリウム NaOH など．

示性式：特殊な原子団（官能基，グループ）が分子内に存在することを示す式．例：エタノール C_2H_5OH では OH 基，酢酸 CH_3COOH では COOH 基があることを示している．

　　答え 1-1　H_2，H_2O，CH_4，NH_3，CO_2，HCl，H_2SO_4，C_2H_5OH（C_2H_6O），
　　　　　　　CH_3COOH（$C_2H_4O_2$），$C_6H_{12}O_6 = (\underset{炭素}{C}\ \underset{水}{H_2O})_6$ 炭水化物・CH_2O

分子量：分子の体重＝分子を構成する全原子の原子量の総和

式　量：物質の化学式を構成する原子の原子量の総和．化学式量．分子の存在が未確認の場合に分子量の代りに用いる．

　　答え 1-2　H_2O，18；CH_4，16；NH_3，17；HCl，36.5；H_2SO_4，98；NaOH，40；
　　　　　　　C_2H_5OH（C_2H_6O），46；CH_3COOH（$C_2H_4O_2$），60

　　分子量の計算例：$C_2H_6O = C \times 2 + H \times 6 + O \times 1$
　　　　　　　　　　　　　　　　$= 12 \times 2 + 1 \times 6 + 16 \times 1 = 46$

（ここでは簡単にするため概略値を用いた．（分析化学などで分子量を計算する場合は『演習 溶液の化学と濃度計算』，『誰でもできる 化学濃度計算』を見よ）

1-3 構造式（分子構造式）とは何か？
（下の問題に答えられればそれでよい．言葉にこだわらなくても構造式が書ければよい）

問題 1-3　水素分子，水，アンモニア，メタン，エタン，エタノール，酢酸の構造式を書け．　　　　　　　　　　　　　　　　　　　　　　（答は右ページを見よ）

＊これらの構造式が書けない人は，ここの構造が構造式の基本，いわば掛算の九九だと思って暗記せよ（特に酢酸の構造式は書けない人が多い）．p.20 以降を学べば，すぐ書けるようになるし，分子式・示性式もあとで自然に覚えることができる（覚え方を勉強する）．しかし，ここでは，掛算の九九だと思って暗記せよ．あとで役に立つ（テキストの後の単元を学ぶ時に，ここで暗記したことが基礎になり，新しいことがすぐ頭に入るようになる）．

デモ：分子模型を見る・触る（H_2O, NH_3, CH_4：p.231, 演習 A3, A2, A1）

分子の本当の構造：立体構造（分子模型）とその描き方（p.232 を参照のこと）
　　CPK 模型（p.232）

＊酢酸の示性式を覚えていないで，原子価と分子式 $C_2H_4O_2$ から酢酸の構造式を書くのは至難の技である（問題 1-8）．示性式を CH_3COOH と覚えていても構造式はなかなか書けない．それは >C＝O（カルボニル基）なるものを知らずにこれを書くことの難しさ（コロンブスの卵）である．－C(=O)－ は是非記憶すべきものである．

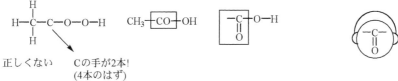

－CO－の覚え方：カルボニルは人の顔

正しくない　　Cの手が2本！
　　　　　　　（4本のはず）

1章：最も簡単な化合物，構造式の書き方と構造異性体

構造式（分子構造式）：分子中における原子のつながり方・どの原子とどの原子とがつながっているかを示したもの．形は問わないが，実際の分子に近い構造（ただし平面式）を書くのが普通である．実際の分子の構造は p.232 を参照のこと．

答え 1-3　水素　分子式：H$_2$　　　　　　　　　　H—H

　　　　　水　分子式：H$_2$O　　　構造式：

　　　　　　O は手が 2 本　—O—

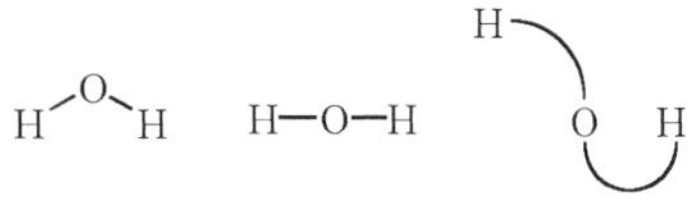

　　　　　アンモニア　分子式：NH$_3$　構造式：

　　　　　　N は手が 3 本

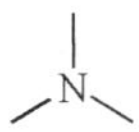

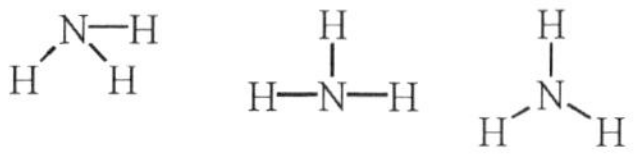

　　　　　メタン　分子式：CH$_4$　構造式：

　　　　　　C は手が 4 本

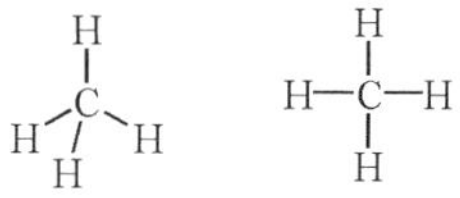

　　　　　エタン　分子式：C$_2$H$_6$　　　　構造式：

　　　　　　C が 2 個 → C–C でつながっている
　　　　　　C は手が 4 本 →

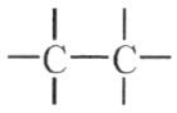

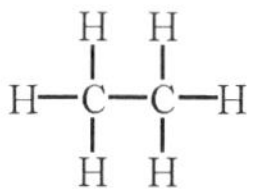

　　　　　エタノール　分子式：C$_2$H$_5$OH
　　　　　　C—C—O とつながっている　　　　　　　　構造式：
　　　　　　C は手が 4 本，O は手が 2 本 →

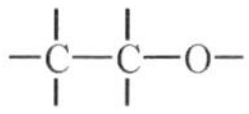

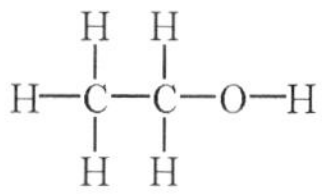

　　　　　酢酸　示性式：CH$_3$COOH
　　　　　　構造式：

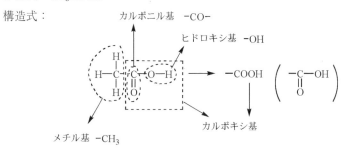

（左ページの＊印も読むこと．○○基なる言葉は後で学ぶので今はフーンと思えばよい．）

問題 1-4　エタン C_2H_6，メタノール CH_4O，過酸化水素 H_2O_2 の構造式を書け.

↓　　　　　　　　　　　　　　　　　　　　（答は右ページを見よ）

こんな問題は簡単という人は問題 1-5，および問題 1-6，1-7，1-8 を考えよ．わからない人は，まず下記の構造式の書き方（ルール）を読み，そのあとでこの問題，次の問題について考えよ.

問題 1-5　C_2H_6O には可能な異性体が二つある．その構造式を書け.

異性体：分子式が同じでも異なる物質をいう.　　　　　　（答は右ページを見よ）

デモ：分子模型を示す（p.239，演習 A12）.

構造式の書き方（ルール）

＊ C_2H_6 の構造式を書いてみよう！

<u>ルール(1)</u>　原子価（手の数）が 2 以上のものだけを取り出す.（C，N，O 原子）

・C の原子価は 4，H の原子価は 1 なので，この場合は C_2.

<u>ルール(2)</u>　原子価が 2 以上の原子をつないで分子骨格を作る.

・C_2（C が 2 個）をつなぐ.　　　　C—C

<u>ルール(3)</u>　(2)で作った分子骨格のすべての原子の原子価を正しく書く（原子価の数だけ手をのばす）.

・C の原子価は 4.

（N は 3，O は 2）

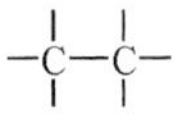

<u>ルール(4)</u>　分子の端に原子価 1 のものを書く.（H，F，Cl，Br，I 原子）

・H は原子価が 1 なので，H_6（H 6 個）をつなぐ.

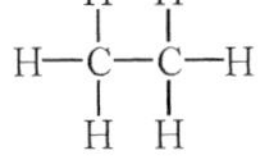

1章：最も簡単な化合物，構造式の書き方と構造異性体　　*21*

答え 1-4

構造式の書き方（p.20）	ルール（1）	ルール（2）	ルール（3）	ルール（4）
C_2H_6	C_2　C が 2 個	C—C	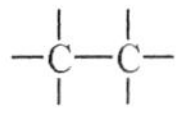 —C—C—	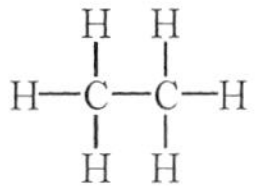 （エタンの構造式）
CH_4O	CO	C—O	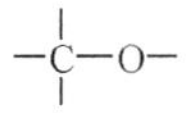 —C—O—	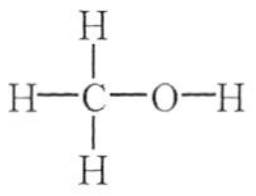 （メタノールの構造式）
H_2O_2	O_2　O が 2 個	O—O	—O—O—	H—O—O—H

答え 1-5　　ルール(1)　C_2O（C が 2 個と O が 1 個）

　ルール(2)　手のつなぎ方は C—C—O　　C—O—C　　　　180°回転すれば同じ　　O—C—C　の 2 種類

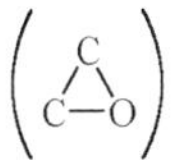

（つなぎ方は環状構造も入れると 3 種類，H の数（6 個）も考えると環状は正しくない）

　ルール(3)　　　　—C—C—O—　　　　—C—O—C—

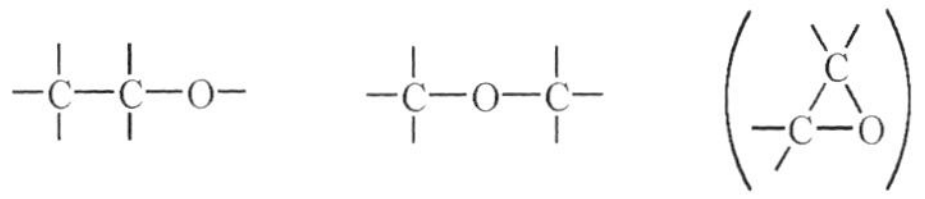

　ルール(4)

(A) 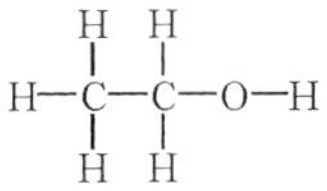 H—C—C—O—H　(B) 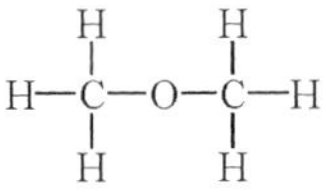 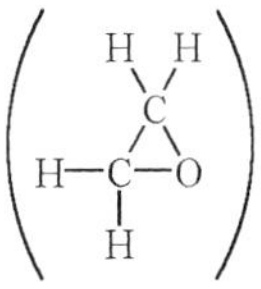 H—C—O—C—H

（より詳しい説明）

　C_2O：C に着目する．C が 2 個だから，(i) 2 個の C が直接つながっている場合 —C-C—，
(ii) 2 個の C がつながっていない場合　—C—　+　—C—　を考えればよい．

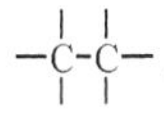

(i) 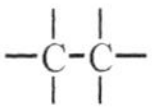 —C-C— への —O— のつなぎ方をすべて考えると

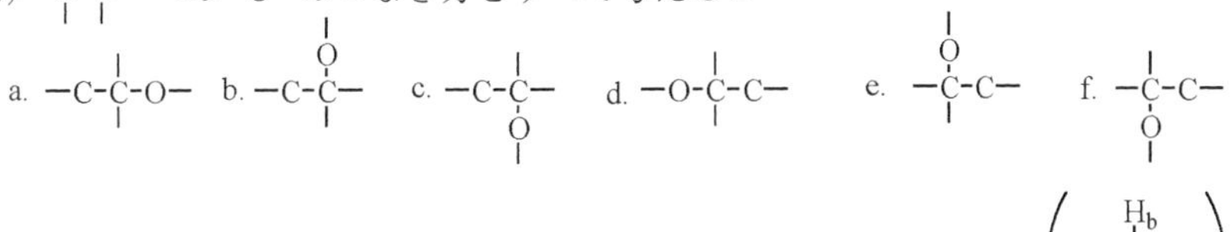

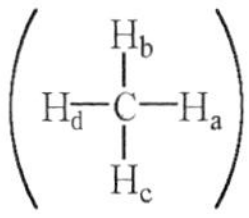

a. —C-C-O—　b. —C-C—　c. —C-C—　d. —O-C-C—　e. —C-C—　f. —C-C—

a，b，c は正四面体（正三角錐）構造のメタン（上最右の構造式）の 4 つの等価な —H の
うちの 3 つの H_a，H_b，H_c の一つを O—，残りの H_d を —C にしたものだから，a，b，c の
—O— はすべて等価である（分子模型で C—C 軸の回りに H を回転させると a→b→c と変
換されることを確認せよ）．a，b，c の左右を逆にひっくり返せば（横に 180°回転すれば）
d，e，f が得られることから a〜f はすべて同一であることがわかる．よって構造式（A）
が得られる．

　(ii) 2 個の C が直接つながっていない場合，C_2O は —C—O—C— であることはすぐに理解
できよう．従って構造式（B）が得られる．

問題 1-6　C_3H_8O には何種類の異性体があるか．構造式を書け．　　（答は右ページを見よ）

デモ：分子模型でこれらの異性体を作る．構造を比較する．

＊次の構造式のうち，最初の 6 個，最後の 2 個はそれぞれ同一物であることを理解せよ．

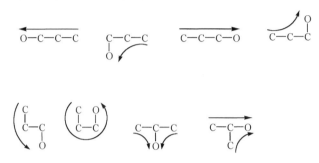

構造式は立体的な分子の構造を平面にして表すので，構造式を見ただけでは立体構造は必ずしも理解できない．同じ構造かどうかわからない．イメージが浮かぶようになるためには分子模型に触ることが最良の方法である．上の構造式で示した 6 個，および 2 個の構造がそれぞれ同一であること，分子の形がグニャグニャ動くことを**分子模型で確認**せよ．

見分け方：
1. 原子のつながりを一筆書き（上図矢印）で書いて C—C—C—O のように書けるものなら同じものである（最初の 6 個は一筆，最後の 2 個は二筆が容易に区別できる）．
2. 分子の両端を握って引っ張る → 分子が直線型になる → 同じ分子なら同じ形になる．

引く ← C O → 引く　　⇒　　C—C—C—O
　　　　　C—C

1-4　二重結合と三重結合

問題 1-7　H_2, O_2, N_2, C_2 の構造式を書け．　　（答は右ページを見よ）

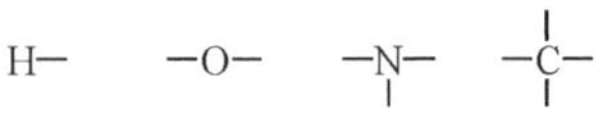

H—　　—O—　　—N—　　—C—　（それぞれ原子の価数＊を—で示した）
　　　　　　　　　　　　 |　　 |

＊どのように手をつなぎあうかを示したものが結合・構造式である．
　原子価（価数，手の数）は，他人とつなぐ手の数である．自分自身で手をつないではダメである．2 価の酸素 O の時，相手 A, B 2 人の人と握手（A—O—B）は OK，A さん 1 人相手に両手で握手，二重結合（O=A）も OK．自分同士で握手  は 0 価，片手で握手（A—O—）は 1 価となりダメ．二重結合，三重結合とは 2 つの原子が，それぞれ 2 本の手，3 本の手でお互いに握手している・つながっていること（右ページ参照）．

答え 1-6

```
        H  H  H                    H  H  H                    H  H     H
        |  |  |                    |  |  |                    |  |     |
(A) H — C — C — C — O — H    (B) H — C — C — C — H    (C) H — C — C — O — C — H
        |  |  |                    |  |  |                    |  |     |
        H  H  H                    H  O  H                    H  H     H
                                      |
                                      H
```

構造式の書き方（p.20）　ルール（1）C₃O,

ルール（2），ルール（3）　C_3O：C に着目する．C が 3 個だから，(i) C が 3 個の直接つながっている場合—C—C—C—，(ii) C が 2 個つながって，残りの 1 個の C は直接にはつながっていない場合—C—C—＋—C—を考えればよい．(i) —C—C—C—への—O—のつなぎ方をすべて考えると，問題 1-5 の答と同様に，以下の構造式のうち最初の 6 個はすべて同一構造であることがわかる．最後の 2 個は上下を逆に（縦に 180° 回転）すればお互いに同一構造であると判断できる．分子模型で確認のこと．

```
                        O
                        ‖
 —O—C—C—C—        —C—C—C—        —C—C—C—        —C—C—C—O—
                                        ‖
                                        O

        O                              O
        ‖                              ‖
 —C—C—C—        —C—C—C—        —C—C—C—        —C—C—C—
                        ‖                              ‖
                        O                              O
```

(ii)の—C—C—＋—C—ではすぐに—C—C—O—C—なる構造であることが理解されよう．もちろん—C—O—C—C—は先の構造の左右を逆にひっくり返せば（横に 180° 回転すれば）得られるので同一物である．

ルール（4）　よって以上の 3 種類の構造式に H をつなげば (A)，(B)，(C) の構造式が得られる．

　（つなぎ方は環状構造も入れると 6 種類，H の数（8 個）も考えると環状は正しくない）左ページ上の＊印を読むこと．

```
 C—C      C—C—O      C—C
 |  |       \ /        \ /
 C—O         C          O
```

答え 1-7

```
H ----- H    ──→    H—H ──────────────────────────────────────┐
           隣とつなぐ                                            │
                                                                │
                                       O                        │
 —O ----- O—  ──→   (O—O)  ──→   O—O  ──→  O=O ──→              │
           隣とつなぐ            整える                          ↓
                                                        このように書くのが
   |       |                                                約束
 —N ----- N—  ──→   (N—N)  ──→   N—N  ──→  N≡N ──→
           隣とつなぐ            整える                          ↑
                                                                │
   |       |                     |  |                           │
 —C ----- C—  ──→  —C—C—  ──→   —C—C— ──→  —C≡C— ─────────────┘
   |       |        隣とつなぐ    整える
```

参考：炭素で四重結合ができない理由？（p.238，分子模型を使って考えてみよ）

問題 1-8　CO_2, C_2H_2, C_2H_4, CH_2O, CH_3N, HCN, HNO, H_3NO, CH_3NO（5種）, $C_2H_4O_2$ の可能な構造式をすべて書け．（CH_3NO の答を以下に，残りはその後に示した）

* $\boxed{CH_3NO}$ の異性体の構造式を5種類書いてみよう！

(1) 原子価（手の数）が2以上のものだけを取り出す → C の原子価は4，H の原子価は1，N の原子価は3，O の原子価は2なので，この場合は C，N，O．

(2) 原子価が2以上の原子の手をつなぎ合わせて分子骨格を作る → C，N，O の原子の並べ方は，C N O，C O N，N C O の3通り．よってそれぞれをつなぐ．

$$\boxed{\text{C–N–O} \qquad \text{C–O–N} \qquad \text{N–C–O}} \qquad （順序立てて考える）$$

(3) (2)で作った分子骨格の原子の原子価をすべて書く（手をのばす）.

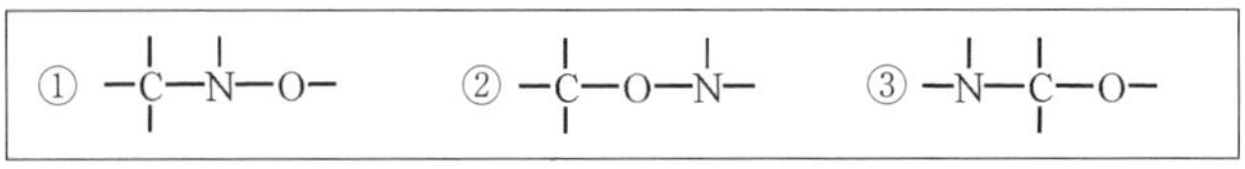

$$\boxed{① \ –\overset{|}{\underset{|}{C}}–\overset{|}{N}–O– \qquad ② \ –\overset{|}{\underset{|}{C}}–O–\overset{|}{N}– \qquad ③ \ –\overset{|}{N}–\overset{|}{\underset{|}{C}}–O–}$$

(4) 分子の端に原子価1のものをつなげる→この時，分子骨格から出ている手は5本だが，H は3個しかない．従って H とつながらない手が2本余ってしまう．そこで，余った2本の手をお互いにつなぐ（二重結合を作る．次ページ中央＊を参照）.

① 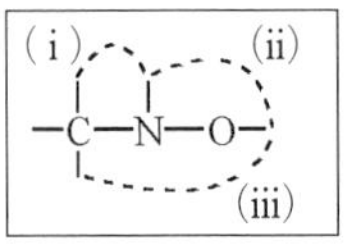 では3通りの手のつなぎ方がある．まず N と他をつなぐ，次に C と O をつなぐ．

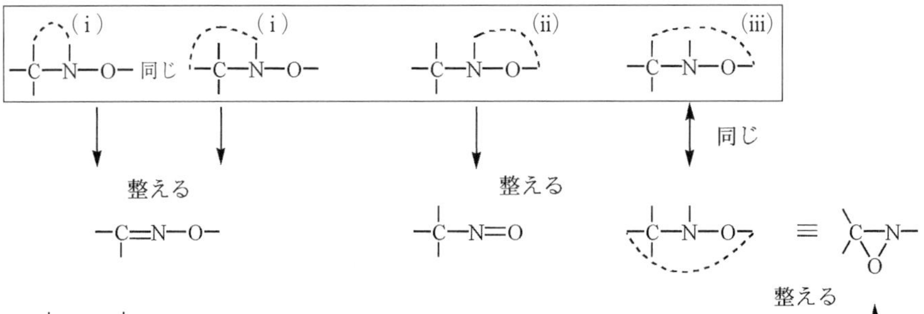

② $–\overset{|}{\underset{|}{C}}–O–\overset{|}{N}–$ では1通りしかない．C と N をつなぐ．

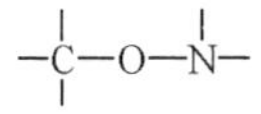

③ $–\overset{|}{N}–\overset{|}{\underset{|}{C}}–O–$ では3通りのつなぎ方がある．

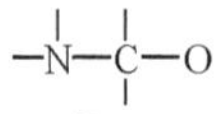

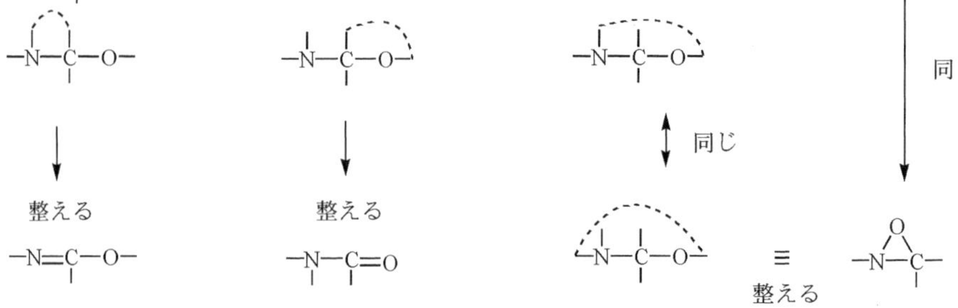

1章：最も簡単な化合物，構造式の書き方と構造異性体　25

手のつなぎ方を考えてみると三角形（環状）のものも可能であることがわかる（ただし不安定，理由は p.237 の C_3H_6 と同じ）．原子の手の数が正しくて各元素の原子数が一致すればどのような構造でも存在する可能性がある．正しい答えである．

　　以上の中から同じものを省いてみると，5種類の異性体の構造式が書ける．

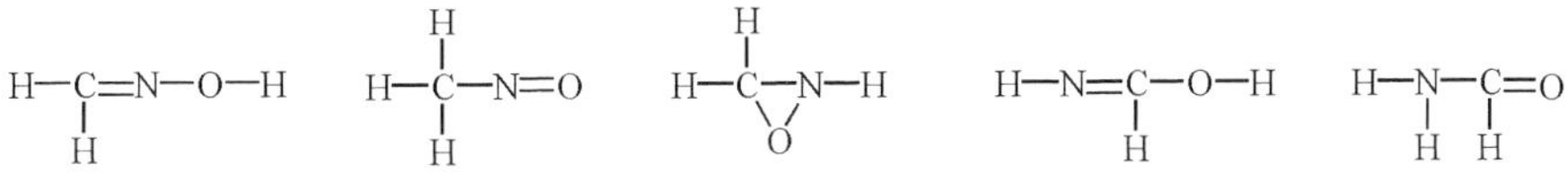

$$
\text{H－C＝N－O－H} \qquad \text{H－C－N＝O} \qquad \text{H－C－N－H} \qquad \text{H－N＝C－O－H} \qquad \text{H－N－C＝O}
$$

5つ全部書けなくても可．3つ以上書けたら構造式の書き方は一応理解したと思ってよい．

＊前ページ（4）「手が2本余る」⇒二重結合（C＝N，N＝O，C＝O）か環状 ⇒ ここから始めると5つの構造を容易に書くことができる．

書いた構造式が正しいかどうかの判断は，
　① 原子の数が分子式に合っているか？（メンバー全員を仲間はずれにしていないか）
　② 各原子の原子価（手の数）が合っているか？
　③ 手が余っていないか？
　　このうち①，②は p.20 記載の構造式の書きかたのルールに従えば自動的に OK．
　④ 手が余った場合：同一原子で2本の手が余っている場合は自分の中で手をつなぐことになるが，これでは原子価の条件（他とつなぐ手の数）を満たさないので不適．
　　　→ 他の原子から－H を1個はずして手が2本余っている原子にその H をつなぐ．
　　　→ 手が1本ずつ余っている原子は2個
　　　→ この手をつなぎ合わせると結合ができる（二重結合となる）
　　　→ 余った手はなくなり OK．

（Point）構造式が書けないのに p.20 のルール通りに書こうとしないで，勝手に書こうとする人がいる！C，N，O，H の原子価が 4，3，2，1 と正しく書けていない人がいる！

その他の化合物の構造式の書き方：
CO_2　ルール（1），（2），（3）　分子骨格は a. －C－O－O－　，b. －O－C－O－ の2つ．

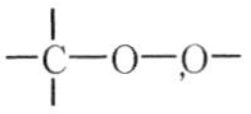

　a. は －C－O－O－ と手をつなぐと C の手が2本余るので不適．

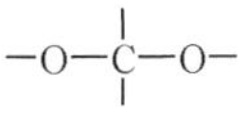

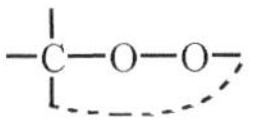

　b. は －O－C－O－　⟶　O＝C＝O　で OK．次ページ※参照

C_2H_2　$-C-C-$　これに H を 2 個つける．　$H-\overset{H}{\underset{H}{C}}-\overset{}{C}-$　とすると　$H-\overset{H}{\underset{}{C}}=\overset{}{C}-$　となり手が 2 本余る．

そこで，前ページ④の説明のように　$H-\overset{}{C}-\overset{}{C}-H$ とすれば

$H-C \colon C-H \longrightarrow H-C\equiv C-H$．※参照

C_2H_4　$-C-C-$　これに H を 4 個つける．　$H-\overset{H}{\underset{H}{C}}-\overset{H}{\underset{H}{C}}-$ とすると手が 2 本余る

（前ページ④の説明）．

$H-\overset{H}{\underset{H}{C}}-\overset{H}{\underset{H}{C}}-H$ なら　$H-\overset{H}{\underset{}{C}}-\overset{H}{\underset{}{C}}-H \longrightarrow \overset{H}{\underset{H}{C}}=\overset{H}{\underset{H}{C}}$　※参照

CH_2O　$-C-O- \longrightarrow H-\overset{H}{\underset{}{C}}-O- \longrightarrow H-\overset{H}{\underset{}{C}}-O- \longrightarrow \overset{H}{\underset{H}{C}}=O$　※参照

$-\overset{H}{\underset{}{C}}-O-H$　とすると C の手が 2 本余る（前ページ④の説明）．

CH_3N　$-C-N- \longrightarrow H-\overset{H}{\underset{H}{C}}-\overset{H}{\underset{}{N}}-$　では N の手が 2 本余る（前ページ④の説明）．

$H-\overset{H}{\underset{H}{C}}-\overset{H}{\underset{}{N}}-$ なら　$H-\overset{H}{\underset{}{C}}-\overset{H}{\underset{}{N}}- \longrightarrow \overset{H}{\underset{H}{C}}=N$　※参照

HCN　$-C-N- \longrightarrow H-\overset{}{C}-\overset{}{N}- \longrightarrow H-C=N- \longrightarrow H-C\equiv N$　※参照

※手が 2 本余る場合は二重結合 1 個か環状 1 個，手が 4 本余る場合は二重結合 2 個か環状
2 個か二重結合と環状 1 個ずつ，または三重結合 1 個を考えれば容易に構造が得られる．

HNO　$-N-O- \longrightarrow H-N-O- \longrightarrow H-N=O$　　　※参照

H_3NO　$-N-O- \longrightarrow H-\overset{H}{\underset{}{N}}-O-H$

$C_2H_4O_2$　C_2O_2 では以下の 5 種類がある（つなぎ方は順序立てて考えよ．※参照）．

$-C-C-O-O-$　$-C-O-C-O-$　$-O-C-C-O- = -O-\overset{}{\underset{O}{C}}-C-$

$-O-\overset{}{\underset{O}{C}}-C- = -O-\overset{}{\underset{O}{C}}-O-$　$-\overset{}{C}-O-O-\overset{}{\underset{C}{C}}-$

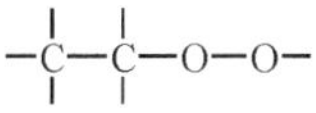

1章：最も簡単な化合物，構造式の書き方と構造異性体　27

$-\overset{|}{C}-\overset{|}{C}-O-O-$ では手は6本あるが，Hは4本しかないので，6本のうち2本をつなぐ必要がある．

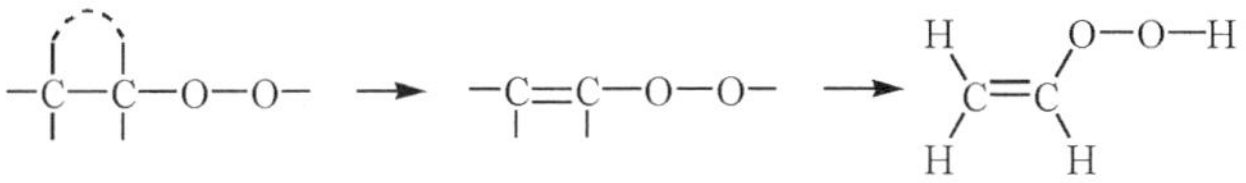

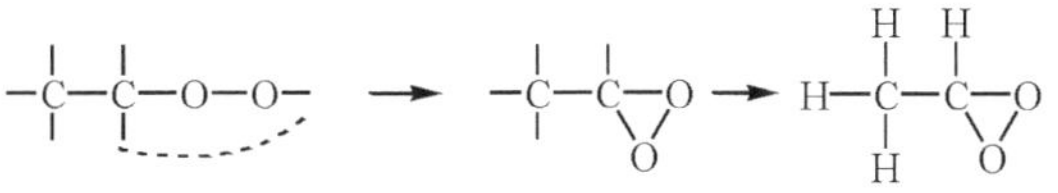

（構造式変換図）(1)

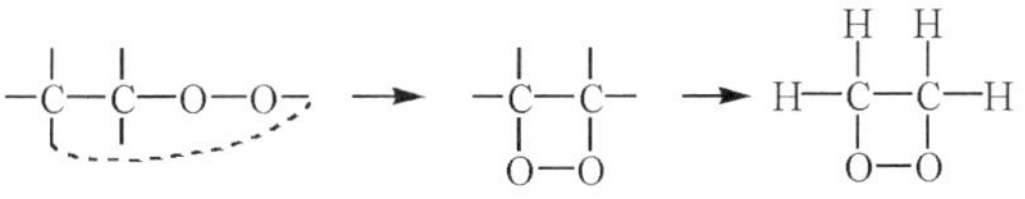

（構造式変換図）(2)

（構造式変換図）(3)

$-\overset{|}{C}-O-\overset{|}{C}-O-$ でも手が6本なので，このうち2本をつながないと $\cdots H_4 \cdots$ に合わない．

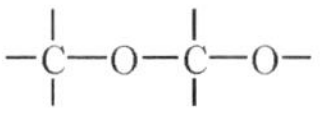

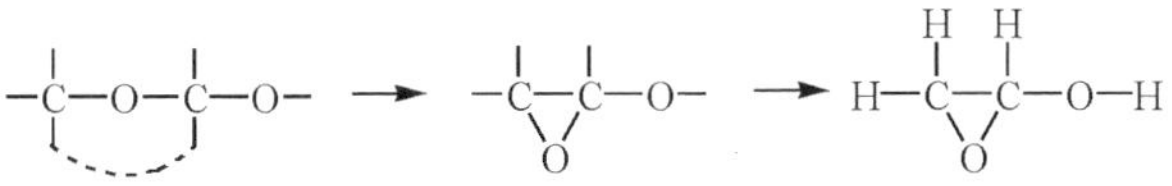

（構造式変換図）(4)

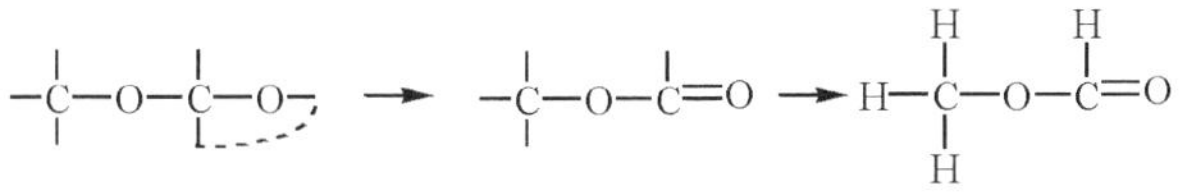

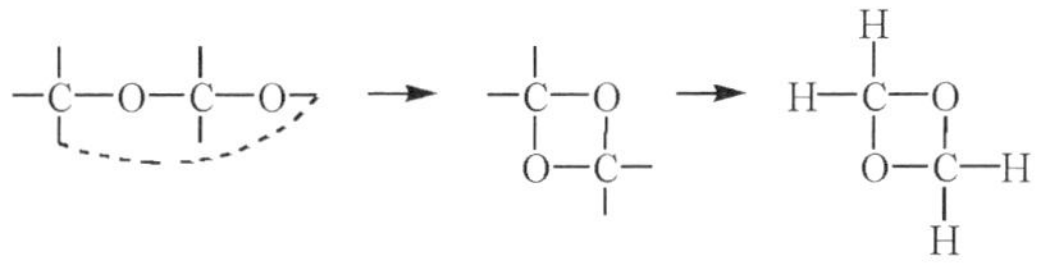

（構造式変換図）(5)

（構造式変換図）(6)

$-O-\overset{|}{C}-\overset{|}{C}-O-$ も同上．

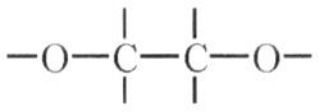

＊ p.237 と p.144 を参照

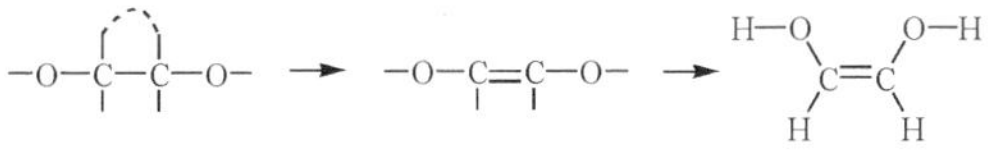

（構造式変換図）(7) および 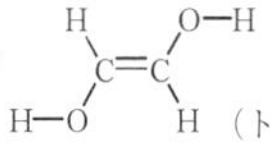 (8)　（シス＊）　（トランス＊）

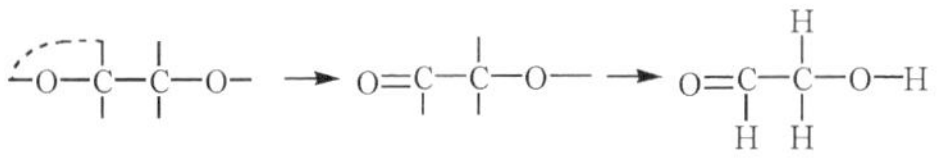

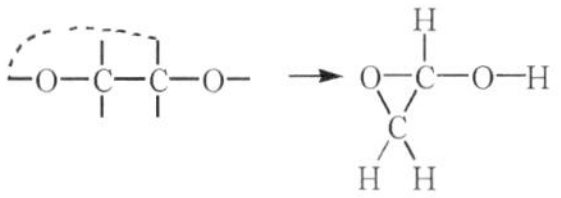

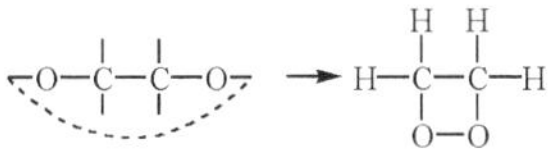

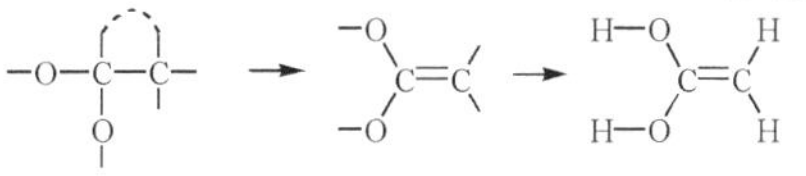

（構造式変換図）(9)　（構造式変換図）(4)

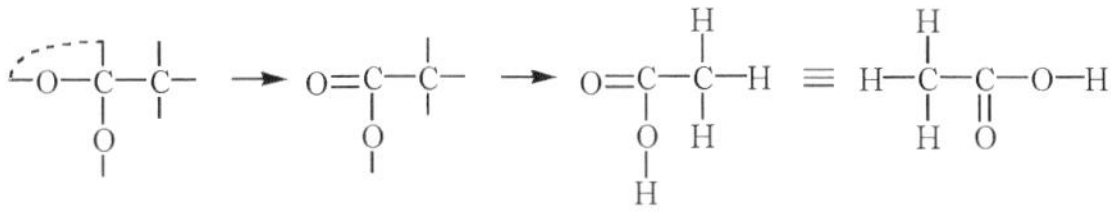

（構造式変換図）(3)　（構造式変換図）(10)

（構造式変換図）(11)　（酢酸）

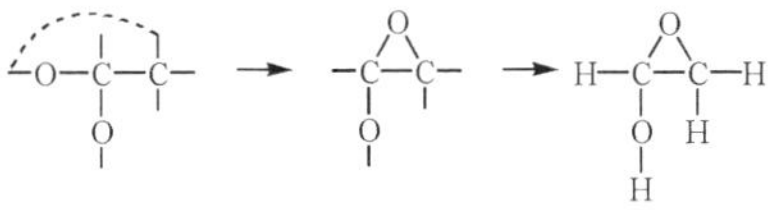

（構造式変換図）(4)　（構造式変換図）(2)

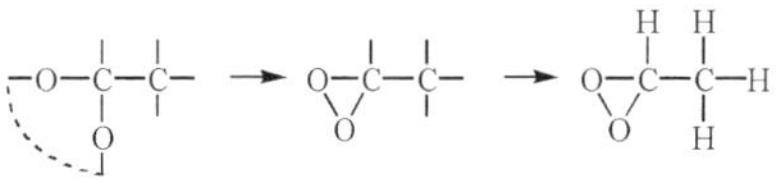

以上，11種類存在（$-C-O-O-C-$ でも上と同じものしかできないので省略．前ページ※参照）．11種類のうち5個できればOK．

1-5　示性式とは（答は右ページ：言葉の定義はどうでもよい．下の問題に答えられればそれで十分である）

　　　　問題 1-9　（1）分子式 C_2H_6O なる化合物の構造式を示せ（構造異性体 2 種類，p.20）．

　　　　　　　　　　　　分子式 C_2H_6O だけでは分子がどのような構造をしているかわからない．

　　　　　　　　　→この 2 種類の分子を区別できるように，構造式を書く．

　　　　　　　　　しかし構造式は煩雑，かつ，書き表すのに広いスペースが必要なので不便．

　　　　　　　　　→それぞれをその構造に基づいた，分ち書きした分子式＝示性式で表す．

　　　　　　　（2）この 2 種類の分子の示性式を示せ．　　　　　　　（答は右ページを見よ）

　　　＊構造式から示性式，示性式から構造式が書けるようになること．

※宿題を出す理由：伝統的な日本の大学の授業方法はよくない．学生は定期試験の時に一夜漬けの勉強をするだけであり，通常の授業は一方的講義を受身で聞くだけ．下手をすると思考回路は閉じて手だけが作業をすることになりかねない．これでは実力がつくはずがない．アメリカの大学では学力差の大きい学生が進学するので，基礎ができていない学生を大量のレポートと頻繁なテストでトレーニングする．学生は嫌でも自分で勉強しないと卒業できない．実力ある学生にはもっと伸びる機会が与えられる．ということで，本書は宿題（自習）・テストがたくさんある授業を前提としているが，学生を日本の小学生並に扱っている訳ではない．

　　　　問題 1-10　エタン，エタノール，酢酸の示性式を書け．　（答は右ページ．構造式は p.19）
　　　　　＊これらの示性式は基礎（掛算の九九）として必ず覚えておくこと．

　　　　問題 1-11　下記のペンタン C_5H_{12} の 3 種類の異性体の構造式を示性式で示せ．

　　　　　　　　　　　　　　　　　　　　　　　　　　　　　（答は右ページを見よ）

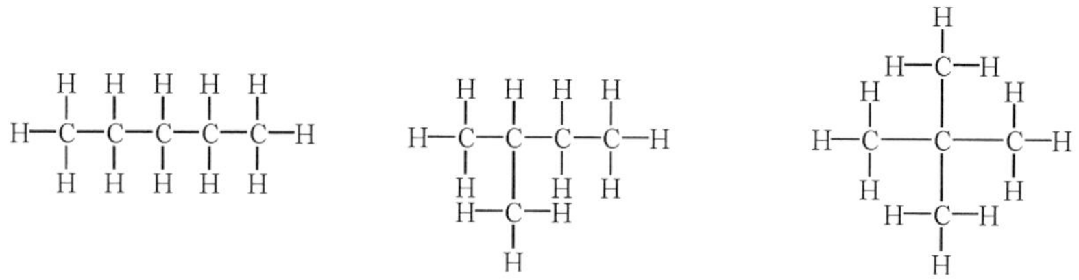

課題：p.40 まで予習をせよ．次週に p.30，31 の（2）の前までの豆テスト 1（p.251，掛け算の九九に対応）を行う．p.30，31 の（2）の前は要暗記．

示性式（短縮構造式ともいう）：構造式に対応するようなまとめ書き・分ち書き．構造がすぐわかる式．いわば**分子の分ち書き**である．「ここではきものをぬいでください」では意味不明．意味がわかるようには「ここでは，きものをぬいでください」と句読点をつけるか，「ここで はきものを ぬいでください」と分ち書きすべきである（漢字混じり文は一種の分ち書き）．分子式もこれと同じで，示性式にしないと分子構造はわからない．次の例を見よ．

答え 1-9　構造式

示性式（次の5種類のいずれの書き方でもよい）
CH_3-CH_2-OH, CH_3CH_2-OH, CH_3CH_2OH, C_2H_5-OH, C_2H_5OH

分子骨格 C–C–O について1原子ごとにHを一緒にまとめて書く＝分ち書きをすると CH_3-CH_2-OH；C–C のつながりは，同じCだから，–を略して書くと CH_3CH_2-OH，またはC–C部分だけまとめて書くと C_2H_5-OH；–を全部省略すると CH_3CH_2OH，または C_2H_5OH．通常は C 以外の部分＝**官能基**＝**分子の性質を表す部分**を強調するために（だから示性式！） C_2H_5-OH のように C 部分とそれ以外の部分とを分けて書くか，単純に C_2H_5OH と書く．CH_3-CH_2OH とは書かない．これはまちがった分ち書きである．

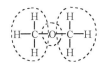　　　　　　　CH_3-O-CH_3, または CH_3OCH_3

答え 1-10　C_2H_6 (CH_3-CH_3, CH_3CH_3)；C_2H_5OH (CH_3-CH_2-OH, CH_3CH_2-OH, C_2H_5-OH)；CH_3COOH (CH_3-COOH ← $CH_3-\underset{\underset{O}{\parallel}}{C}-O-H$)

答え 1-11　$CH_3-CH_2-CH_2-CH_2-CH_3$ ＝ $CH_3CH_2CH_2CH_2CH_3$ ＝ $CH_3-(CH_2)_3-CH_3$ ＝ $CH_3(CH_2)_3CH_3$　炭素鎖の中央部分で $-CH_2-$（メチレン基）が繰り返し出てくるのでこれらを（　）でくくった．

$CH_3-\underset{\underset{CH_3}{|}}{CH}-CH_2-CH_3$ ＝ $CH_3\underset{\underset{CH_3}{|}}{CH}CH_2CH_3$ ＝ $CH_3CH(CH_3)CH_2CH_3$

$CH_3-\underset{\underset{CH_3}{|}}{\overset{\overset{CH_3}{|}}{C}}-CH_3$ ＝ $CH_3C(CH_3)_2CH_3$

枝分かれ部分は（　）に入れた書き方をすることがある．

＊構造式を書く際は炭素の手が4本を必ず守ること！

問題 1-12　示性式 $CH_3(CH_2)_3CH_3$, $CH_3CH(CH_3)CH_2CH_3$, $CH_3C(CH_3)_2CH_3$ の構造式を書け．
　ヒント：示性式中の（　）の中が CH_3 の時は CH_3- は手が1本だから分岐分子．（　）を抜いて分子骨格を書く．CH_2 は $-CH_2-$ だから分岐ではなく分子骨格の一部分である．答は p.28.

2章： 飽和炭化水素 (Saturated Hydrocarbon) アルカン (Alkane)

「最低限のまとめ」：この見開きページは p.32 以降の飽和炭化水素を勉強し終わったあとで，まとめとして必要最低限の基礎知識を確認し，必要なところを記憶するためのページである．従って，今読んでも「何だこれは」と思うだけである．記憶用・演習テスト用には右ページを隠して左ページを見て右ページが言えるように何度も繰り返す．この中で，「性質」は覚えるのではなく本文を勉強したあと，納得して確認すべきものである．名称もそのつけ方のルールを知り，どうしてそのような名称になるかすべて納得した上で暗記すべきである．他の単元でも最初の見開きはまとめとなっているので活用してほしい．

飽和炭化水素とは？

C_nH_{2n+2} 一般名？（具体例として ？，？，？，？，？ を想起しよう）

(1) 化合物：

数詞	アルカンの 炭素数	分子式	名称	アルキル基 の名称	$R = C_nH_{2n+1}$ 化学式	R の 略号
1. ？	C_1	？	？	？	？	
2. ？	C_2	？	？	？	？	
3. ？	C_3	？	？	？	？	
4. ？	C_4	？	？	？	？	
5. ？	C_5	？	？	…	…	
6. ？	C_6	？	？	…	…	

(2) 性質：

① 沸点：一般的性質？

室温でブタンは（気，液，固？）体，

ヘキサンは？体，$n=20$ のアルカンでは？体である．なぜか？

② 密度：水より軽い？重い？なぜか？

③ 水との親和性＝混ざる？混ざらない？なぜか？

④ 反応性は高い？低い？なぜか？

(3) 分岐炭化水素の命名法：ペンタンの異性体の構造式・略記法と名称？

(4) 問題 2-3, 2-4 に答えよ．酢酸の構造式を書け．

不飽和炭化水素　二重・三重結合を持つもの

(1) C_2H_4　　名称：？　　構造式：？

(2) C_2H_2　　名称：？　　構造式：？

(3) 性質：反応性は高い？低い？　その理由？

2章：飽和炭化水素（Saturated Hydrocarbon）アルカン（Alkane）

飽和炭化水素：単結合よりなる（他と結合できる手が飽和した）CH 化合物；飽和炭化水素・不飽和炭化水素＝これ以上 H が付くことができない・まだ付加できる.

C_nH_{2n+2} アルカン alkane（<u>メタンガス</u>，<u>プロパンガス</u>，<u>ガソリン</u>，<u>石油(灯油)</u>，<u>ろうそく</u>を想起しよう）

＊テキスト p.35〜37 を調べて自分で以下の空欄を埋めよ.

(1) 化合物：

数詞	炭素数	アルカンの 分子式	名称	アルキル基 の名称	$R=C_nH_{2n+1}$ 化学式	R の 略号
1. モノ (mono：モノローグ)	C_1	CH_4	（メタン）	（メチル）	（CH_3-）	Me
2. ジ (di：ダイアローグ)	C_2	（　）	（　）	（　）	（　）	（　）
3. トリ (tri：トライアングル)	C_3	（　）	（　）	（　）	（　）	（　）
4. テトラ (tetra：テトラポット)	C_4	（　）	（　）	（　）	（　）	（　）
5. ペンタ (penta：ペンタゴン)	C_5	（　）	（　）	…	…	…
6. ヘキサ (hexa：ヘキサゴン)	C_6	（　）	（　）	…	…	…

(2) 性質：

① 沸点：<u>一般にどのような物質でも沸点は分子量と共に大きくなる</u>. 従って，アルカン C_nH_{2n+2} も n が大きくなるほど沸点は高くなる. 室温で**ブタンまでは気体，ペンタンからは液体，$n=20$ では固体**である. なぜかは p.42.

② 密度＝水より小さく，**水に浮く**. なぜかは p.42.

③ 水との親和性：いわば**油**であり，**水と混ざらない**（疎水性）. なぜかは p.42.

④ 反応性に乏しく，硫酸，硝酸，過マンガン酸カリウムとも反応しない. なぜかは p.42.

(3) 構造式・名称は p.46，47，略記法は p.48，51 を見よ.

(4) p.39，40 を見よ. p.19 を見よ.

不飽和炭化水素　　　C−C，C−H 結合は切れにくい

(1) C_2H_4　名称：エチレン（エテン）　構造式：$\begin{smallmatrix}H\\ \\H\end{smallmatrix}C=C\begin{smallmatrix}H\\ \\H\end{smallmatrix}$

(2) C_2H_2　名称：アセチレン（エチン）　構造式：$H-C\equiv C-H$

(3) 性質：不飽和炭化水素では二重結合，三重結合が単結合に変化することにより，H_2，H_2O などが付加できるため，反応性に富む. 付加反応がおこる.

例：$CH_2=CH_2 + H_2$（触媒）$\longrightarrow CH_3CH_3$（$=C_2H_6$）

2-1 飽和炭化水素アルカンとは

「アルカンとはどんなものですか？」「飽和炭化水素にはどんなものがありますか？」と質問されたら，読者諸君はいかなる答えを用意できるだろうか….

p.1 の「酸とは何か？」なる質問に対する著者の答は「酸っぱいもの」であったが，これと同様に，著者の答は「**アルカンとはメタンガス（都市ガス），プロパンガス，ガソリン，石油，ろうそく**に代表される物質群であり，その性質はこれら物質からイメージできる」である．もちろん，酸とは？に対する答「青リトマス紙を赤くするもの」と同様に，「単結合でできた炭素と水素の化合物」という答もあるだろうが，理解の基本は理屈・机上の知識ではなく直感，イメージを持つことである．化学ではその前提として，まず「ものを知る」ことが何よりも重要である．ものを知り，小学生にもわかる説明ができる・捉え方ができているということが，その知識が自分のもの・「身についている」証拠であり，役に立つ知識である．本書ではこの考えで勉強を進めていく．

身近な飽和炭化水素には，メタンガス（都市ガス），プロパンガス，ガソリン，石油，ろうそく*などがある．これらの例から読者諸君は次のことを即座に理解することができよう．アルカンには気体，液体，固体があること，燃えること，液体はいわゆる「**油**」であり，水に溶けないで水に浮くこと，固体も水より軽いこと（石油・ガソリン，ろうそくのしずくが溶け落ちたものが水に浮いているのを一度くらいは見たことがあるだろう）．改めて新しく学ばなくても十数年も生きてきた人はアルカンについて実は既に多くの知識を持っているし，アルカンとはどのようなものかをイメージすることができるはずである．化学は難しい，有機化学は暗記が多くて嫌だ，などと思わなくても諸君は既にそれらを身につけているのである．一番大切なことは，理屈抜きに知っている・身についている・だから応用がきく・自分の財産となっていることである．アルカンについていえば自分なりにイメージできるということである．

「アルカンとはどんなものですか？」という問いに，目下，読者諸君はあるイメージを持っているはずだが，以下，既に持っている知識をさらに肉付けしていこう．この単元を学んだあとで，もう一度同じ質問を受けたとして著者の答えは最初と全く同じ「アルカンとはメタンガス（都市ガス），プロパンガス，ガソリン，石油，ろうそくに代表される物質群であり，その性質はこれら物質からイメージできる」である．ただしこの場合同じ答えでも自分の頭にイメージしている中身は以前よりずっと深まっているという前提であるが，知識・理解は「もの」にくっついていて，すなわち，五感に基づいた体験を通して，初めて生きたものになり，役に立つものである．机上の空論，砂上の楼閣では意味がない．さあ，これから，今持っている知識に更に肉付けをして自分のものとする・消化する作業を始めよう．

　*高級ろうそくは脂肪酸エステル p.134 問題 5-18，安価なものは石油製品のパラフィン p.41である．

2章：飽和炭化水素（Saturated Hydrocarbon）アルカン（Alkane）　33

　　まず飽和炭化水素という言葉の意味について考えてみよう．

「飽和」は，例えば，飽和水蒸気とは，それ以上水蒸気が蒸発できないことをいう．また砂糖水の飽和溶液とは，それ以上砂糖が溶けないものを指す．「炭化水素」は漢字としての言葉の意味を考えると水素が炭（すみ）になったものということになるが，実際は炭素が水素化されたもの，水素化炭素（hydrocarbon）である．従って飽和炭化水素とは，水素化が飽和になっている（これ以上付くことができない）炭素という意味である．

　　二重結合を持つエチレン（C_2H_4）は，C＝C が 2 本の手でつながっているので 1 本の手を離してもまだ C—C の分子骨格を保ったままである．離した手には新しく水素をつける（付加する）ことができるのでこの C は水素化が飽和していないといえる．そこで —C＝C— 二重結合，—C≡C— 三重結合を持つ炭化水素を不飽和炭化水素と呼ぶ．

　　二重・三重結合では 1 本の結合で C と C とをつないで分子の骨組みをしっかり作っており（これを σ 結合という，p.224），残りの 1 本・または 2 本の結合（π 結合という，p.224）は，じつは手が余っていたので仕方なくつないだものである．C と C をつないでいる，分子の骨組みを支えている σ 電子と異なり（この電子はいわば 2 つの C 原子の接着剤であり，結合した C—C の間にしっかり捉えられている，いわば家を守る昔の嫁・妻のようなものである），π 結合にあずかる π 電子は，いわば浮気性の夫のようなものであり，機会があれば気楽にひょいと外に手を出し他の相手・原子と仲良くしてしまう．すなわち，二重結合・三重結合の 2 本目・3 本目の結合を切って他の原子と結合を作ってしまう（**付加反応**をおこす）性質を持っている．

反応式　H—C＝C—H　　—C＝C—　　（H—C—C—H）　→　H—C—C—H
　　　　　　　　　　　　二重結合の　　　　　　　H₂O　　　　H,OH 付加
　　　　　　　　　　　　一つを切断

手が余る

（付加＝くっつくこと：専門語である）

　　このことから，「飽和炭化水素と不飽和炭化水素ではどちらが安定か（変化しにくいか）？」の答えがすぐ出てくる．不飽和炭化水素は二重結合，三重結合の手を切って他の物質をくっつける（付加反応をおこす）ことができるので反応性が高い＝不安定である＊．飽和炭化水素は飽和しているので反応性が低く（変化しにくいので）安定である．

　　＊安定・不安定なる言葉の意味には二面性がある：変化する可能性があるか否か（熱力学的安定性），変化する速さが大きいか・小さいか（速度論的安定性）の二つである．付加と燃焼．

このように言葉の中には重要な情報が含まれている．言葉の意味を考えることはしばしば正しい理解・深い理解の手助けとなる．知らない言葉・初めて見る言葉に出合っても「わからない」ではなく，その意味を推定して読む習慣をつけることが大切である．表意文字の漢字で書いてあれば意味は何となく推定できるものである．例：炭化水素・飽和・付加・脂肪酸・脂肪族炭化水素・過酸化物・鏡像体・対掌体（p.168）．推定してみよ．

脱線：化学と無関係の余談―著者が体験した「言葉の意味を考えることはしばしば正しい理解・深い理解の手助けとなる」例を紹介しよう．「西瓜，南瓜，日本」について：西瓜を「すいか」と読むことは国語きらい，漢字きらいの著者には昔から不思議な，納得いかないことであった．なぜ西の瓜と書くかについては，アフリカ・カラハリ砂漠原産のスイカがシルクロードを伝って中国にもたらされたからということで理解していたが，1987年に上海を訪れる機会があった．レストランで出たデザートのスイカを指差してこれは何かと質問すると「シー・クア」という答えが帰ってきた．西の瓜，シー・クアがシーカ，スイカと変じ若き日の著者を悩ましたことが納得された次第である．中国語とは若き著者には読めないはずであった．南瓜と書いてカボチャと読むこと，その由来がカンボジアにあることはご存知の人も多いであろう（国語辞典を引いてみよ，これは日本人の造語・当て字か？）．我が国の国名を日本という理由もご承知と思う．日の出づる国（大陸から見て東の国，大陸の存在を強く意識した言葉），日の本（もと）の国という意味であるが，ではなぜ英語でジャパンというのだろうか．13世紀後半に中国・元に滞在したマルコポーロが東方見聞録に書いた黄金の国・ジパングがもとであろうと想像する人は多いと思うが，ではなぜジパングなのか．かって台湾の若者と話をする中で「日本」をジー・パンと発音するのを聞き納得した．香港はHongKongと記述する．当時の中国語では日本をジーパン（jipang）と発音したに違いない（広辞苑には「jipangu」と書かれておりマルコポーロの原典がどちらなのか興味あるところである）．ちなみに漢民族ではない異民族・満州族が打ち立てた清朝の言葉を受け継いだ現在の北京標準語ではリーベンと発音する．一方，韓・朝鮮語では日本をイルボン（ニホン）と発音する．日本文化がいかに大陸（中国・韓・朝鮮半島）の影響を大きく受けてきたか，このことからも理解できる．朝鮮半島と古代日本との関係は金達寿著「日本の中の朝鮮文化」（講談社文庫）の中に詳しい．ちなみにナラ（奈良）は韓・朝鮮語で町・都会・「くに」という意味であり，お祭りの神輿（おみこし）を担ぐ時の掛け声，ワッショイ，はワッソ（（神様が）来ました）という韓・朝鮮語だという説もある．また広辞苑によれば「味噌」は朝鮮語由来である．中国をChinaというのは始皇帝の秦王朝，朝鮮をKoreaというのは936-1392年の半島統一王朝の高麗由来（668-935新羅，1392-1910朝鮮（1897に国号を韓に変））であるといわれている．

「飽和」という言葉から脱線しすぎたが，不飽和化合物は飽和化合物より反応性が高いことは理解していただけたであろう．この反応性についてはあとでまた学ぶがここでは身近な例を一つあげておこう（次の余談に続く）．

余談―不飽和脂肪酸の話*：ごま油・椿油・菜種油・コーンオイルといった植物油は二重結合を持った物質，すなわち不飽和脂肪酸のグリセリンエステルであり（詳しくは後述 p.100, 134），液体である．しかし植物油の二重結合の1本を切って水素と反応させ単結合にすると固体になる．この水素付加（水素添加）により得られたものがバターの代用品マーガリンである（硬化油，なぜ不飽和が飽和になると液体から固体になるかは p.238）．

(不飽和炭化水素)

$$-C=C- \quad \xrightarrow[\text{付加反応}]{H_2} \quad -\overset{\displaystyle H \; H}{\underset{\displaystyle H \; H}{C-C}}- \quad (飽和炭化水素)$$

2 章：飽和炭化水素（Saturated Hydrocarbon）アルカン（Alkane）　*35*

　植物油は空気と光があると油焼けをおこしやすい．油焼けは光と酸素分子の作用によって油脂が過酸化物となり，さらにアルデヒド・カルボン酸（後述）といった酸化分解物を生じる現象である．この反応は<u>ラジカル反応</u>といわれるものであり，上述のように二重結合が開いて付加反応をおこすわけではないが，二重結合を持った物質がアルカンよりずっと油焼けをおこしやすい（理由は p.147）．過酸化脂質は反応性が非常に高く，体内の活性酸素により生じた過酸化脂質は老化やガンのもととなる．日光に当たった古いポテトチップスは食べない方が無難である．テンプラ油の劣化も高温下での過酸化物生成に基づいている．二重結合が開いて，そこに水素原子が付加して飽和炭化水素（機械油・ミシン油）になればより安定となる．Cl のようなハロゲン元素，水分子，酸素などが付加すると C—C 結合が活性化されて結合が切断されたり変化しやすくなる（p.69，76）．

　　　＊ 脂肪酸とは，脂肪の構成成分のカルボン酸という意味である．脂肪はアルコールの一種で
　　　あるグリセリンとカルボン酸から生じたエステルである（p.132）．鎖式の飽和炭化水素（ア
　　　ルカン）・不飽和炭化水素（アルケン，p.140）を脂肪族炭化水素（aliphatic hydrocarbon,
　　　aleiphar，脂肪の，脂肪から得られる）と呼ぶ理由も同様である．

2-2　直鎖の飽和炭化水素とその命名法（大変重要である）

　なぜ命名法を学ぶ必要があるか：諸君にはそれぞれ名前（姓と名）がある．なぜ名前があるかは，ない時のことを考えれば自明である．生活する上で大変不便である．化学の世界でも事情は同じである．友達を作るのにその人の名前も覚えない人はいないであろう．友達になりたかったらその人の名前を一生懸命覚えるはずである．諸君が化学と仲良くなりたかったらやはりせめて友達の数位の名称は覚える必要がある．諸君が化合物を命名する必要がある場合は少ない．多くは専門の授業・教科書で様々な化合物名が出てきた時（p.171〜182 を見よ），それが何かを理解する，名称を基にその化合物の示性式・構造式が書ける，構造式をもとにその化合物の性質を推定するのが目的である．<u>一度は自分で化合物が命名できるようにならないと名称から構造が書ける・理解できるようにはなれない</u>＊．このためには，まず数詞を知ること，それにアルキル基の名称を覚えることが絶対必要である．

　　　＊構造式を書けるようになる勉強をしたのも同じである．自分で一度書けるようにならない
　　　と他の科目・授業で化合物の構造式・示性式が出ても何かわからない．一を聞いて十を知る
　　　という言葉があるが，通常は 10 を学んで初めて 5 が理解できる，3 が身につくものである．

数詞：ギリシャ語を用いる．
　　1 モノ　　…mono モノレール（1 本のレールで走る）モノローグ（ひとり言，独白）．
　　　　　　　　ヌクレオチド AMP とはアデノシン一(mono)リン酸のこと（p.164）．
　　2 ジ　　　…ダイアローグ（ジは横文字で書くとディ di，対話という意）．ADP とは
　　　　　　　　アデノシン二(di)リン酸のこと．

3 トリ　　…トライアングル（トリは横文字で書くと tri，トライとも発音する．三角形のこと，転じて三角形の楽器，バーミューダ…）．ATP とは…三リン酸．

4 テトラ　…tetra テトラパック（牛乳の四面体・三角錐のパック．三角牛乳），テトラポッド（海岸端にある四つ足のコンクリート消波ブロック）

5 ペンタ　…penta ペンタゴン（アメリカ国防総省のこと．上空から見ると五角形をした大ビルディングである．2001 年 9 月 11 日の事件を思い出すこと）．

6 ヘキサ　…hexa ヘキサゴン（六角形）

7 ヘプタ　…hepta

8 オクタ　…octa オクトパス（タコの足は 8 本），オクトーバー（10 月．昔の暦では 8 月を表す言葉だった．ユリウス・カエサルがユリウス暦を定めた時，7 月 Juli，さらにその養子のオクタウィアヌス（アウグストゥス：帝政ローマ初代皇帝）が 8 月に自分の名前 August を割り込ませたため 2 ヶ月ずれた）

9 ノナ　　…nona ノベンバー（11 月．元々は 9 月を表す言葉）

10 デカ　　…deca ディセンバー（12 月．元々は 10 月を表す言葉），デケイド decade（10 年間という意味），デシ（10 分の 1 を表す接頭語．デシリットルなど），ガキデカ・刑事さん？（品の悪い言葉です）

20 (エ)イコサ…(e)icosa 栄養学の栄子さ（んは 20 歳），EPA（IPA, p.146）

22 ドコサ　…docosa あんたがたドコサ肥後さ…（わらべ歌），DHA（p.146）

飽和炭化水素の分子式の一般式

　炭化水素の分子式（暗記不用）一般的に言えば「C_nH_{2n+2}」と表せるが，炭素の手の数＝4 と覚えていれば，C のすべてをつないで手を 4 本出した構造式の骨組を描くことができる．C の数さえわかっていれば，構造式中の水素数は数えればわかる．

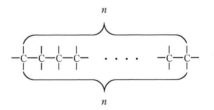

問題 2-1　$C_3H_?$，$C_5H_?$，$C_9H_?$，$C_{22}H_?$ の？を求めよ．C_nH_{2n+2} の n に数を代入するのではなく構造式を脳裏に描き，上 n 下 n 両端 1，1 と数えよ．　　　（答：8，12，20，46）

飽和炭化水素（アルカン alkane）の名称

—C—	CH_4	メタン	methane（メタンガス）	C_1〜C_4 までは
—C—C—	C_2H_6	エタン	ethane（お酒・エタノール）	不規則なので覚える．
—C—C—C—	C_3H_8	プロパン	propane（プロパンガス）	語尾は ane（アン）．
—C—C—C—C—	C_4H_{10}	ブタン	butane（ガスライターのブタンガス）	

以上は語尾がすべて ane と命名されたので，C_5 より長鎖の化合物の名称は簡単に数詞＋ane の形 -ane とした．

2章：飽和炭化水素（Saturated Hydrocarbon）アルカン（Alkane）　　37

C_5H_{12}　　ペンタン＝ペンタ＋アン penta ane → pentane

C_6H_{14}　　ヘキサン＝ヘキサ＋アン hexa ane → hexane ここまでは覚えること．

C_7H_{16}　　ヘプタン

C_8H_{18}　　オクタン

C_9H_{20}　　ノナン

$C_{10}H_{22}$　　デカン

＊Hの数は覚えなくてもCの数C_nだけわかっていればあとは構造式をイメージするだけでC_nH_{2n+2}とわかる．

$C_{15}H_{32}$　　ペンタデカン（5 + 10）ペンタデカン酸ジグリセリド（育毛剤の成分）

$C_{20}H_{42}$　　（エ）イコサン(e)icosane（栄養学の栄子さん）EPA（IPA, p.146）

$C_{22}H_{46}$　　ドコサン docosane（あんたがたドコサん）DHA（p.146）

アルキル基（alkyl基） とその名称：一般式 $C_nH_{2n+1}-$（アルカンからHを1個取ったもの）
示性式　アルキル基の名称＊　略号＊＊　-ane → -yl

CH_3-　　　　メチル基　　**Me-** methane → methyl　これをひとつだけ覚えれば他は予想できる．

C_2H_5-　　　エチル基　　**Et-** ethane → ethyl

C_3H_7-　　　プロピル基　**Pr-** propane → propyl

C_4H_9-　　　ブチル基　　**Bu-** butane → butyl　ここまではすぐに言えること．

$C_5H_{11}-$　　（ペンチル基, アミル基ともいう．デンプン amylum 由来の名⇔アミラーゼ）

$C_6H_{13}-$　　（ヘキシル基）

$C_7H_{15}-$　　（ヘプチル基）　　＊チル・ピル・シルと英語発音が少し変わってしまうが

$C_8H_{17}-$　　（オクチル基）　　　すべて yl である．

$C_9H_{19}-$　　（ノニル基）　　　＊＊略号の Me, Et, Pr, Bu は methane, ethane, …の頭の

$C_{10}H_{21}-$　　（デシル基）　　　　2字を取ったもの

　＊ CH_3- をメチル基というのに対し，$-CH_2-$ をメチレン基，$>CH-$ をメチン基という．

　名称の由来：ブチルの語源は butyrum（バター）→ butyl である（ブタン酸 butylic acid はバター由来の酸であり，日本語では酪（農の）酸）；メチルは methy（wine）–hyle（wood）＝ methylene → methyl；エチルはエーテル ether → eth（er）yl；プロピルは proto（最初の）pion（脂肪）→ prop（ionic）yl.

＊ここから先，p.40 までは繰り返し読むことにより完全に理解・マスターせよ！

　アルキル基 R−とは飽和炭化水素メタン・エタン…から水素原子を1個取ったメチル基・エチル基…といったものを指す一般名である．例えばメタン CH_4 からHを1個取るとメチル基 CH_3- となる．

　炭素原子Cは原子価4なので手が4本あり，これをすべて使っていないと不安定である．メチル基（アルキル基 R−）は手が1本余っているから不安定であり何かとくっつきたがる．その結果，次の例のように他のものと手をつないで様々な分子を作ることができる．

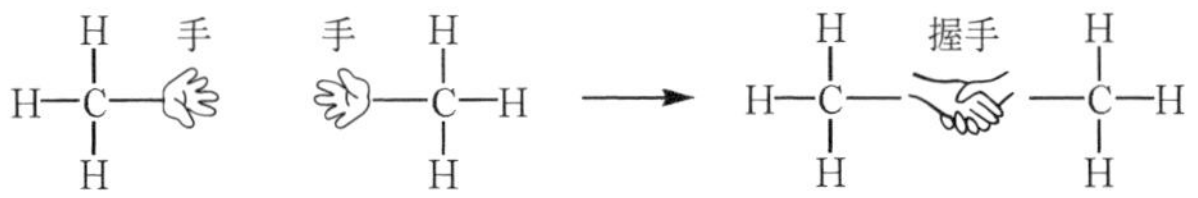

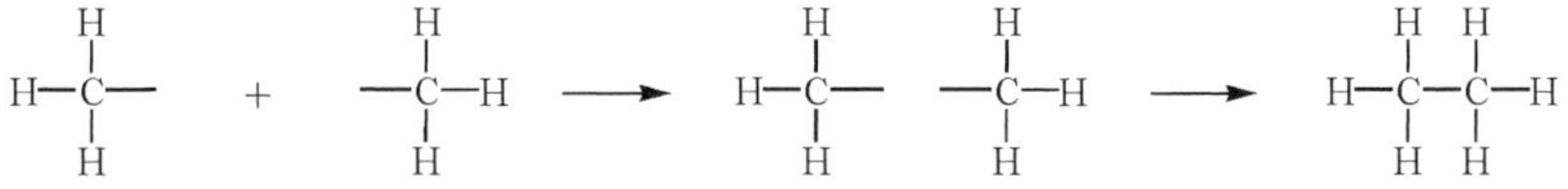

$(CH_3-\quad +\quad -CH_3)$ ... (CH_3-CH_3) エタン C_2H_6

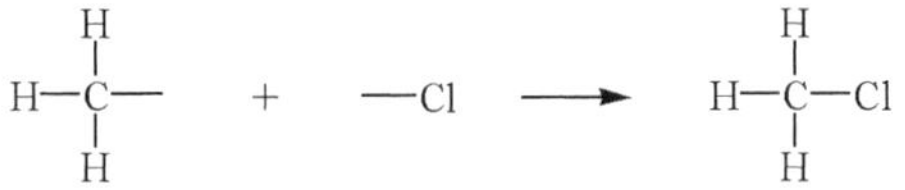

$(CH_3-\quad +\quad -Cl)$ $(CH_3-Cl = CH_3Cl)$ クロロメタン

$(R-\quad +\quad -Cl)$ $(R-Cl = RCl)$ (ハロアルカンの一種)

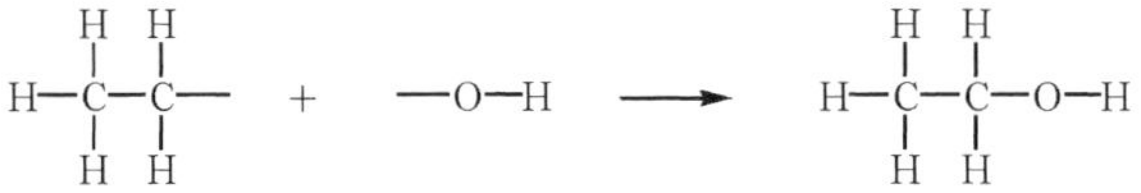

$(C_2H_5-\quad +\quad -OH)$ $(C_2H_5-OH = C_2H_5OH)$ エタノール

$(R-\quad +\quad -OH)$ $(R-OH = ROH)$ (アルコールの一種)

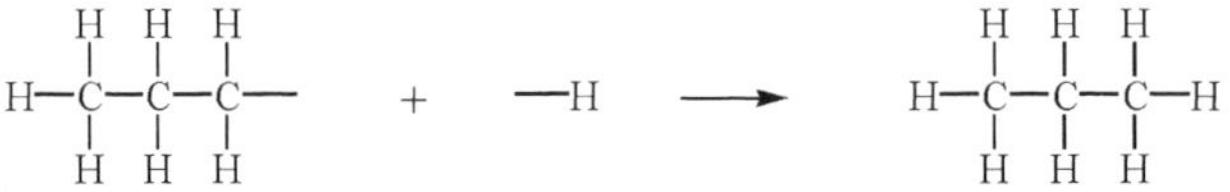

$(C_3H_7-\quad +\quad -H)$ $(C_3H_7-H = C_3H_8)$ プロパン

$(R-\quad +\quad -H)$ $(R-H = RH)$ (アルカンの一種)

　このように C の手が 1 本余った（他と手をつなぎたがっている）かたまり，CH_3- メチル基，C_2H_5- エチル基，C_3H_7-，…をまとめて**アルキル基**という一般名で呼び，**R−**で表す（R−とは CH_3-，C_2H_5-，…，すなわち…−C−のことである）．

　メタン $CH_4 \rightarrow$ メチル基 CH_3-，アルカン C_nH_{2n+2}，R−H →アルキル基 $C_nH_{2n+1}-$，R−.

　基とは「ひとかたまり・グループ」のこと（alkyl group）である．

　このメチル・エチル…の一連のアルキル基名も有機化合物命名の基礎事項なので暗記する必要がある．ただし，アルキル基の名称は上記のようにアルカンの語尾の **ane** を **yl** に変えればよいので，メタン methane →メチル methyl とのみ，1 例を覚えていれば残りはアルカンの名前をもとに推定できるはずである．

問題 2-2

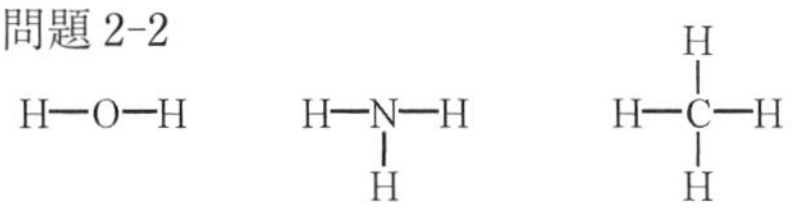

$H-O-H$　$H-N-H$（下に H）　$H-C-H$（上下に H）　はそれぞれ何という化合物か．それぞれの示性式・分子式を書いた上で，これらのものが何かを判断せよ．

2章：飽和炭化水素（Saturated Hydrocarbon）アルカン（Alkane）　39

答え 2-2　水（H–O–H → H_2O），　　　　　　　アンモニア

$$\left(\begin{array}{c} \text{H–N–H} \\ | \\ \text{H} \end{array} \longrightarrow NH_3 \right)$$

水素 2 個と酸素 1 個から成る物質

メタン

$$\left(\begin{array}{c} \text{H} \\ | \\ \text{H–C–H} \\ | \\ \text{H} \end{array} \longrightarrow CH_4 \right)$$

窒素 1 と水素 3 から成る物質

炭素 1 と水素 4 から成る物質

＊我々は構造式ではなく示性式で頭の中に記憶しているため，このように構造式から示性式が書けないと，構造式で示したものが何かすぐにはわからない破目になる．

アルキル基の示性式による表し方

$$\begin{array}{c} \text{H H H H H} \\ | | | | | \\ \text{H–C–C–C–C–C–} \\ | | | | | \\ \text{H H H H H} \end{array}$$

（いわば油）→ ① $CH_3–CH_2–CH_2–CH_2–CH_2–$ →

② $CH_3CH_2CH_2CH_2CH_2–$ → ③ $CH_3(CH_2)_4–$ → ④ $C_5H_{11}–$ →（$C_nH_{2n+1}–$）

一般式 → ⑤ R– で表す（R は油であることを示している）．

R– は…–C– のこと．

アルキル基の構造式は上記のように①分子の骨格原子（この場合 C）を 1 個ごとに $CH_3–$，$–CH_2–$ とまとめる，②結合の手（価標）– を省いて示す，③ –C–C– でつながったメチレン基 $–CH_2–$ をまとめて示す，④アルキル基の C と H をすべてまとめて $C_nH_{2n+1}–$ と表す（これがアルキル基の示性式の一般形），⑤これを R– で示す（R– は油のアルカンから H を引き抜いたものゆえ，やはり**油の性質**を持っている）．

問題 2-3　以下の構造式について上の例の①②④⑤と同様に示性式の表示をせよ（化合物の名称は気にしないこと．アルカン・アルキル基の名称のみを気にせよ）．

$$\begin{array}{c} \text{H H H} \\ | | | \\ \text{H–C–C–C–Cl} \\ | | | \\ \text{H H H} \end{array} \qquad \begin{array}{c} \text{H H H H} \\ | | | | \\ \text{H–C–C–C–C–N–H} \\ | | | | \\ \text{H H H H} \end{array} \qquad \begin{array}{c} \text{H H H H H} \\ | | | | | \\ \text{H–C–C–N–C–C–C–H} \\ | | | | | | \\ \text{H H H H H H} \end{array}$$

答え 2-3

$$\begin{array}{c} \text{H H H} \\ | | | \\ \text{H–C–C–C–Cl} \\ | | | \\ \text{H H H} \end{array}$$ → ① $CH_3–CH_2–CH_2–Cl$ → ② $CH_3CH_2CH_2–Cl$ → ④ $C_3H_7–Cl$，C_3H_7Cl →

⑤ R–Cl，RCl　　　　　　　　　　　1-クロロプロパン（p.75 問題 4-9）

$$\begin{array}{c} \text{H H H H} \\ | | | | \\ \text{H–C–C–C–C–N–H} \\ | | | | \\ \text{H H H H} \end{array}$$ → ① $CH_3–CH_2–CH_2–CH_2–NH_2$ → ② $CH_3CH_2CH_2CH_2–NH_2$ →

④ $C_4H_9–NH_2$，$C_4H_9NH_2$（ブチル**アミン**（p.82））（–C–C– とつながった CH_2 はひとつにまとめて表す）→ ⑤ R–NH_2，RNH_2（R は油，NH_2 はアンモニアの一部，従って，半分油，半分アンモニアの性質がある．→ RNH_2 を見れば性質がわかる．→だから示性式という．）

$$\begin{array}{c} \text{H H H H H} \\ | | | | | \\ \text{H–C–C–N–C–C–C–H} \\ | | | | | | \\ \text{H H H H H H} \end{array}$$ → ① $CH_3–CH_2–NH–CH_2–CH_2–CH_3$ →

② $CH_3CH_2–NH–CH_2CH_2CH_3$，$CH_3CH_2NHCH_2CH_2CH_3$

このものは左右2組の–C–C–のつながりを–N–で橋かけしたものである．左右それぞれの–C–C–をまとめて表すと（これがアルキル基である），

→ ④ C_2H_5–NH–C_3H_7, $C_2H_5NHC_3H_7$ → ⑤ R–NH–R′, RNHR′

  エチル（プロピル）アミン（p.82） （C_2H_5–, C_3H_7–を $C_5H_{12}NH$, RNH とはまとめない！）

問題2-4 H–C–C–O–C–H を示性式で示し，さらにアルキル基 R–, R′–を用いて表せ．

答え2-4 CH_3–CH_2–O–CH_3 → CH_3CH_2–O–CH_3，これは CH_3CH_2– と –CH_3 を –O– で橋
  かけしたものである．–O– の左右をそれぞれ C, H についてまとめて記すと

  → C_2H_5–O–CH_3 → $C_2H_5OCH_3$（エチルメチルエーテル（メチルエチルエーテル））

  → R–O–R′ → ROR′（この場合 R＝エチル基，R′＝メチル基）

R–O–R′ とは…–C–O–C–…のことである．両方の C を O で橋かけしたものである．これをエーテルという（後述 p.100）．

  C–C–O–C のような場合，O の左の–C–C–結合は一つにまとめて C_2H_5– のように書く（これがアルキル基）．また–O–のように C の間に O や N などの C 以外の別の原子が入ったら，機械的にそこで切り，それに注目してそこまでの–C…C–を一つにまとめて書く（C_nH_{2n+1}–）．これをR–と記して化合物を表現する．C の数が違う–C…C–があったら，これを R′–と記す．それゆえ，ここの例では C_2H_5–O–CH_3 → R–O–R′ となる．C_2H_5– と CH_3– を C_3H_8O のように一つにはまとめない！まとめたもの（化学式 C_3H_8O）ではこの化合物がエーテル（示性式 C_2H_5–O–CH_3, R–O–R′）とはわからない．

問題2-5 p.30（1）化合物のところを見て p.31 の答がすらすら言えるようになるまで何度も繰り返せ（これはいわば掛算の九九であるので即座に完全に言えるようになること，なお，p.31 の空欄は p.35〜39 を参考にして自分で埋めよ）．

2-3 アルカンはどこにある？

（1）メタン…天然ガスの主成分．都市ガス．

  沼・ドブ池や下水の泥を掻き回すと出てくる泡（ガス・沼気）．おなら（有機物を分解してメタンを産生する腸内細菌が存在するため．メタンそのものは無臭）．地球温暖化の原因物質のひとつ．天然ガスはインドネシアやマレーシアなどから輸入（液化天然ガス LNG：liquified natural gas 主成分はメタン）．一般的に気体は圧力をかけると液体になる傾向がある．ガスの状態で運搬するとわずかしか運べないので，圧力をかけて液化して船で運ぶ．メタンの沸点は－161℃なので，圧力をかけると同時に船全体を冷凍庫にして液化させる．そうして運んできたメタンを東京港で気体にするが，液体のメタンが蒸発する時に周りから熱（蒸発熱）を奪うので周りを冷やす作用がある．その冷える力を使って，かつては人工の雪を作り，屋内スキー場に利用していた．

    参考：地球温暖化ガス（CO_2, CH_4, フロンガス）・シベリアのツンドラ地帯のメタンガス
    温暖化機構：放射冷却（超能力？人の気配を感じる・手を近づけてみる）と地球の毛布
    21世紀のエネルギー資源：メタンハイドレート（深海底にある氷状のメタン包接水和物）
    地球にやさしいエコサイクル：ドイツにおける生ゴミのメタンガス資源化

(2) エタン…天然ガス中に 5〜10 % 含まれている.

(3) プロパン…プロパンガスのボンベ（都市ガス配管がない所で使用．室温・1 気圧で気体．ボンベ中では 15 気圧の圧力をかけることにより液体化）.

　　液化石油ガス（liquified petrorium gas：石油と共に産出・または製油所で原油を処理する際に生じるガスを高圧下で液化したもの）の主成分．タクシー(LPG 車)の燃料．

(4) ブタン…家庭で鍋料理の時などに用いる卓上用のカセットガスコンロのガスボンベ（各自，自宅で確認してみよ）．100 円ライターの中身．液化石油ガス中にプロパンと共に含まれている.

　　ブタンは実際はガスであるが，圧力をかけて液体にしている．ブタンの沸点は約 0℃なので，室温でもわずかな圧力をかけるだけで液体になる．ライターは栓を開けた瞬間に圧力が 1 気圧になる為にブタンが液体から気体になり，火打ち石（合金）の火花から引火して火がつく（デモを参照）．火起こしの原理は石器時代・江戸時代と同じ.

(5) ペンタン…沸点は 36℃なので蒸発しやすい．引火の危険性大（デモを見よ）．よって，ガソリンスタンドでは火気厳禁である.

(6) ヘキサン…脂溶性の物質を溶かすための液体（溶媒・溶剤）として用いられる.

(7) 石油

ガソリン	35〜180℃の留分	C_5〜C_{12}のアルカン
	40〜70℃	石油エーテル（主留分はヘキサン）
	60〜120℃	石油ベンジン
	100〜120℃	リグロイン（ヘプタン・オクタン）
灯　　油	170〜280℃	C_{11}〜C_{18}のアルカン
軽　　油	240〜350℃	〜C_{21}のアルカン
重　　油	それ以上	それ以上の分岐・環状の炭化水素
固形パラフィン	C_{16}からC_{40}（特にC_{20}〜C_{30}）	（安価なろうそく）
流動パラフィン	環状の炭化水素・そのアルキル置換体より成る.	
アスファルト	石油の蒸留残留物	

　　（参考：コールタール→石炭の乾留物．芳香族炭化水素が主成分）

　　余談：オクタン価：自動車エンジンのシリンダー内で燃料が過早発火したり異常爆発したりする現象をノッキングという．爆燃ともいい，これが起こると金鎚を叩くような，いわばノックする音を出す．ノッキングの防止にはハイオクタン価のガソリン（ハイオクガソリン：枝分かれ炭化水素），またはアンチ（反）ノック剤を添加したガソリンを用いる．昔はテトラエチル鉛を用いていたが，鉛は有毒なので現在は無鉛ガソリンに置き換わっている.

　　アンチノック性が試料ガソリンと同じになるようにイソオクタンと n-ヘプタンとを混合した液のイソオクタンの容積%でアンチノック性を表し，オクタン価という．イソオクタン $CH_3C(CH_3)_2CH_2CH(CH_3)CH_3$ は 100，ヘプタンは 0，通常のガソリンは 85，ハイオクは 95 である.

問題 2-6　テトラエチル鉛の構造式を書け．ただし鉛（元素記号 Pb）は 4 価（手が 4 本）である．（知らない化合物でもその名称から読者はすでに構造式が書けることを感じてほしい）（答は p.49．覚えるのではなく，理解すること）

2-4 アルカンの性質

(1) 反応しにくい（飽和炭化水素）→濃硫酸 H_2SO_4，濃硝酸 HNO_3，過マンガン酸カリウム $KMnO_4$（強力な酸化剤）にも侵されない.

・単結合しかないので付加反応（p.33, 149）はおこさない.

・C–C 結合，C–H 結合は切れにくい（分極していないため，ちょっかいを出す隙がない・隙を見せないのでちょっかいが出せない；「分極」は p.70 で説明）.

   →アルカンをパラフィン（paraffin）とも言う（パラフィン系炭化水素）
   para（ない）affinity（親和性）＝他と仲良くしない＝反応しにくい

(2) 分子量小→大となるにつれて,気体→液体→固体と変化(p.44 図)（アルカンに限らずいろいろな化合物一般に成り立つ. その理由は分散力にある(p.75)）. 沸点とは？(p.84, 91)

(3) 水と混ざらない（世間では「水と油」の関係という言葉を用いる：理由はアミン，アルコール，脂肪酸の項，p.84, 91, 127 で後述）

(4) 水より軽い（密度小，石油・ろうそくは水に浮く：その理由は，定性的には構成原子の原子量と関係. O が C より重たい元素である.（単位体積中に $-CH_2-$ と H_2O が同じ数だけあると，その密度の比は原子量より $14/18 = 0.78$（実測値 0.65〜0.8））

(5) 燃える（酸素と反応して CO_2, H_2O を生成：これは $C_nH_{2n+2} + O_2$ より $CO_2 + H_2O$（係数略）の方が安定であることを意味する）

デモ実験

アルカンの様々な性質を五感で理解する（見る・触る・なめる・においを嗅ぐ）.
ブタン（百円ライター・テーブルコンロのカセットボンベの中身）・ペンタン・ヘキサン・ヘプタン・パラフィンの回覧：見る・手につける・においを嗅ぐ

(1) 指につける → 指につけた時，どれが一番ひんやりするか？ それはなぜか？
（蒸発熱と沸点の高低. ペンタンが一番ひんやりすることを体感せよ）

(2) 手につけたあとが白くなるのはなぜか？（脂肪分が溶ける. 油を溶かす性質）

(3) 見やすいように着色した水と混ぜる → 混ざるか？混ざらないか？浮くか？沈むか？
（水とは混ざらない. 水と油の関係. 水より軽いので浮く）

(4) ペンタン・ヘキサン・ヘプタンの引火実験：どれが一番引火しやすいか？ ペンタン. ガスライター2個（ブタン）を用い，一方は点火せず栓のみ開ける. 点火したライターを近づける.

(5) 石油ストーブ用の灯油とガソリンを間違えるとなぜ危険か？（沸点,引火点と発火点）

(6) 手を燃やす：ビーカーの塩水に浸したあとヘキサンをつけ点火. 火傷注意.

(7) マッチ軸・ろうを硫酸に浸す → パラフィン（反応性低）の証明. マッチ黒変・ろう不変.

(8) $KMnO_4$（赤紫色）とオクタン・1-オクテンの反応 → オクテンのみ反応する（褐色化）.

$KMnO_4$ により二重結合が酸化されジオール→アルデヒド（C–C 結合切断）→カルボン酸となる

2章：飽和炭化水素（Saturated Hydrocarbon）アルカン（Alkane）　43

　余談：ガス漏れの時どうする？

家庭用のガスは元来無臭であり，「ガス臭い」のはガス漏れがわかるようにわざとにおいをつけているためである．ガス漏れの時，都市ガス（メタンガス）の場合にはガスの元栓を締めて窓を開ければよい．プロパンガス・ブタンガスの場合は窓を開けるだけでは不十分であり，床と同じ高さの戸を開けて箒で掃き出すようにする．その理由は分子量を考えるとわかる．

問題 2-7　メタン・プロパンの分子量，空気の平均分子量を求めよ．　　　　　　（答は p.50）
　　　　ヒント：空気は窒素分子と酸素分子が 80％：20％の割合から成っている．

　アボガドロの法則（1 mol は 6×10^{23} 個の分子より成る），ボイル・シャルルの法則 $PV = nRT$（気圧 P/atm（1 atm = 101 300 Pa），体積 V/L，モル数 n/mol，気体定数 $R = 0.082$ atm・L/（mol・K），（$R = 8300$ Pa・L/（mol・K））　絶対温度 $T = (t\text{℃} + 273)$/K）より，同モル・同数の気体分子は同体積（0 ℃ 1 気圧の標準状態で 22.4 L）を示すので，空気とメタンとプロパンの重さの比は 28.8：16.0：44.0 となる．つまり，メタンガスは空気より軽いので，窓を開けるだけで浮いて外へ出ていく．しかしプロパンガスは空気より重く床の方に沈んでいるため，床と同じ高さの戸を開けて掃き出さなければ出ていかないのである．また，カセットコンロのガスボンベから漏れたガスは，さらに重たいブタンガスなので，やはり掃き出さなくてはならない．この時，扇風機や掃除機を使って外へ出そうとすると火花が発生し引火・爆発するので，箒で掃き出すのが良い方法である（箒は気液固体の掃き出し，いやな客が来た時のまじないにも使える？地球にやさしい多用途・省エネグッズである）．

問題 2-8　ブタンのカセットボンベの中身は 260 g（圧力がかかっているので液体）である．これは 25 ℃，1 気圧で何 L の気体となるか．　　　　　　　　（答は p.50）
　　（ヒント：ブタンの分子式を書き分子量を求めよ．260 g は何 mol か[*]．$PV = nRT$ の関係式から V を求める．P = 既知，n = 何 mol か，R = 既知（上述），$t = 25$ ℃の時 T = 何 K か）
[*]mol の概念がわからない人は『演習・溶液の化学と濃度計算』を参照のこと．

　　余談：ガス栓をひねれば自殺できる？
　石炭を乾留（空気を遮断して固体を加熱して揮発性物質を除く操作）してできるコークス（木炭と同じくほぼ純粋な炭素の塊）を赤熱したところに水蒸気をかけると，水がコークスと反応して水素と一酸化炭素 CO ができる（$H_2O + C \rightarrow H_2 + CO$）．これを水性ガスと呼び，昔の都市ガスに使われていた．CO は血液中の酸素運搬体である赤色素ヘモグロビン中の Fe との親和性が酸素より強く，酸素の代りに結合するのでヘモグロビンが体の細胞組織に酸素を運ぶことができなくなり，ごくわずかな量でも細胞レベルで窒息することになる．CO は空気中に 0.1％含まれるだけで致死量となる猛毒物質である．だから昔の小説やドラマではガス栓をひねる自殺や殺人があった．しかし現在の都市ガスには CO が含まれていないので，ガス自殺も酸素不足による窒息死か，ガス爆発，火災による焼死である．閉め切った部屋での木炭・ガスストーブ・石油ストーブなどの不完全燃焼による一酸化炭素中毒死事件は時々ニュースとなっている．車の排ガスによる一家心中事件のような悲惨なニュースもある．著者の郷里の福岡県大牟田市では 1963 年，最も近代化されていたはずの日本一のビルド坑・三井三池炭坑の炭塵爆発事故で 500 人近くもの人が死亡したが，この事故では多くの一酸化炭素中毒者が出た．中毒者の中には幼児同然になった人もおり，被害者とその家族は 40

年経った今でも強度の健忘症などの後遺症に苦しんでいる．猛毒のシアンは糖の代謝経路・電子伝達系（p.180）のヘムタンパク質シトクロムの Fe へ結合するのが毒性の原因である．

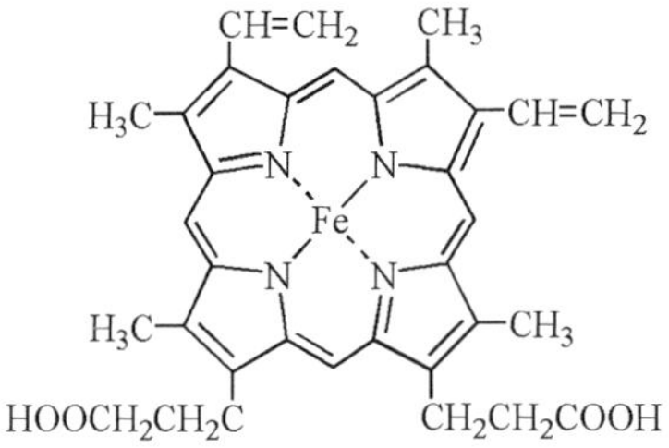

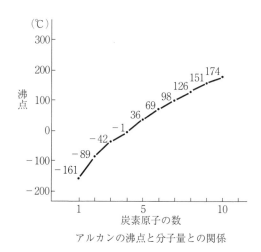

ヘムの構造式

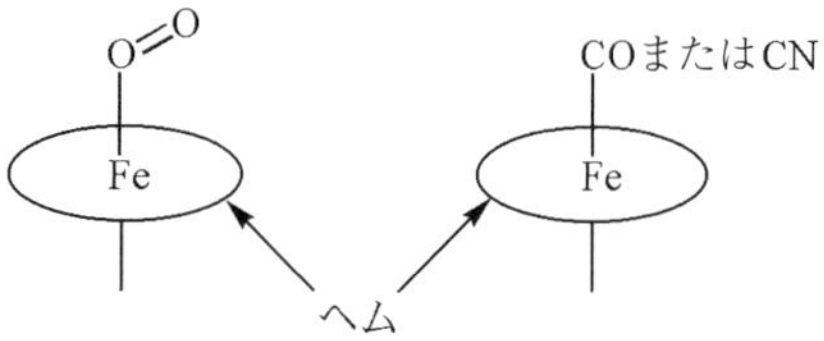

プロパン・石油・ろうそくの例でわかるように，一般的に分子量が大きくなるにつれて，気体→液体→固体となる（p.69，ハロアルカンの項で詳述）．この変化を理解するためのイメージとして，ここでは，小さいと体が軽く分子量が小さく動きやすいから気体，大きいと重たいから動きにくいので固体となると思ってよい．本当の理由は p.75 参照．

アルカンの状態（三態）と分子量との関係

	分子量	沸点（℃）	状態
メタン	16	−161.5	気体
エタン	30	−88.6	〃
プロパン	44	−42.1	〃
ブタン	58	−0.5	〃
ペンタン	72	36.1	液体
…	……	…	
C_{20}（パラフィン，ろう）			固体

アルカンの沸点と分子量との関係

問題 2-9　都市ガス・メタンの燃焼熱は 890 kJ/mol である．（J：ジュール，1 J = 0.239 cal）
① 燃焼反応の熱化学方程式を書け＊．
② カセットボンベ 1 本のブタン（260 g）と同じ物質量のメタンガスの質量は何 g か．
③ ②は 25 ℃，1 気圧で何 L となるか．
④ ②のすべてを燃焼させると何 L の水（25 ℃）を沸騰させることができるか．ただし水の**比熱**は 4.18 J/g（1.0 cal/g）である（比熱とは 1 g の物質を 1 ℃上昇させるのに必要な熱量のこと：1 cal とは水 1 g と 1 ℃上昇させる熱量）．
⑤ ②のすべてを燃焼させるには 25 ℃，1 気圧で何 L の空気（酸素含有率 20 %）が必要か．　＊反応式の書き方は『演習・溶液の化学と濃度計算』参照．　（答は p.50）

問題 2-10　ブタンの燃焼熱は 2876 kJ/mol である．① 燃焼反応の熱化学方程式を書け．② ブタンのカセットボンベ 1 本（260 g）で何 L の水（25 ℃）を沸騰させることができるか．③ ボンベ 1 本を燃焼させるには何 L の空気が必要か．④ ガス

2章：飽和炭化水素（Saturated Hydrocarbon）アルカン（Alkane）　45

　　　コンロはメタンガス用，プロパンガス用，ブタンガス用とそれぞれ別になってお
　　　り，これらの混用は事故のもとである．その理由を述べよ．　　　　　（答は p.50）
＊反応熱は栄養カロリー計算の基である（なぜ糖質・タンパク質は 4，脂肪は 9 kcal/g か）

2-5　分岐炭化水素とその命名法（化合物命名の基礎であり重要！　構造を分子模型で確認のこと）

　　　今まで見てきた—C—C—C…—C—の形をした（直鎖状）炭化水素に対して，以下のよう
　　な化合物を分岐（又になった，枝分かれ）炭化水素と呼ぶ．
　　（ブタン（C_4H_{10}）—C—C—C—C—の構造異性体である）

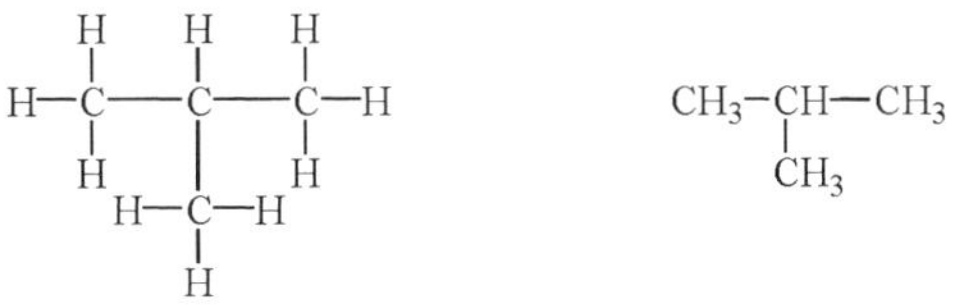

　　この炭化水素を例にとって「**命名の手順**」を示そう．
① 構造式を書き，構造式内の—C—C—炭素鎖のつながりをすべて一筆書きで書けるだけ
　　書いてみる（下図矢印）．この**一筆書きの中で一番長い炭素の鎖を分子骨格**とし，それ
　　に対応するアルカンの名前をつける．
　　—この場合，C が 3 個つながった鎖が一番長い（一番長い鎖 C—C—C が 3 組あるが，そ
　　のどれを分子骨格にしてもよい）．よって，これは「プロパン」である．

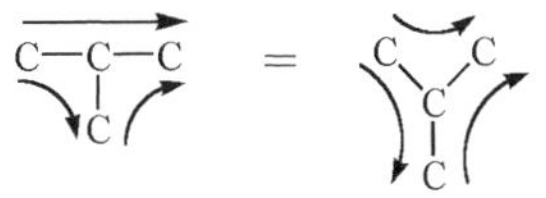

② ①の分子骨格の**炭素鎖に**右端，および左端から**番号をつける**（後で学ぶ官能基を持っ
　　た化合物の場合，官能基がついた炭素を 1 番目として番号づけをする場合がある）．

③ **分岐したところの炭素原子の番号を読み取る**．左・右からつけた 2 組の番号のうち，
　　小さい数字の番号を優先する．
　　—この場合，右端から読んでも左端から読んでも 2 である．よって，分岐の場所は（プ
　　ロパンの）「2」番目の炭素原子の所である．
④ **分岐グループ（基）の名前**をつける．
　　—この場合，枝分かれしているものは C が 1 個なので「メチル基」．
⑤ 2 個以上同じグループ（基）があれば接頭語の**ジ（2 つ）・トリ（3 つ）・テトラ（4 つ）**
　　などの数詞を用いて表す．③の**番号はグループの数だけ必要である**（p.47 のⅡ⑥参照）
　　—この場合，メチル基は 1 個なので接頭語は「モノ」であるが，モノは省略する．
　　従って，「2-メチル」．
⑥ 以上をまとめると，プロパンの 2 番目の炭素にメチル基がついたプロパンなので，「2-
　　メチルプロパン」（分子骨格は名称の一番後ろにあるプロパン，その 2 番目の炭素にメ
　　チル基がついていることを名称の頭部分で示してある）．

例題：ペンタン（C_5H_{12}）の構造異性体の構造式をすべて書き，それぞれを命名せよ．

答え（分子模型を使うことにより，以下の説明を納得せよ）

(1) 構造異性体の書き方（見つけ方）

① 分子骨格のCの数が最長のものから順に1個ずつ減らしたもの（C_5H_{12}の場合5，4，3，2）の構造を順序よく考える（論理思考する）．

② C_5は−C−C−C−C−C−しかない（以下はすべてC_5の直鎖構造である．p.22の見分け方参照．p.20〜24を復習のこと）．

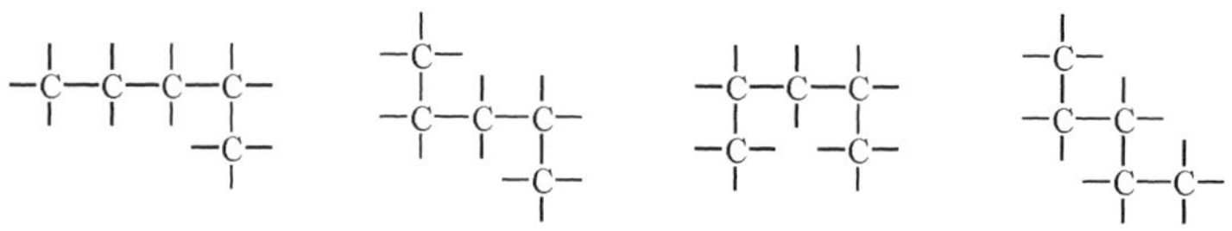

③ Cの数が1個少ないもの，この場合，C_4では −C−C−C−C− （上に1,2,3,4の番号）の分子構造に−Cを付け加える．1，4番目のCに結合したものは鎖が1つ伸びる，すなわちC_5となるので不適切（②参照）．従って，2か3に−C（メチル基，$-CH_3$）をつけるとよいので，

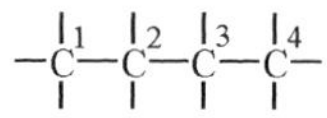

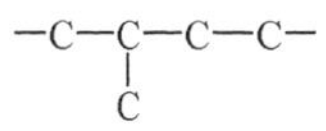

−C−C−C−C−　（p.21，23と同様の議論で以下は同一の構造である）

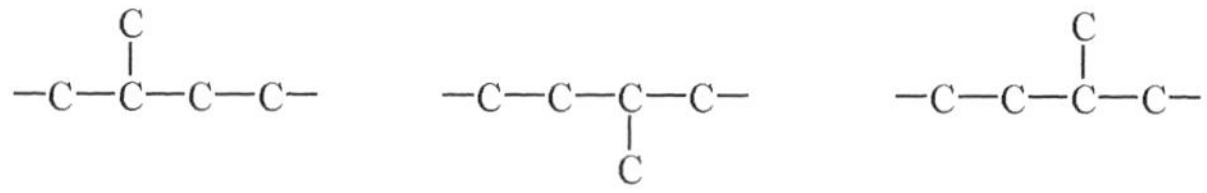

④ Cの数が2個少ないもの，この場合，C_3は −C−C−C− （上に1,2,3の番号）の分子構造に−C（メチル基）を2個，または−C−C（エチル基）を1個付け加える．③と同様の議論で分子骨格の両端の1，3番目の位置のCに結合したものはダメ．従って，2に−C（メチル基，$-CH_3$）を2個つける．

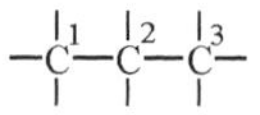

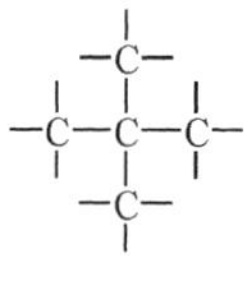

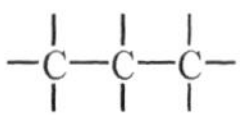

−C−C−C− の2の位置に−C−Cをつけると −C−C−C− （下にC−C）となるが，この構造では最長の炭素鎖はC_4となっており，③と同一構造である．（一筆書きしてみよ）

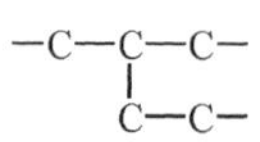

(2) ペンタン（C_5H_{12}）の構造異性体に名前をつける：

［I］

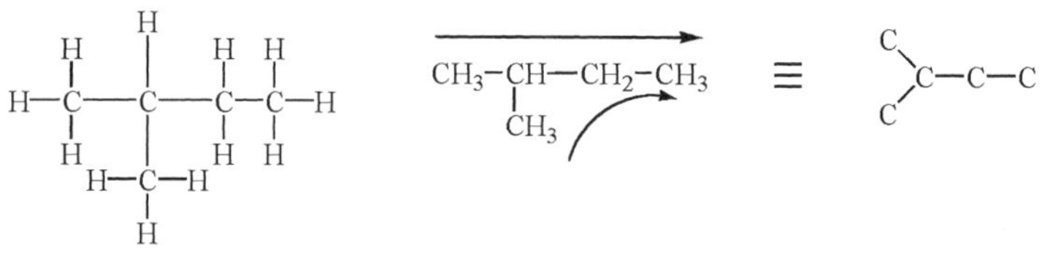

$CH_3-CH-CH_2-CH_3$　（下にCH_3）　≡　C∖C∕C−C−C

① Cが4個つながった鎖（上右図矢印，2組ある）が一番長いので，「ブタン」．

② 左から番号をつけると分岐Cは2番目，右から番号をつけると3番目が分岐.

③ 番号の若い方（数が小さい方）をとるので，左から数えて「2」番目のCが分岐.
④ ⑤ 枝分かれしているものはCが1個なのでメチル基．よって「2-メチル」
⑥ 以上をまとめると，ブタンの2番目の炭素にメチル基がついたブタンなので，「2-メチルブタン」（分子骨格は名称の一番後ろにあるブタン．その2番目の炭素にメチル基がついていることを名称の頭部分で示してある）.

[Ⅱ]

① 炭素の一番長い鎖はCが3個つながったものなので（上図矢印）「プロパン」.
② ③「2」番目のCが2箇所枝分かれしている.
④ 枝分かれしてくっついているものはCが1個 CH₃-なのでメチル基.
⑤ そのメチル基が同じ2の場所に2つ（ジ）ついているので「2,2-ジメチル」.
⑥ 以上をまとめると，プロパンの2番目の炭素に2つ（＝ジ）のメチル基がついたプロパンなので 2-メチル-2-メチルプロパン，これを略記すると（略記するのが約束）「2,2-ジメチルプロパン」.

　　ジメチル（分岐したメチル基が2個）なので，そのメチル基をつける場所も2箇所示すことが必要．すなわち，2-ジメチルではなく 2,2-ジメチルとするべきである*.
　　2-メチル-3-メチルブタンは 2,3-ジメチルブタンと表記される.

(Point) *置換基がどこについているのかわからなくなるあいまいさを一切なくすために，置換基の全てについてその位置を示してやる必要がある．置換基数と数値の数は同数！

問題 2-11　ヘキサンの異性体の構造式を書き命名せよ（ヘキサン自身を含めて5種類）．
　　　　　　　　　　　　　　　　　　　　　　　　　　　　　　　　　　（答は p.50）

問題 2-12　CH₃CH(CH₃)CH(C₂H₅)CH₂CH₂CH₃ なる示性式の構造式を書き，命名せよ．
　　ヒント：示性式中に（ ）で示す部分が含まれている時は，この部分は置換基なので，まずこの（ ）部分を除いて構造式を書き，その後で（ ）の中身を構造式につけ足すとよい．
　　　　　　　　　　　　　　　　　　　　　　　　　　　　（答は p.50, 29 も参照）
　　*命名する時には，置換基はアルファベット順に並べるのが約束だが，このテキスト・授業ではこの順序は気にしなくてもよい（あまり重要な問題ではない）．

問題 2-13　ジメチルプロパンとは特にメチル基の位置を指定しなくても（数字を省略しても）2,2-ジメチルプロパンのことである．それはこの節で学んだ命名法（IUPAC 置換命名法）では 2,2-ジメチルプロパンのみが「プロパン」と命名され，以下の物質はすべて「プロパン」以外の名称となるからである．

不適切な命名がなされている以下の物質，① 1,1-ジメチルプロパン，② 1,2-ジメチルプロパン，③ 1,3-ジメチルプロパン，④ 2,3-ジメチルプロパン，⑤ 3,3-ジメチルプロパンは正しくは何と呼ぶべきか．それぞれの名称に対応する構造式を書き，この節で学んだ命名法に基づき命名せよ．　　　　（答は p.51）

問題 2-14　オクタン価 100 のイソオクタン $CH_3C(CH_3)_2CH_2CH(CH_3)CH_3$（p.41）の構造式を書き命名せよ．　　　　　　　　　　　　　　　　　　（答は p.51）

　　参考：以上の命名法を**置換命名法**といい，国際純正応用化学連合（**IUPAC**）で定められた**組織化**された**命名法**の一つである．IUPAC 命名法にはアルキル基名と後述の官能グループ名を用いた**官能種類命名法**もある（エチルアルコールなど，p.68, 82, 101）．化合物の名称にはこれらの命名法に基づく組織名のほかに**慣用名**がある（p.68, 111, 113）．酢酸（食酢の酸）は慣用名である．ブタンの異性体 2-メチルプロパンをイソブタン（iso，イソ：同じ，ブタンと同じものという意味）という．アルキル基名ではイソプロピル基（$CH_3)_2CH-$（たとえば，2-プロパノール（p.89）のことをイソプロピルアルコールという），イソブチル基（$CH_3CH(CH_3)CH_2-$），第二級ブチル（sec-Bu, s-Bu）基（$CH_3CH_2CH(CH_3)-$），第三級ブチル（tert-Bu, t-Bu）基（$(CH_3)_3C-$）という用語を用いることがある．なお，2013 年の優先 IUPAC 名では分岐アルキル基名にイソ，sec は用いず，tert-ブチルのみが許容されている．

2-6　脂環式飽和炭化水素 シクロアルカン（一般式 C_nH_{2n}）

　　環状の脂肪族飽和炭化水素のこと．代表例は<u>シクロヘキサン</u> C_6H_{12}．分子模型の環式炭化水素の項（p.235）を見よ．⇔ C_6H_{14} <u>ヘキサン</u>（直鎖），<u>ベンゼン</u> C_6H_6（芳香族炭化水素）（p.154, 244）との違いを確認しておくこと．

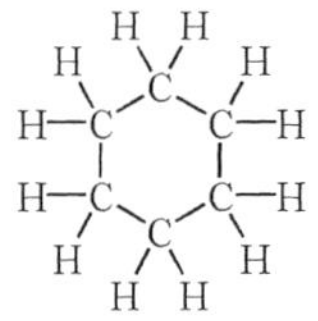

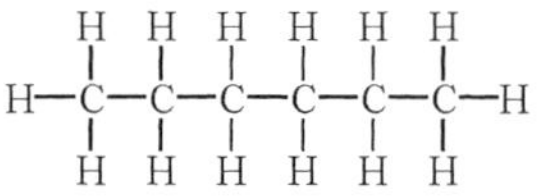

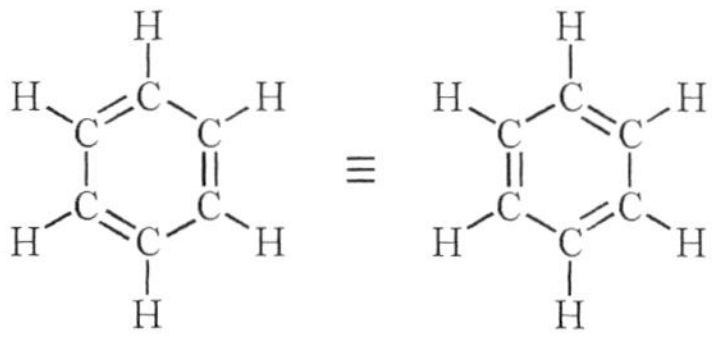

<u>シクロヘキサン</u> C_6H_{12}　　　　ヘキサン C_6H_{14}　　　　　　　<u>ベンゼン</u> C_6H_6

化学構造式の略記法

　　上記のシクロヘキサン，ヘキサン，ベンゼンはしばしば次のように略記される．

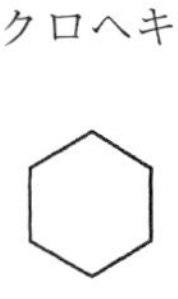

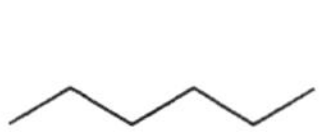

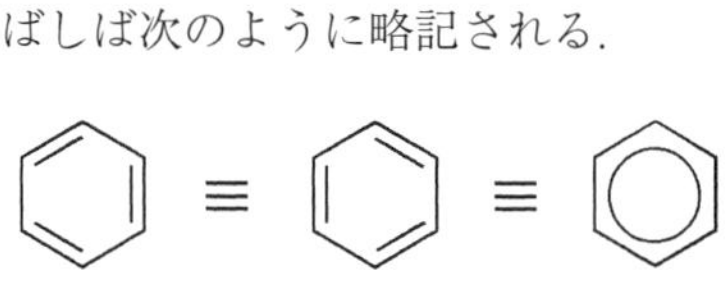

<u>シクロヘキサン</u> C_6H_{12}　　シクロヘキサン C_6H_{14}　　　　　ベンゼン C_6H_6（p.154）

<u>構造式を略記する</u>には，通常の構造式から C，H 原子と C—H 結合を省略し，<u>C—C 結合の</u><u>みを実線 — で表す</u>．すなわち，線描である．従って，

① 短い実線が角でつながるところ（折れ線の折れ曲がったところ），および線の端には C 原子がある．

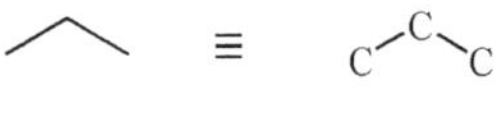

2 章：飽和炭化水素（Saturated Hydrocarbon）アルカン（Alkane）　49

② C の原子価は 4（手が 4 本）だから，もしその角で 2
本の線がつながっていれば，そこには記入されていな
い 2 本の C—H 結合があり，3 本の線が集まっていれば
1 本の C—H 結合，線の端には 3 本の C—H 結合がある
ことになる．

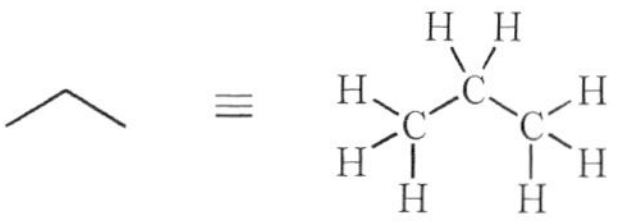

③ 鎖式炭化水素（アルカン）の略式の構造式は，上のヘ
キサンの例で示したように，分子模型（実際の分子）
の形状に合わせて，直線ではなくジグザグの線で書き
表す．

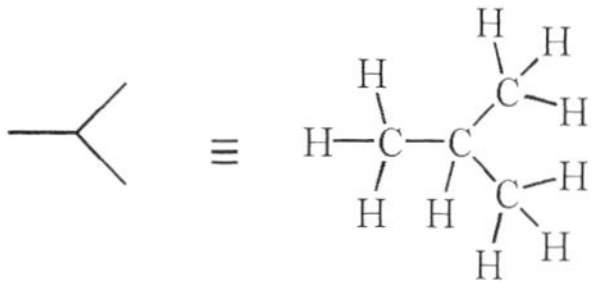

配座異性体：シクロヘキサン C_6H_{12} のいす形（chair form）と舟形（boat form）

　分子模型の項（p.235）を見よ．シクロヘキサンのいす形構造はグルコース（ブドウ糖）
の環状構造（ピラノース環）と同一であり，生化学・食品学などで学ぶブドウ糖の α，β
異性体の構造（p.118）を理解するためには，このいす形構造をわかっておく必要がある．

ピラノース環　　　　　　いす形　　　　　　舟形

問題 2-15　飽和炭化水素① C_4H_{10}，② C_5H_{12} の可能な構造式を，通常の書き方，及び線描
による略式の書き方の両方で書け．③ C_4H_8，④ C_5H_{10}（省略可）の可能な構造
式をすべて，通常の書き方，線描の略式で書け（飽和・不飽和は問わない）．な
お，①には 2 個，②には 3 個，③には 6 個，④には 11 個の異性体が存在する．
全ての異性体が書けなくても気にしないこと．7 割できれば OK．　　（答は p.51）

問題 2-16　シクロヘキサン・ベンゼンの構造式を通常式・略式の両方で書け．（答は p.48）

問題 2-17　アルカンのまとめ：p.30，31 を用いて名称・性質などの知識を確認せよ．

課題：p.65 まで（3 章）と p.154〜157 を自習せよ．次週に豆テスト 2（p.250，掛け算の
九九に対応）を行う．この内容は要暗記．p.8〜49 は最重要・要マスター．

2 章の問題の答え

答え 2-6

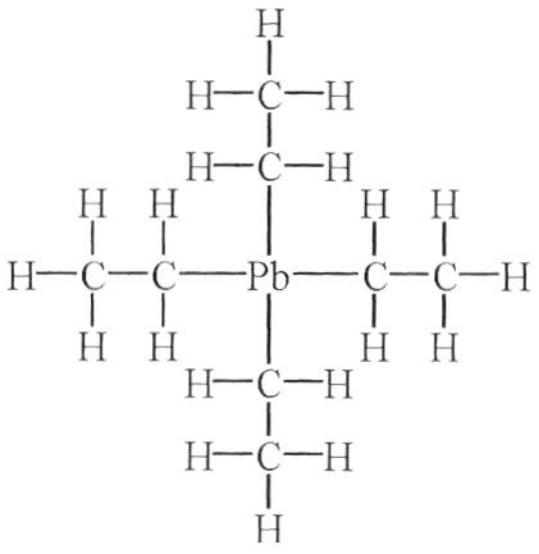

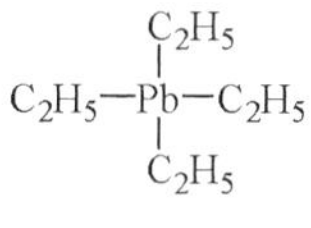

答え 2-7　メタン（CH_4）の分子量は 16.0，プロパン（C_3H_8）の分子量は 44.0．空気は窒素分子 N_2（原子量 14）と酸素分子 O_2（原子量 16）が 80％：20％の割合でできているので，空気の平均分子量は $\{(14.0 \times 2) \times 0.8\} + \{(16.0 \times 2) \times 0.2\} = 28.8$

答え 2-8　分子量 = 58，$V = nRT/P = 260/58 \times 0.082 \times 298 \div 1$（気圧）$= 109.5$（109.6）L

答え 2-9　① $CH_4 + 2O_2 = CO_2 + 2H_2O + 890$ kJ/mol

② ブタンの分子量 $C_4H_{10} = 58$，物質量は $260/58 = 4.5$ mol．メタンの分子量は $CH_4 = 16$，よってメタンガスの質量は $16 \times 4.5 \fallingdotseq 72$ g

③ $PV = nRT$ より $V = 4.5 \times 0.082 \times 298 \div 1 \fallingdotseq 110$ L

④ 1 L = 1000 mL $\fallingdotseq$ 1000 g だから，水の量を x L とすると，x L = 1000x g．25℃の水 x L を沸騰させる（100℃とする）$= (100-25)$ ℃だけ温度上昇させるのに必要な熱量(J)と 4.5 mol 分の CH_4 の燃焼熱とが等しい．890 kJ（キロジュール）/mol $= (890 \times 1000)$ J/mol．したがって，1000x g × 4.18 J/g ℃ × $(100-25)$℃ = (890×1000) J/mol × 4.5 mol．よって $x = 12.78$．

⑤ 反応式①よりメタンの 2 倍の物質量の酸素が必要だから，③の 2 倍の量 $110 \times 2 = 220$ L の酸素が必要．酸素は空気の体積の 20％（= 1/5）だけ含まれているから，酸素の 5 倍の空気，220 L × 5 = 1100 L が必要となる．
（酸素／空気 = 20/100 = 220 L／空気 y L．たすき掛け，y = 220 L × 100/20 = 1100 L）

答え 2-10　① $C_4H_{10} + 6.5O_2 = 4CO_2 + 5H_2O + 2876$ kJ/mol

② 問題 2-9 よりブタンの物質量は 4.5 mol．よって問題 2-9 の④と同様に，
$1000 \times x \times 4.18 \times (100-25) = 2876 \times 1000 \times 4.5$．$x = 41$ L（メタンの 3.2 倍）

③ 問題 2-9 よりブタンの体積も 110 L．①より，その 6.5 倍の酸素が必要だから，$110 \times 6.5 = 715$，空気はその 5 倍（問題 2-9. ⑤）だから，$715 \times 5 \fallingdotseq 3575$ L

④ 問題 2-9 ①と本問題①の反応式における酸素の必要量の違い（問題 2-9 ⑤と本問題③の酸素量の違い）からわかるように，気体の種類によって酸素（空気）と気体の混合比を変える必要がある．さもないと不完全燃焼をおこしたり，火が吹き消えたりすることになる．

答え 2-11

C—C—C—C—C—C　　C—C—C—C—C　　C—C—C—C—C　　C—C—C—C　　C—C—C—C　　C—C—C—C

ヘキサン　　2-メチルペンタン　　3-メチルペンタン　　2,3-ジメチルブタン　　2,2-ジメチルブタン

答え 2-12

C—C—C—C—C—C　　（炭素骨格のみの省略構造），3-エチル-2-メチルヘキサン（アルキル基は abc…順，本書では 2-メチル-3-エチルヘキサンも可）

2章：飽和炭化水素（Saturated Hydrocarbon）アルカン（Alkane）

答え 2-13

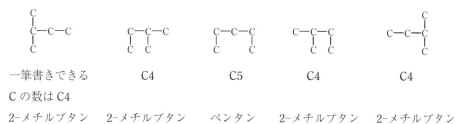

一筆書きできる　　　　C4　　　　　C5　　　　　C4　　　　　C4
Cの数はC4
2-メチルブタン　　2-メチルブタン　　ペンタン　　2-メチルブタン　　2-メチルブタン

答え 2-14

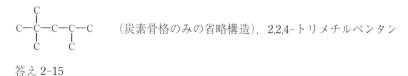

（炭素骨格のみの省略構造），2,2,4-トリメチルペンタン

答え 2-15

①

C—C—C—C　　　　　　　C—C—C
　　　　　　　　　　　　　C

②

C—C—C—C—C　　　　C—C—C—C　　　　C—C—C
　　　　　　　　　　　　　C　　　　　　　C C

③

C—C   C—C—C   C=C—C—C
C—C   C

C—C=C—C   C=C   C=C
           C C

④

(シクロペンタン) (メチルシクロブタン) (エチルシクロプロパン)

(1,2-ジメチルシクロプロパン) (1,1-ジメチルシクロプロパン) C=C—C—C—C

C=C—C—C   C=C—C—C   C—C=C—C—C
  C   C

C—C=C—C
    C

3章： 13種類の有機化合物群について理解すること・
頭に入れること

　　必要な用語を，先に，早く・完全に身につける．このことが，後の授業内容を理解する
上で，**有機の基礎をマスターする上での鍵**である（掛け算の九九である）．そこで，既に
勉強したアルカンと，これから勉強する化合物群であるハロアルカン，アミン，アルコー
ル，エーテル，アルデヒド，ケトン，カルボン酸，エステル，不飽和炭化水素（アルケ
ン），芳香族について，名称・構造式の一般式を理屈抜きに記憶する．このために「豆テ
スト2」（巻末 p.250）を 100 点取るまで繰り返す．ただし，予備知識がなくてはこの暗記
は難しい．豆テスト 2 の内容を頭に入れやすいように，これらの化合物についての最小限
の勉強をこの章で行う*．

　　豆テスト 1 と異なり豆テスト 2 の内容（次の 2 つの表の内容）は，なかなか頭に入らないの
で，朝起床後・通学の往復時・昼夕食後・就寝前と毎日 10 回繰り返し，これを**完全に記憶
すること**．最初の 1 週目は毎日，2 週目は 1 日おき，3 週目は 3 日に 1 日，4 週目は 1 日だ
け，ひと月後にまた 1 日だけ，3 ヶ月後，6 ヶ月後に 1，2 度見直せば 1 年後，2 年後でも必
ず記憶に残っているはずである．これをやらないと，すぐ頭から抜けてしまう！トイレに
貼って覚える手もある（1 年間貼っておくとよい）．p.247～249 に暗記用のまとめがあるの
で，これも利用してほしい．

　　これは受験勉強の代りである．受験勉強であれば，本書を最後まで終えて内容を理解した
後で，2 つの表を暗記すればことが足りる．しかし，大学一年前期の授業が終わるまでにこ
の内容を記憶するためには，今の時点で努力する必要がある．本の内容を終えてから九九を
暗記しようとしても，すぐ定期試験となるので，身につける暇がない．未消化で終わる．

　　この内容は，思い出すのに時間がかかるようでは，他の授業の役に立たない．九九と同様
にすぐわかる必要がある．

* まず，R−が何を示すかを理解すること（p.37～40 の復習）．次に p.65 の全ページ，特
に下から 5 行目を読むこと．

3章：13種類の有機化合物群について理解すること・頭に入れること　　*53*

3-1　化合物群（グループ）の表

化合物グループ名　　　化合物グループ一般式　　　　　性質・他

(1) アルカン　　　　R—H　　　（C_nH_{2n+1}—H = C_nH_{2n+2}）　（脂肪族飽和炭化水素）（油）

(2) ハロアルカン　　R—X　　　—C—X　　　　　　　　　（アルカンの親戚）

(3) アミン　　　　　R—NH_2　—C—NH_2　　　　　　　（アンモニアの親戚）

(4) アルコール　　　R—OH　　—C—OH　　　…オール ol（アルコホール＝アルコ・オール，
　　多価アルコール（複数個の—OH）　　　　　　　　水の親戚，酒・酔う）

(5) エーテル　　　　R—O—R'　　—C—O—C—　　　　　　　エーテル結合（水と他人，麻酔）

(6) アルデヒド　　　R—C—H　　R—CHO　　　—C—C—H　　　—C—CHO
　　　　　　　　　　　　∥　　　　　　　　　　　　∥
　　　　　　　　　　　　O　　　R—CO—H　　　　　O
　　　　　　　　　　　　…アール al（アール・デヒド）（酒の悪酔いの素）
　　　　　　　　　　　　アルコールの脱水素

(7) ケトン　　　　　R—C—R'　　R—CO—R'　　—C—C—C—　　—C—CO—C—
　　　　　　　　　　　　∥　　　　　　　　　　　　∥
　　　　　　　　　　　　O　　　RR'CO　　　　　O
　　　…オン one（ケト・オン）（アルデヒドの親戚）第二級アルコールの脱水素→アセトン

(8) カルボン酸　　　R—C—OH　　R—COOH　　—C—C—OH　　—C—COOH
　　　　　　　　　　　　∥　　　　　　　　　　　　∥
　　　　　　　　　　　　O　　　R—CO—OH　　　　O
　　　　　　　　　　　　…酸（例：酢酸・エタン酸）（食酢，有機酸，脂肪酸）

(9) エステル　　　　R—C—O—R'　R—COO—R'　—C—C—O—C—　—C—COO—C—
　　　　　　　　　　　　∥　　　　　　　　　　　　∥
　　　　　　　　　　　　O　　　R—CO—OR'　　　　O
　　　　　　　　　　　　…カルボン酸＋アルコール（果物香，中性脂肪）

(10) アミド　　　　　R—C—N—R′　R—CO—NH—R′
　　　　　　　　　　　　∥　∣
　　　　　　　　　　　　O　H　　　ペプチド（もとがアミノ酸の場合）

(11) アルケン　　　　—CH＝CH—　　　　　　　　　（脂肪族）不飽和炭化水素…エン -ene
　　　　　　　　　　（カロテン・ビタミン A，DHA）　　　-ene　　…hexaene…

(12) 芳香族　　　　　C_6H_6　　　　　Ar—H　芳香族（不飽和）炭化水素（ベンゼン，亀の甲）

(13) フェノール　　　C_6H_5—OH

－　H^+ が酸っぱい素．酸ならばどこかに H がある（ROR′, RCOR′, RCOOR は酸たりえない）
－　化合物群名のまとめ：アルカン・ハロアルカン／アミン・アルコール・エーテル／アルデヒド・ケトン／カルボン酸・エステル・アミド／二重結合のアルケンに／ベンゼンさんにフェノールは芳香族

3-2　官能基の表

アルキル基　　　　　　$(C_nH_{2n+1}-)$　　　　　　　　　　　　　　　　アルカン　R–H

ハロゲン元素　　　　　$(-F, -Cl, -Br, -I)$　　　　　　　　　　　　ハロアルカン　R–X

アミノ基　　　　　　　$-NH_2$　　　　　　　　　　　　　　　　　アミン　R–NH_2

ヒドロキシ基・水酸基　–OH ヒドロ H–（オ）キシ–O–　　　　　　アルコール　R–OH
　　　　　　　　　　　　　　　　　　　　　　　　　　　　　　　　フェノール　Ph–OH

エーテル結合　　　　　–O–　–C–O–C–　　　　　　　　　　　　　エーテル　R–O–R′

カルボニル基　　　　　$-CO-$　$-\overset{\ }{\underset{O}{C}}-$　　アルデヒド・ケトン・カルボン酸・エステル・アミド

アシル基　　　　　　　R–CO–（構造式を書け）$R-\overset{\ }{\underset{O}{C}}-$

　　　　　　　　　　　　　　　　　　　　アルデヒド・ケトン・カルボン酸・エステル・アミド

アルデヒド基　　　　　–CHO（$-\overset{|}{\underset{|}{C}}-CO-H$）構造式を書け：$-\overset{C}{\underset{O}{\|}}-H$
（ホルミル・フォルミル）

　　　　　　　　　　　　　　　　　　　　　　　　　　　　　　　　　　R–CHO
　　　　　　　　　　　　　　　　　　　　　　　　アルデヒド
　　　　　　　　　　　　　　　　　　　　　　　　　　　　　　　　　　(R–CO–H)

ケトン基　　　　　　　$-CO-$（$-\overset{|}{\underset{|}{C}}-CO-\overset{|}{\underset{|}{C}}-$）$-\overset{|}{\underset{|}{C}}-\overset{\ }{\underset{O}{C}}-\overset{|}{\underset{|}{C}}-$　ケトン　R–CO–R′
（オキソ=O）oxo ← oxygen　　　　　　　　　　　　　　　　　　　　RR′CO

カルボキシ基　　　　　–COOH（カルボニル$-\overset{C}{\underset{O}{\|}}-$ ヒドロキシ–OH）カルボン酸　R–COOH
　　　　　　　　　　　　　　　　　　　　　　　　　　　　　　　　　　(R–CO–OH)

エステル結合　　　　　$-COO-$（$-\overset{|}{\underset{|}{C}}-COO-\overset{|}{\underset{|}{C}}-$）（構造式を書け：$-\overset{|}{\underset{|}{C}}-\overset{\ }{\underset{O}{C}}-O-\overset{|}{\underset{|}{C}}-$）

　　　　　　　　　　　　　　　　　　　　　　　　　エステル　R–COO–R′
　　　　　　　　　　　　　　　　　　　　　　　　　　　　　　(R–CO–OR′)

アミド結合（アミド基）–$CONH_2$ $-\overset{|}{\underset{O\ H}{C}}-N-H$　　　　アミド　R–$CONH_2$
　　　　　　　　　　　　　　　　　　　　　　　　　　　　　　　　　RCONHR′
　　　　　　　　　　　　　　　　　　　　　　　　　　　　　　　　　RCONR′R″

（カルバモイル　　　　–CO–N<）

二重結合　　　　　　　>CH=CH<　　　　　　　　（脂肪族）不飽和炭化水素（アルケン）

フェニル基　　　　　　C_6H_5-, Ph–　　　　　　（ベンゼン環），芳香族（不飽和）炭化水素

アリール基　　　　　　aryl　　　　　　　　　　Ar–　　芳香族一般

—アルデヒドの一般式の覚え方：CHO（ちょー）酒のみ過ぎて悪酔い（p.60）.

—カルボニル基の覚え方： $-\overset{\|}{\underset{O}{C}}-$ は人の顔，—— は目で，O は口（p.18 を見よ）.

—官能基の覚え方・語呂合わせ：七五調・五七調で．p.247，248 も参照のこと．
アルキル・ハロゲン・アミノ基と／ヒドロキシ基にエーテル結合／カルボニルの CO に／
R ついたるアシル基に／H くっつき CHO（ちょー悪酔）のアルデヒド／H を R′ にとりか
えた／R−CO−R′，RR′CO はケトンさん／カルボニルの CO に／ヒドロキシの／OH ついた
るカルボキシは／COOH で酸の素／OH を OR′ にとりかえた／RCOOR′ はエステル結合／OH
を NR′R″ にとりかえた／RCONR′R″ はアミド結合／エンとよばれる二重結合に／芳香族
のフェニル基は／Ph−に C₆H₅−／芳香族の一般式はアリール基で Ar−

上の表を見ただけで嫌になった人もいるかもしれないが，以下を読んでほしい.

3-3　化合物の名称について

　　化学が嫌いだという人達には，化学構造式がわからないから嫌だ，というだけではな
く，化合物名が複雑で何のことかわからないので嫌だ・意味のわからない言葉をたくさん
覚えなければならないので嫌だ，という人が多い．だが化学に限らず学問は人間の日常の
生活・観察・思考から生まれてきた実用を基とした人間的な活動であり，特に化学の発展
の歴史は日常生活・人間の欲望と密着しているので，多くの具体的な化合物名はじつは大
変身近な物質の名前に基づいている.

　　　　　　　　（安価な金属を金に変えようとした錬金術はそのよい例である）

　　例えば野菜のナスの色素をナスニン，紫シソの色素をシソニンという．これを聞いて笑
う人がいるが，菊の花の色素（黒豆色素）をクリサンテミンと聞くとフーンと思ってしま
う．じつはこの名はナスニン・シソニン同様に，菊の英語名 crysantemum 由来の名称，
いわばキクニンである．ウルシオール・ヒノキチオールなどカタカナ日本語の化合物名は
日本人化学者が解明したという証・勲章なのである.

クエン酸なる多価のヒドロキシ酸（OH 基と複数のカルボキシ基を持つ）の，食えるけれ
ども「クエン」酸は枸櫞酸なる日本語であり，枸櫞とはレモン類の意である．従って枸櫞
酸とはレモン・柑橘類中の酸を指している．英語では citric acid というがこれも柑橘類の
酸という意味である．シトラス・○○シトロンなる飲料商標は柑橘類 citrus をもとにした
名称である．酢酸は読んで字の如く食酢の酸という意味であり，英語で acetic acid という
が acetic はラテン語（古代イタリア語）の食酢 acetum からきている．従って acetic acid
は「食酢の酸」である．ちなみに英語で食酢は vinegar であるがこれは酸っぱい葡萄酒の
意．貴ガス・貴金属・アルカリなどの意味・由来は既に述べた（p.11）．化学における最
も重要な語彙も，以下に見るように，じつはわずかの数の身の回りのもの（お酒・食酢・
塩・水・木炭・灰・胡椒・香油・神様）に由来しているにすぎない.

このように化合物名はその名称（**慣用名・用い慣れた名称**）の由来を知ると大変身近であることがわかり興味深いが，実生活に関係している分，個々の名称を記憶するしかなく，多くの化合物を対象とする場合は大変煩雑である．そこでこの煩雑さを避けるために，いわば化学者の国際連合である IUPAC（International Union of Pure and Applied Chemistry）により採用された組織的な命名法・名称が IUPAC **置換命名法・置換名（規則名）**である（p.48）．人が決めた名称であるから，そのルール・命名法を知らないと化合物名は理解できない．しかし，組織的な命名法であるから，わずかの知識を頭に入れるだけで，知らない化合物についても理解することができ，大変便利である．従って，特に有機化学を学ぶ者にとって，**この IUPAC 命名法の習得は必須**である．

以下は，豆テスト2（p.250）の内容を頭に入れやすいように，先の表に示した一連の化合物群についての最小限の理解を得るためのものである．あくまでも暗記のための予備知識を入れることが目的である．ここでは内容・化合物名を十分には理解できなくても気にしないこと．これらの化合物群の詳しい内容は4章以降で勉強する．

(1) アルカン・(2) ハロアルカン **R–H・R–X** とセットで覚える．（油はアルカン・ハロアルカン）
　　―アルカン C_nH_{2n+2} とは C と H からできた飽和炭化水素である（構造式を頭に浮べて見よ）．脂肪族飽和炭化水素ともいう．CH_4 メタン，C_3H_8 プロパンなど．ガソリン・石油からわかるように**アルカンは油**である．反応性（親和性）は低い．アルカンを R–H と略記すると，R–＝C_nH_{2n+1}–を**アルキル基**（メチル，エチル，…）という．（鉱油と植物油）
　　―ハロアルカンとはアルカンの H のいくつかをハロゲン元素 X（F, Cl, Br, I）で置き換えた（置換した）もの．メタン CH_4 の H を1つ，Cl（クロロ）に置換したものは CH_3Cl クロロメタン（気体）．2置換体 CH_2Cl_2 以降は液体であり，水より重たい．油であるアルカンの親戚である．なお，ハロゲン原子の原子価（手の数）は H と同じく1である．オゾン層を破壊するフロンガス，水道水中に微量含まれ発がん性を疑われている $CHCl_3$（クロロホルム）などのトリハロメタン，油性の文具修正液はハロアルカンの一種である．

アンモニア・(3) アミン・アミノ酸　NH_3・RNH_2・—CH—COOH とセットで覚える．
　　　　　　　　　　　　　　　　　　　　　　　　　　　　　　　｜
　　　　　　　　　　　　　　　　　　　　　　　　　　　　　　　NH_2
（桃から生まれた桃太郎さん．アンモニアから生まれたアミンさんにアミノ酸）

下記のようにアンモニア H–N–H の H を C（R）に換えたものが**アミン**である．
　　　　　　　　　　｜
　　　　　　　　　　H

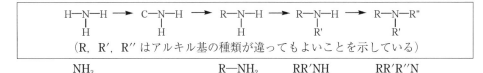

　　　　　　　　　　　　　　　　　　NH_3　　　　　　　　$R–NH_2$　　$RR'NH$　　　$RR'R''N$
　　　　　　　　　　　　　　　　　　　　　　　　　　　　　第一級アミン　第二級アミン　第三級アミン

アンモニアでは H が3個あるのでアミンにはこのように3種類が存在することになる．いずれも塩基性（アルカリ性）であるアンモニアの性質を一部残している**アンモニアの親**

戚・くさい仲間・**塩基性**物質である．アミン $R-NH_2$ の $-NH_2$ を**アミノ基**という．

アミン：アンモニアの類似物 am（monium）–ine（似た，を意味する接尾語）
アミノ（基）：amine-o- o は複合語のギリシャ語由来の最初の言葉の語尾につける接尾語．
アミノ酸：1つの分子中に<u>アミノ基$-NH_2$</u>とカルボキシ基（カルボン酸の
素，後述）$-COOH$ を合わせ持つものをいう．味の素（グルタミン酸ナトリ
ウム）はアミノ酸の一種．

$$-\overset{\displaystyle |}{\underset{\displaystyle NH_2}{C}}-COOH$$

　タンパク質は多数のアミノ酸が結合（ペプチド結合・脱水縮合）したもの（p.130）．
アンモニア：ammonia＝ラテン語 sal（salt）ammoniac．リビアにある古代エジプト
Ammon 神の神殿の近くでとれる塩（を原料として得られるもの）⇔古代生物のアンモナ
イトは，その形が Ammon 神の角（山羊の角）に似ていることから命名された．

問題3-1　（1）C_4H_{10}, C_6H_{14}, （2）$CHCl_3$, （3）① CH_3NH_2, ② $(CH_3)_2NH$, ③ $(CH_3)(C_2H_5)NH$,
　　　　　④ $(C_2H_5)_3N$, ⑤ $(CH_3)_2(C_2H_5)N$ について，グループ名を述べよ．構造式を書
　　　　　いて考えよ．次の例を参考にせよ．可能ならば名称も考えよ．

　　例：CH_3Cl はグループ名・ハロアルカンで化合物名・クロロメタン．
グループ名：CH_3Cl は CH_3-Cl，CH_3- はメチル基，これはアルキル基の一種だから $R-$ と
書ける，従って CH_3-Cl は $R-Cl$（RCl）＝ $R-X$（RX），だから CH_3Cl は $R-X$（RX）・ハ
ロアルカンとわかる．名称：CH_3Cl は C が1個だからメタン，このメタン CH_4 の H の1
つが Cl（クロロ）に置き換わったものだから，（モノ）クロロメタンとなる．

答え
（1）C_4H_{10}, C_6H_{14}：C，H の化合物，単結合のみの化合物
　（構造式を書いてみよ　$-C-C-C-C-$）→アルカン→C が4個はブタン，C が6個だか
　らヘキサン（覚えたことを思い出すこと！）
（2）$CHCl_3$：C，H と Cl から成り立っているのでハロアルカン．
　（C が1個だからメタン，Cl が3個だからトリ・クロロ→トリクロロメタン）
（3）すべてアミン．<u>構造式を書く</u>（N の手は3本！アンモニアの構造を基に考えよ）．
　　①　CH_3NH_2 は CH_3-NH_2 ＝ $R-NH_2$ でアミン．$R-$ がメチル基 CH_3- だから**メチルア**
　　ミン，または C が1個のメタンに $-NH_2$（アミノ基）がついているからメチルアミン
　　（メタンアミン）．
　　② $(CH_3)_2NH$ はメチル基が2個だから（ジメチル）アミン（*N*-メチルメタンアミン）．
　　③ $(CH_3)(C_2H_5)NH$ はエチル（メチル）アミン（p.83, *N*-メチルエタンアミン）．
　　④ $(C_2H_5)_3N$ は C_2H_5-（C が2個だからエタン→エチル基）が3個だから（トリエチ
　　ル）アミン（*N,N*-ジエチルエタンアミン）．
　　⑤ $(CH_3)_2(C_2H_5)N$ はエチル（ジメチル）アミン（*N,N*-ジメチルエタンアミン）．魚の
　　生臭さの素は $(CH_3)_3N$ **（トリメチル）アミン**（*N,N*-ジメチルメタンアミン）である．

水・(4) アルコール・(5) エーテル　H—O—H・R—O—H・R—O—R′ とセットで覚える.

（アンチニアから生まれたアミンさん. 水から生まれたアルコールさんにエーテルさん）

$$H_2O \quad H—O—H \rightarrow -C—O—H \ (R—O—H；R—OH,\ ROH) \rightarrow -C—O—C-(R—O—R′；ROR′)$$
水　　　　アルコール（オール-ol）　　　　　エーテル

上記のように，水 H—O—H の 2 個の H の一つを C（R）に換えたものがアルコール R—O—H，2 個とも C（R，R′）に換えたのがエーテル C—O—C・R—O—R′ である（R，R′ はメチル・エチルといったアルキル基の種類が違ってもよいことを示している）.

R はアルキル基（アルカン）であるから，いわば**油**である. 一方，**—O—H は水の素**である（p.84）. 従って，アルコール R—O—H は水 H—O—H の半分が油になったもの，エーテル R—O—R′ は両方とも油になったものと考えてよい.

アルコール R—O—H は水の性質を一部残しているので**水の親戚**である（油の親戚でもある）. 代表例は酒の成分の**エタノール** C_2H_5OH である. アルコール消毒にも用いる.

—OH のことをヒドロキシ基という（ヒドロキシ hydroxy＝ヒドロ・オキシ hydro-oxy＝hydrogen・oxygen＝H・O＝水素・酸素＝水酸基）.

エーテル R—O—R′ は水の性質を残していない（—O—H がない）ので水と他人，油の親戚である. エーテルには**麻酔作用**がある. **ジエチルエーテル**（エトキシエタン）$C_2H_5—O—C_2H_5$ が代表例である.

アルコール：アラビア語 al-kuhul＝（お酒を）蒸留して出てきたもの

エーテル：ギリシャ語 aither＝aith-（光熱を発する，燃える）-er（性質を表す名詞の接尾語）. つまりエーテルとは**燃える性質を持った物質**の意.

問題 3-2　(1) CH_3OH, C_2H_5OH, C_3H_7OH, (2) CH_3OCH_3, $CH_3OC_3H_7$, $C_2H_5OC_2H_5$ について，グループ名を述べよ. 構造式を書いて考えよ. 可能ならば名称も答えよ.

答え

(1) CH_3OH, C_2H_5OH, C_3H_7OH：$CH_3—OH$, $C_2H_5—OH$, $C_3H_7—OH$ のこと. CH_3-, C_2H_5-, C_3H_7- はアルキル基 R—だから，これらは R—OH（ROH），アルコールである. または構造式を書けば，すべて—C—OH，…C—のことを R—と書くから，R—OH →アルコール（R—OH の R を H に変えれば H—OH＝H_2O，ROH は水由来の化合物であることがわかる）.（名称：メタン・エタン・プロパンに対応して**メタノール・エタノール・**プロパノール）

(2) CH_3OCH_3, $CH_3OC_3H_7$, $C_2H_5OC_2H_5$：$CH_3—O—CH_3$, $CH_3—O—C_3H_7$, $C_2H_5—O—C_2H_5$. CH_3-, C_2H_5-, C_3H_7- はアルキル基 R—だから，これらは R—O—R′（ROR′），エーテルである. または構造式を書けばすべて—C—O—C—だから R—O—R′ →エーテル.（R—O—R′ の R，R′ を H に変えれば H—OH＝H_2O，ROR′ も R—OH 同様，水由来の化合物とわかる）.（名称：CH_3OCH_3 ではメチル基が 2 個だからジメチルエーテル（メトキシメタン），$CH_3OC_3H_7$ はメチルプロピルエーテル（メトキシプロパン），$C_2H_5OC_2H_5$ はジエチルエーテル（エトキシエタン）. p.101 参照）

(6) アルデヒド・(7) ケトン/(8) カルボン酸・(9) エステル・(10) アミド　RCHO・RCOR′・RCOOH・RCOOR′・RCONHR′ とセットで覚える．（カルボニル基の CO を／含んだ─アシル基の／RCO 持った 5 組は／アルデヒド・ケトンにカルボン酸・エステル・アミド）

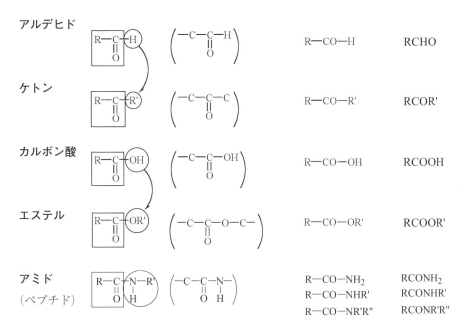

　アルデヒド・ケトン／カルボン酸・エステル・アミドは，上に示したように，いずれもカルボニル基 ─CO─（下記の構造式を参照のこと），さらに言えばこのカルボニル基をも含んだ**アシル基 R─CO─**（一般名，上で□で囲んだ部分）を分子内に持っている．

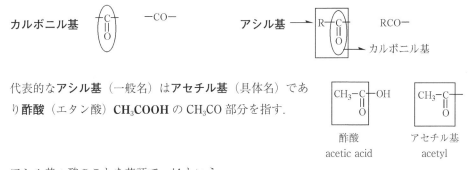

代表的な**アシル基**（一般名）は**アセチル基**（具体名）であり**酢酸**（エタン酸）**CH₃COOH** の CH₃CO 部分を指す．

アシル基：酸のことを英語で acid という．
酢酸　CH₃COOH の一般形は R─COOH ＝ R─CO─OH と書くことができる（p.122）．
R─CO─（RCO）は酸（acid）R─CO─OH の一部だからメチル基 methyl・エチル基 ethyl のように一般名としてアシル基（acyl）と呼ぶ（アシル基の命名法は，もとの酸の名称の語尾 -ic acid を -yl に変える．例：acetic acid → acetyl）．

　　酸：酸っぱいものの意．英語で acid ＝ラテン語 acid（us）酸っぱい，この言葉は acetum 食酢由来である．
　　カルボニル（基）：木炭由来の物質（基）なる意味に対応．carbon-yl ラテン語 carbone 木炭

(6) アルデヒド，(7) ケトン（両者のみを**カルボニル化合物**という）次のように，

アシル基 R—C— (RCO—) に H をつけたものをアルデヒド，
‖
O

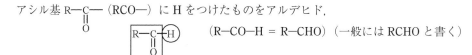

(R—CO—H ＝ R—CHO)（一般には RCHO と書く）

R—C—H の H の代りに C（すなわち R）をつけたものをケトン，
‖
O

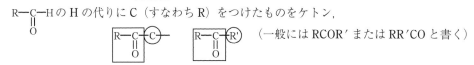

（一般には RCOR′ または RR′CO と書く）

といい，カルボニル基（—CO—）に由来する，お互いに似た性質を持っている．従って両者は親戚といえる．それゆえ**アルデヒド・ケトン RCHO, RCOR′（RR′CO）**と一緒にして覚えるとよい．**—CHO** を**アルデヒド基**，(C)—C—(C) を**ケトン基**という．
‖
O

カルボニル基（—CO—, —C—）の効果で共に反応性が高いが，—C—H の形をした
       ‖   ‖
       O   O
C—H 結合のアルデヒドの方が —C—C— の形をした C—C 結合のケトンより反応性が高い．
              ‖
              O

ホルムアルデヒド（メタナール） HCHO は防腐剤ホルマリンの成分であり，反応性が大変高いので生き物には毒である．**アセトアルデヒド（エタナール） CH₃CHO** は酒（エタノール）が体中で代謝（酸化）されて生じる**悪酔いの素**である．（名称の由来は p.123）

＊アルデヒド・ケトンのカルボニル化合物は専門分野における最も重要な化合物群の一つであるのできちんと頭に入れること．

アルデヒド：第一級アルコールが脱 (de) 水素 (hydrogen) した化合物群，al (cohol) de-hyd (rogenatum)．下式参照．de は脱，とれるという意．DNA は deoxy（酸素がとれた）ribo nucleic acid, RNA のリボース部分から O がとれたという意である (p.137)．

ケトン：第二級アルコールが脱水素した化合物群．最も簡単なケトンである**アセトン**（2-プロパノン・プロパン-2-オン）が acetone (＝acet (um)（食酢）＋-one（女性の先祖由来を示す)) → (a) cetone → ketone ケトンと変じて化合物群名となった．

アセトアルデヒドはエタノールの脱水素（酸化）により生じ，アセトンはアルコールの一種 2-プロパノール（プロパン-2-オール）の脱水素（酸化）により得られる（下式）．

```
  H H           H H           H
  | |    -2H    | |           |
H-C-C-O-H  →  H-C-C-O-)  →  H-C-C-H   =  CH₃-CHO  =  CH₃CHO
  | |   脱水素  | |           ‖                       アセトアルデヒド
  H H           H             O
```

```
  H H H          H H H         H   H
  | | |   -2H    | | |         |   |
H-C-C-C-H  →   H-C-C-C-H  →  H-C-C-C-H  =  CH₃-C-CH₃  =  CH₃COCH₃
  | | |  脱水素  | | |         |   |          ‖            アセトン
  H OH H         H O H         H O H          O
```

(8) カルボン酸, (9) エステル, (10) アミド

(8) アシル基 R—C— (RCO—) に **OH** をつけたものをカルボン酸,
        ‖
        O

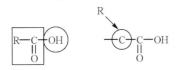

= —C—CO—OH = R—CO—OH = RCO—OH = **RCOOH** (R—は…C—のこと)

R—CO—OH = R—COOH の—**COOH** を**カルボキシ基**という (カルボキシ carboxy とはカルボ・オキシ = carbo-oxy = carbonyl-hydroxy = —CO—・—OH = カルボニル基とヒドロキシ基を合わせ持ったもの, という意味である. 従って, カルボキシ基とは—CO—OH = —COOH である). カルボン酸 RCOOH carboxylic acid とはカルボキシ基を一つ以上持った有機酸のこと. アルデヒドが酸化されるとカルボン酸となる (p.94, 114).

ヒドロキシ=ヒドロ・オキシ
カルボキシ=カルボ・オキシ

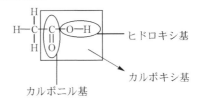

(9) R—C—OH の OH の代りに **OR′** をつけたもの (または **OH** の H を **R′** に変えたものと
     ‖
     O
も言える) を**エステル**,

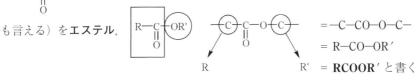

= —C—CO—O—C—
= R—CO—OR′
= **RCOOR′** と書く

カルボン酸とエステルでは構造式は大変よく似ており, **カルボン酸 RCOOH** の H (酸っぱい酸の素は H⁺ であるから, 酸には必ず H がある) が**エステル RCOOR′** ではアルコール R′OH の R′ に変わっただけである. ただし, その性質は大いに異なる. カルボン酸は刺激臭を持つ**有機酸**であり, 酸であるからその水溶液はもちろん酸性を示し, なめれば酸っぱい. 最も身近なものは食酢成分の**酢酸** (食酢の酸, エタン酸) CH_3COOH である. **エステルは果物の香り**で代表される香気を持つ中性物質であり, 水にあまり溶けない. エステルはカルボン酸とアルコールの**脱水縮合反応**により生じたものであり, 代表例は酢酸 CH_3COOH とエタノール C_2H_5OH からできた**酢酸エチル** (エタン酸エチル) $CH_3COOC_2H_5$ である. **中性脂肪もエステル**である. 脂肪酸はカルボン酸の一種である.

　この酢酸エチル ethyl acetate なる名称と化学式 $CH_3COOC_2H_5$ とは共に, 酢酸を NaOH で中和して得られる塩の一種である酢酸ナトリウム sodium acetate, CH_3COONa とまったく同形である. すなわち, この名称は酢酸 CH_3COOH の H が Na に置き換わる代りにエタノール C_2H_5OH 由来のエチル基—C_2H_5 に置き換わったという形式である. しかし, 本当は, エステルはカルボン酸 RCOOH の H が R′ に置き換わったものではなく, 下記のように RCO—OH の—OH が—OC_2H_5 に置き換わったものである. すなわち, カルボン酸 RCOOH より OH が取れて R—CO— (アシル基), アルコール R′OH より H が取れて

OR′, 両者が結合して RCO—OR′, 残った H と OH から H₂O が生じたものである．

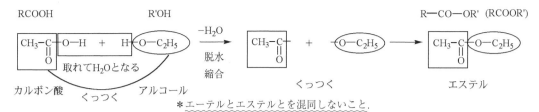

*エーテルとエステルとを混同しないこと．

(10) R—CO—OH の —OH の代りに —NH₂, —NHR′, —NR′R″ をつけたものを<u>アミド</u>という．

$$CH_3\text{-}CO\text{-}O\text{-}H + H\text{-}NH_2 \xrightarrow{-H_2O} CH_3\text{-}CO\text{-} + \text{-}NH_2 \longrightarrow CH_3\text{-}CO\text{-}NH_2$$

問題 3-3　(1) CH_3CHO, $HCHO$　(2) CH_3COCH_3, $(CH_3)_2CO$, $C_2H_5COC_3H_7$　(3) CH_3COOH, $HCOOH$, C_3H_7COOH　(4) $CH_3COOC_2H_5$, $CH_3COOC_4H_9$, $C_2H_5COOC_3H_7$　(5) CH_3CONH_2, $CH_3CONHCH_3$, $CH_3CON(CH_3)_2$ について，それぞれのグループ名を述べよ．構造式を書いて考えよ．化合物名も考えてみよ．

答え

(1) CH_3CHO は CH_3—CHO だから R—CHO（RCHO）アルデヒドである．HCHO は H—CHO と書ける．R— とは通常は C— のことであるが，これのみ例外的に H を R— とみなす．一番小さいアルデヒドである．
（名称：CH_3CHO は C が 2 個でエタン→エタナール，HCHO は C が 1 個でメタン→メタナール．別名，前者をアセトアルデヒドといい酒の悪酔いの素，後者をホルムアルデヒドといい新しい家で体調をこわす病気・シックハウス症候群の原因物質のひとつ）

(2) CH_3COCH_3 は RCOR（RCOR′）でケトン．$(CH_3)_2CO$ は R₂CO（RR′CO）でやはりケトン．$C_2H_5COC_3H_7$ は RCOR′ でケトン．
（名称：CH_3COCH_3 は C が 3 個でプロパン→2-プロパノン（プロパン-2-オン），$(CH_3)_2CO$ は CH_3COCH_3 のことだから同左，$C_2H_5COC_3H_7$ は C が 6 個でヘキサン→3-ヘキサノン（ヘキサン-3-オン）．官能種類命名法では CH_3COCH_3 は RCOR′ の R, R′ がメチル基だからジメチルケトン，慣用名ではアセトンという．栄養学ではアセトン体・ケトン体は必ず学ぶ．$C_2H_5COC_3H_7$ はエチルプロピルケトン）

(3) CH_3COOH, C_3H_7COOH は RCOOH でカルボン酸．HCOOH = H—COOH は HCHO 同様に例外的に H— を R— とみなすと RCOOH カルボン酸．
（名称：CH_3COOH, HCOOH, C_3H_7COOH はそれぞれ C が 2 個・1 個・4 個だからエタン・メタン・ブタン→エタン酸・メタン酸・ブタン酸という．慣用名は CH_3COOH が酢酸，HCOOH は**ギ酸**．酢酸は食酢の酸，ギ酸（蟻酸）は蟻が出す酸という意味．ブタン酸はバター butter の酸という意味で日本語では酪酸（"酪"農）．ブタン butane も butter に由来）

(4) $CH_3COOC_2H_5$, $CH_3COOC_4H_9$, $C_2H_5COOC_3H_7$ は CH_3—CO—OC_2H_5, CH_3—CO—OC_4H_9, C_2H_5—CO—OC_3H_7 = RCO—OR′ = RCOOR′ でエステル．
（名称：$CH_3COOC_2H_5$ は CH_3COOH 酢酸の H を R′ = C_2H_5 = エチル基に置き換えたかたちだから酢酸エチル（エタン酸エチル），$CH_3COOC_4H_9$ は R′ = C_4H_9 = ブチル基だから酢酸ブチル（エタン酸ブチル），$C_2H_5COOC_3H_7$ はプロパン酸 C_2H_5COOH の H を R′ = C_3H_7 = プ

ロピル基に置き換えたかたちだからプロパン酸プロピル．CH₃−C−O−C₂H₅ **酢酸エチル**)
                                                    ‖
                                                    O

(5) CH₃CONH₂，CH₃CON(CH₃)₂ は RCONH₂，RCONR′R″ でアミド（名称は不要）．

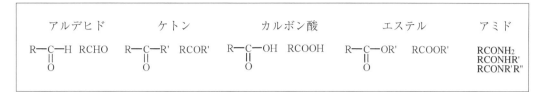

(11) **アルケン alkene・ポリエン polyene**（脂肪族不飽和炭化水素）
　　＞C=C＜ 二重結合を1つ・および複数持つ脂肪族炭化水素のこと．**付加反応**（p.33, 149）
をおこしやすい．C₂H₄（CH₂=CH₂）**エテン**が代表である．慣用名は**エチレン**（ethylene）．

(12) **芳香族炭化水素**
　　ベンゼンに代表される一連の化合物群．（分子模型の項，p.243〜245 を参照のこと）

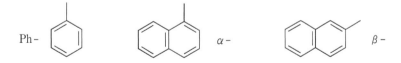

　　ベンゼン C₆H₆　　**フェノール** C₆H₅−OH　　**アニリン** C₆H₅−NH₂　　**ナフタレン** C₁₀H₈
　　（亀の甲）　　（アルコールとは異なる）　　（芳香族アミン）　　（防虫剤）

芳香族：英語で aromatics＝ギリシャ語の aroma スパイス（香料）由来．
アリール（基）：aryl＝ar(omatic)-yl　芳香族炭化水素から−Hを取り除いた有機基の一般名．ベンゼン C₆H₆ から H を取り除いたフェニル基 C₆H₅−（Ph−とも書く），ナフタレン C₁₀H₈ から H を取り除いた α-，β-ナフチル基 C₁₀H₇−など．

Ph−　　　　　　　　　　　　α-　　　　　　　　　　　β-

　飽和炭化水素の<u>アルキル基</u>（一般名）R−に対応するのが**アリール基**．Ar−と略記．
　<u>メチル基</u>（具体名）に対応するのがフェニル基．

　　フェニル（基）：phenyl．ベンゼンの＝ベンゼン誘導体を意味する．
　　phen-（＝ドイツ語 phainein 輝きが語源）：照明用のガスを石炭から製造する際の副生物・コールタールから得られた化合物（ベンゼン，その他）を示すために用いられた．
　ベンゼン：アラビア語(lu)ban jawi（インドネシア）ジャワ島の芳香性樹脂→ benzoin 安息香
＝benjamin＝バルサム（含油樹脂・香料）→ benzo(in)-ic＝benzoic → benz(oic)-ene＝
benzene（benzoic acid 安息香酸：安息香の成分→これから合成されたので benzene ベンゼン）

問題3-4　エチレン，フェノール，アニリン，ナフタレンの構造式を C，H を省略しない
　　　　　で書け.

（答は p.31，142，244）

　　　以上，すでに化学式が多少は理解できることを感じて欲しい．この後の勉強でよくわかる
ようになり，役にたつ有機の基礎が身につくはずである．やる気を出して授業・課題に取り
組み，壁を乗り越えてわかる喜び・理解する楽しみを知って欲しい.

　　　生物系・非化学理科系の読者が専門を学ぶ基礎として，これら化合物群を頭に入れること
がいかに重要か，いかに必要性が高いかは以下を読めば明白であろう．専門分野の授業を学
ぶ際のテキストには必ずこれらの化学式・構造式・名称がたくさん出てくる．（以下は理解
しようとしないでよい．ただフーンと読み流して，ああ，確かに，上記のことを基礎として
勉強する必要があるのだな，と思うことができればそれでよい）

　—生物の基本構造である細胞を外界と仕切る細胞膜（生体膜）は（複合）脂質の一種で
リン脂質といわれる，**アルコール**の一種のグリセリンと**カルボン酸・リン酸・アミン**の一
種のコリン，その他とが反応して生じた**エステル**より作られている.

　—遺伝情報をつかさどる **DNA・RNA** は**アミン**の一種（核酸塩基）を含む糖（**アルデヒ
ドとアルコール**が合体したもの・リボース）のリン酸**エステル**である.

　—酵素の本体で筋肉などの体構成分でもあるタンパク質は多数のアミノ酸（**アミン**と
カルボン酸が合体したもの）から H_2O が取れて（縮合という）つながったもの（ポリペ
プチド）であり，タンパク質中にはもとのアミノ酸に由来する部分（アミノ酸残基とい
う）として**アルキル基，アリール基（芳香族基）**が存在する.

　—人間にとっての三大栄養素のひとつである糖質は**アルデヒド**または**ケトンとアルコー
ル**とが合体した化合物であるし，タンパク質は上記の通り，（単純）脂質はグリセリンと
脂肪酸と呼ばれるカルボン酸が反応して生じた**エステル**であり，脂肪酸の炭素鎖部分はい
わば**アルカン**（飽和炭化水素，アルキル基）または**アルケン・ポリエン**（二重結合を持つ
不飽和炭化水素，アルケニル基）である．そもそもこれが脂肪族炭化水素という名称の由
来である.

　—その他
ビタミン類（ビタミン A，C，E，K など，一種の**アルケン・ポリエン**）
ステロイド（胆汁酸，性ホルモン，副腎皮質ホルモンなど分子中に共通の構造を持った一
連の化合物・生物学的に重要なものが多い・一種のシクロアルカン誘導体）
テルペノイド（レモンの皮に含まれるリモネンなど植物精油中の芳香性の**炭化水素**の一
群），アルカロイド（タバコのニコチン・麻薬のモルヒネ・コカイン・マラリヤの特効薬
キニーネ・コーヒーのカフェインなど，植物体中に含まれる一種の**アミン**類・特殊な薬理
作用あり），ポリ**フェノール・フラボノイド**（植物色素の一群，一種の芳香族誘導体．最
近，このものは老化・ガン・生活習慣病などの素となる活性酸素を無毒化する抗酸化作
用・抗変異原性作用・その他様々な生理作用があることが明らかになっている）

このように学ぶべき化合物は数知れない．これらの化合物の構造式・化合物名を見たら読者はぞっとする，うんざりするはずである．しかし，これらの化合物でも基本的には上記の 13 種類の化合物群の組合せにより構成されているにすぎない．そこで，**ぞっとしないためには**，この**有機化学の基礎を学ぶ**必要がある．基礎を身につけることは，高校で化学を学んで来なかった人でも，その気で頑張れば決して難しくない．是非努力してほしい．

「自分は文系で，高校で化学未履修・化学が苦手，と自認する読者へ」

高校で化学を履修しなかった学生で，定期試験が不合格・追試験でも成績不良だった者が，追試前・追試後に行った補講を受講して，自分でも改めて勉強し直した後の感想文を以下に示す．学ぶ際の参考にしてほしい．

積極的に理解しようと努力すること・教科書の本文を読むこと：

a. 始めから理解するのは無理だと思ってその場限りの知識を詰め込んだのがよくなかった．
b. 食わず嫌いでやろうとしなかった．わかろうと努力すればやれないことはないと思った．
c. 「苦手，わからないもの」だという逃げの姿勢で取り組んできたのが悪かった．まずどこがわからないかを知り，きちんと理屈から理解していくのが大切だと思った．
d. 基礎をまず頭に入れたうえで，応用をその基礎に 1 個ずつあてはめて考えていけば必ず理解できると思った．
e. 高校までだとテストに出る問題だけを何もわからず覚えているだけだった．この授業でなぜそうなるのかを考えることができた．
f. 教科書の本文をおろそかにし，一般式や構造式の方にばかり目をやっていたのが，理解できなかった一番の原因だと思う．
g. 教科書の最初のページから，ゆっくりと繰り返し自分のペースで読んでいくことで，化学嫌いの不安から少しずつ抜け出せていけたように思う．わかる努力をするようになると自分の自信へとつながる．自分の進歩がとても嬉しくなった．
h. 高校時代は文系で，理系科目は苦手，最初から自分にはできないと思っていた．でも苦手だからこそやらなければいけないもので，やった時の充実感はすごいと思った．今までわからなかったものが少しわかった時でも，すごくうれしくて頑張ろうという気になった．
i. 高校で化学を全く学んでいなかったので授業はチンプンカンプンだった．しかしそれは予習・復習をしなかった自分の責任でもあり，もっと積極的にわかろうとすれば違っていた気がする．すごく反省している．試験勉強も暗記に徹して点数は取れたが暗記を見透かされて落された．追再試では落されてもいいから自分の力で理解して，基礎から頭に入れ直そうと考えを変えて勉強した．結局再度落されたがその場しのぎでまた暗記をしないでよかったと思う．追再試後の補講でやっと理解が進み，ある程度わかるようになった．丸暗記していた時は名前がごちゃごちゃになっていたが，理解して覚えると二度と忘れないし気持ちがいい．
j. R─が何かわからなかった（著者注：R─はメチル基，エチル基…，…─C─のこと）．CをRに置き換えると，わかりやすくて，何で今までできなかったのだろうと思った．
k. 豆テスト 1・2 を完全に覚えるべきだと思った．
l. a～k の先輩の言葉はうそっぽいと思ったが，本当だった．4 ヶ月前に気づくべきだった．

4章： 簡単な飽和有機化合物：アルカンの誘導体

アルカンの誘導体：アルカンをもとにして作ったもの.

4-1 ハロアルカン（基官能命名法：ハロゲン化アルキル）

(1) ハロアルカンとは？

(2) ハロアルカンの一置換体の一般式？（原子価？）

(3) 身近なハロアルカンの例？

(4) 化合物

CH_3Cl	沸点？（高い・低い）？	（気体・液体・固体）？		名称？
CH_2Cl_2	？	？	？	名称？
$CHCl_3$	？	？	？	名称？慣用名？
CCl_4	？	？	？	名称？
CHI_3	？	？	？	名称？

これらの化合物の沸点の高低，気体・液体・固体の見分け方は？

(5) 性質：① 沸点はアルカンと比べて高い or 低い？なぜか？

② 水より重い or 軽い？なぜか？

③ 水と混ざる or 混ざらない？（アルカンと混ざる？混ざらない？）なぜか？

④ $CHCl_3$ の持つ性質？

⑤ 反応性は高い or 低い？なぜか？

(6) 共有結合・極性・分極・電気陰性度・分散力とはそれぞれ何か？

補：ハロアルカンがおこす反応を2種類述べよ.

*重要概念・キーワード：分極（極性），分散力，置換，脱離

4章：簡単な飽和有機化合物：アルカンの誘導体　　67

＊この単元に入る前に，8章の電気陰性度まで（p.190〜197），できたら原子・イオンの電子式（p.198〜207），分子の電子式（p.208〜214）までの勉強をしておくこと.

(1) ハロアルカンとはアルカン C_nH_{2n+2} の H 原子のいくつかをハロゲン元素 X（F＝フルオロ，Cl＝クロロ，Br＝ブロモ，I＝ヨード）で置き換えたもの.

(2) 一置換体 $C_nH_{2n+1}-X＝R-X$（RX）（ハロゲン元素の原子価（手の数）は 1 価）

(3) 身近な例：クロロホルム，フロンガス，トリハロメタンなど.

(4) 化合物
　　CH_3Cl　　　沸点：低い（気体）名称：（モノ）クロロメタン（C が 1 個はメタン）
　　CH_2Cl_2　　　　　　（液体）　　　　　ジクロロメタン
　　$CHCl_3$　　　　　　　（液体）　　　　　トリクロロメタン（クロロホルム）
　　CCl_4　　　　　　　　（液体）　　　　　テトラクロロメタン（四塩化炭素）
　　CHI_3　　　　　高い（固体）　　　　　トリヨードメタン（ヨードホルム）
　　沸点の高低，気体・液体・固体の見分け方は p.69.

(5) 性質：①アルカンより分子量が大きい為（Cl=35.5, Br=80, I=127），沸点が高くなる.
　　　　　② 水より重い．なぜかは p.69.
　　　　　③ 水と混ざらない（アルカンとは混ざる）．なぜかは p.69.
　　　　　④ クロロホルムには麻酔作用がある.
　　　　　⑤ 反応性は低い．なぜかは p.69.

(6) 共有結合・極性・分極・電気陰性度・分散力については p.70，71，75 を参照のこと.
　　補：求核的置換反応・脱離反応．反応の機構は p.76，77.

4-1-1 ハロアルカンとは

アルカン C_nH_{2n+2} の H 原子のいくつかをハロゲン元素 X（F＝フルオロ，Cl＝クロロ，Br＝ブロモ，I＝ヨード）で置き換えたものをハロアルカンという．かつては，身の回りにはたくさんのハロアルカンが存在した．その代表例は冷蔵庫・車や家庭のエアコンの冷媒，ヘアスプレー，マットやソファーのクッション・断熱材製造用の発泡剤，修正液，除光液，消火剤，ドライクリーニングの溶剤などである．しかし今日では多くのハロアルカンがオゾン層破壊の原因物質であり，発ガン性・催奇性（奇形を生じる性質）を持つということで使われなくなってしまった．なお，甲状腺ホルモンのチロキシン（p.76）はアルカンではないがハロゲン元素を含む有機物である．

ハロアルカンの名称

ハロアルカンの一置換体の一般式は C_nH_{2n+1}—X＝R—X（RX，X＝F，Cl，Br，I）と表される．置換体は F，Cl，Br，I を意味するフルオロ，クロロ，ブロモ，ヨードを接頭語にして○○アルカンと呼ぶ．命名法は分岐炭化水素のルール（p.45，置換命名法）に準ずる．つぎのハロアルカンについて，構造式・分子式を基に名称を考えてみよう．

分子式，名称は以下の通りである．

分子式　名称　以下の名前のつけ方がなぜこのような名かをきちんと納得しておくこと

CH_4　　メタン　　　　　　　　　　　　　覚える

CH_3Cl　クロロメタン→Cl（＝クロロ）が 1 個（モノ，ただし省略）ついたメタン
　　　　　　　　　　　　　（官能種類名：塩化メチル）

CH_2Cl_2　ジクロロメタン　　（慣用名：塩化メチレン）

$CHCl_3$　トリクロロメタン　　（慣用名：クロロホルム）→これのみは覚える

CCl_4　　テトラクロロメタン（慣用名？：四塩化炭素→塩素が 4 個ついた炭素）

$CHBr_3$　トリブロモメタン　　（慣用名：ブロモホルム）

CHI_3　　トリヨードメタン　　（慣用名：ヨードホルム）　　⇔ヨードチンキ

＊官能種類名も覚えなくてよい．

メタン CH_4 と塩素ガス Cl_2 の混合気体に光をあてると，光で生じた塩素原子 Cl・が CH_4 とラジカル反応をおこし，メタンのすべての塩素置換体 CH_3Cl〜CCl_4 を生じる．

4章：簡単な飽和有機化合物：アルカンの誘導体　　69

4-1-2　ハロアルカンの性質 (1)：状態（気体，液体，固体）の推定

ハロアルカンが気体・液体・固体のいずれであるかはアルカンを基に考えればわかる．アルカンでは，分子量58（ブタン）までが気体，分子量72（ペンタン）からが液体，分子量282（C_{20}＝（エ）イコサン）では固体となる．ハロアルカンに，この分子量と気体・液体・固体状態との関係をあてはめてみると，以下のようになる．

$$
\begin{array}{cccccc}
& H & H & Cl & Cl & Br & I \\
& | & | & | & | & | & | \\
H\!-\!C\!-\!Cl & H\!-\!C\!-\!Cl & H\!-\!C\!-\!Cl & Cl\!-\!C\!-\!Cl & H\!-\!C\!-\!Br & H\!-\!C\!-\!I \\
& | & | & | & | & | & | \\
& H & Cl & Cl & Cl & Br & I
\end{array}
$$

（Iに点線の丸印）→ 重たい

| 分子量 | 50.5 | 85 | 119.5 | 154 | 253 | 394 |

58 ↑ 72　　　　　　　　　　　282
ブタン　ペンタン　　　　　　　（エ）イコサン
C_4H_{10} 気体　C_5H_{12} 液体・ガソリン　　　$C_{20}H_{42}$ 固体・ろうそく

予想：	気体	液体	液体	液体	液体	固体
融点（℃）	−97	−97	−63	−230	8.1	125
沸点（℃）	−24	42	61	77	150	218
実際の状態：	気体	液体	液体	液体	液体	固体

デモ：分子模型　　分子模型的に考えると，分子量が小さい軽い分子はフワフワとよく動くことができるので気体，分子量が大きい重たい分子は動きにくいために液体や固体になると理解される（厳密には分子間力＝分散力，p.75 の大きさの差異に基づく．分散力は重たい原子ほど大きく，また，同種の原子でも多原子分子ほど作用する場所が増えるので大きくなる）．

4-1-3　ハロアルカンの性質 (2)：アルカンに似た性質を持つ．アルカンの親戚．

(1) 反応性が低い（わずかしか分極*していない）．それでもアルカンよりは反応性は高い．例は p.76（求核的置換反応）．*分極の説明は次ページ．

(2) アルカンより分子量が大きいため，沸点が高くなる（p.75）．

(3) 水より重い（アルカンは水の構成元素である酸素より軽い炭素原子よりできている．従って水より軽い（単位体積中の原子数が同じとする一次近似の考え）．一方，ハロアルカンのハロゲン原子は水の酸素原子よりずっと重たい．原子は周期表で下に行く（原子番号が大きい）ほど重くなるが，大きさ（電子雲の拡がり）はそれほど大きくならない．従って定性的には原子番号が大きいほど原子の密度は大きい（重たい）と考えてよい．ハロアルカンは例えていえば，木片に鉄の球をつけたイメージである．

(4) 水と混ざらない（分極の程度が小さい，アルカンに似ている）

(5) アルカンと混ざる→基本的にアルカンに似た性質だから（同上）．

(6) 甘みのある芳香を持つ（においはまだ学問になっていない）

(7) 燃えにくい→C と Cl の結合が C と O の結合と似た性質である．C−Cl は既に O がついているようなもの（共に電気陰性度大・C の酸化数は同じになる）．燃える例：CH_4 が CO_2 と H_2O になる．燃えない例：CCl_4 を消火剤に使う（$CCl_4 + \frac{1}{2} O_2 \rightarrow COCl_2 + Cl_2$）．

(8) ハロゲン元素数が多くなるにつれて分子量大→融点・沸点が高くなる. 分子量を計算し沸点との関係を見る(アルカンを基に予言する). CHI_3 は固体(黄色,特有臭あり).

ハロアルカンのデモ実験

(1) CH_2Cl_2, $CHCl_3$, CCl_4, CHI_3(固体, 特有臭)を回覧・触る.(CH_3Cl は気体・分子量)

(2) 水と混ぜる→水に溶・不溶?水より軽・重?水とは混ざらない. 水と油, 水に沈む.

(3) ヘキサンと混ぜる. 上の試料+ヘキサンで液三層→この三層の液を振る→?(ヘキサンと混)

(4) 指につける→どれが最もひんやりするか(気化熱)?→沸点の高低(CH_2Cl_2)

(5) においを嗅ぐ. それぞれ特異臭を持つ.(クロロホルムは麻酔剤に使用. 要注意)

(6) 消火剤→ろうそくの火を CCl_4 蒸気で消す.(アルコールランプ,試験管,試験管はさみ)
   燃えにくい $CCl_4 + \dfrac{1}{2} O_2 \longrightarrow COCl_2 + Cl_2$($CO_2$, Cl_2O にならない)
   CCl_4 は水と異なり, すぐに沸騰(比熱小). $COCl_2$ はホスゲン(毒ガス). Cl_2O は不安定→なぜ?

(7) マジックペンの字を拭き落す(溶剤). 修正液回覧(中身は 1,1,1-トリクロロエタン)

4-1-4 共有結合(電子対共有結合)の分極　　　　極性分子と無極性分子

重要概念である!　　　　　　　　　　　　　　　(p.190〜198 を前もって勉強しておくこと)

アルカンの C—H 結合は C, H が電子を1個ずつ出し合って, お互いにこの電子対を共有することによりつながっている共有結合である($H \cdot \cdot C \cdot \cdot H \rightarrow H : C : H$, p.209). 一方, ハロアルカンの C—Cl 結合も**共有結合**ではあるが, Cl は C に比べて**電気陰性度**(p.198 表)が大きく, 共有電子対の電子を自分の方に引きつける傾向がある. その結果として, Cl はわずかにマイナスの電荷を持ち, C はわずかにプラスを帯びる(これを共有結合の**分極**, 正負の極に分かれる, 結合に**極性**があるという). このわずかな電荷, 例えば 0.05 をギリシャ文字の $\overset{デルタ}{\delta}$(少し・わずかの意)を使って表す. $\delta + = +0.05$, $\delta - = -0.05$

この電荷が存在することにより, ハロアルカンの反応性は低いといえどもアルカンよりは高い. すなわち, $-C^+-$ を例えば OH^- のような求核試薬(陰イオン)が攻撃する(+, −の引力が働き, 相互作用する. p.76, 求核置換反応). また, 水に溶けないといえどもアルカンよりは溶ける(クロロホルムは水に 0.7% 溶け, 水はクロロホルムに 0.07% 溶ける). 電荷を持つので大きく分極している水分子(p.84)と相互作用しやすくなる. NaCl が Na^+ 陽イオンと Cl^- 陰イオンに分かれて水に溶ける(p.84)ことからわかるように, 分子が少しでもプラスとマイナスになれば, 水に溶けやすくなる. 分極した分子を**極性**分子(水に溶ける), 分極していない分子を**無極**性分子(水に溶けない)という. ハロアルカンは

4章：簡単な飽和有機化合物：アルカンの誘導体　71

ほぼ無極性物質と考えてよい弱い極性物質である（問題4-5, 4-6）.

問題4-1　原子・イオン（p.198～207）・分子（p.208～214）の電子式を勉強せよ.

問題4-2　共有結合について説明せよ.

答え4-2　p.208～212を勉強して自分式にまとめよ. 理解できていればどんな文章でもよい.

問題4-3　電気陰性度とは何か，説明せよ.　　　　　　　　　　（答は p.197，同上）

問題4-4　分極（極性）とは何か，説明せよ.　　　　　　　　　（答は p.70，同上）

問題4-5　次の結合はどのように分極しているか，または無極性か.　　　（答は p.78）

　　（1）—C—Cl　（2）—O—H　（3）—O—Cl　（4）H—Cl　（5）—C—N—

　　（6）—C—C—　（7）—O—O—　（8）—O—C—　（9）Na—H

　　（10）—C—F　（11）Na—Cl　（12）—N—H　（13）—C—H

ヒント：これは暗記問題ではない！p.70を復習して電気陰性度(p.198表)の大小を基に考えよ.

例：$H^{\delta+}—O^{\delta-}$—（電気陰性度の大きい原子の方に負電荷を持った電子対が偏るので，その原子が $\delta-$（負電荷），もう一方が，電子を失った分 $\delta+$（正電荷）を持つ（p.205～206参照）.

問題4-6　CH_3Cl, CH_2Cl_2, $CHCl_3$ は極性分子，CCl_4 は無極性分子である. その理由を説明せよ. ヒント：C—Cl結合は分極している. 分子全体の極性の有無は分子模型を使って立体構造を考慮して考えよ（分極した一つの結合を一つのベクトル−→＋とみなして全ベクトルを合成した結果，お互いに打ち消し合えば無極性となる）.　　　　　　　（答は p.78）

4-1-5　ハロアルカンの用途

（1）消火剤：CCl_4 は燃えにくい性質を利用して消火剤に用いられる.

　　図書館では火事の際，水を用いて書庫を消化すると本が濡れてだめになってしまうので，この燃えにくいハロン（ハロアルカン）ガスを用いた消火装置が設置されている（女子栄養大学図書館ハロン1301ブロモトリフルオロメタン）. 空気より重い，燃えないガスを充満して書庫内に火を入れないようにする. 建物の壁のコンクリートさえ壊れなければ中に火は入ってこれない. ただし，ハロンガスはオゾン層を破壊するフロンガスの親戚なので今は新規の設置は不可. 代替品として従来の二酸化炭素に窒素・アルゴン不活性ガスが加えられた.

（2）麻酔剤：ハロアルカンは一般に麻酔性，芳香がある. 催奇性があり有害.

　　飲料水中のハロアルカン量には環境基準がある. クロロホルムを実験動物の麻酔に使用. 映画・テレビドラマの誘惑事件の麻酔剤. 昔は人間にも用いたが今は用いない. 人の手術には笑気（laughing gas, N_2O：吸うと顔が痙攣して笑っているような顔になる）などを使用している.

（3）溶剤として用いる：ジクロロメタン CH_2Cl_2，トリクロロメタン $CHCl_3$, CCl_4, 1,2-ジクロロエタン $C_2H_4Cl_2$，トリクロロエタン $C_2H_3Cl_3$ など.

油性マジックの溶剤，機械の油の洗浄，ドライクリーニングの溶剤（CCl_4，ベンジン（揮発油・ガソリン），トリクロロエチレン C_2HCl_3）．ドライクリーニングの原理（逆ミセル）．半導体 IC（集積回路）の製造時の表面処理に先立つ油分を除く溶剤にフロンが使用されてきた（現在は代替物に取って代わった）．修正液，除光液．

(4) キズ薬：ヨードホルム（黄色固体，特有臭があり，昔の黄色いガーゼ）の殺菌作用．これが分解して出すヨウ素が殺菌作用を持つ．この意味ではヨードチンキと同じ．

＊クロロホルム廃棄時の注意事項

クロロホルムの廃液は，絶対に流しに捨ててはならない．流しの下の排水管の多くは，塩化ビニルというプラスチックで出来ている．クロロホルムは水より重いため，水が流れてもその下にたまる．管が曲がっているところにたまりやすい．上には水があり，蒸発できない．クロロホルムはアルカンの親戚・プラスチック成分と親戚だから塩化ビニル（接着部分）を溶かしてひずませ，穴を開け，水漏れを起こす原因となる．

＊フロンガスとは

Cl　　フッ素 F　　　　　　　　　hydro-fluoro-carbon

フロンガス（商標）＝ クロロフルオロカーボン（CFC）　　　HFC

塩素化，フッ素化された炭素化合物の総称．$CClF_3$，CCl_2F_2，CCl_3F など．
フロンガスは，昔は，無色，無臭，無害，不燃性で大変安定な壊れにくい物質として重宝された．フロンは優れものであった．例えば，ヘアスプレー缶や冷蔵庫・エアコンの冷媒，半導体 IC の洗浄剤（溶剤），発泡スチロールの製造などに用いられてきた．ところが最近オゾン層を破壊することが判明し，建前的には 1996 年に「特定フロン」は全廃された．それでも既に使用されているものが依然存在する．近年売り出されたドイツ製の「地球に優しい」冷蔵庫にはプロパンガスが使用されている．スプレー缶には現在プロパンガス，ジメチルエーテル等の可燃性の物質が使用されている．プロパンガスとジメチルエーテルとは分子量がほぼ同一なので（p.69），かつエーテルはアルカンに似た性質を持っているので（p.100），沸点も似ており両者が同じ目的に用いられている．

＊オゾン層が破壊されるメカニズム

フロンが放出されると拡散して成層圏に達する．そこで紫外線により分解されて塩素原子を生じる．この塩素原子が連鎖的にオゾンと反応（オゾンを破壊）する．しかも 1 個壊すだけではなく，壊したあと，また元に戻るので，1 個の Cl・ が数万個のオゾンを壊すと言われている．その結果オゾン層に穴があくオゾンホールができることになる．

$$R{-}Cl \quad \xrightarrow{\text{紫外線}} \quad R\cdot \quad + \quad Cl\cdot$$

$$Cl\cdot \quad + \quad O_3 \quad \longrightarrow \quad ClO \quad + \quad O_2$$

$$ClO \quad + \quad O \quad \longrightarrow \quad Cl\cdot \quad + \quad O_2 \; (\text{O は } O_2 \text{ の光分解生成物})$$

フロンの分子量は空気の平均分子量 29 よりかなり大きく空気より重い気体なので，上空よりも地表の方が濃度が高い．フロンの気体分子は小さい粒子なので重たくとも地表から徐々に拡散して，遂には空まで昇ってしまう．今すぐにフロンを止めても地表には既にたくさんたまっているので，今後何十年かはオゾン層の破壊が続くことになる．

オゾン層はフロンだけでなく臭化メチル（ブロモメタン CH_3Br：しょうが，いちご，トマト，ピーマン，なす，キャベツ，きゅうりなどの栽培に使われている農薬，土壌燻じょう剤（土壌を消毒する農薬））や自動車排ガス中の窒素酸化物 NO_x などでも破壊される．

オーストラリアなど南半球では大陸が少なく，そのほとんどが海であり，かつ産業があまりないため空気がきれいである．そこでオゾン層が壊れたところから強い紫外線が直接入ってくる．この紫外線の作用で皮膚表面細胞の DNA が壊れることによりおきる皮膚ガンの発生率がオーストラリアの白人では，一万人当たり数人と極端に高い．オーストラリアの幼稚園では，日の強い真昼間は外に出ず，もし出る時には長袖に帽子をかぶることになっているという．

そもそも生命が海の中で誕生した理由の一つはこの紫外線にある．4億年前までは地表の紫外線が強烈だったため，生命はこれを吸収してくれる水（海）面下でしか生きることができなかった．一方，それまでの20億年の間に海中のラン藻類・緑色植物が酸素を大量に作り出した．地表にたまった酸素は紫外線を吸収し一部はオゾンとなった．オゾン層が上空に出来たので，地表に強烈な紫外線が届かなくなって初めて生物は地表に上陸したのである．従ってオゾン層がなくなれば生命はまた海中に戻らなければならなくなる．

地球温暖化とフロンガス：フロンは温暖化ガスとして炭酸ガスの数万倍強力であることから，代替フロン（特定フロンでないもの，HFC など）の使用も問題があると言われている．

＊冷蔵庫・冷凍機の冷える原理（エアコンも同じ）

蒸発しやすい液体（冷媒）を小さい穴から吹き出すとその液体が蒸発（膨張）する時に気化熱（及び膨張のための熱エネルギー）を奪って周りを冷やす．その気化した・拡散膨張したガスに圧力をかけて再び圧縮する・液体にすることで，繰り返し冷やすことができる．冷蔵庫が時々うなるのは，コンプレッサー（圧縮機）が作動して気体を液体にすること（この時，外部へ放熱）を定期的に繰り返しているからである＊．

冷凍機の冷媒として昔はアンモニアを用いていたが，アンモニアは腐食性があり，かつ漏れるとにおいが問題となる．無色・無臭・無毒・安定で腐食性のないフロンが使われることによって，家庭に冷蔵庫が普及したのである．しかし近年フロンによるオゾン層の破壊が判明したのでフロンを使わない冷蔵庫・エアコンが要請されている（上述）．

＊夏に観察される積乱雲（雷雲）と降雨・降雹も冷蔵庫と同じ原理に基づく現象である．夏の強い日差しにより地表が高温になると，地表の空気が暖められ膨張する．膨張の結果軽くなった空気が強力な上昇気流を作り出す．上空では気圧が低いために地表から上昇してきた空気は更に膨張することになる．膨張が急激におこると，冷蔵庫の場合と異なり，膨張するためのエネルギーとして周囲から熱を奪う暇がないので（これを断熱膨張という），空気自身の熱エネルギーを膨張エネルギーとして使用するために，上昇した空気は急激に温度が低下する．低温では飽和湿度が低いので，過飽和になった水蒸気により積乱雲が発生し，降雨（低温のために時として降霰・降雹）がおこる．冬の日本海側の山間部における豪雪も，日本海を渡ってきた湿った空気が山にぶつかるために上昇気流となることが原因である．春・秋の日本海側で観察される高気温をもたらすフェーン現象は，これとは逆に，下降気流による断熱圧縮のために熱の放出がおこる現象である．これらの現象は全て，エネルギー保存則（熱力学の第一法則）の反映，すなわち膨張・圧縮という機械的仕事（エネルギー）と熱エネルギーとの等価なやりとりにすぎない．

＊トリハロメタンとは？

　トリ：3個，ハロ：ハロゲン元素，メタン：Cが1個，トリハロメタンとは$CHCl_3$，$CHCl_2Br$，$CHClBr_2$，$CHBr_3$の総称である．代表として$CHCl_3$クロロホルムが挙げられる．発ガン性があると疑われているトリハロメタンが水道水の中に含まれており問題となっている．

なぜ飲料水にトリハロメタンが含まれるのか？

　微生物がいる飲料水を飲むとO157や赤痢といった感染症をおこす．従って水道水は必ず殺菌消毒されている．水道水は塩素（または次亜塩素酸）の酸化作用で消毒されるので，水の中には塩素分が含まれている．この塩素や塩素から生じた次亜塩素酸$HClO$が，水中の有機分子と反応してCH_3Cl，CH_2Cl_2，$CHCl_3$などが作られる．また，同族元素の臭素は塩素と性質が似ているため，様々な化合物中に不純物として含まれている．従ってClとBrの両者が含まれたトリハロメタンを生じることになる．

　アメリカやヨーロッパ大陸では河川が長大であるため，木の葉などが腐って生じた有機物が河川水に溶けており，この水を塩素消毒するとトリハロメタンを生じてしまう．日本の河川は短いので雨が降るとすぐに海に流され，腐敗したものが溶け込むことはあまりなかったので，昔は水中にトリハロメタンはほとんど含まれていなかった．ところが最近は生活排水や工場排水などで水が汚れトリハロメタンが生じるようになった．また産業廃棄物のハロアルカンが地中にしみ込み，地下水を汚染することも起こるようになった．そこで水道法が改正された際にトリハロメタン・1,2-ジクロロエタン等のハロアルカンが水質基準項目に新しく取り入れられた．生活排水で水を汚す，その水を自分たちが飲む，ということで自らの行為が自らの首を絞めている．水を汚さない日常の心がけが重要である．

トリハロメタンや塩素臭さを取り除くには？

　トリハロメタンや塩素臭さの成分（クロラミン：NH_2Cl，$NHCl_2$，NCl_3）は蒸発しやすい．よって水を沸騰させたあと，火を弱めてやかんのフタを開けてさらに3〜5分程度沸騰させればトリハロメタンは蒸発し臭いも消える．冷蔵庫で冷やせばおいしい安全な水ができる．オゾン消毒すればトリハロメタンはできないが費用が高くつく．水質の悪い東京江戸川区・大阪の浄水場ではオゾン処理が行われている．

　日本の衛生基準では水道の蛇口で塩素分が検出されなければならない．従って水道水では金魚が死んだりカルキ臭がしたりする．太陽光線に当てるとCl_2，$HClO$は光反応で分解して塩化物イオンCl^-となり無毒化される．なお，$HClO$は$Cl_2 + H_2O \longrightarrow Cl^- + H^+ + HClO$なる塩素ガスと水との反応で生じる．

ハロアルカンの異性体と命名法（命名法の復習）

問題4-7　ジクロロメタン，ジブロモフルオロメタン＊，トリクロロメタン，テトラヨードメタンの構造式を書け．　＊abc…順がルール．　　　　　　　　（答はp.78）

問題4-8　ハルアルカンの異性体——ジクロロエタン，トリクロロエタン，テトラクロロエタンのすべての異性体の構造式を書き命名せよ．　　　　　　　　（答はp.78）

　ヒント：ジクロロエタンの分子骨格はエタンだからC_2．従って，エタンの分子式は構造式を書いてHの数を数えればC_2H_6（豆テスト1で覚えたことを思い出せ）．ジクロロエタンはこの中の6個のHの内の2個を塩素原子Clに置換した（置き換えた）ものなので化学式は$C_2H_4Cl_2$．その構造式はp.20の書き方のルールに従って，－C－C－にClを2個つなぐとよい．つなぎ方は分岐炭化水素（p.45）と同様に考える．C－の代りにCl－があると考えればよい．残りの手にはHをつなぐ．p.21と同じ議論よりCl－を1個だけつける場合は1種類しかない．

```
  |   |                                        Cl
Cl—C—C—   これにClをあと1個つける方法は  Cl—C—C—   (同じ炭素に2個) と
  |   |                                    |   |
      Cl

  |   |
Cl—C—C—   (異なった炭素に1個ずつ) の2種類しかない.          (p.21の議論を見よ)
  |   |
 Cl
```

名称のつけ方はp.45と同様に行えばよい（命名できなければp.45を復習せよ）. C_2 だからエタン. 分子骨格に左または右から番号をつけて Cl がついている炭素の番号を示す（Clが2個だから炭素の番号は2個必要, 小さい番号を優先）. Cl はクロロ, これが2個だからジクロロ. 以上より, 上記2種類の構造式は前者が1,1-ジクロロエタン (2,2- ではない), 後者が1,2-ジクロロエタン (2,1- ではない).

問題 4-9 （モノ）クロロプロパン, ジクロロプロパンのすべての異性体の構造式を書き命名せよ.　　　　　　　　　　　　　　　　　　　　　　　　　　　　（答はp.78）

問題 4-10 フロン22（$CHClF_2$）, フロン12（CCl_2F_2）を命名法に従い命名せよ.
　　　　ヒント：わからなければ構造式を書いてみよ. Fはフルオロという. 命名する際のCl, Br, F… の順序はA, B, C…順だが, 気にしなくてもよい.　　　　　　　　　　（答はp.79）

分散力（ロンドン力）

<u>分子間に働く普遍的な相互作用. 分子間引力のひとつ. 重要概念である！</u>

空気中の酸素・窒素ガスのみならず, 水素ガス, 貴ガスのヘリウムですら低温にすると液体になることが知られている. 気体状態では分子同士の距離が大きいために, どのような気体分子であっても, 分子間には引力はほとんど働いていない. 一方, 気体と異なり分子同士が近くに存在するのが液体である. このことは, 液体では分子がお互いに束縛しあって, すなわち分子間に引力が働いて気体にならないようにしていることを意味している. このように結合していない原子や無極性分子でも<u>弱い引力</u>を持つ. この引力は後述するように原子は＋の原子核と－の電子から成り立っていることによりもたらされている. したがって全ての原子, 物質に働く普遍的な引力である. これを分散力, または, この考えに説明を与えたドイツのF.Londonにちなんでロンドン力ともいう. アルカンに働いている引力はこの分散力である.

原子核の周りの電子は常に動き回っているが, ある瞬間には原子の片方に偏って存在する可能性がある. その瞬間には原子は＋と－の電荷が離れて存在する, いわば分極している状態になる. これを瞬間分極, ひとつの小さい粒子が＋と－部分に分かれた状態を双極子というので, この状態を瞬間双極子という. この瞬間双極子が次のように隣に双極子を誘起する.

電子が動いて瞬間双極子が生じる　　　　瞬間双極子の右端の電子が隣の電子の左端電子と反発し合い, 左端電子を右側へ押しやる

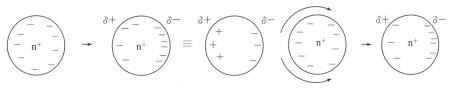

瞬間双極子　　　　　　　　誘起された瞬間双極子

すると，この瞬間には二つの双極子間に (+−)…(+−) なる＋−の引力（静電引力）が働く．この引力が原子・分子同士をお互いに引きつける力となる．分散力はこのように原子核の＋，電子の−によって引き起こされるので，陽子・電子数が多い，原子番号の大きい原子ほど大きい．これらの原子では原子核から離れた電子が増す．原子核から離れるほど電子は自由に動き回ることができるので瞬間分極を起こしやすい．ヨウ素原子はその典型である．p.79 の答え 4-11 も参照．

問題 4-11　分岐炭化水素の 2,2-ジメチルプロパンと同じ分子量（炭素数）の直鎖状炭化水素であるペンタンとでは，どちらが沸点が低いか，またその理由を考えよ．（ろうはなぜ滑りやすいか？）　　　　　　　　　　　　　　　　　　　（答は p.79）

問題 4-12　チロキシンは甲状腺ホルモンのひとつである．その構造式は，

$$HO-\underset{I}{\overset{I}{\underset{}{\bigcirc}}}-O-\underset{I}{\overset{I}{\underset{}{\bigcirc}}}-CH_2\underset{NH_2}{CH}COOH \quad である.$$

分子中の化合物グループ名・官能基を全て示せ．　　　　　　　　　　　　（答は p.79）

問題 4-13　p.66〜67 のハロアルカンのまとめを確認せよ．左のページを見て右のページを答えることができるようになること．

4-1-6　ハロアルカンの反応　（ここは省略可）

反応性は高くないが，それでもアルカンよりは高い．その理由は，ハロゲン元素の電気陰性度が大きいために C—X 結合が，わずかながら分極していることによる．求核試薬（負電荷・非共有電子対を持ったもの）の存在下で次の求核的置換反応がおこる．

$$CH_3I \; + \; KOH \quad \rightarrow \quad CH_3OH \; + \; KI \qquad (CH_3I の I が OH に置き換わった)$$

また，次のような脱離反応もおこす．

$$CH_3CH_2CH(Br)CH_2CH_3 + CH_3CH_2ONa \longrightarrow CH_3CH=CHCH_2CH_3 + CH_3CH_2OH + NaBr$$

(1)　求核的置換反応：「核」とは原子核，すなわち＋の電荷を持った原子（核）のこと，求核的反応とはこの＋の原子を−イオン，または非共有電子対を持った分子が攻撃することによりおこる反応のこと．空の軌道を持った原子に非共有電子対を持った分子，イオンが配位結合する反応．電気陰性度の大きい原子 X が結合した炭素原子では分極により C が $\delta+$ となる．分極の極限では $-C^+ + X^-$ とイオンに解離する．従って陰イオンや非共有電子対を持った原子，分子からの攻撃（配位）を受けやすい．

分極
$$-C{\rightarrow}X \quad \longrightarrow \quad \overset{\delta+}{-C}-\overset{\delta-}{X}$$

（例）$CH_3I + KOH \longrightarrow CH_3OH + KI$

$K^+OH^- \longrightarrow {}^-\!:\!O—H$（$OH^-$は非共有電子対を持った強力な求核試薬）

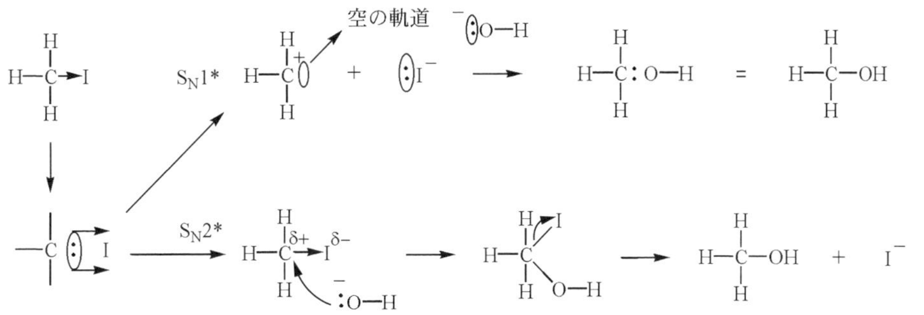

（反応機構の図：S_N1^* および S_N2^*）

$*S_N1$：単分子的求核（nucleophilic）置換反応（substitution）　まず＋と－に解離，このC^+と$^-$OH とが反応し結合形成．（仲違いし離婚，独身者となったところで新しい相手に出会う）

$*S_N2$：2分子的求核置換反応　C—I 結合が＋－に大きく分極したところへ，この C 原子上の＋を目指して$^-\!:\!O—H$が攻撃する（C^+と相互作用する：電子を取られて不満気なC^+に，電子を余分に持ったOH^-がちょっかいを出して HO—C—I の三角関係となる）．この三角関係の結果 C—I 結合が弱まり，遂には切れてしまう（破局が来てしまう）．今までの相手と別れて（離婚して），C は新しいパートナー OH と C—OH 結合を作る（新しいカップルとなる）．

　ここでは反応を＋と－との相互作用として説明したが，より詳しくは，軌道間の相互作用による配位（p.212）を通した共有結合（配位共有結合）の生成を考える必要がある．また，S_N2 反応ではワールデン反転なる立体配置の反転が起こる．詳しくは参考文献（p.252）参照．

(2) 脱離反応：一つの分子から 2 個の原子または基がとれて多重結合を生じる．

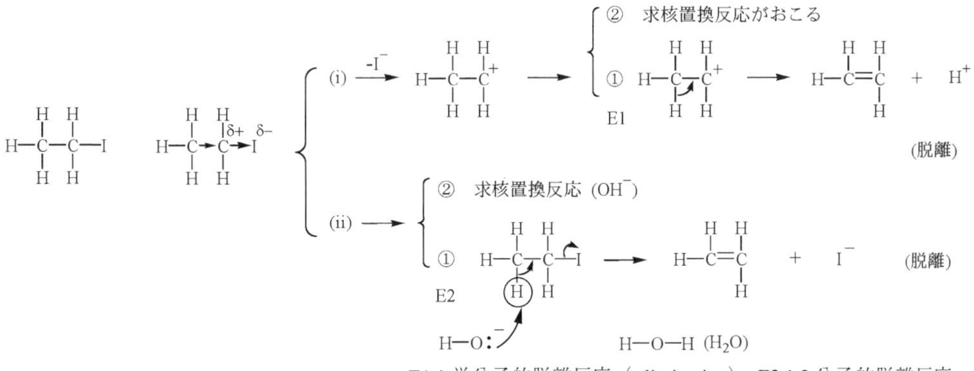

（反応機構の図：(i) E1，(ii) E2，② 求核置換反応がおこる，① 脱離）

E1：単分子的脱離反応（elimination），E2：2分子的脱離反応

問題 4-14　次の求核的置換反応（ハロゲン原子の置換）の式を完成せよ．　　（答は p.79）
(1) $CH_3CH_2Br + CH_3CH_2ONa \longrightarrow$　　(2) $CH_3CH_2Br + CH_3COONa \longrightarrow$
(3) $CH_3CH_2Br + 2NH_3 \longrightarrow$

4-1 節の問題の答え

答え 4-5　(1) $-C^{\delta+}-Cl^{\delta-}$　(2) $-O^{\delta-}-H^{\delta+}$　(3) $-O^{\delta-}-Cl^{\delta+}$　(4) $H^{\delta+}-Cl^{\delta-}$

(5) $-C^{\delta+}-N^{\delta-}-$　(6) $-C^0-C^0-$　(7) $-O^0-O^0-$　(8) $-O^{\delta-}-C^{\delta+}-$

(9) $Na^{\delta+}-H^{\delta-}$　(10) $-C^{\delta+}-F^{\delta-}$　(11) $Na^{\delta+}-Cl^{\delta-}$　(12) $-N^{\delta-}-H^{\delta+}$

(13) $-C^{\delta-}-H^{\delta+}$

答え 4-6　C—Cl の結合は 2 つの原子の電気陰性度の違いにより $-C^{\delta+}-Cl^{\delta-}$ のように分極している．この分極した結合（極性結合）を $\delta-$ から $\delta+$ へのベクトル（矢印→）として表すと，CH_3Cl は →，CH_2Cl_2 は ＜ ・この 2 つのベクトルを合成すると ⬦，$CHCl_3$ 分子でも同様に 3 つのベクトル ⬳ を合成すると ⟶ となり，一方方向のベクトルが得られる．このことは，分子中の分極した複数の結合の総和として，分子全体を＋方向と－方向に分けることができる・分子全体として＋部分と－部分に分かれていることを示している．これを分子が「極性を持っている」，すなわちこの分子は極性分子であるという．

　一方，CCl_4 では C—Cl 結合は 4 本とも分極しているが，分子全体としては ✕ のように，お互いに分極の効果を打ち消しあってしまうために，分子全体としては（分子を遠くから眺めれば）＋部分と－部分には分かれていない，無極性である．すなわち，CCl_4 は無極性分子ということになる．

答え 4-7

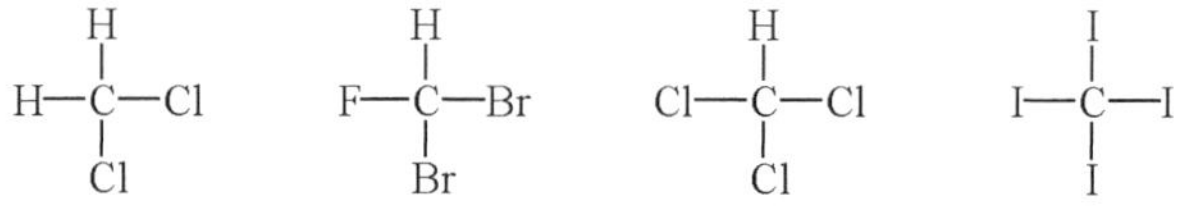

答え 4-8

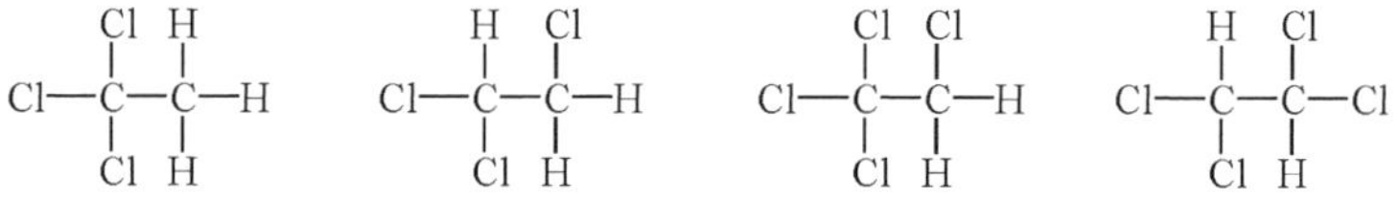

1,1,1-トリクロロエタン　1,1,2-同左　1,1,1,2-テトラクロロエタン　1,1,2,2-同左

答え 4-9

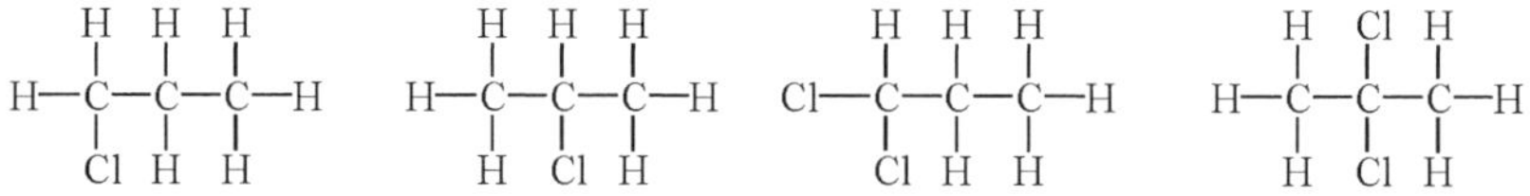

1-クロロプロパン　　2-同左　　1,1-ジクロロプロパン　　2,2-同左

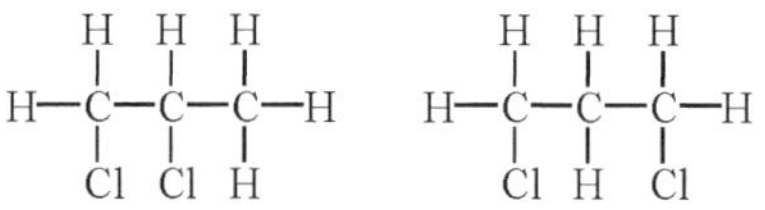

1,2-ジクロロプロパン　1,3-同左

答え 4-10　CHClF$_2$　クロロジフルオロメタン；CCl$_2$F$_2$　ジクロロジフルオロメタン
　　　　　正式の命名法は ABC 順だが，ジフルオロクロロメタン，ジフルオロジクロロメタンでも可．

答え 4-11　アルカンの沸点を決定する分子間力は分散力（ロンドン力：近距離のみで働く引力）である．球状の分岐炭化水素は棒状の直鎖状炭化水素に比べて分子同士で接触する場所が少ないので，そのぶん相互作用（引力）の数が少ない．従って個々の相互作用（引力）の総和としての分子間力は小さく，蒸発しやすい（沸点が低い）ことになる．長鎖炭化水素よりなるろうが滑りやすい理由は，相互作用点がずれるだけで，相互作用の数・引力の総和はほとんど変わらないことによる．

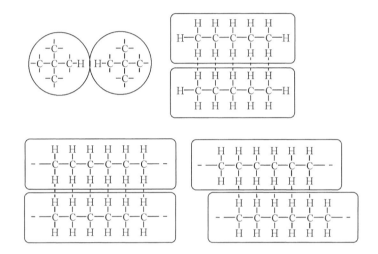

＊アルカンがメタンから（エ）イコサンまで炭素鎖長の増大に伴って気体→液体→固体と変化するのは，炭素数の増大に対応して，アルカン分子の CH$_2$ の H 原子と接触する隣のアルカン分子の CH$_2$ の H の数が増大することにより，1つの分子当りのロンドン力の作用箇所が増大するからである．大変弱い分子間力でも数が多ければ全体としては強い力となり，分子は気体になりにくくなり，液体，更には固体へと変化することになる．

答え 4-12　フェノール・芳香族（フェニル基—C$_6$H$_5$，ヒドロキシ基—OH），ハロアルカン・ハロゲン元素（正しくはアルカンではない．ハロゲン化芳香族），アミン・アミノ基（—NH$_2$），カルボン酸・カルボキシ基（—COOH），エーテル（エーテル結合（C—O—C））

答え 4-14　(1) CH$_3$CH$_2$Br + CH$_3$CH$_2$ONa ⟶ CH$_3$CH$_2$OCH$_2$CH$_3$ + NaBr　エーテルの生成
　　　　　(2) CH$_3$CH$_2$Br + CH$_3$COONa ⟶ CH$_3$COOCH$_2$CH$_3$ + NaBr　エステルの生成
　　　　　(3) CH$_3$CH$_2$Br + 2NH$_3$ ⟶ CH$_3$CH$_2$NH$_2$ + NH$_4$Br　　　　アミンの生成
　　　　分極した C$^+$—Br$^-$ 結合の C$^+$ に (1) CH$_3$CH$_2$O$^-$，(2) CH$_3$COO$^-$，(3) $\overset{..}{\text{N}}$H$_3$ が配位する．これより Br$^-$ がはずれる．(3) では H$^+$ がとれて，もう1分子の NH$_3$ と反応し NH$_4^+$ となる．

4-2 アミン

アミン
(1) アミンに対するイメージを一言でまとめると？身近な存在は？

(2) 覚え方：？（化学式）→？（化学式）→タンパク質の素の？（化学式）

(3) 第一級アミン・第二級アミン・第三級アミンとは？

　　それぞれの一般式・構造式は？

　　$-NH_2$ を何基というか？

(4) 性質：匂い？　水溶液は（酸性・塩基性）？なぜか？ R が小さい（短い）アミンは（気・液・固）体？　水に（溶ける・溶けない）？

(5) 水素結合とは何か，なぜおこるか？

(6) 配位とは何か？

以下の化合物は第何級アミンか？　また名称は？

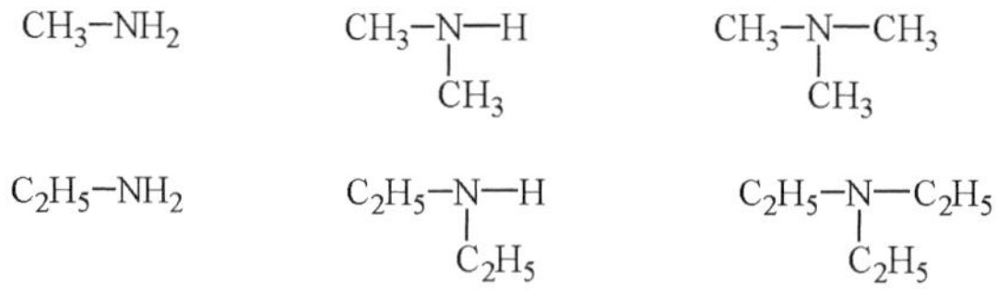

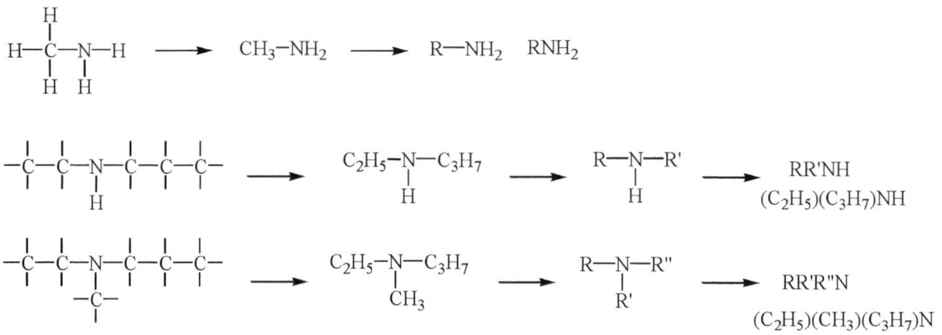

$$CH_3-NH_2 \qquad CH_3-\underset{\underset{CH_3}{|}}{N}-H \qquad CH_3-\underset{\underset{CH_3}{|}}{N}-CH_3$$

$$C_2H_5-NH_2 \qquad C_2H_5-\underset{\underset{C_2H_5}{|}}{N}-H \qquad C_2H_5-\underset{\underset{C_2H_5}{|}}{N}-C_2H_5$$

$$\underset{\underset{H}{|}}{\overset{\overset{H}{|}}{H-C-N}}-H \longrightarrow CH_3-NH_2 \longrightarrow R-NH_2 \quad RNH_2$$

$$-\overset{|}{C}-\overset{|}{C}-\underset{\underset{H}{|}}{N}-\overset{|}{C}-\overset{|}{C}-\overset{|}{C}- \longrightarrow C_2H_5-\underset{\underset{H}{|}}{N}-C_3H_7 \longrightarrow R-\underset{\underset{H}{|}}{N}-R' \longrightarrow \underset{(C_2H_5)(C_3H_7)NH}{RR'NH}$$

$$-\overset{|}{C}-\overset{|}{C}-\underset{\underset{\overset{|}{C}}{|}}{N}-\overset{|}{C}-\overset{|}{C}-\overset{|}{C}- \longrightarrow C_2H_5-\underset{\underset{CH_3}{|}}{N}-C_3H_7 \longrightarrow R-\underset{\underset{R'}{|}}{N}-R'' \longrightarrow \underset{(C_2H_5)(CH_3)(C_3H_7)N}{RR'R''N}$$

＊重要概念・キーワード：配位，水素結合，塩基性

ここを学ぶ前に p.212 配位・非共有電子対・形式電荷を学ぶこと．

アミン
(1) アンモニアの親戚である．魚臭・魚が悪くなった時のにおい：動植物の腐敗臭．

(2) 覚え方：アンモニア NH₃ → アミン R–NH₂ → アミノ酸　R—CH—COOH
　　　　　　　　　　　　　　　　　　　　　　　　　　　　　　　　|
　　　　　　　　　　　　　　　　　　　　　　　　　　　　　　　　NH₂

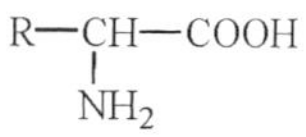

(3) 一般式：アンモニア NH₃ の H の 1～3 個をアルキル基 R で置き換えたものである．

—NH₂ をアミノ基という．

(4) 性質：アンモニア NH₃ の H 原子の 1～3 個をアルキル基 R で置き換えたものであり，アンモニアと似た性質を残している（塩基性，アンモニア臭：これらの性質は N 原子の非共有電子対に由来する．塩基性の理由は p.85）．メチルアミンのように R が小さいものはアンモニア同様に気体であり，水によく溶ける．

(5) 水素結合は p.84.

(6) 配位は p.85, 212.

第一級アミン　　　　　第二級アミン　　　　　　第三級アミン

メチルアミン　　　　　（ジメチル）アミン　　　　（トリメチル）アミン
（メタンアミン）　　　（N-メチルメタンアミン）　（N,N-ジメチルメタンアミン）
エチルアミン　　　　　（ジエチル）アミン　　　　（トリエチル）アミン
（エタンアミン）　　　（N-エチルエタンアミン）　（N,N-ジエチルエタンアミン）

メチルアミン
（メタンアミン）

エチル（プロピル）アミン
（N-エチルプロパン-1-アミン）

エチル（メチル）（プロピル）アミン　（アルファベット abc 順）
（N-エチル-N-メチルプロパン-1-アミン）

4-2-1　アミンとは

アミンとはそもそも，amm（onia）-ine アンモニアに似た（もの），という意味である．アンモニア NH_3 の H の1～3個がアルキル基（R–）に置換されたものであり，名前通りにアンモニアに似た性質を持つ．すなわち，**アミンはアンモニア（NH_3）の親戚**である．

$$H-\underset{\underset{H}{|}}{N}-H \longrightarrow C-\underset{\underset{H}{|}}{N}-H \longrightarrow R-\underset{\underset{H}{|}}{N}-H \longrightarrow R-\underset{\underset{R'}{|}}{N}-H \longrightarrow R-\underset{\underset{R'}{|}}{N}-R''$$

我々のからだを構成しているタンパク質の素・アミノ酸はアミンの一種であるし，魚臭，魚・動植物の腐敗臭もアミンである．副腎髄質ホルモンのひとつのアドレナリン，神経伝達物質ドーパミン，その他，アルカロイド（植物に含まれるアルカリ様のものという意味，すなわち塩基）と呼ばれるニコチン・カフェインなどの窒素を含む複雑な塩基性有機化合物もアミンの一種である．これらは人体に対してしばしば強い生理作用を持つ．

アミンの分類・名称：アンモニア NH_3 の水素原子がアルキル基 R で置換された数に対応して第一（級），第二（級），第三（級）アミンと分類される*．名称はアルキル基の種類と数を考慮して○○アミン（アルキルアミン，アルカンアミン）という．第二・三級アミンの置換名は長いアルキル基を主，短い方を–NH_2 の H の置換基 N- ○○として命名する．

　　＊これら3種類のアミンは亜硝酸・カルボニル化合物などとの反応性が異なっている（p.87）．

第一級アミン：一般式　R–NH_2
　　CH_3NH_2（メチルアミン，官能種類命名法）など．
　　　　　（メタンアミン，置換命名法）

第二級アミン：一般式 RRNH
　　$(CH_3)_2NH$（（ジメチル）アミン）など．
　　　　　（N-メチルメタンアミン）

第三級アミン：一般式 RR′R′′N
　　$(CH_3)_3N$（（トリメチル）アミン）など．
　　　　　（N,N-ジメチルメタンアミン）

$$CH_3-\underset{\underset{H}{|}}{N}-H \qquad R-\underset{\underset{H}{|}}{N}-H$$

$$CH_3-\underset{\underset{CH_3}{|}}{N}-H \qquad R-\underset{\underset{R'}{|}}{N}-H$$

$$CH_3-\underset{\underset{CH_3}{|}}{N}-CH_3 \qquad R-\underset{\underset{R'}{|}}{N}-R''$$

アミンとアンモニアの性質の比較

性質	NH_3	CH_3NH_2 第一級アミン	$(C_2H_5)_3N$ 第三級アミン
N–H 結合の数（NH_3 の性質の素？）*	3個	2個	0個
気体である	○	？	？
水に溶ける	○	？	？
塩基性（水に溶かすとアルカリ性）	○	？	？
アンモニア臭がある	○	？	？
塩酸と反応し白煙を生じる	○	？	？

＊水の性質の素は2本の O–H 結合である．

気体・液体・固体の判断基準？→分子量と分子間の水素結合（p.84）・極性の有無.

分子量が小さければ気体，大きくなるにつれて液体，固体になる．考え方は既述のハロアルカンの場合を参照．アルカンは分子間相互作用が非常に弱い．水のように分子間相互作用が大きいとアルカンの挙動から大きくずれてくるので注意が必要である.

水溶性か否かの判断基準？→極性の有無，アルキル基（油）の大小.

塩基性と刺激臭の由来？→窒素原子（の非共有電子対：後述）

4-2-2 アミンの性質（アンモニアに類似）

(1) 水に溶けやすい（ただし，R の小さいもの．R が大きくなると溶けにくい）.

(2) 塩基性（水に溶かすとアルカリ性）である.

(3) 刺激臭（いわゆるアンモニア臭・魚臭・悪臭）がある.

(4) 気体である．ただし R の小さいもの．R が大きくなれば液体，NH_3 の分子量 17（沸点 -33.4 ℃）に近いものはメタン・炭酸ガス・窒素・酸素など皆気体である.

アミンのデモ実験

(1) アンモニア NH_3，メチルアミン CH_3NH_2，（トリエチル）アミン $(C_2H_5)_3N$，Et_3N の回覧

(2) においの種類と有無？　　　　　　　　　　　　　　　　すべてアンモニア臭

(3) 水に溶かす（NH_3，CH_3NH_2 はもともと約 30% の水溶液）．pH（フェノールフタレインによる着色？）　　　　　　　　　　　　　　　ピンク色・アルカリ性

(4) Et_3N（100% 液体）は水に溶・不溶？　（2 層に分離・上下層はそれぞれ何か？）
　　　フェノールフタレインによる着色は上層・下層どちら？　下層が水でピンクに着色

(5) Et_3N ＋濃塩酸で溶けないで 2 層のまま・または溶けて 1 層となる？　　1 層になる.
　　中和反応による塩の生成と溶解（塩化トリエチルアンモニウム $(C_2H_5)_3NH^+Cl^-$）

(6) 濃塩酸蒸気と接触させる．生じる白煙は何か？塩化アンモニウム $NH_4^+Cl^-$（塩の一種），塩化メチルアンモニウム $CH_3NH_3^+Cl^-$，塩化トリエチルアンモニウム $(C_2H_5)_3NH^+Cl^-$

問題 4-15　次のアミンは第何級アミンか，構造式（または示性式）・名称も書け.

a) エチル(メチル)アミン*　　　　　b) ブチル(エチル)(メチル)アミン*
　（N-メチルエタンアミン*）　　　　　（N-エチル-N-メチルブタン-1-アミン*）

c) プロピルアミン　　　　　　　d) $(CH_3)_2(C_3H_7)N$　　　e) $(C_2H_5)_2(C_4H_9)N$
　（プロパン-1-アミン）

f) $(C_3H_7)(C_4H_9)NH$　　　　g) $(C_2H_5)_3N$　　h) $(CH_3)(C_2H_5)(C_3H_7)N$　　　　（答は p.105）

　　*置換命名法では炭素鎖が最も長いアルキル基をアミンの名称○○アミン（アルカンアミン）とし，より短い炭素鎖のアルキル基は N–H の H への置換基（N-メチルなど）として扱う.
　　官能種類命名法では，アルキル基を abc 順に並べて，○○(○○)(○○)アミン，と命名する.

4-2-3 アンモニアの沸点はなぜ高い？

メタン（分子量16）の沸点は−161℃であるが，分子量17のアンモニアの沸点は約−30℃と，ほぼ同じ分子量のメタンより，130℃も高くなっている．N原子は電気陰性度がH原子よりかなり大きいためにN−H結合は分極し，H原子は$\delta+$となる．他方，N原子上には，この分極した$\delta-$電荷に加えて，非共有電子対が存在するため，分子間で右図のような水素結合（下述）を生じる．これが沸点が高くなる原因である*．液体アンモニア中におけるこの水素結合は下述の液体の水の水素結合より弱い．

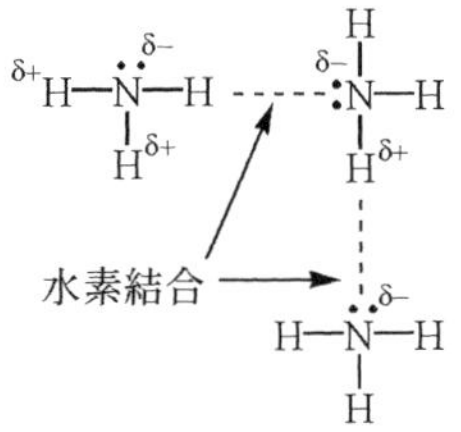

*液体とは分子間に引力が働いてお互いを束縛している状態，気体とはこの束縛がない状態である．従って，液体が1個1個の気体分子となる（蒸発する）には，この分子間の束縛を切断するだけのエネルギーを熱として与えてやる（加熱する）必要がある．分子間力が大きいほど，沸点は高くなる．

4-2-4 水の性質と水素結合 （重要概念である！）

H_2O分子ではH原子に比べてO原子の**電気陰性度**が相当大きいために，O−H結合の共有電子対はO原子側に強く引き寄せられて，結合は大きく**分極**（p.70）している・極性を持つ．すなわち，O原子は負の電荷（$\delta-$），Hは正電荷（$\delta+$）を帯びているので，$\delta+$のHと隣の分子の$\delta-$のO（2対の非共有電子対の方向）の間に引力が働き，分子同士がお互いに引き合い，つながった形になる．水素を介してつながっている・結合しているので，これを**水素結合**と呼ぶ（下図，p.231）．液体の水は水素結合が無限につながった三次元の網目構造をしている（下図）．この水素結合は普通の化学結合の強さの1/10程度と弱いが，数が多いので，結果的に水の性質に大きな影響を与えている．なお，この水素結合は，瞬間瞬間につながったり切れたりしている動的なものである．

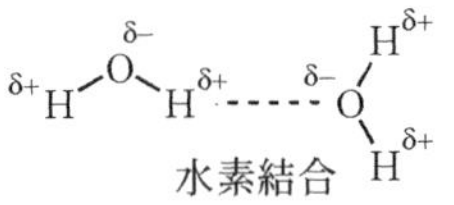

この相互作用が水の素である

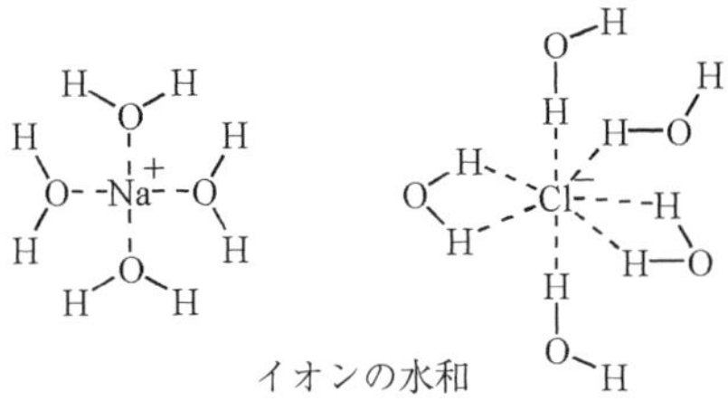

イオンの水和

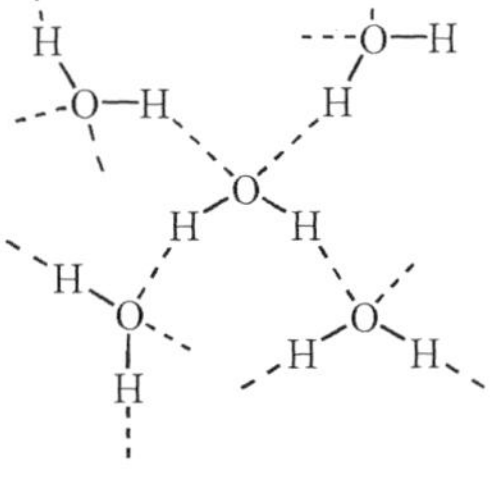

液体の水の網目構造

水は水に浮く・凍ると体積が増す（固体が液体より軽い物質は極めて稀である），沸点が100℃（水と同分子量のメタンの沸点−161℃に比べて261℃も高くなっている！），蒸発熱が液体の中で最大，比熱が物質の中で最大，表面張力が水銀を除き液体の中で最大，といった水の特異な性質—我々にとって身近な水は実は極めて異常な液体なのである—は，すべて水素結合に由来するものである．従って，極性を持った**OH結合が水の素**である．

4 章：簡単な飽和有機化合物：アルカンの誘導体　　85

　これらの水の特異的な性質が，茶こしに水をためる（p.1 のデモ），コップに水をてんこ盛りにする，アメンボウ・ミズスマシが水面を自由に動く，氷が岩を砕く，厳冬期に魚が湖底で生き延びる，酵素タンパク質の構造保持，遺伝子（DNA）の二重らせん構造と複製（p.137, 164），発汗による体温調節，地球の気温・気候の調節（エネルギー循環）など，大から小までの身の回り・地球上の様々なことを可能にしている.

　水が様々な物質をよく溶かす理由も，この水の極性に基づく．例えば食塩 NaCl などの塩類は前ページの図のように陽・陰イオンに分かれて水分子と＋−の静電的相互作用をしている．これを<u>イオンの水和</u>という．また砂糖が水によく溶けるのも砂糖分子自身が OH 基を多数持つので水分子と水素結合できるからである.

4-2-5　NH_3，$(C_2H_5)_3N$ の水溶液はなぜアルカリ性を示すのか

　NaOH のような塩基性物質を水に溶かすと，例えば NaOH は $NaOH \rightarrow Na^+ + OH^-$ のようにイオンに解離して OH^- を放出するので，水中の OH^- 濃度は増大し，水溶液はアルカリ性を示す．一方，アンモニア・アミンの水溶液もアルカリ性を示す.

　しかしながら，NaOH と異なり，アンモニア・アミンの場合，それ自身は OH^- 基を持っていない．ではなぜ，これらの水溶液で OH^- 濃度が増大するのだろうか.

　水にわずかに溶けた $(C_2H_5)_3N$ はその N の**非共有電子対**（p.211）で分極した水分子と相互作用し，水から H^+ を引っこ抜いて**配位共有結合**（p.212）によりトリエチルアンモニウムイオン $(C_2H_5)_3NH^+$ を作る．H^+ が付くと全体が＋イオンとなり水に溶けるようになる．一方，H^+ を引き抜かれた水分子は OH^- となり，OH^- 濃度が増大する．溶液はアルカリ性を示すことになる．つまり，非共有電子対が塩基性のもと，臭気のもとでもある.

$$(C_2H_5)_3\overset{\delta-}{N}\!:\cdots\overset{\delta+}{H}-O-H \rightarrow (C_2H_5)_3N : H^+ + OH^- = (C_2H_5)_3N^+-H + \underline{OH^-}$$

＊アンモニア・アミンと塩酸蒸気（塩化水素ガス）とが反応し生じる白煙は何か？

　　　アンモニア　＋　塩化水素　⟶　塩化アンモニウム（一種の塩）
　　　　NH_3　　＋　　HCl　　⟶　　　　NH_4Cl（$NH_4^+ \cdot Cl^-$）

　アンモニア・アミンの窒素原子 N の非共有電子対と塩化水素分子とが相互作用することにより H^+ が電子対に引き抜かれ，配位共有結合する（くっつく）．すなわち，アンモニウムイオン NH_4^+，メチルアンモニウムイオン $CH_3NH_3^+$，トリエチルアンモニウムイオン $(C_2H_5)_3NH^+$ となる．これと塩化物イオン Cl^- とで，塩化アンモニウム $NH_4Cl = NH_4^+Cl^- = ([NH_4]^+)(Cl^-)$，塩化メチルアンモニウム $CH_3NH_3^+Cl^-$，塩化トリエチルアンモニウム $(C_2H_5)_3NH^+Cl^-$ を生じる．これらは $NaCl = Na^+Cl^- = (Na^+)(Cl^-)$ と同じ，塩(えん)である.

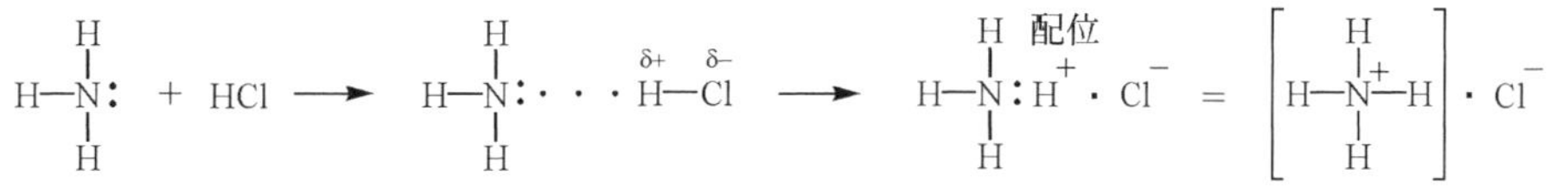

　　HCl は気相中では共有結合した塩化水素分子である.

p.83 デモ実験(5) の Et_3N に濃塩酸（HCl は最初から H^+ と Cl^- となっている）を加える場合では，$Et_3N : H^+ \cdot Cl^- \longrightarrow Et_3N : H^+ + Cl^-$ なる反応がおこり，N の非共有電子対に H^+ が配位したトリエチルアンモニウムイオン $(C_2H_5)_3NH^+$ を生じる．水層の上に浮いていた Et_3N 層は塩酸と反応してイオン $(C_2H_5)_3NH^+$ となり水にすべて溶解し，液は 1 層の均一溶液となる．

シメ鯖と魚の青臭さ

魚の青臭さの素は（トリメチル)アミンである．シメ鯖では食酢で鯖を処理することにより，この青臭さを除くが，これは（トリメチル)アミンを食酢中の酢酸で中和して塩を作る操作である（塩だから蒸発しないので臭わなくなる）．（トリメチル)アミンが分解するとメチルアミンなどの魚の腐敗臭となる．

問題 4-16　（トリメチル)アミンと酢酸の反応式を書け．　　　　　　　　（答は p.106）

4-2-6　第四級アルキルアンモニウムイオン：R_4N^+，RR'_3N^+ など

問題 4-14 で $R–Br + NH_3 \rightarrow R–NH_2$ なるハロアルカンの求核置換反応を示した．これと同じ原理で $R–I + (CH_3)_3N \rightarrow R–N^+(CH_3)_3 \cdot I^-$ のように，第三級アミンとハロアルカンから（第四級アミンと言いたいところだが，イオンになってしまうので）アンモニウムイオン様の第四級（R が 4 個ついた）アルキルアンモニウムイオンを生じる．**アセチルコリン**（神経伝達物質）や**ホスファチジルコリン**（細胞膜を構成する複合リン脂質（グリセロリン脂質 p.138）のひとつ）の前駆体**コリン**はこの第四級アンモニウムイオンである．また，洗髪のリンス・殺菌性せっけんなどに含まれる逆性せっけんといわれる陽イオン性界面活性剤（殺菌作用あり p.127）** はアルキル（トリメチル)アンモニウムの塩であり，例えば $C_{12}H_{25}–N^+(CH_3)_3 \cdot Cl^-$ 塩化ドデシル（トリメチル)アンモニウムなどがある．

問題 4-17　上述のコリンとは第四級アンモニウムイオンであり，国際名は N,N,N-トリメチル-2-アミノエタール（N,N,N-トリメチル-1-ヒドロキシ-2-アミノエタン）である．構造式を書け．また，ドデシル（トリメチル)アンモニウムイオン $C_{12}H_{25}–N^+(CH_3)_3$ の構造式を線描の略式構造式（p.48）で書いてみよ．　　　（答は p.106）

ヒント：N,N,N-トリメチルとはどういう意味かを推定せよ．アミノエタノール分子中には N は 1 個しかない．ドデシルはドデカ→ドデカン→ドデシル：ヘキサ→ヘキサン→ヘキシル．

問題 4-18　CH_3NH_2 と CF_3NH_2 とではどちらがより強い塩基かを判断せよ．判断の根拠も述べること．　　　　　　　　　　　　　　　　（答は p.106）

ヒント：NH_3 は塩基であり，その水溶液はアルカリ性を示す．すなわち，

$NH_3 + H_2O \longrightarrow NH_4^+ + OH^-$（この OH^- がアルカリ性）

これは N 原子上の非共有電子対（孤立電子対・ローンペア*）が H_2O から H^+ を引き抜くために起こる反応である（p.85）．従って，H^+ を引き抜く力が強いほど強い塩基といえる．
*ローン：lone，さみしい，孤独な

4章：簡単な飽和有機化合物：アルカンの誘導体　87

4-2-7　発ガン性物質・ニトロソアミンの生成（食品衛生学の話題）

第二級アミンは亜硝酸 HNO_2 と反応して，発ガン性を有するニトロソアミンを与える．

$$R-N-\boxed{H\ +\ H-O}-N=O\ \xrightarrow{\text{脱水}}\ R-N-N=O\ +\ H_2O$$

（R', R' 下付き）

ニトロソアミン（-N=O をニトロソ基という）

ハム・ソーセージなどの肉製品の加工に際して，肉の赤色（オキシミオグロビン）の変色を防ぐために亜硝酸塩が発色剤として用いられており（p.44 のヘムに O_2 が配位する代りに NO_2^- が還元されて生じた NO が配位してニトロソミオグロビンを生成），また第二級アミン・亜硝酸塩共に天然食品中にも含まれている．両者を同時に摂取すると，胃の中で亜硝酸塩が亜硝酸に変化してアミンと反応し，ニトロソアミンが生成する可能性がある．なお，第一級アミンでは生じたニトロソアミン $R-NH-N=O$ が不安定で，$R-NH-N=O$ → $R-N=N-OH$ → $R-N^+\equiv N + {}^-OH$ → $R-OH + N_2$ と変化し窒素ガスを発生する．第三級アミンは N-H 結合がないので反応しない．

＊5章のアルデヒド・ケトンを勉強したあとで，ニトロソアミンの生成反応の機構を考えてみよ．

4-2-8　その他のアミン

アドレナリン　　　　　　　　ニコチン　　　　　　　カフェイン

アドレナリンは副腎髄質ホルモンの一種でありエピネフリンとも言う．いわゆる火事場のばか力を引きおこすもとである．ニコチンはタバコ，カフェインはコーヒー・茶等に含まれるアルカロイドの一種である．なお，アルカロイドとは植物中に含まれるアルカリ性を示す物質という意味である（アミンはアルカリ性を示す！）．ただし，植物体中ではアミンは中和されて（アルキル）アンモニウム陽イオンとなっている．

問題 4-19　アドレナリン，カフェイン分子中に含まれる官能基・化合物グループ名をすべてあげよ（答は p.106）．また，ニコチン，カフェインについて，C・H を省略しない形の構造式を書いてみよ（答は省略）．

問題 4-19-2　p.80, 81 のまとめを確認せよ．左頁を見て右頁を答えることができること．

＊＊リンスは負に帯電した髪のタンパク質へのアルキルアンモニウム陽イオンの分子レベルでの油付け．逆性せっけんの殺菌作用は負電荷に帯電したタンパク質と巨大陽イオンとの＋−の会合による細菌タンパク質の構造変化・沈殿．

4-3 アルコール

(1) アルコールとは？

(2)
　① 身近なアルコール？
　② アルコールの一般式？　一般名（命名法）？

　③ アルコールの性質？（沸点は高い？低い？，水に溶けやすい？にくい？）
　　　＊水が水としての性質を持つ理由？　アルコールが水に似た性質を持つ理由？

(3) アルコールの命名法
　　　　下記のアルコールの名称？
　　　　　　　CH_3OH
　　　　　　　C_2H_5OH
　　　　　　　C_3H_7OH（異性体2種：）

　　　　　　　C_4H_9OH（異性体4種：）

　＊分岐したアルキル基の名称

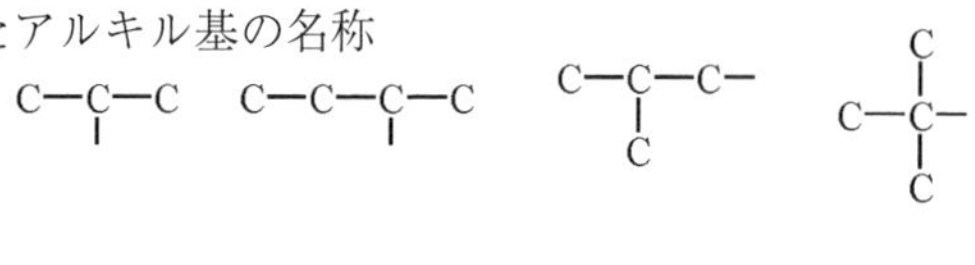

$$C-\underset{|}{C}-C \quad C-C-\underset{|}{C}-C \quad C-\underset{|}{C}-C \quad C-\underset{|}{\overset{C}{C}}-C$$

(4) 第一級，第二級，第三級アルコールの一般式とその酸化反応生成物の一般式

　＊重要概念・キーワード：酸化・還元　　酸化反応の進み方（反応機構）を示せ.

（1）アルカン C_nH_{2n+2}，R—H の H を OH（ヒドロキシ基，水酸基）で置き換えたもの．
　R—OH．別の考え方としては，水（H_2O）の H の１つをアルキル基で置き換えたもの．
よって，**アルコールは水の親戚**である．

（2）アルコール
　① 身近なアルコール：酒の成分（酒は**エタノール**の水溶液）
　② 一般式：$C_nH_{2n+1}OH$ または **ROH（R—OH）**．水分子 H_2O（H—O—H）の２つの水素
　　原子の１つをアルキル基で置き換えたもの（R—O—H）．
　　　一般名（命名法）：アルカノール（alkanol：アルカン **alkane** ＋アルコール alcohol ）
　③ 性質：水分子の２つの水素原子の１つをアルキル基で置き換えたものであり，半分
　　水・半分油．水に似た性質を持つ．（アルカンに比べて沸点が相当高い，水に溶けやすい）
　　＊ p.84 参照（OH 結合の分極・水素結合），p.91 参照

（3）アルコール ROH の命名法　アルカン alkane の e を取って ol をつける．
　　名称　（構造式の後ろは官能種類命名法：覚えなくてよい）　　　　　　**…オール（-ol）**
　メタノール（メチルアルコール）
　エタノール（エチルアルコール）
　1-プロパノール　（$CH_3CH_2CH_2OH$：プロピルアルコール）
　（プロパン-1-オール）
　2-プロパノール　（$\underset{OH}{CH_3CHCH_3}$ イソプロピルアルコール＊；iso ＝同じ）
　（プロパン-2-オール）
　1-ブタノール　　（$CH_3CH_2CH_2CH_2OH$：ブチルアルコール）
　（ブタン-1-オール）
　2-ブタノール　　（$\underset{OH}{CH_3CHCH_2CH_3}$：*sec*-ブチルアルコール＊；*sec,s*＝secondary 第二級の）
　（ブタン-2-オール）
　2-メチル-1-プロパノール　（$\underset{CH_3CHCH_2OH}{CH_3}$：イソブチルアルコール＊）
　（2-メチルプロパン-1-オール）
　2-メチル-2-プロパノール　（$CH_3\!-\!\underset{CH_3}{\overset{CH_3}{C}}\!-\!OH$：*tert*-ブチルアルコール＊；*tert,t* ＝ tertially,
　（2-メチルプロパン-2-オール）　　　　　　　　　　　　　　　　　第三級の）

　＊*sec*（*s*），*tert*（*t*）は，セカンダリー，ターシャリーと読む．OH を除いた部分をそれぞれ
　sec-ブチル基，イソブチル基，*tert*-ブチル基という．2013 年勧告では *tert*-ブチル以外は廃
　止．（参考：第一級をプライマリー（primary）という）

（4）$RCH_2OH \rightarrow RCHO \rightarrow RCOOH$，$RR'CHOH \rightarrow RR'CO$（$RCOR'$），$RR'R''COH$
第一級アルコール・アルデヒド・カルボン酸；第二級アルコール・ケトン；第三級アルコール
　＊酸化の反応機構は p.94 参照（還元は $RCHO \rightarrow RCH_2OH$，$RR'CO \rightarrow RR'CHOH$）

4-3-1 アルコールとは

世間でアルコールといえば酒を指すように，アルコールの代表例は，各種の酒の成分であり，アルコール消毒にも用いられるエタノールである．

アルコールの語源はアラビア語 al-kuhul ＝（酒を）蒸留して出てきたものの意である．

アルコールはアルカンの H を OH（ヒドロキシ基，水酸基）で置き換えたもの．R–OH．別の考え方は，水（H_2O）の H の一つをアルキル基（油）で置き換えたもの．よって，**アルコールは水の親戚**である．油の親戚でもある．

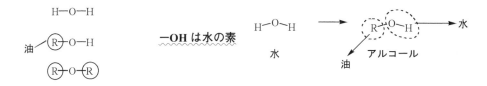

アルコールの命名法（alcohol）

アルカン（alkane）の **e** を取って **ol**（オール）とする．

一般名はアルカノール（alkanol）．

	名称（置換命名法）	官能種類命名法による名称
CH_3OH	メタノール methane-ol → methanol	（メチルアルコール）
	メタン・オール→（ン・オ→ノ）→メタノール	
C_2H_5OH	エタノール ethane-ol → ethanol	（エチルアルコール）
C_3H_7OH	プロパノール	（プロピルアルコール）
C_3H_9OH	ブタノール	（ブチルアルコール）
$C_5H_{11}OH$	ペンタノール	
$C_6H_{13}OH$	ヘキサノール	＊ ol（オール）だけ覚えれば，あとはアルカンの
$C_7H_{15}OH$	ヘプタノール	知識だけで OK（メタノール・エタノールだけ
$C_8H_{17}OH$	オクタノール	覚えていれば，ol などすぐに思い出すこと可）．
$C_{10}\cdots$	デカ…？	

$$H-\underset{H}{\overset{H}{C}}-\underset{H}{\overset{H}{C}}-\cdots-\underset{H}{\overset{H}{C}}-OH \longrightarrow \underbrace{C_nH_{2n+1}}_{R}-OH = \underbrace{C_nH_{2n+1}}_{R}OH \longrightarrow R-OH = ROH$$

洗髪時に用いるリンスにはセタノール（ヘキサデカノール）なる成分が入っている．これはセタン（ヘキサデカン，$C_{16}H_{34}$）がアルコールになったもの（$C_{16}H_{33}OH$）である．ちなみに cetane はラテン語の cetus（鯨）に由来．また，リンスには RR'_3N^+ 塩（p.84）も入っている（リンスの成分を自分で調べてみよ）．

4-3-2 アルコールの性質

(1) アルカンと水の混血・ハーフなので両方の性質を持つ*.

(2) アルキル基の炭素数が少ないメタノールからプロパノールまでは水とよく混ざる．その一方，水に最も近いメタノールはアルカンとはよく混ざらない．

(3) アルキル基の炭素数が多くなるにつれてアルカン（油）の性質に近くなり，水に溶けにくくなる一方でアルカンには溶けやすくなる（C_4 のブタノール）．

(4) 分子量が小さい割に沸点が高い．例えば，メタノール（CH_3OH）の分子量は 32 なので，エタンの分子量（30）に近い．エタンの沸点は －89 ℃ であるがメタノールの沸点は 64 ℃ であり，153 ℃ 高い．エタノール（C_2H_5OH，分子量 46，沸点 78 ℃）とプロパン（分子量 44，沸点 －42 ℃）を比べてみても 120 ℃ の差がある．差は水ほどではないが相当大きい．その理由は水と同様にアルコールも水素結合（p.84）を作るからである．水は O の 2 対の非共有電子対と両側の H で水素結合を作るが，アルコールでは片側でしか作らないために水より差が小さい**.

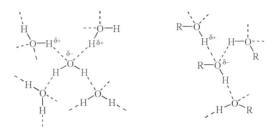

(5) 燃える．アルコールランプ（中身はメタノール），固体燃料（旅館の食事で小さい鍋を温める時のろう状のもの・登山用の携帯固体燃料．これはメタノールとカルシウムのゼリー（ゲル）であり，いわば固めたアルコールである）．

(6) 水より軽い（理由は既述．アルカン，ハロアルカン参照）．

(7) 芳香がある．

*違うもの同士を組み合せると新しい性質を持ったものが生まれる．これが物質の多様性のもとであり，いかなる環境にも適応できるための生物の生き残り戦略でもある．我々全員が父母の DNA を混ぜ合わせた混血・ハーフである．我々が個性を尊重すべきもと・十人十色であるべき理由はここにある．個性・人との違いは伸ばしこそすれ，違うことをもって他人を差別することは生命の生存原理に反することである．

**沸騰・蒸発とは分子が液体中における他分子との相互作用（引力）を断ち切って単独で気相に飛び出すことである．

アルコールのデモ実験

(1) 薬品の回覧 CH_3OH, C_2H_5OH, C_3H_7OH, C_4H_9OH（メタノール・エタノール・プロパノール・ブタノール）を触る.

　① においを嗅ぐ：芳香？（それぞれのにおいの差異を知る）

　② 手につける：沸点（ひやっとする程度，気化熱を奪う：蒸発しやすさの順番？）

(2) 水と混ぜる：密度・水に浮？沈？（密度は水より小・軽い：考え方はアルカン p.42 と同）

(3) 水と混ぜる：水に溶？不溶？（メタノール〜プロパノールで任意に溶・ブタノールで分離）

(4) アルカンと混ぜる：アルカンに溶？（メタノールはヘキサンと分離・エタノールは溶）

(5) 燃やす：炎の色とススの多少（反応式・酸素必要量の多少・不完全燃焼による C の遊離）

(6) 考察せよ：メタンガス・プロパンガス・ブタンガスの燃焼時の炎の色と供給酸素量

(7) 火を吐く（アトラクション：口よりエタノールの霧を吐く・ライターで着火）. 事故に注意！

(8) マジックペンの字を拭き取る（溶剤としての使用例）

4-3-3　アルコールの用途

(1) メタノール：有毒物質→飲むと失明する. 終戦直後や米国禁酒法時代のヤミ酒にメタノールが含まれていて，それが原因で失明者が多数出た（メチルアルコール＝目散るアルコール）. 以前ロシアの船員がアルコールとして飲み死亡（新聞記事）. わずか20〜50 g で死亡する. 木精とも言う（木材を乾留する―加熱して揮発成分を集める―と得られる）.

(2) アルコール自動車の燃料，ガソホール（ガソリン＋アルコール・主にエタノール）の成分，各種化学工業の原料. メタノール改質燃料電池の原料.

(3) エタノール：酒の成分. 酒精とも言う（アルコール発酵により得られる）. 香料や医薬品の溶媒. 消毒薬：アルコールが水分を吸収するので，微生物の周りから水を奪うことでタンパク質が変性するため殺菌，消毒できる. タンパク質が白く変性するのもこのことから. 消毒薬に 70%エタノールを用いる理由は 100%だと蒸発しやすいからである.

(4) 2-プロパノール（プロパン-2-オール，イソプロピルアルコール）：消毒薬（紙お手拭きに使用）

4-3-4　アルコールの異体性

ブタノールの異体性の構造式を書いて名前をつけてみよう.

ブタンの 1 の位置に―OH（オール）がついているアルコール

1-ブタン・オール⇒1-ブタノール（ブタン-1-オール，ブチルアルコール）

```
    H  H  H  H
    |  |  |  |
H―C―C―C―C―O―H        R―OH      第一級アルコール
    |  |  |  |
    H  H  H  H
```

＊第一級，第二級，第三級アルコールの説明は p.94

4章：簡単な飽和有機化合物：アルカンの誘導体　　93

ブタンの 2 の位置に—OH（オール）がついているアルコール

　　2-ブタン・オール⇒2-ブタノール（ブタン-2-オール，*sec*-ブチルアルコール[*]）

```
    H  H  H  H              H
    |  |  |  |              |
 H—C—C—C—C—H          R—C—R'      RR'CH—OH      第二級アルコール
    |  |  |  |              |
    H  H  O  H             OH
          |                             [*]2013 年 IUPAC 勧告では廃止
          H
```

プロパンの 2 の位置にメチル基がついていて，1 の位置に—OH（オール）がついているアルコール

　　2-メチル -1-プロパン・オール⇒2-メチル -1-プロパノール（イソブチルアルコール[*]）
　　　　　　　　　　　　　　　　（2-メチルプロパン-1-オール）

```
    H  H  H
    |  |  |
 H—C—C—C—O—H              R—OH        第一級アルコール
    |  |  |
    H  H  H
    |
    C—H                              [*]2013 年 IUPAC 勧告では廃止
    |
    H
```

プロパンの 2 の位置にメチル基がついていて，2 の位置に—OH（オール）がついているアルコール

　　2-メチル-2-プロパン・オール⇒2-メチル-2-プロパノール（*tert*-ブチルアルコール）
　　　　　　　　　　　　　　　　（2-メチルプロパン-2-オール）

```
       H
       |
    H—C—H
    |  |  |
 H—C—C—C—H          R—C—R''      RR'R''C—OH      第三級アルコール
    |  |  |              |
    H  O  H             OH
       |
       H
```

問題 4-20　以下のアルコール名は，命名法に基づかない不適切なものである．適切な名
　　　　　　称を示せ．

　　　　　　（1）3-ブタノール（ブタン-3-オール）
　　　　　　（2）4-ブタノール（ブタン-4-オール）
　　　　　　（3）1-メチル-1-プロパノール（1-メチルプロパン-1-オール）
　　　　　　（4）3-メチル-1-プロパノール（3-メチルプロパン-1-オール）
　　　　　　（5）2-メチル-3-プロパノール（2-メチルプロパン-3-オール）
　　　　　　（6）1,1-ジメチル-1-エタノール（1,1-ジメチルエタン-1-オール）

　　　　ヒント：与えられた名称に基づき構造式を書き，その構造式が示す化合物に命名法に基づ
　　　　　　　　く正しい名称を与えよ．

　　　　注意：C—C—C—C—OH と HO—C—C—C—C は同じ．また，OH—C—C—C—C とは書かない
　　　　　　　こと．これでは O—H—C—C—C—C ということになり，O が 1 価，H が 2 価になって
　　　　　　　しまう．

4-3-5 アルコールの分類と酸化反応の種類

(1) 第一級アルコール R—CH₂—OH

　—OH が結合した C に付いている R が 1 個のもの（H が 2 個のもの）．エタノール，1-ブタノールなど．酸化される（酸素がつく，または水素がとれる）*と R—CHO（アルデヒド）となり，さらに酸化されると R—COOH（カルボン酸）となる（p.94, 122）．

　　　　* 酸化還元の定義・詳しい説明については『演習　溶液の化学と濃度計算』参照．

　第一アルコールでは H が 2 個あるから 2 段階に酸化される．

$$R-\overset{H}{\underset{H}{C}}-O-H \xrightarrow[\text{[O]}]{\text{酸化}} R-\overset{H}{\underset{O-H}{C}}-O-H \xrightarrow[-H_2O]{\text{脱水}^*} R-\overset{H}{\underset{}{C}}-O \longrightarrow R-\overset{}{\underset{}{C}}=O \quad R-\overset{H}{\underset{\|}{C}}-H \xrightarrow[\text{酸化}]{\text{[O]}} R-\overset{}{\underset{\|}{C}}-O-H$$

　酔う（エタノール）　　　　　　　　　　　　気分が悪くなる（アセトアルデヒド）　酔いが醒める
　　　　　　　　　　　　　　　　　　　　　　　　（急性アルコール中毒）　　　　　（酢酸）

　　　*一つの炭素に 2 個の—OH 基がついたもの（gem ジオール：gemini 双子）は不安定であり，脱水反応がおこる（p.98）．
　　　*お酒のイッキ飲みが危険な訳，お酒が強い・弱いの判断に使うパッチテストは p.117．

　または，酸化として「酸素化」の代りに「脱水素」を考えると，（生化学反応は多くがこの脱水素化，アルデヒドとはアルコールが脱水素したものという意味である al(cohol)–dehyd(rogenatum)）

$$\boxed{R-\overset{H}{\underset{H}{C}}-O-H \xrightarrow[-2H]{\text{脱水素}} R-\overset{H}{\underset{}{C}}-O \longrightarrow R-\overset{}{\underset{\|}{C}}-H \xrightarrow[\text{[O]}]{\text{酸素化 (H→OH)}} R-\overset{}{\underset{\|}{C}}-O-H}$$

　　　*脱水素の考え方：—O—H 中の電子は電気陰性度大の O に強く引きつけられている．まずこの H が取れる．手が空いた C—O—の相手をつくるために次の H が取れる必要がある．C—H のうちで，O の影響が最大の H は—O—C—H の H である．この H が取れる．C—O—の両方の手をつなぐと—C=O となる．

(2) 第二級アルコール R—CH—OH
　　　　　　　　　　　　　｜
　　　　　　　　　　　　　R'

　—OH が結合した C についている R が 2 個のもの（H が 1 個のもの）．
2-ブタノールなど．酸化されると R—CO—R'，RR'CO（ケトン）になる．第二級アルコールは H が 1 個だから 1 段階の酸化しかおこらない．これ以上の酸化はおこらない．

　　　　第二級アルコール　　　　　　ケトン

$$R-\overset{H}{\underset{R'}{C}}-O-H \xrightarrow[\text{酸化}]{\text{[O]}} R-\overset{O-H}{\underset{R'}{C}}-O-H \xrightarrow[-H_2O]{\text{脱水}^*} R-\overset{}{\underset{R'}{C}}=O$$

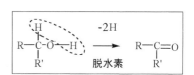

(3) 第三級アルコール R–C(R')(R'')–O–H

–OH が結合した C に R が 3 個ついたもの（H がついてないもの）．
2-メチル-2-プロパノール（2-メチルプロパン-2-オール）など，H がついていないので第一・第二級アルコールと異なり酸化されない．（R–C とは C–C 結合のこと．C–C 結合は簡単には切れない．C–H →酸化→ C–O–H：C–C →酸化？→×）

参考：有機物の酸化数（『演習 溶液の化学と濃度計算』参照）

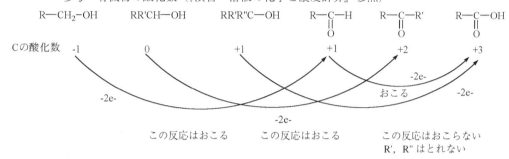

問題 4-21 (1) 1-ブタノール（ブタン-1-オール），(2) 2-ブタノール（ブタン-2-オール），(3) 2-メチル-1-プロパノール（2-メチルプロパン-1-オール），およびその酸化生成物の構造式をすべて書け．生成物の化合物グループ名も示せ．(答は p.106)
問題 4-21-2 p.88, 89 のまとめを確認せよ．左頁を見て右頁を答えることができること．

4-3-6 アルコールの合成法・アルコールの酸性度（ここは省略可，ただし(2)は重要）

(1) メタノールの合成　$CO + 2H_2 \rightarrow CH_3OH$

(2) エタノールの合成　$CH_2=CH_2 + H_2O \rightarrow CH_3CH_2OH$（二重結合への水分子の付加反応 p.178）

(3) アルコール–OH の酸性度：カルボン酸 RCOOH = R–CO–OH では R–CO–O$^-$ + H$^+$ のように C–OH の H は H$^+$ として解離する（だから酸っぱい，酸性を示す）．一方，アルコール R'–CH$_2$–OH の C–OH の H は解離しない（だからアルコールは酸っぱくない）．その理由は p.124 に述べた．しかしながら，アルコール C–OH も H$_2$O の O–H 同様に分極しており，H$_2$O $\rightleftharpoons$ H$^+$ + $^-$OH と同様に R–OH $\rightleftharpoons$ H$^+$ + $^-$OR のように，ごくわずか解離している．従って金属ナトリウムと反応させると，次のように解離しアルコラート（アルコキシド）を生じる．これは水と反応するとアルコールに戻る．

CH_3CH_2OH + Na（金属）$\longrightarrow$ $CH_3CH_2O^-Na^+$ + $\frac{1}{2}H_2 \uparrow$
　　　　　　　　　　　　　　　　　ナトリウムエチラート（ナトリウムエトキシド）

$CH_3CH_2O^-Na^+$ + H_2O $\longrightarrow$ CH_3CH_2OH + $NaOH$

アルカンの C–H の H は金属 Na によっても解離しない．

デモ：水＋金属ナトリウム，エタノール＋金属ナトリウム．

4-4 多価アルコール

まとめ

(1) 次の多価アルコールの名称？用途？慣用名？

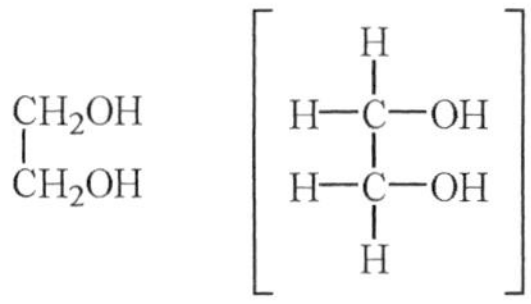

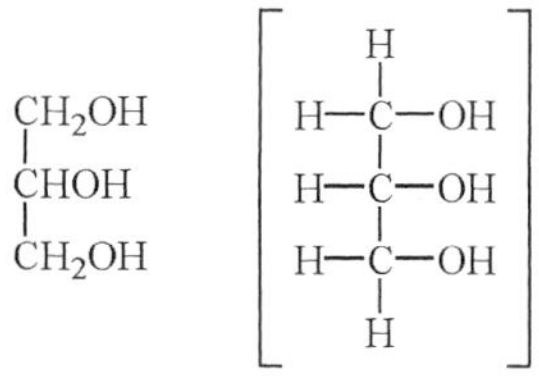

$$
\begin{array}{c}
CH_2OH \\
| \\
CH_2OH
\end{array}
\qquad
\left[
\begin{array}{c}
H \\
| \\
H-C-OH \\
| \\
H-C-OH \\
| \\
H
\end{array}
\right]
\qquad
\begin{array}{c}
CH_2OH \\
| \\
CHOH \\
| \\
CH_2OH
\end{array}
\qquad
\left[
\begin{array}{c}
H \\
| \\
H-C-OH \\
| \\
H-C-OH \\
| \\
H-C-OH \\
| \\
H
\end{array}
\right]
$$

(2) 性質？（沸点は高い or 低い？水に溶けやすい or にくい？粘度は高い or 低い？）
なぜか？

(3) 中性脂肪とはいかなる化合物か？何と何が反応してできたものか？

4-5 エーテル

まとめ

(1) エーテルの名称：

CH_3OCH_3 $\qquad\qquad$ $CH_3OC_2H_5$ $\qquad\qquad$ $C_2H_5OC_2H_5$

(2) 代表的なエーテルとその用途？

(3) 一般式？

$\quad$ ？ $\quad\rightarrow\quad$ ？ $\quad\rightarrow\quad$ ？ $\quad$ とセットで構造・性質・名称を覚える（構造式を書け）.
$\qquad$ ？の親戚 $\quad$ ？と他人, $\quad$ ？の親戚

(4) 性質？（沸点は高い or 低い？，水に溶けやすい or にくい？）なぜか？
$\qquad$ その他の代表的性質？

4-6 アルコールの反応

縮合反応（エーテルの生成反応・反応式を示せ，答は p.102）
脱離反応（エチレン（エテン）の生成反応・反応式を示せ. 答は p.103）

多価アルコール

(1) 名称：
  1,2-エタンジオール   1,2,3-プロパントリオール
  （エタン-1,2-ジオール）   （プロパン-1,2,3-トリオール）
  （自動車エンジン冷却水の不凍液）（化粧水，ニトログリセリン，脂質）
  （慣用名：エチレングリコール） （慣用名：**グリセリン・グリセロール**）

(2) 性質：沸点は高い．水に溶けやすい．粘度が高い（どろっとしている）．
  いずれの性質も OH 基が複数あることによる多重の水素結合形式が原因．

(3) 中性脂肪：**トリグリセリド**（グリセリンと脂肪酸＝長鎖カルボン酸とが反応して生じたトリエステル），**トリアシルグリセロール**（アシルとは R—CO—，R—C(=O)— のこと）

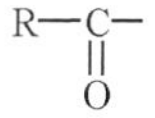

エーテル

(1) 名称：ジメチルエーテル   エチルメチルエーテル   ジエチルエーテル
    （メトキシメタン） （メトキシエタン） （エトキシエタン）

(2) 代表例：ジエチルエーテル．生物解剖実験の際の麻酔剤，脂質を溶かす溶剤に使用する．

(3) 一般式：$C_nH_{2n+1}OC_nH_{2n+1}$, $C_nH_{2n+1}OC_{n'}H_{2n'+1}$ または ROR(R—O—R), ROR'(R—O—R')
  水分子の2つの水素原子を2つともアルキル基（R—，油）で置き換えたもの．

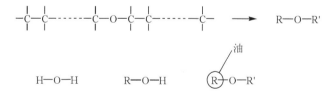

  水 → アルコール → エーテル   とセットで覚えること．
     水の親戚　　水と他人・アルカン（油）の親戚

(4) 性質：水分子の2つの水素原子を2つともアルキル基（油）で置き換えたものであり，その性質は元の水とは全く異なっている．むしろアルカンに似た性質を持つ（沸点が低い，水に溶けにくいが少し（アルカンより）は溶ける）．引火性が高い．麻酔作用がある．理由は p.101．

4-4-1 多価アルコールとは

多価アルコールとは分子内にOH基を2個以上持つものをいう（OH基を1個持つものR–OHは一価アルコール）．エチレングリコール，グリセリンなどがその代表．自動車のエンジンの冷却水の不凍液・合成繊維の原料・化粧品・ダイナマイトの原料などに用いられるほか，生体膜を構成するリン脂質の成分，中性脂肪（油脂）の成分でもある．

4-4-2 二価アルコール

最も簡単な二価アルコール（ジオール）はメタンジオールであるが，同じ炭素にOH基が2個つくものは不安定（p.94）で天然には安定には存在しない（ホルムアルデヒド水溶液中に平衡状態で存在すると考えられている）．

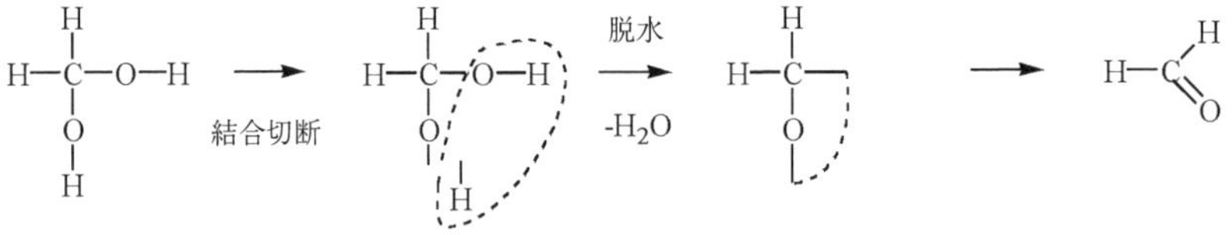

よって一番簡単な二価アルコールは炭素が2個のものである．

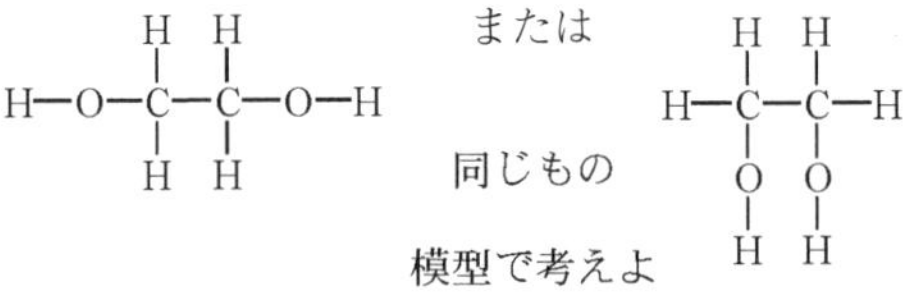

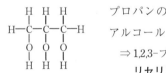

同じもの
模型で考えよ

エタンの1と2の位置にOH基（オール）が2個（ジ）ついたアルコール
⇒ 1,2-エタンジオール（エタン-1,2-ジオール，慣用名：エチレングリコール）

4-4-3 三価アルコール

二価アルコールと同様の理由で（1つのCに2個のOHは付かないので），一番簡単な三価アルコールは炭素が3個のものである．

プロパンの1,2,3の位置に—OH基（オール）が3個（トリ）ついたアルコール
⇒ 1,2,3-プロパントリオール（プロパン-1,2,3-トリオール，慣用名：**グリセリン・グリセロール**）

トリプロパノールならプロパノールが3つということになる．またトリオールプロパンならトリクロロプロパンと同じ名前のつけ方であり正しそうだが，アルコールであることを強調してプロパントリオールという．またはトリヒドロキシプロパンと言ってもよい．

4章：簡単な飽和有機化合物：アルカンの誘導体　99

4-4-4　多価アルコールの性質

(1) 水の素である—OH 基がたくさんついているので，水に溶けやすい．

(2) 沸点が高い（水素結合がたくさんあり，これをすべて切らないと 1 個の分子として自由に動くこと（蒸発）ができない）．グリセリンは蒸発しないで 300〜360 ℃で分解

(3) 粘ちょう性がある（どろどろしている）．（理由は同上．つながっているので全体が一緒に動く必要がある）

(4) 甘い味がする（隣同士に—OH 基があるため．この場合なぜ甘く感じるのか，現代科学の力ではまだ明らかにできていない）・糖との構造の類似性

多価アルコールのデモ実験

(1) エチレングリコール，グリセリンについて試料の回覧

(2) においを嗅ぐ．（沸点が高いのでにおわない？分子が嗅覚細胞まで届かないとにおいを感じない）

(3) なめて味わう．（甘味あり，糖の構造との類似点は何か？上述）

(4) どろっとしている（粘度が高い）ことを観察する．（なぜか？上述）

(5) 水に溶かす．（沈む．なぜ？）（水素結合が多数あるため分子間の距離が短くなる→密度高）

4-4-5　多価アルコールの用途・存在・ほか

(1) エチレングリコール：自動車のエンジンの冷却水の不凍液．保湿剤．ポリエステルの原料．

(2) グリセリン：保湿剤として化粧水に含まれる．—OH 基が多くついているので蒸発しにくく，肌の上で水素結合を作って水分を保っている．グリセリンのほかエチレングリコールの親戚であるプロピレングリコールも保湿剤として用いられる．化粧水を作るにはグリセリン（保湿剤）65 mL，エタノール（防腐剤）155 mL，ホウ酸 16.4 g，クエン酸 8.2 g（pH を酸性にする），ローズ水 1 L を混ぜればよい（暮らしの手帖 1978 年 52 号 p.162）．著者はこの手製化粧水を 40 年間使用している．医薬品・化粧品・爆薬の原料，溶剤，油脂のけん化・せっけん製造の副産物．ワインのとろ味つけにも用いられる（天然の貴腐ワインの成分）．貴腐ワインとは？　自分で調べてみよ．

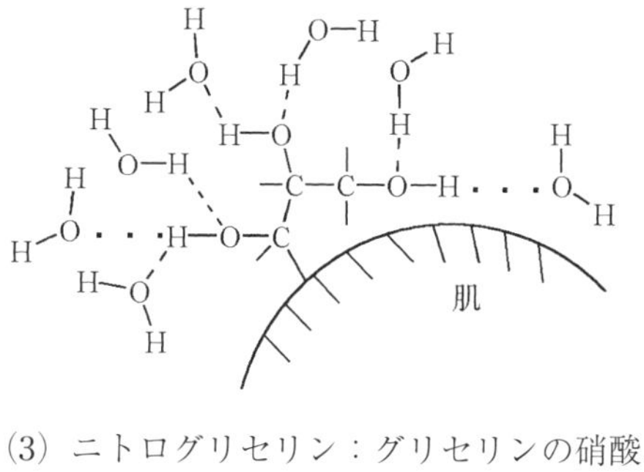

(3) ニトログリセリン：グリセリンの硝酸エステル．狭心症の発作を抑える特効薬（テレビドラマに出てくる）．ダイナマイトの原料（ノーベルが発明．ノーベル賞の基となる）

(4) トリグリセリド：中性脂肪のこと．グリセリンの脂肪酸（長鎖カルボン酸）エステル．エステルとはアルコールと酸の化合物のことをいう．トリグリセリドの「トリ」は3個の脂肪酸のエステル結合を表している．脂肪酸が1個ならばモノグリセリド，2個ならばジグリセリドという．それぞれをトリ・ジ・モノアシルグリセロールともいう（カルボン酸はp.122，エステルはp.132を参照のこと）．

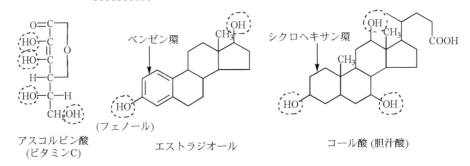

トリグリセリドをNaOHと一緒に煮沸するとエステルの加水分解が起こり，グリセリンと脂肪酸のナトリウム塩（せっけん）に分かれる．これを**けん化**という．*けん化価：油脂1gをけん化するのに必要なKOHの量（mg）．この値は油脂の分子量が大きいほど小さくなる．

大昔のせっけんの製法：獣脂 ＋ 植物灰（K_2CO_3） → せっけん（$RCOO^-K^+$）

(5) 糖は多価アルコールの一種（p.118）．ビタミンC（アスコルビン酸），卵巣ホルモンのエストラジオール，コール酸（胆汁酸：小腸からの脂質吸収を助ける界面活性剤 p.127．通常は一次胆汁酸p.175として胆汁中に存在）も多価アルコールの一種である．

アスコルビン酸（ビタミンC）　　エストラジオール（フェノール）　　コール酸（胆汁酸）

問題4-22　グリセリン（$CH_2(OH)CH(OH)CH_2OH$）の名称を述べよ．　　　　（答はp.97）

問題4-23　プロピレングリコール（$CH_3CH(OH)CH_2OH$）の酸化生成物の構造式を全て示し，それぞれについて化合物グループ名を述べよ．　　（答はp.107）

問題4-24　$CH_3-CH(OH)-CH(NH_2)-COOH$ に含まれる官能基・化合物群名を全てあげよ．
　　　　　　　　　　　　　　　　　　　　　　　　　　　　　　（答はp.107）

4-5-1 エーテルとは

aither = aith-（光熱を発する，燃える）-er（名詞の接尾語）．つまりエーテルとは**燃える性質を持った物質**の意．チロキシン（甲状腺ホルモンp.76, 175），トコフェロール（ビタミンE p.103, 173），グリコシド結合を持った少糖・多糖（p.118, 119）などはエーテルの一種である．ジエチルエーテルが代表例．

H₂O の H を 2 個共 R で置換したもの．一般式は R—O—R′．（R，R′ は油）
OH（水の素）を持っていないので水の性質を失う＝**水と他人・アルカンの親戚**．

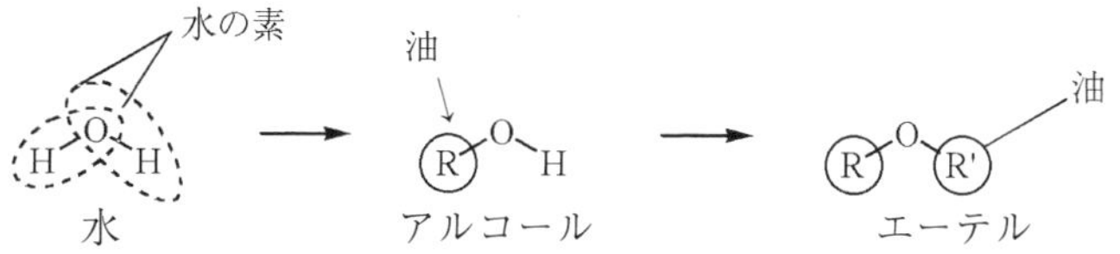

→アルカンに似ている

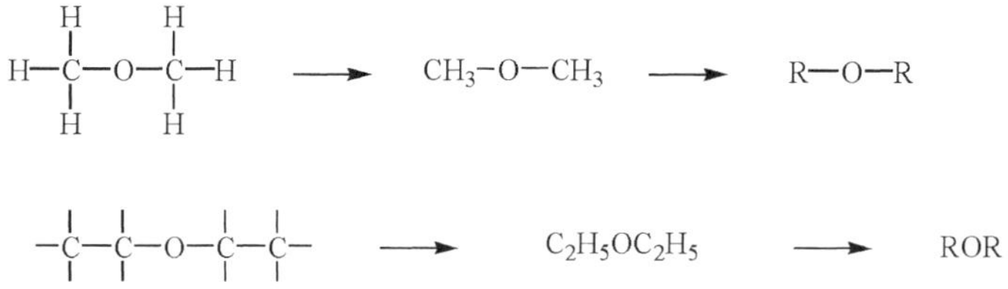

名称：アルキル基の名称をそのまま用いて○○エーテルと呼称する（官能種類命名法）．
 CH₃OCH₃ R—O—R   ジメチルエーテル（置換命名法ではメトキシメタン）
 C₂H₅OC₂H₅ R—O—R   ジエチルエーテル（置換命名法ではエトキシエタン）
 CH₃OC₂H₅ R—O—R′   エチルメチルエーテル（置換基はアルファベット abc…
順に命名する約束．置換命名法ではメトキシエタン）つまり，R—O—R′ の炭素数の少ないアルキル基部分をアルコキシ基 R—O— とみなし，アルカン H—R′ の H が R—O— で置換されたとして命名する．優先 IUPAC 名はアルコキシアルカン．

性質
(1) —OH 基を持っていない（水の性質を失う・水と他人）．
(2) アルカンに似ている．アルカンに溶ける．沸点はアルカン並に低い．ジエチルエーテルの沸点は 34.5 ℃，ほぼ同じ分子量のペンタンの沸点 36 ℃ と大変よく似ている．
(3) 水に溶けにくい．水分子と水素結合が可能なので（右図），多少は溶ける．
(4) 水より軽い（分子の大部分はアルカン）．
(5) 燃えやすい（引火しやすい・アルカンの親戚）．
(6) 反応性に乏しい（アルカンの親戚）．
(7) 麻酔作用がある（クロロホルムと同様）．

用途
溶剤・麻酔剤・スプレー缶用のフロンガスの代替品→プロパンガス・ジメチルエーテル（DME）（なぜ DME がプロパンと同列か？沸点・分子量を考えよ）

エーテルのデモ実験
(1) ジエチルエーテル（エトキシエタン）について，回覧
(2) においを嗅ぐ（麻酔作用）→特有臭．嗅ぎ過ぎに注意．
(3) 手につける→どうなる？アルカンの場合と比較せよ （沸点低い，脂肪分を溶かす）
(4) 色つき水と混ぜる．溶けるか？ 水に浮 or 沈？ アルカンの親戚？ 混ざらない・浮く．
(5) アルカンと混ぜる．溶けるか？   アルカンの親戚・溶ける
(6) 引火させる（危険！）：揮発性大・引火性大→失敗談 2 つ

*なぜ実験室でエーテルといえばジエチルエーテルのことなのか？

ジメチルエーテル（メトキシメタン, CH_3OCH_3）は, 2個（ジ）メチル基がついたエーテル（R–O–R'）である. 分子量は46で, プロパンの分子量（44）に近い. プロパンはガスであり, 近い分子量のジメチルエーテルもアルカンに似ているからガスである. ガスは実験室にビンに入れる薬品としてはあり得ない. そのことから実験室で一般的に扱うエーテルは, 気体であるジメチルエーテルではなく, 液体であるジエチルエーテル（エトキシエタン, $C_2H_5OC_2H_5$）である. ジエチルエーテルの沸点は34.5℃で, ペンタンの36℃とほぼ同じである. エチルメチルエーテル（メトキシエタン）は気体か液体か？→ブタンガスに対応＝気体と予想できる.

問題 4-25 1) $C_2H_5OC_3H_7$, $C_4H_9OC_4H_9$（直鎖）の名称を述べよ． （答は p.107）

2) エチルメチルエーテル（メトキシエタン），ジプロピルエーテル（プロポキシプロパン）の構造式（示性式）を書け．

問題 4-26 C_3H_8O の分子式を持つ異性体の構造式をすべて書き，命名せよ． （答は p.107）

問題 4-27 以下のブタノール C_4H_9OH の異性体について構造式を書き，命名せよ．

1) 第一級アルコール, 2種類　　2) 第二級アルコール, 1種類
3) 第三級アルコール, 1種類　　4) エーテル, 可能なものすべて（答は p.107）

参考：麻酔作用の原因

麻酔作用があるものは大抵水に溶けにくい. 完全に水に溶けないと麻酔作用にならない. 少し水に溶けて水に溶けにくい部分を持つものが麻酔作用がある. クロロホルム（$CHCl_3$）は少し分極している（p.69～70）. だから少し水に溶ける. あまり溶けやすいわけではない. エーテルは C—O 結合が少し分極している. また酸素原子は非共有電子対（後述）を2組持っており, この電子対（負電荷が局在）と水分子の H（$\delta+$ に帯電）とが相互作用するので少しは水に溶ける. 但しジエチルエーテルでは両端のメチル基が分子中央の O 原子を半分カバーしているので水分子との相互作用は必ずしも大きくないと推定される. これらの水に溶けにくい分子が疎水性の（水に溶けにくい）細胞膜上の神経伝達系用の Na^+, K^+, Ca^{2+} の通路を塞ぐことが麻酔作用の原因と考えられている. 吸入麻酔剤：N_2O, ハロタン $CF_3CHBrCl$

参考：エーテル抽出とエーテル室

食品中の脂肪分を分析する時などにはエーテル抽出を行う. このための装置としてソックスレー抽出器（右図）がある. この装置は一種の還流装置であり連続抽出が可能となる. すなわち, 過熱蒸発したエーテルを冷却塔で液化すると純粋なエーテルが上から滴り落ちてきて, 試料, 例えばお米の粉を洗い, 脂肪分をエーテルに溶かし出す（これが抽出）. この脂肪分を含んだエーテルは底の溜めに集まり, これがまた蒸発・純エーテルが液化して抽出操作を繰り返す. 抽出された脂肪分は底に溜まる. 脂溶性ビタミン（A,E など）の抽出のほか, 生化学的分野でも, 血清中の脂質など, クロロホルムやエーテルで脂溶性成分を抽出する.

このような実験をよく行うところではエーテル室が設けられている場合がある. この部屋は鉄のドアで仕切られ, 窓はなく, コンクリートで囲まれていて, 空気はファンで排気され, 防爆（爆発を防ぐ）装置のついたコンセントが設置されている. これはエーテルが揮発しやすく引火しやすい性質を持つので, 爆発を防ぐために作られた特別な実験室である. 当然, 火（ガス）は一切使わず, 電気のみ使用する.

ソックスレー抽出器

4章：簡単な飽和有機化合物：アルカンの誘導体　　103

問題 4-28　下記の分子中の化合物グループ名・官能基をすべて記せ. また, C, H を省略しないで (2), (3) の構造式を書け.

(1) チロキシン

(2) ビタミンE (トコフェロール)

(3) フラバノノール

参考：ポリエーテル

　環状ポリエーテル—(—O—CH$_2$—CH$_2$—)$_n$—(n = 4,5,6…；クラウンエーテルなど) は Na$^+$, K$^+$, Mg^{2+}, Ca^{2+} などのアルカリ・アルカリ土類金属イオンと安定な化合物 (金属錯体) を作る. 微生物の活動を抑える医薬品として用いられる抗生物質の一部は, イオノフォアと呼ばれるポリエーテルの一種である. このような化合物は, 親水性金属イオンの疎水性細胞膜 (リン脂質膜) 透過をコントロールするのに役立っており, これが生理活性の基となっている.

問題 4-29　p.96, 97 のまとめを確認せよ. 左頁を見て右頁を答えることができること.

4-6　アルコールの反応・縮合反応 (condensation reaction) と脱離反応 (elimination reaction)

　エタノールに触媒量の濃硫酸を加えて加熱すると 130 ℃ ではジエチルエーテル, 150 ℃ ではエチレンが生成することを高校の化学で学んだ.

$$2\ C_2H_5\text{--OH} \xrightarrow{\ H_2SO_4\ } C_2H_5\text{--O--H}\quad H\text{--O--}C_2H_5 \xrightarrow{\ 脱水\ } C_2H_5\text{--O--}C_2H_5\ +\ H\text{--O--H}$$

$$CH_3CH_2\text{--OH} \xrightarrow{\ H_2SO_4\ } H_2C\text{--}CH_2 \xrightarrow{\ 脱水\ } CH_2\text{=}CH_2\ +\ H\text{--OH}$$

　前者は 2 分子からの脱水縮合, 後者は 1 分子からの脱水 (H$_2$O の脱離) である.

　両反応は糖のグリコシド結合生成 (p.118), 生化学の TCA 回路ほかの反応 (p.178) としても重要.

(以下は省略可)

デモ：エーテルは水に溶けるか？ (→数%程度は溶ける p.101)

　　　→濃塩酸には多量に溶ける！　なぜか？

　　　(プロトネーション＝プロトン付加→ R—O—R の酸素原子の非共有電子

　　　対に H$^+$ が付加 (配位 p.212) する：アンモニア・アミンの N と同じよ

　　　うなことが起きる. H$^+$ ≡ H$_3$O$^+$ を思い出せば, それほど不思議ではない)

$$\overset{H^+}{R\text{--}\overset{..}{O}\text{--}R'}$$

　　　＊このデモを思い起こせば, 以下の反応機構でアルコールの O に H$^+$ が配位結

　　　合することも理屈としてではなく納得できるだろう.

高校の学習では，これらの反応で濃硫酸が脱水剤として働くとは理解しても，なぜ，このような反応が起こる必然があるのか，いまひとつ釈然としなかったはずである．これらの反応は，有機電子論に基づくと次のように理解される．

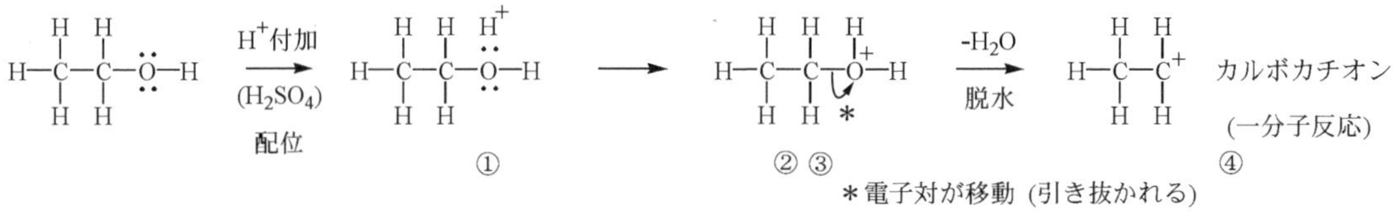

H^+付加 $\xrightarrow{(H_2SO_4)}$ 配位　　①　　　　②③　　$\xrightarrow[脱水]{-H_2O}$　カルボカチオン（一分子反応）④

*電子対が移動（引き抜かれる）

（ⅰ）一分子反応（離婚が先）

① 縮合反応

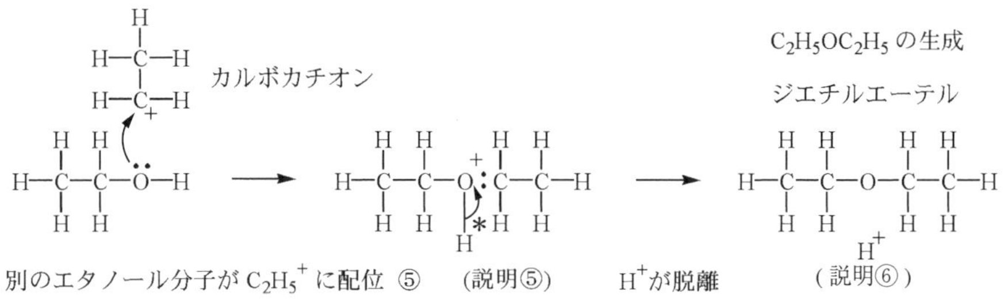

カルボカチオン　　　　　　　　　　$C_2H_5OC_2H_5$ の生成
ジエチルエーテル

別のエタノール分子が $C_2H_5^+$ に配位 ⑤　（説明⑤）　　H^+が脱離　（説明⑥）

② 脱離反応（E1）

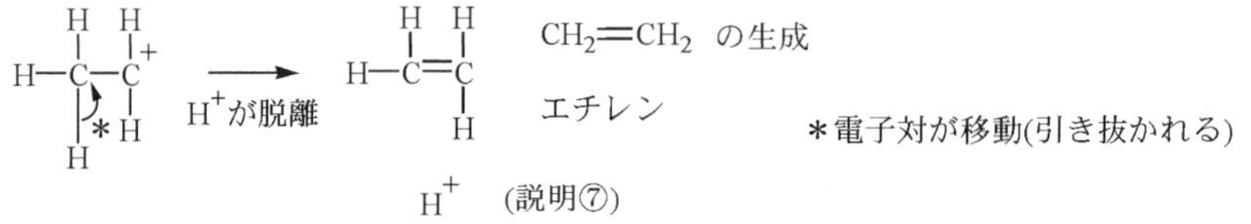

$CH_2=CH_2$ の生成
エチレン

H^+が脱離　　　　　　　*電子対が移動（引き抜かれる）

H^+　（説明⑦）

（ⅱ）二分子反応（三角関係）

① 縮合反応

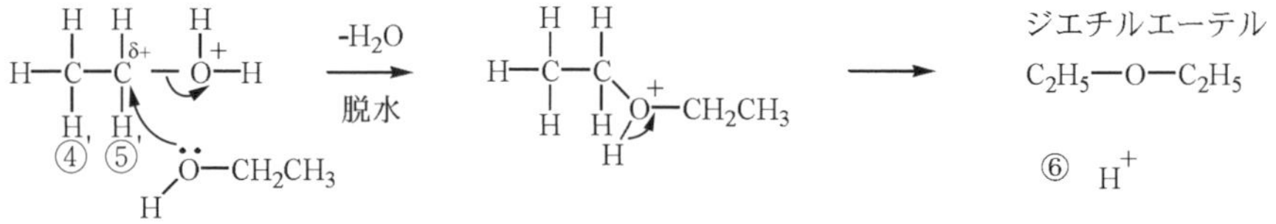

$\xrightarrow[脱水]{-H_2O}$　　　　　　　ジエチルエーテル
$C_2H_5-O-C_2H_5$

④'⑤　　　　　　　　　⑥　H^+

② 脱離反応（E2）

$\xrightarrow[脱水]{-H_2O}$　　エチレン生成

CH_3CH_2-O　⑦'　　　CH_3CH_2-O　　　　C_2H_5OH　＋　H^+

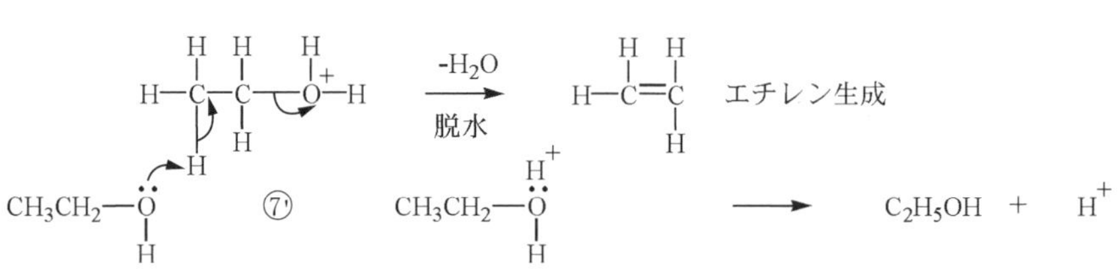

4章：簡単な飽和有機化合物：アルカンの誘導体　　105

以上の反応機構についての説明

① エタノール分子の O 原子の非共有電子対に硫酸からの H^+ が付加
　（配位結合）してオキソニウムイオンとなる.

H^+
$C_2H_5-\overset{..}{\underset{..}{O}}-H$
$-\overset{+}{O}-$

② O 原子は H^+ と電子対を共有するため電子不足となり，形式電荷
　+1 を持つ.

③ このため C—O 結合電子対は O 原子側に強く引きつけられる.　　C→O

④ この極限では C—O 結合が切断され，カルボカチオン $CH_3-H_2C^+$ を生じる.

⑤ このカチオンに別のエタノール分子の O 原子が非共有電子対を使って配位する.

⑥ このものより H^+ が脱離してジエチルエーテルを生じる.　　→（ i ）① 縮合反応

⑦ カルボカチオンの隣の炭素に結合した H が H^+ として脱離し結合電子をカチオンに与
　えるとエチレンを生じることになる.　　→（ i ）② 脱離反応

　　または，

④ C—O 結合は切断されないが，大きく分極する結果，C 原子が電子不足となる.

⑤ そこでこの C 原子に別のエタノール分子の O 原子が非共有電子対を使って配位する.
　（2 分子機構）. ⑥は同様.　　→（ ii ）① 縮合反応

⑦ 分極して電子不足になった C 原子の隣の炭素に結合した H に，他のエタノール分子の
　O 原子が非共有電子対を供与する. すると H はもとの C—H 結合電子を電子不足になっ
　た C 原子に与えることによりエチレンを生じることになる.　　→（ ii ）② 脱離反応

　課題：次週に中間テストを行う. 各単元の両開きのまとめ（p.30, 66, 80, 88, 96,
　　　188），p.4〜17, 20, 37〜40, 3 章，豆テスト 2, 構造式,示性式,命名法を復習のこと.

4-2 〜 4-5 節の問題の答え

答え 4-15　a）第二級　$-\overset{|}{\underset{|}{C}}-\overset{|}{\underset{|}{C}}-\overset{|}{N}-H$ ＝ C_2H_5-NH　　b）第三級　$C_4H_9-\overset{|}{\underset{|}{N}}-CH_3$
　　　　　　　　　　　　　　　　　$-\overset{|}{\underset{|}{C}}-$　　　　　　CH_3　　　　　　　　　　　C_2H_5

c）第一級　$C_3H_7-NH_2$　　　　　d）第三級（ジメチル）（プロピル）アミン*　$CH_3-\overset{|}{N}-C_3H_7$
　　　　　　　　　　　　　　　　　　（N,N-ジメチルプロパン-1-アミン）　　　　　CH_3

e）第三級ブチル（ジエチル）アミン*　　$C_4H_9-\overset{|}{N}-C_2H_5$
　　　　　　（N,N-ジエチルブタン-1-アミン）　C_2H_5

f）第二級ブチル（プロピル）アミン*　　$C_4H_9-\overset{|}{N}H$
　　　　　　（N-プロピルブタン-1-アミン）　C_3H_7

g）第三級（トリエチル）アミン（N,N-ジエチルエタンアミン）

h）第三級エチル（メチル）（プロピル）アミン*（N-エチル-N-メチルプロパン-1-アミン*）

*アルキル基名は abc 順に並べる. N-置換基のアルキル基名も abc 順に並べる

上記の構造式でアルキル基の相対位置はどれでもよい. すなわち，

$R-NH$ = $R-\overset{|}{\underset{|}{N}}-R'$ = $R'-\overset{|}{\underset{|}{N}}-H$ = $R'-\overset{|}{\underset{|}{N}}-R$ = $H-\overset{|}{\underset{|}{N}}-R'$　　$R-\overset{|}{\underset{|}{N}}-R''$ = $R'-\overset{|}{\underset{|}{N}}-R$ = ・・・
$\quad\quad R'$　　$\quad H$　　$\quad R$　　$\quad H$　　$\quad R'$　　　$\quad R'$　　$\quad R''$

答え 4-16　$(CH_3)_3N + CH_3COOH \longrightarrow (CH_3)_3NH^+ + CH_3COO^- = ((CH_3)_3NH^+)(CH_3COO^-)$
　　　　　　　　　　　　　　　　　　　　　　　　　　　　　　　酢酸トリメチルアンモニウム

$$\left(\begin{array}{c} CH_3 \\ | \\ CH_3-\overset{+}{N}-H \\ | \\ CH_3 \end{array} \right)$$

答え 4-17

$$CH_3-\overset{\overset{\displaystyle CH_3}{|}}{\underset{\underset{\displaystyle CH_3}{|}}{\overset{+}{N}}}-CH_2CH_2-OH \qquad \wedge\wedge\wedge\wedge\wedge\wedge\wedge\wedge\overset{+}{N}\!\!<\!\!< \qquad \wedge\wedge\wedge\wedge\wedge\wedge\wedge\wedge\overset{\overset{\displaystyle CH_3}{|}}{\underset{\underset{\displaystyle CH_3}{|}}{\overset{+}{N}}}\!-CH_3$$

答え 4-18　CH_3NH_2 がより強い塩基．理由：F は電気陰性度が大きいので N 原子との共
　　　　　　有電子対を F 原子側に強く引きつける．その結果，N 原子は電子不足となるた
　　　　　　めに N 原子上の非共有電子対は N 原子により強く束縛される．従って N 原子上
　　　　　　の非共有電子対が水分子から H^+ を引き抜く力は弱くなる．すなわち，塩基性は
　　　　　　弱くなる．

答え 4-19　アドレナリン（エピネフリン）：フェノール（芳香族・ヒドロキシ基），アル
　　　　　　コール（ヒドロキシ基），（第二級）アミン
　　　　　　カフェイン：アミン，（イミン），カルボニル基（CO，ケトン基ではない）

答え 4-20　(1) 2-ブタノール（ブタン-2-オール）　　C—C—C—C
　　　　　　　　　　　　　　　　　　　　　　　　　　　　　　|
　　　　　　　　　　　　　　　　　　　　　　　　　　　　　OH

(2) 1-ブタノール（ブタン-1-オール）　　C—C—C—C
　　　　　　　　　　　　　　　　　　　　　　　　　　　|
　　　　　　　　　　　　　　　　　　　　　　　　　　OH

(3) 2-ブタノール（ブタン-2-オール）（一筆書きで C_4）　C
　　　　　　　　　　　　　　　　　　　　　　　　　　　|
　　　　　　　　　　　　　　　　　　　　　　　　　　　C—C—C
　　　　　　　　　　　　　　　　　　　　　　　　　　　|
　　　　　　　　　　　　　　　　　　　　　　　　　　　OH

(4) 1-ブタノール（ブタン-1-オール）（一筆書きで C_4）　C—C—C
　　　　　　　　　　　　　　　　　　　　　　　　　　　|　　|
　　　　　　　　　　　　　　　　　　　　　　　　　　　OH　C

(5) 2-メチル-1-プロパノール（2-メチルプロパン-1-オール）　C—C—C
　　　　　　　　　　　　　　　　　　　　　　　　　　　　　　|　|
　　　　　　　　　　　　　　　　　　　　　　　　　　　　　　C　OH

(6) 2-メチル-2-プロパノール（2-メチルプロパン-2-オール）
　　　　　　　　　　　　　　　　　　　　　　　　　　　　　　C
　　　　　　　　　　　　　　　　　　　　　　　　　　　　　　|
　　　　　　　　　　　　　　　　　　　　　HO—C—C
　　　　　　　　　　　　　　　　　　　　　　　　　　|
　　　　　　　　　　　　　　　　　　　　　　　　　　C

答え 4-21　(1)　C—C—C—C　H—C—C—C　アルデヒド　　HO—C—C—C　カルボン酸
　　　　　　　　　　|　　　　　　　　||　　　　　　　　　　　　　　||
　　　　　　　　　OH　　　　　　　　O　　　　　　　　　　　　　　O

(2)　C—C—C—C　　C—C—C—C　ケトン
　　　　　|　　　　　　　　||
　　　　OH　　　　　　　　O

(3)　C—C—C　　H—C—C—C　アルデヒド　　HO—C—C—C　カルボン酸
　　　　|　|　　　　||　|　　　　　　　　　　　||　|
　　　OH　C　　　　O　C　　　　　　　　　　　O　C

4章：簡単な飽和有機化合物：アルカンの誘導体　　107

答え 4-23

$$CH_3-\underset{\underset{O}{|}}{C}-CH_2 \quad , \quad CH_3-\underset{\underset{OH}{|}}{CH}-\underset{\underset{O}{|}}{C}-H \quad \quad CH_3-\underset{\underset{OH}{|}}{CH}-\underset{\underset{O}{|}}{C}-O-H \quad , \quad CH_3-\underset{\underset{O}{|}}{C}-\underset{\underset{O}{|}}{C}-H \quad , \quad CH_3-\underset{\underset{O}{|}}{C}-\underset{\underset{O}{|}}{C}-O-H$$

　　ケトン　　　　　アルデヒド　　　　カルボン酸　　　ケトン,アルデヒド　　ケトン,カルボン酸

答え 4-24　この化合物はトレオニン（スレオニン）というヒドロキシアミノ酸の一種.
ヒドロキシ基（アルコール），アミノ基（アミン），カルボキシ基（カルボン酸）

答え 4-25　1）エチルプロピルエーテル，ジブチルエーテル
　　　（エトキシプロパン）　　（ブトキシブタン）

　　　2）$CH_3-O-C_2H_5$（$C_2H_5-O-CH_3$），　　　$C_3H_7-O-C_3H_7$

答え 4-26　C—C—C—OH　　　　1-プロパノール（プロパン-1-オール）

　　　　　　C—C—C　　　　2-プロパノール（プロパン-2-オール，イソプロピルアルコール）
　　　　　　　　|
　　　　　　　　OH

　　　　　　C—O—C—C（C—C—O—C）　エチルメチルエーテル（メトキシエタン）

答え 4-27　1）C—C—C—C　1-ブタノール（ブタン-1-オール，ブチルアルコール）
　　　　　　　　　|
　　　　　　　　　OH

　　　　　　　　C—C—C　　　2-メチル-1-プロパノール（2-メチルプロパン-1-オール，
　　　　　　　　|　|
　　　　　　　　OH C　　　　　　　　　　　　　　イソブチルアルコール[*1]）

　　　2）C—C—C—C　2-ブタノール（ブタン-2-オール，*sec*-ブチルアルコール[*1]）
　　　　　　　|
　　　　　　　OH　　　　　　　　　　　　　　[*1] 2013 年勧告では廃止

　　　3）　　C　　　　　2-メチル-2-プロパノール（2-メチルプロパン-2-オール，
　　　　　　　|
　　　　　C—C—C　　　　　　　　　　　　　　　　　*tert*-ブチルアルコール）
　　　　　　　|
　　　　　　OH

　　　4）C—O—C—C—C，　　　C—C—O—C—C，　C—O—C—C
　　　　　メチルプロピルエーテル　　ジエチルエーテル　　　　　　|
　　　　　（メトキシプロパン）　　　（エトキシエタン）　　　　　C
　　　　　　　　　　　　　　　　　　　　　　　　　イソプロピルメチルエーテル
　　　　　　　　　　　　　　　　　　　　　　　　　（2-メトキシプロパン）

答え 4-28　（1）フェノール・芳香族（フェニル基・ヒドロキシ基），ハロゲン化芳香族炭
化水素（ハロゲン），エーテル，アミン（アミノ基），カルボン酸（カルボキシ
基）：チロキシンは一種のアミノ酸

　　　（2）フェノール・芳香族（フェニル基・ヒドロキシ基），エーテル，脂肪族炭化
水素（アルカン），構造式は省略[*2]

　　　（3）芳香族（フェニル基），ケトン（ケトン基），アルコール（ヒドロキシ基），
エーテル，構造式は省略[*2]

[*2]『演習　生命科学，食品・栄養学，化学を学ぶための 有機化学 基礎の基礎　第 3 版』p.77 参照.

5章： 不飽和有機化合物

(1) アルデヒド・ケトン，カルボン酸・エステル・アミド（それぞれ？？を想起しよう）

(2) 一般名　　　アルデヒド　　　ケトン　　　カルボン酸　　　エステル　　　アミド
　　　一般式　　　　　？　　　　　？　　　　　？　　　　　　？　　　　　　？

(3) 構造式　　　　　　？　　　　　？　　　　　？　　　　　　？　　　　　　？

(4) 化合物の名称（慣用名・置換命名法）

	アルデヒド・	ケトン・	カルボン酸・	エステル・	アミド
R＝H	HCHO	・・・	HCOOH	・・・	HCONH$_2$
	H－C－H ‖ O	・・・	H－C－O－H ‖ O	・・・	H－C－N－H ‖ ｜ O H
R＝CH$_3$	CH$_3$CHO	(CH$_3$)$_2$CO	CH$_3$COOH	CH$_3$COOCH$_3$	CH$_3$CONH$_2$
R′＝CH$_3$	CH$_3$－C－H ‖ O	CH$_3$－C－CH$_3$ ‖ O	CH$_3$－C－O－H ‖ O	CH$_3$－C－O－CH$_3$ ‖ O	CH$_3$－C－NH$_2$ ‖ O
R＝CH$_3$	・・・	(CH$_3$)(C$_2$H$_5$)CO	・・・	CH$_3$COOC$_2$H$_5$	・・・
R′＝C$_2$H$_5$	・・・	CH$_3$－C－C$_2$H$_5$ ‖ O	・・・	CH$_3$－C－O－C$_2$H$_5$ ‖ O	・・・

(5) 性質： ① アルデヒド，ケトン，カルボン酸，エステル，アミドに共通な分子構造上
　　　　　　の特徴？これらの化合物の反応性は高い or 低い？なぜか？
　　　　② アルデヒドは　？　の，ケトンは　？　の酸化により生じる．
　　　　　カルボン酸は？の酸化により得られる（それぞれの反応式？）．還元すると？
　　　　③ アルデヒドの反応性は高い or 低い？，その例を二つ述べよ．
　　　　　また，アルデヒドの高反応性の代表的反応の種類を二つ述べよ．
　　　　④ カルボン酸の性質？（においはどうか？，水溶液の液性は？）なぜ酸性？
　　　　⑤ エステルは　？　と　？　との反応により得られる（反応式？）．
　　　　　その性質？（においはどうか？，反応性は高い or 低い？）
　　　　⑥ アミドは　？　と　？　との反応により得られる．アミノ酸同士のアミド？
　　　　　アルデヒド・ケトン，カルボン酸，エステル，アミドとセットで覚える．

(6) アルデヒド・ケトン・カルボン酸と酸化還元？，カルボニル基の立ち上がり？，双極
　　子相互作用？，共鳴？，界面活性？，糖（アルドース・ケトース・グルコース）？，
　　アミノ酸・アミド・ペプチド・ペプチド結合？　これらの化合物群の一般構造式？
　　アシル基，アセチル基，α-ケト酸，ヒドロキシ酸，疎水性相互作用，等電点
＊重要概念・キーワード：立ち上がり，双極子相互作用，共鳴，酸化・還元，付加，縮合

5章：不飽和有機化合物　　*109*

(1) ホルマリン，アセトン，酢酸（食酢），果物の香り，タンパク質を想起しよう．

(2) 一般名　　　？　　　　　？　　　　　？　　　　　　？　　　　　　　？

　　　一般式　RCHO　　RR′CO　　RCOOH　　　RCOOR′　　　RCONR′R″

(3) 構造式

$$R-C{\stackrel{H}{\diagdown}}_{O} \qquad {\stackrel{R}{\underset{R'}{\diagup}}}C=O \qquad R-C{\stackrel{O}{\diagdown}}_{O-H} \qquad R-C{\stackrel{O}{\diagdown}}_{O-R'} \qquad R-C{\stackrel{O}{\diagdown}}_{\underset{R''}{N-R'}}$$

または

$$R-\underset{O}{\overset{|}{C}}-H \qquad R-\underset{O}{\overset{|}{C}}-R' \qquad R-\underset{O}{\overset{|}{C}}-O-H \qquad R-\underset{O}{\overset{|}{C}}-O-R' \qquad R-\underset{O}{\overset{|}{C}}-\underset{R''}{\overset{|}{N}}-R'$$

(4) 化合物の名称

命名法	○○アール（-al），	○○オン（-one），	○○酸，	○○酸アルキル，	○○アミド
R = H	ホルムアルデヒド	…	ギ酸	…	ホルムアミド
	(formaldehyde) 水溶液はホルマリン		(formic acid)		(R′=R″=H)
	メタナール	…	メタン酸		(メタンアミド)
R = CH$_3$	アセトアルデヒド	アセトン	酢酸	酢酸メチル	アセトアミド
R′ = CH$_3$	(acetoaldehyde)	(acetone)	(acetic acid)	(methyl acetate)	(R′=R″=H)
	エタナール	プロパノン	エタン酸	CH$_3$COO(H)→ CH$_3$	(エタンアミド)
R = CH$_3$	…	エチルメチルケトン	…	酢酸エチル	
R′ = C$_2$H$_5$		(ethylmethyl ketone)		(エタン酸エチル)	
	…	ブタノン	…	CH$_3$COO(H)→ C$_2$H$_5$	

(5) 性質

① いずれの化合物もカルボニル基 $\diagdown$C=O （$-\overset{|}{\underset{\|}{\underset{O}{C}}}-$） を持っており，エステルとアミド以外は反応性に富む．p.114（酸化還元・二重結合への付加反応・縮合反応・分極している）

② アルデヒドは第一級アルコール，ケトンは第二級アルコールの酸化（脱水素）により生じ（R−CH$_2$OH − H$_2$ → R−CHO，RR′CHOH − H$_2$ → RR′CO（R−CO−R′）），カルボン酸はアルデヒドの酸化により生じる（R−CHO+O → R−COOH（R−CO−OH））．還元は逆反応．

③ アルデヒドは特に反応性に富む．ホルマリンは防腐剤であるが，これはホルムアルデヒドが反応性に富み，生物にとって毒であるためである（微生物の組織と反応して殺してしまう？）．還元力が強く（相手を還元し自分は酸化されてカルボン酸になる），Ag$^+$と反応して銀鏡反応をおこす(Ag$^+$ → Ag が析出)．付加反応と還元反応（縮合反応）

④ カルボン酸は酸だから水溶液は酸性であり，刺激臭を持つ．なぜかは p.124.

⑤ エステルはカルボン酸とアルコールとの脱水縮合反応により得られ（R−COOH＋R′−OH → R−CO−OR′＋H$_2$O），芳香（果物香）を持つ．反応性は低い．

⑥ アミドはカルボン酸とアミンの脱水結合反応により得られる．アミノ酸：ペプチド.

(6) 酸化還元 p.114，立ち上がり p.115，双極子相互作用 p.115，共鳴 p.125，界面活性 p.127，糖 p.118，アミノ酸 p.128，アミド・ペプチド・ペプチド結合 p.130.

5-1 カルボニル化合物

カルボニル基（—CO—；$-\overset{\|}{\underset{O}{C}}-$）を持つ物質である**アルデヒド**と**ケトン**を総称していう．

カルボニル化合物は生化学・食品学を学ぶ上で最も重要な化合物といっても過言ではない（以下にその例を示すが，ここでは化合物名は気にしないで読みとばしてよい）．糖は我々が生きるために必要な三大栄養素の1つでありエネルギー源であるが，これはアルデヒド・ケトンの一種であるし，糖質・脂質・タンパク質が体中で代謝されていく過程（生化学反応）で生じる重要な中間体であるピルビン酸などの2-オキソ酸（α-ケト酸）・アセト酢酸・アセトン（2-プロパノン・プロパン-2-オン）*はケトンの一種，アミノ酸代謝産物の尿素も広義にはカルボニル化合物である．また防腐剤ホルマリの成分であるホルムアルデヒド（メタナール）は食品衛生・環境衛生で必ず学ぶ重要物質である．

アルデヒドは炭素数が少ないものは刺激臭があるが，分子量が大きくなるにつれて独特の香りを有するものが多い．特に芳香族のものにその傾向が強い．ケトンも同様である．香料バニラの成分バニリン・アーモンドのベンズアルデヒド・レモンのシトラール・シナモンのシンナムアルデヒド・α-リノレン酸より生じる緑の香り成分の1つである青葉アルデヒド・食品の変敗臭の成分もアルデヒドである．ジャスミンの *cis*-ジャスモン・麝香鹿のムスコン・樟脳のカンファーはケトンである．アルデヒド・ケトン共に香りの素として香水・人工香料に用いられるものが多い．

ケトンは優れた溶媒であり，例えばアセトンはマニキュアの除光液，エチルメチルケトン（2-ブタノン・ブタン-2-オン）は接着剤の溶媒として用いられている．

*アセトンは代謝障害がおこった時に生じる生成物である．糖尿病ではアセトンが大量に作られ尿や呼気中に現れる．

化学式中に—CO—なる部分があれば $-\overset{\|}{\underset{O}{C}}-$ と書くものだと覚えよ．

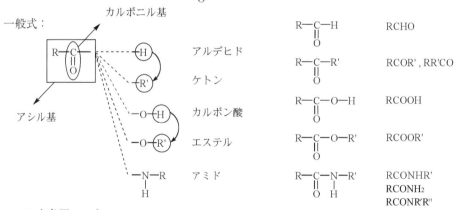

p.59 も参照のこと．

5-1-1 アルデヒド　$R-\overset{\|}{\underset{O}{C}}-H$ ，　**RCHO**　　代表例：**ホルムアルデヒド（メタナール）**

アルデヒドなる名称は al(cohol)-dehyd(rogenatum)，すなわち（第一級）アルコールを脱水素したものという意味に由来している（脱水素した＝酸化された）．

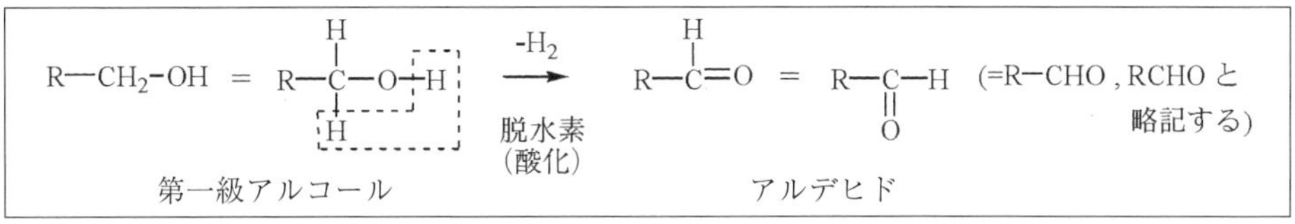

化学式で示せば，$\begin{smallmatrix}R-C-H\\\|\\O\end{smallmatrix}$ アシル基に H がついたもの・カルボニルに H がついたものである．R—COH と書いてもよいが，OH をヒドロキシ基と混同するので，通常 R—CHO, RCHO と書く．—CHO をアルデヒド基という．

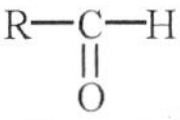

アルデヒド基（—CHO）　　$\begin{smallmatrix}-C-H\\\|\\O\end{smallmatrix}$　　ホルミル基（formyl）ともいう

（ギ酸（formic acid）由来のアシル基としての名称である p.122）

$\begin{smallmatrix}H-C-O-H\\\|\\O\end{smallmatrix}$

命名法

アルカン alkane の語尾の e を取って*アルデヒド aldehyde の語頭 al（アール）をつける．
alkane + aldehyde → アルカナール（alkanal）

*e を取らないと ea と母音が続くので英語として不自然ゆえ e を取って al とする．

HCHO

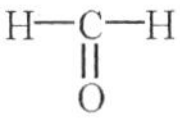

$\begin{smallmatrix}H-C-H\\\|\\O\end{smallmatrix}$　名称（置換命名法）：メタナール（methanal）（→メタン・アル（methane-al）：

C が1個（メタン）のアルデヒド（アール）→メタン CH_4 がアルコール（メタノール CH_3OH）を経てアルデヒド（HCHO）になったもの．

慣用名：**ホルムアルデヒド**（formaldehyde）いわば蟻(あり)アルデヒド．名称の由来は p.123 を参照のこと．ホルムアルデヒド（気体）の水溶液が防腐剤のホルマリン（formaline）（p.123）である．ホルムアルデヒド・ホルマリン・ギ酸(さん)（formic acid, 蟻が出す酸）はセットで覚えること（p.122, 123）．

CH₃CHO

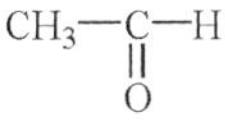

$\begin{smallmatrix}CH_3-C-H\\\|\\O\end{smallmatrix}$　名称（置換命名法）：エタナール（ethanal）（→エタン・アル（ethane-al）：

C が2個（エタン）のアルデヒド（アール）→エタンがエタノールを経てアルデヒドになったもの．

慣用名：アセトアルデヒド（acetoaldehyde）いわば食酢アルデヒド．名称の由来は p.122 を参照のこと．酢酸（acetic acid, 食酢の酸），アセトン（acetone），アセチル基（acetyl）はセットで覚えること（p.123）．

このように，アルデヒドの IUPAC 置換命名法は—CHO の炭素を含めた炭素数に対応するアルカン名の語尾を -al と変形するものであり，分子炭素鎖の炭素原子の番号付けは—CHO の C を第1番目とする約束である．

問題 5-1　C—C—C—C—H，C—C—C—C—H，C—C—C—C—H の置換名を述べよ．

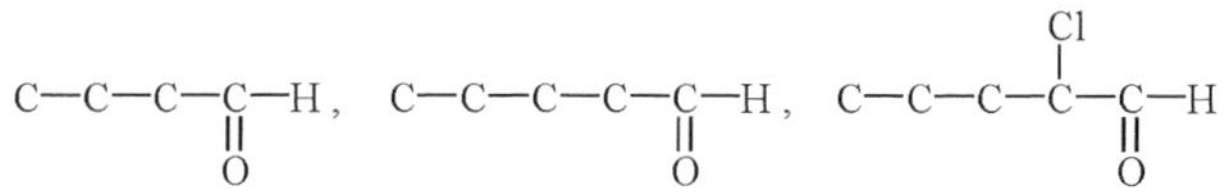

また，構造式を例に倣い略記せよ．　　　　　　　　　　　　　　　　　　（答は p.120）

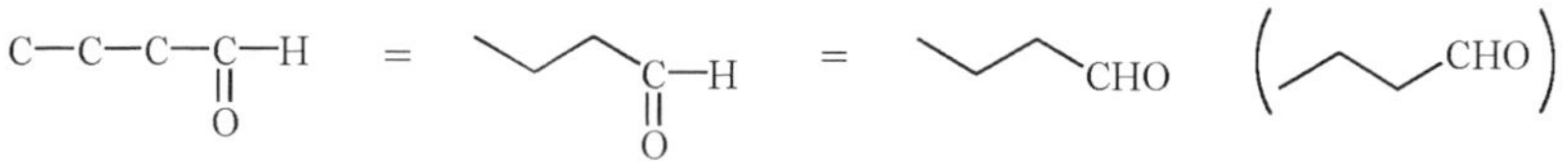

問題 5-1-2　4-ヒドロキシノナナール，5-アミノノナナールの構造式を書け．（答は p.167）

5-1-2 ケトン　R—C—R′，RCOR′，RR′CO　代表例：**アセトン**（2-プロパノン・プロパン-2-オン）

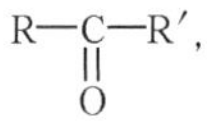

アルデヒドの親戚である．ケトンなる名前は，最も簡単なケトンであるアセトン acetone（＝acet（um）（食酢）-one（女性の先祖由来を示す語尾））　CH₃—C—CH₃　が (a)cetone → ketone ケトンと変じて化合物群名となったものである．

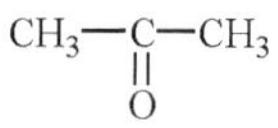

第二級アルコールを脱水素するとケトンが得られる（アルデヒドは第一級アルコールの脱水素で得られることから，ケトンがアルデヒドと親戚であることが納得されよう）．

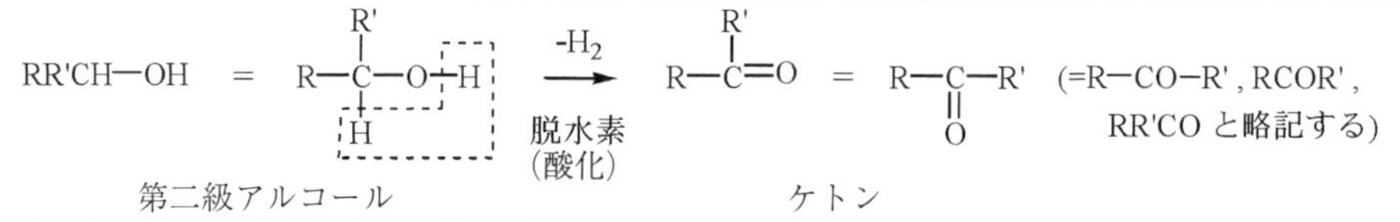

RR'CH—OH　＝　R—C—O—H　—H₂→　R—C=O　＝　R—C—R'　(=R—CO—R', RCOR', RR'CO と略記する)
第二級アルコール　　脱水素（酸化）　　　ケトン

化学式は，R—C—R′　アシル基に R′ がついたもの・カルボニルに R，R′ がついたものである．R—CO—R′，RCOR′，RR′CO と略記する．—C—C—C—，C—CO—C を**ケトン基**という．（—C—，—C— はケトン基ではなくカルボニル基である）

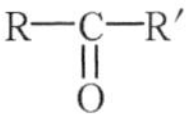

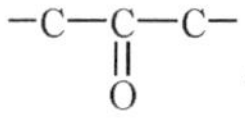

命名法
アルカン alkane の語尾の e を取ってケトン ketone の語尾 -one オンをつける．アルカン（alkane）＋ケトン（ketone）→アルカノン（alkanone）
先頭にケトン基の位置を示す番号をつける．
例：2-ペンタノン（ペンタン-2-オン）　C—C—C—C—C

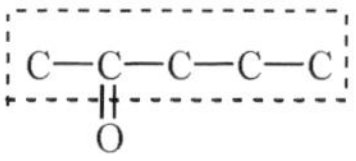

官能種類命名法：R，R′ に相当するアルキル基名を並べ，あとにケトンという語をつける．
例：C—C—C—C—C　，　R—C—R′　　メチルプロピルケトン

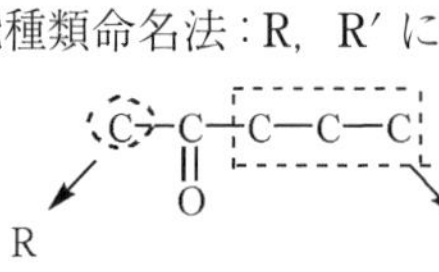

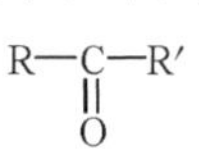

CH₃COCH₃

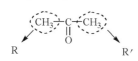

名称：2-プロパノン（プロパン-2-オン，→プロパン・オン；Cが3個（プロパン）で，2番目のCがケトン基（オン）となったもの．C₃のプロパンが2-プロパノール（プロパン-2-オール）を経てケトンとなった）

慣用名：**アセトン**（acetone）．名称の由来はp.60, 111を参照のこと．官能種類命名法：ジメチルケトン

C₂H₅COC₂H₅

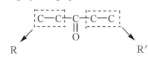

名称：3-ペンタノン（ペンタン-3-オン，→ペンタン・オン；C₅のペンタンの3番目のCがケトン基となったもの．C₅のペンタンが3-ペンタノール（ペンタン-3-オール）を経てケトンになったもの）

官能種類命名法：ジエチルケトン

CH₃COC₃H₇

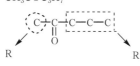

名称：2-ペンタノン（ペンタン-2-オン；C₅のペンタンの2番目のCがケトン基となったもの．ペンタンが2-ペンタノール（ペンタン-2-オール）を経てケトンになったもの．3-ペンタノン（ペンタン-3-オン）とは異性体である：ケトンの異性体

官能種類命名法：メチルプロピルケトン（アルキル基はアルファベットabc順で命名）

＊ケトン基を置換基として扱う接頭語としての置換基名はケトンの(C)＝Oをオキソ，-OHをヒドロキシ，-NH₂をアミノ，-CHOをホルミル，-COOHをカルボキシという．環状構造に-CHO, -COOHが直接結合した場合，○○カルバルデヒド，○○カルボン酸という．

問題 5-2　以下の化合物に名称をつけよ．

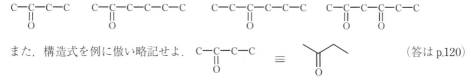

また，構造式を例に倣い略記せよ．　　　　　　　　　　　　　　　　　　（答はp.120）

問題 5-2-2　3,5-オクタンジオン（オクタン-3,5-ジオン），2,3-ジオキソヘプタンの構造
　　　　　式を書け．　　　　　　　　　　　　　　　　　　　　　　　　（答はp.167）

5-1-3　カルボニル化合物の性質（アルデヒドとケトンはよく似ている→ -CO-の性質）

まず，次ページ「カルボニル基の立ち上がり」を読むこと．

(1) 反応性が高い．

① 二重結合が開いて**付加反応**をおこしやすい．（求核試薬 p.76 が C⁺ を攻撃する）

求核的付加反応・親電子的付加反応（p.149）

例1
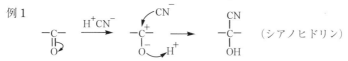
（シアノヒドリン）

例2

$$CH_3-\overset{\underset{\parallel}{O}}{C}-H \ + \ C_2H_5-\overset{\cdot\cdot}{O}-\boxed{H} \ \longrightarrow \ CH_3-\overset{\underset{\mid}{O-H}}{\underset{\mid}{\overset{O-C_2H_5}{C}}}-H$$

（ヘミアセタール）

（H=R ならヘミケタール）

$R-CHO + R'OH \longrightarrow R-CH(OH)(OR')$ をヘミアセタール（hemi=half）（糖の環化反応）.

$R-CH(OH)(OR') + R'OH \longrightarrow R-CH(OR')_2 + H_2O$ をアセタールという（多糖化）.

アセタールは元々はアセトアルデヒドとエタノールから生じたものの名称だったが

$$CH_3-CHO + 2C_2H_5-OH \longrightarrow CH_3-CH(-O-C_2H_5)_2 + H_2O \quad \text{アセタール}$$

アルデヒドとアルコールの同様の生成物の一般名としても使われるようになった.

② 酸化還元反応をおこしやすい（アルコール，カルボン酸を生じる）.

アルデヒドは還元されて第一級アルコールになる. 酸化（+O）されてカルボン酸になる.

ケトンは還元（H_2付加）されて第二級アルコールになる.（酸化の反応機構は p.94）

$$\underset{\text{第二級アルコール}}{-\overset{\underset{\mid}{OH}}{\overset{H}{\underset{\mid}{C}}}-} \overset{+H_2}{\underset{\text{還元}}{\longleftarrow}} \underset{\text{ケトン}}{C-\overset{\underset{\parallel}{O}}{C}-C} \overset{}{\underset{\text{酸化されない}}{\longrightarrow}} \times \ ; \ \underset{\text{第一級アルコール}}{-\overset{\underset{\mid}{OH}}{\overset{H}{\underset{\mid}{C}}}-H} \overset{+H_2}{\underset{\text{還元}}{\longleftarrow}} \underset{\text{アルデヒド}}{C-\overset{\underset{\parallel}{O}}{C}-H} \overset{+O}{\underset{\text{酸化}}{\longrightarrow}} \underset{\text{カルボン酸}}{-\overset{\underset{\parallel}{O}}{C}-OH}$$

③ **縮合反応***（イミン・オキシムなどの脱水縮合による生成）　反応機構は p.119 参照.

$$\underset{\text{アルデヒド}}{R-\overset{\underset{\parallel}{O}}{C}-H} + \underset{\text{アミン}}{R'NH_2} \longrightarrow \underset{\text{イミン}}{R-\overset{\underset{\parallel}{N-R'}}{C}-H} + H_2O \ ; \ \underset{\text{ケトン}}{R-\overset{\underset{\parallel}{O}}{C}-R} + \underset{\text{アミン}}{R'NH_2} \longrightarrow \underset{\text{イミン}}{R-\overset{\underset{\parallel}{N-R'}}{C}-R} + H_2O$$

*p.133 参照

(2) 大きく分極している.

電気陰性度は C＜O なので C—O 単結合の電子（σ電子）が O の方に少し偏る.

→ C＝O 二重結合の電子（π電子）は動きやすいので O の方に大きく偏る（p.115）.

(3) 水に溶けやすい（炭素数が少ない場合）←分極しているから. また，カルボニル基の O 原子と水分子の H 原子とが水素結合を作るから（p.115）.　＞CO⋯H—OH

(4) 沸点が分子量に比べて高い←分極しているから.（双極子相互作用, p.115）

アルデヒド・ケトンのデモ実験

(1) 薬品回覧. ホルマリン・アセトン・エチルメチルケトン（ブタノン）・ジアセチル

(2) においを嗅ぐ.（刺激臭，芳香，セメダインの匂い，悪臭）

(3) アセトン・ブタノンを手につけてみる.（アセトンは揮発性大・ひやっとする）

(4) 水と混ぜる.（ホルマリンは水溶液，アセトンは易溶，ブタノンは可溶）

(5) 銀鏡反応を観察する.（アルデヒドの代りにグルコース使用：還元糖）

アルデヒドによる銀イオンの還元（銀の析出）とアルデヒドのカルボン酸への酸化

$$RCHO + 2([Ag(NH_3)_2]^+)(OH^-) \longrightarrow 2Ag + (RCOO^-)(NH_4^+) + 3NH_3 + H_2O$$

5-1-4 カルボニル基の立ち上がり（π結合の分極）

　　　　二重結合は構造式や分子模型では単に2本の棒として表されているが，実はこの2本は同じ結合ではない．2本のうち1本は，σ結合と呼ばれる強い結合で，分子の骨格を作っている．もう1本の結合はπ結合という弱い結合である（前述）．σ結合はしっかりと結合しているので電子は動かないが，π結合では電子が原子核に弱くしか束縛されていないためπ電子は動きやすい状態にある（p.33の説明・たとえ話しを見よ）．

　　　　カルボニル基のCとOは二重結合でつながれている．Cに比べてOの電気陰性度が大きいために，また二重結合（π結合）のπ電子は動きやすいために，O原子は容易にCからπ電子を引き抜いてしまう．その結果O原子は電子を得てマイナスになり，Cは電子を失ってプラスになる．これをカルボニル基の立ち上がり*（aufrichtung：独語）という．したがってカルボニル基は大きく分極している．*π結合が分極すること．
CO基のCの電子を×，Oの電子を・，残りのCの電子の一部を△，○で表すと，

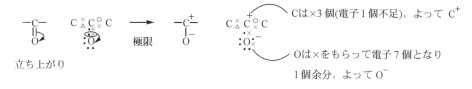

　その結果，+となったCは非共有電子対を持った原子，分子（求核試薬）からの攻撃（配位 p.212）を受けやすい．したがって，カルボニル基を持った分子は（エステル・アミドを除き）反応性が高い．

5-1-5 沸点が高くなる理由・水に溶ける理由

　　　　カルボニル基を持った分子は極性があり分極しているため，(−+)…(−+)のように分子間で引力が働く．これを**双極子相互作用**という．（電気）双極子とは同じ大きさの正電荷が+極，−極の二極に分かれた小さいかたまり(+−)という意味である．

　　　　アセトン（分子量58）の沸点は約56℃で，これを同一分子量のブタン（沸点約0℃）と比較してみると，沸点が56℃も高くなっている．これは分極した分子同士が分子間で双極子相互作用しているためである．

アセトンのような R の小さいケトンは水に溶けやすいが
その理由は分極したカルボニル基と水分子が水素結合や双
極子相互作用をするためである.

$$R-\overset{\delta+}{\underset{R}{C}}=\overset{\delta-}{O}------\overset{\delta+}{H}-\overset{\delta-}{\underset{H}{O}}$$

水素結合

問題 5-3 次の各組の化合物について，沸点の低い順に並べよ.

1) a) $CH_3CH_2CH_2CH_2CH_3$, b) $CH_3CH_2CH_2CH_2OH$, c) $CH_3CH_2OCH_2CH_3$, d) $CH_3\overset{}{\underset{O}{C}}CH_2CH_3$

2) a) CH_3CHO, b) $CH_3CH_2CH_3$, c) CH_3CH_2OH, d) $CH_2(OH)CH_2OH$

3) a) CCl_4, b) CH_2Cl_2, c) CHI_3 (答は p.120)

問題 5-4 次の各組の化合物について，水に対する溶解度の高い順に並べよ.

1) a) $CH_3CH_2CH_2CH_2OH$, b) $CH_3CH_2OCH_2CH_3$, c) CH_3CH_2CHO, d) $CH_3CH_2\overset{}{\underset{O}{C}}CH_2CH_3$,
   e) CCl_4, f) CH_3CH_2OH, g) CH_2Cl_2, h) $CH_3CH_2CH_2CH_2CH_3$

2) a) $CH_2(OH)CH_2OH$, b) $CH_3CH_2CH_2NH_2$ (答は p.121)

5-1-6 ホルマリン漬け

　　ホルムアルデヒド（気体）の水溶液を**ホルマリン**という．ホルマリンは防腐剤・消毒剤
として利用され，生物標本などをビンの中のホルマリンに漬けて保存する．読者も小中学
校の理科室・高校の生物室にヘビ・カエル・魚などの標本が置いてあるのを目にしたこと
があるだろう．また米国シカゴ自然史博物館には胎児の受精から誕生までの1週間ごとの
標本が陳列してある（これを見れば妊娠中絶が殺人であることを実感させられる）．ホル
マリンは生物にとっては毒であり，微生物の繁殖を防ぐため標本を腐らせない．また，ホ
ルマリン漬けの生物標本は脱色されて白くなっているものが多く，少年時代の著者は不思
議に思ったものである.

　　これらのホルマリンの効果はホルムアルデヒドの付加・酸化還元・縮合といった反応性
が高いことによる．反応性が高く，生物が生きるために必要な物質を別の物質に変えてし
まえば生物にとっては毒となるし，色素と反応して色素分子中の二重結合の一部が単結合
に変わったり酸化・還元漂白されたりすれば脱色される.

　　ホルムアルデヒドは左右どちらから見てもアルデヒド基があることから反応性・毒性が
高いことが納得されよう．エタノールと異なりメタノールが毒性を持つ理由は生体内でホ
ルムアルデヒドに酸化されるため，さらに酸化されて生
じるギ酸（ぎさん）も半分アルデヒドであるためであ
る．ホルムアルデヒドは現在社会問題化しているシックハウス症候群（新築の家で体調不
良を起こす）の原因物質のひとつと考えられている．食品保存加工法の燻製は煙中に含ま
れるホルムアルデヒドの殺菌力を利用したものである.

$$H-\overset{}{\underset{\parallel O}{C}}-H \qquad H-\overset{}{\underset{\parallel O}{C}}-O-H$$

　　ホルマリン溶液中ではホルムアルデヒドは，以下の式のように二重結合が開いて H_2O
が付加したメタンジオールと平衡になっていると考えら
れている．ただしメタンジオールは不安定な物質であり
取り出すことはできない.

$$\overset{H}{\underset{H}{}}C=O \quad \xrightarrow{H_2O} \quad \overset{H}{\underset{H}{}}C\overset{O-H}{\underset{O-H}{}}$$

5章：不飽和有機化合物　117

5-1-7　ケトン体（アセトン体）：生化学・臨床栄養学の話題

　　　重症の糖尿病や飢餓状態が持続した場合，糖質代謝が制限され，大量に生成されたアセチル CoA（CoA≡補酵素 coenzyme-A　p.178）から合成されたケトン体と総称される，β-ヒドロキシ酪酸（ブタン酸），アセト酢酸，アセトンが尿・呼気に異常に排泄される．尿中に排泄されたアセト酢酸は速やかに脱炭酸してアセトンに転換されるのでアセトン体と呼ぶこともある．血液中に蓄積されるとケトアシドーシス（酸血症）になる．

　　　問題 5-5　3 種類のケトン体，β-ヒドロキシ酪酸（ブタン酸），アセト酢酸，アセトン，
　　　　　　　の構造式・示性式を書け．（α-，β-，…については p.129 参照）．　　（答は p.121）

5-1-8　酸化還元反応：酒のイッキ飲みはやめよう！

　　　アルデヒドは酸化されやすく，相手を還元しやすい（還元力を持つ）．アルデヒドが酸化されるとカルボン酸ができる．例えば我々が酒（エタノール水溶液）を飲むと，体内でアルコールが酸化されてアセトアルデヒドができる．これが蓄積されると悪酔いのもとになる．アルデヒドが体に良くない・毒であるのは，前述のホルマリンのことを思い出せばわかる．このアセトアルデヒドがさらに酸化されると酢酸（食酢の主成分）となる（あとで生化学の授業で勉強する）．アルコールは体の中でこのように変化するので，酒を飲めばまずアルコールの作用で陽気（笑い上戸・説教上戸・泣き上戸など）になり，その後，アルデヒドのせいで気分が悪くなり，翌朝には酢酸となって酔いが醒めるのである．

　　　酒が弱い人はアルデヒドを酢酸に変えるアルデヒド脱水素（酸化）酵素 aldehyde dehydrogenase の活性が低い．この ADH には高活性型の ADH-1 と低活性型の ADH-2 とがあり，アルコール処理には -1 が重要であるが，西洋人と異なり，東アジア・イヌイットの人達にはこの ADH-1 がない人の率が高い，すなわち酒に弱い人が多い．これらの人達が酒を飲むと毒であるアルデヒドが体内に溜まってしまうので下手をすると急性アルコール中毒になり死亡したりする．このように下戸は分子レベルで遺伝的に下戸なのであり，意志の力で左右できるものではない．その点をわきまえて，酒に弱い人は一気（イッキ）飲みなどしないこと，またそういう人に飲酒を強要しないこと．下手をすると「殺人罪」である．この酵素活性を簡単に調べる方法としてパッチテスト＊がある．

　　　　　　＊70％エタノールを 2，3 滴染み込ませた 2 cm 角程度のテスト用ばんそうこうを前腕内側に
　　　　　　貼り，5 分後にはがす．その時点で肌が赤くなっていたら ADH 不活性，5 分後に赤くなった
　　　　　　ら低活性，変化がなければ通常の活性と判断される（但し，不正確）．

　　　アルデヒドの酸化されやすく相手を還元しやすい性質が，受験勉強で暗記した銀鏡反応やフェーリング反応をおこす．この受験知識自体は「酸とはリトマス紙を赤くするもの」と同じ机上の知識でしかない．アルデヒドがカルボン酸に酸化されやすい・反応性が高いことの象徴的事実として頭に残して，はじめて意味がある．要は何を理解して何を頭に残すべきかである．

　　　問題 5-5-2　ホルムアルデヒド，アセトアルデヒド，プロパナールの酸化生成物と還元性
　　　　　　　　　生物，乳酸（α-ヒドロキシプロパン酸）と β-ヒドロキシ酪酸の酸化生成物，
　　　　　　　　　アセトンとピルビン酸（α-ケトプロパン酸・2-オキソプロパン酸）の還元生
　　　　　　　　　成物の構造式と名称を示せ．　　　　　　　　　　　　　　（答は p.167）

5-1-9 アルドース（アルデヒド糖）とケトース（ケトン糖）

　　糖とは多価アルコールのカルボニル化合物の総称であり，その起源を表す言葉の語尾を**オース（-ose）**に変化させて命名する．アルドースは一番端の炭素がアルデヒド基になっている糖で，**グルコース（ブドウ糖，glykys 甘い）**がその代表である．ケトースは炭素の鎖の中にケトン基 C—CO—C を持つ糖であり，**フルクトース（果糖，fructi 果物）**が代表例である．アルデヒド基は酸化されやすい・還元力があるため，グルコースでは銀鏡反応がおきる．ケトースも通常のケトンと異なり，CO とその隣の—CH$_2$OH がエンジオールを経て（p.150）—CHO に変換されやすいので還元力を示す．

　　カルボニル基の立ち上がりに起因する鎖状糖分子の閉環，即ち下図 C-5 に結合した OH 基の非共有電子対がカルボカチオン C$^+$へ求核配位することによる環状構造の形成（六員ピラノース環，C-4 の OH なら五員フラノース環形成 p.245）は分子内におけるアルデヒド・ケトンとアルコールとの**ヘミアセタール・ヘミケタール**形成反応（p.114）である．

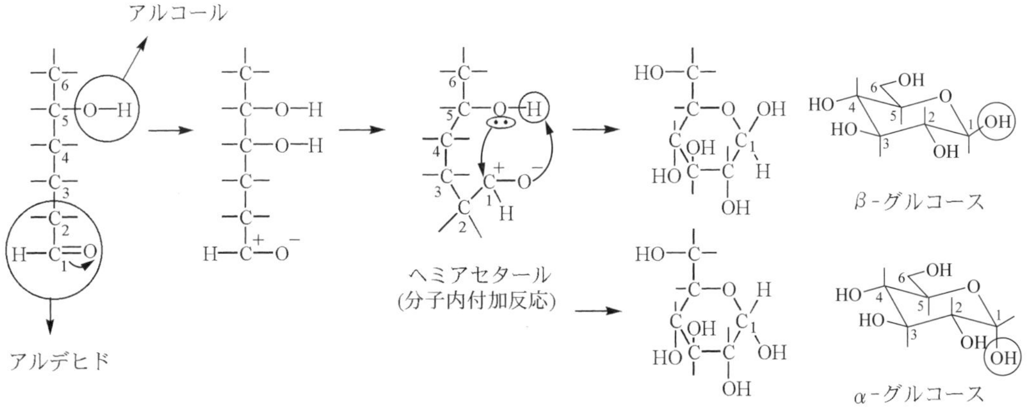

　　グルコースは水溶液中では α 型 36％，β 型 64％，鎖状構造 0.02％，五員フラノース環型 0.3％が平衡状態で存在．**α-グルコース**は C$_1$–OH が axial（軸方向，縦），**β-グルコース**は全ての OH が equatorial（赤道方向，横）と最も安定な立体配置である．C$_1$ をアノマー炭素という（p.236 分子模型で確認せよ．五・六員環となる理由も p.236）．

　　アルデヒドとアルコールの反応で生じたヘミアセタールはさらにもう 1 分子のアルコールと脱水縮合反応することによりアセタールを形成する（p.114）．同様に，分子内の反応で生じたヘミアセタールである環状のグルコースはさらに別のグルコース分子のアルコール性 OH 基と脱水縮合し，アセタール（**グリコシド**と呼ばれる）を形成する．この**グリコシド結合**（エーテル結合である）により多数のグルコースが重合したものが多糖類であり，**α-1,4 結合**したものが**デンプン**，**β-1,4 結合**したものが**セルロース**である．この結合様式の結果，デンプンの成分で鎖状のアミロースはらせん構造をとり，セルロースは直鎖構造をとる（次ページ図で前者が湾曲構造，後者が直線構造となっていることに注目せよ）．この直線構造が，セルロースが繊維を形成し，数十 m にもなる木を支えるもとである．

5章：不飽和有機化合物　　119

パッカード式（いす形構造）

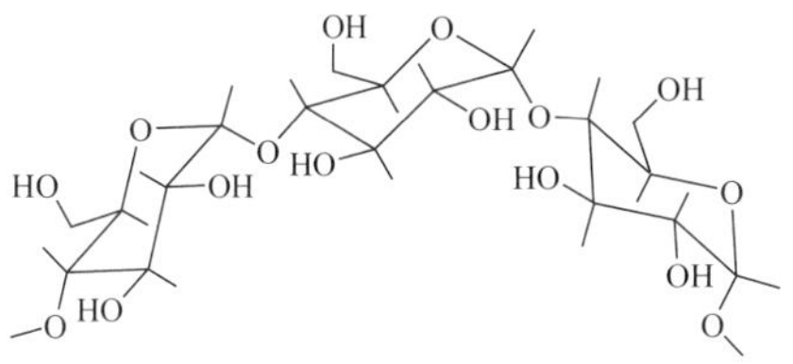

アミロース（α-1, 4 結合） 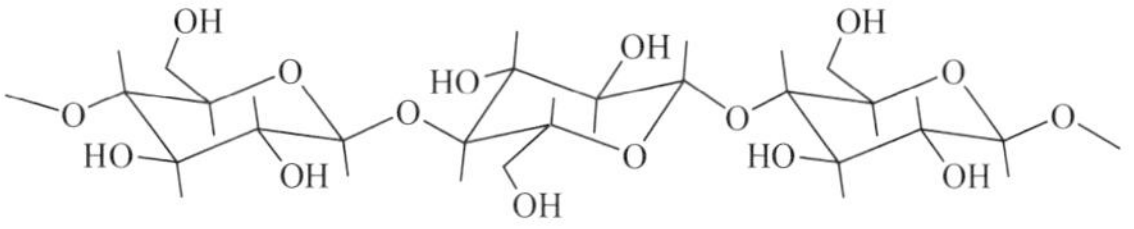　　　　　　　　　セルロース（β-1, 4 結合）

ハース（Haworth）の式（通常の六角形の書き方）

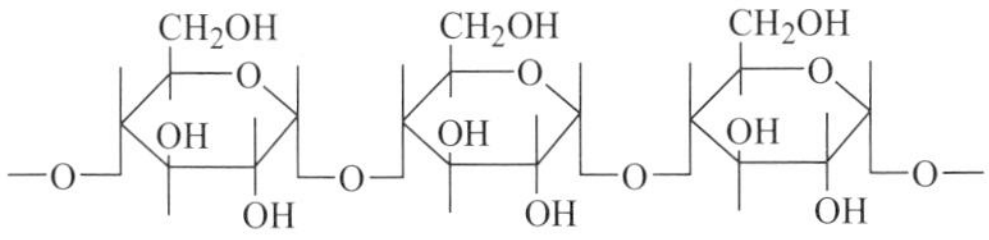

アミロース（α-1, 4 結合） 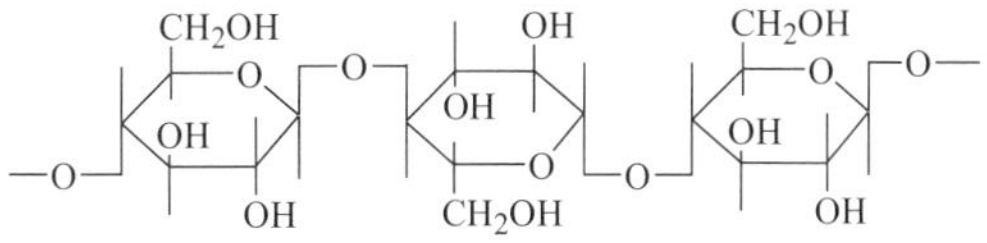　　　　　　　　　セルロース（β-1, 4 結合）

問題 5-6　（1）α-，β-グルコースの構造式をパッカード式，ハース式で書け．

（2）グルコースの酸化生成物と還元生成物の構造式と名称を示せ．（答は p.121）

（3）糖の直鎖→環状構造への変化を説明せよ．　　　　　　　　（答は p.118）

5-1-10　食品の非酵素的褐変：アミノカルボニル反応（メイラード（Mailard）反応）

醤油や味噌が茶色だったり，食品が貯蔵中に茶色く変化することなどを総称して褐変反応という．アミノ基を持った物質とカルボニル基を持った物質（糖など）が縮合反応（p.114，133）をおこし褐色の高分子物質（メラノイジン）を生成する反応（求核置換反応の一つ）．この反応は人体内でもおこっており，老化の原因の一つであることが最近わかってきた．この反応の初期段階はシッフ塩基（イミン）の生成反応である．（以下の有機電子論に基づく説明を理解するためには p.202～206，208～213 を勉強すること）

$$R{-}NH_2 \;+\; R'{-}\underset{\underset{O}{\|}}{C}{-}R'' \;\longrightarrow\; R{-}N{=}\underset{R'}{C}{-}R'' \;+\; H_2O$$

アミン　　　　　　　　　　　　　　　　　　　　イミン

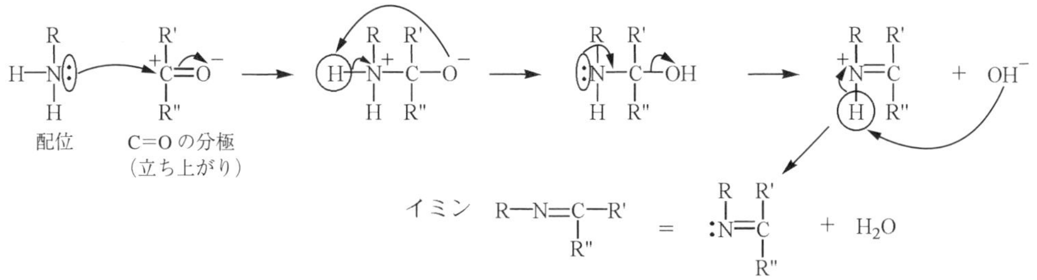

配位　　C=O の分極（立ち上がり）

イミン　$R{-}N{=}\underset{R''}{C}{-}R'$ ＝ $:N{=}\underset{R''}{C}{-}R'$ ＋ H_2O

問題 5-7　グリセルアルデヒドは最も簡単な糖（多価アルコールのカルボニル化合物）・トリオース（3炭糖*）であり，光学異性体の D，L を決める上の基準になっている（p.169）．構造式を書け（平面構造式・D，L の区別なし）．また，ジヒドロキシアセトンとはどのようなものか，推定して構造式を書け．＊3炭糖とは C3 個よりなる糖のことである．**ペントース（5炭糖）**には DNA，RNA の糖・リボース，**ヘキソース（6炭糖）**にはグルコース，フルクトースがある．　　（答は p.121）

問題 5-8　以下の化合物中のすべての官能基・化合物群名をあげよ．3)のアルコールは第
何級か．図中の六員環 A, B, C はそれぞれ何と呼ばれるか．　　　　（答は p.121）

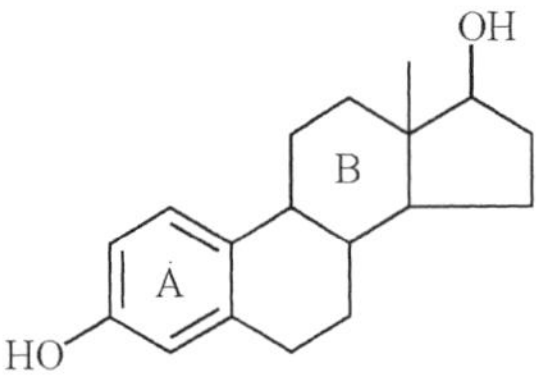

1) エストラジオール　　　　　2) テストステロン　　　　　3) アルドステロン
（女性ホルモン）　　　　　　　（男性ホルモン）　　　　　　（副腎皮質ホルモン）

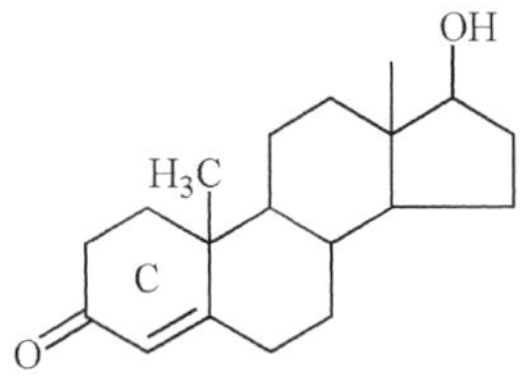

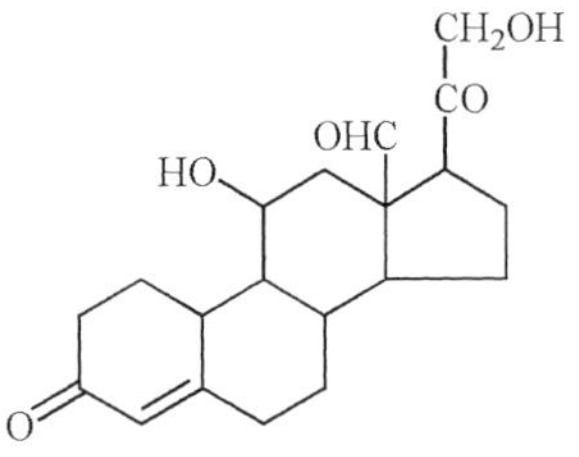

5-1-11　カルボニル化合物の反応（ここは省略可；余裕があれば反応機構を考えてみよ）

アルドール反応

$$2\,CH_3-CHO \xrightarrow{NaOH} CH_3-\underset{\underset{OH}{|}}{CH}-CH_2-CHO$$

（アルデヒド＋オール）
（α-H の引き抜き）

＊生化学の解糖系でグルコース C6 を C3 に切断するアルドラーゼはこの逆反応を触媒する酵素である．

Diels-Alder 反応

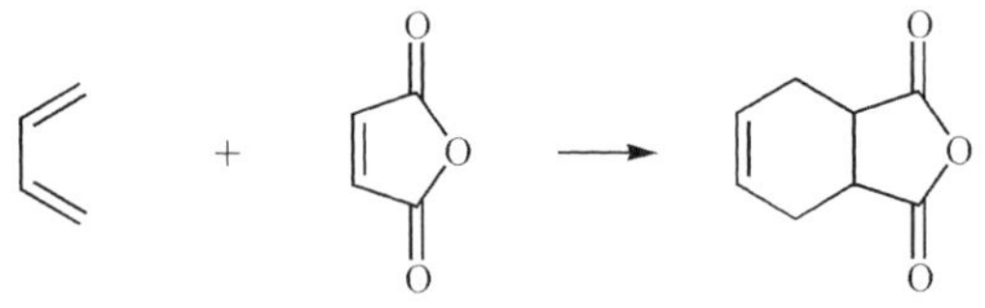

（共役ジエン p.147 と
無水マレイン酸で環化）

Cannizzaro 反応　　$2Ph-CHO \xrightarrow{KOH} Ph-CH_2OH + Ph-COOK$　（酸化・還元生成物）

ヨードホルム反応　$CH_3-CO-CH_3 \xrightarrow{I_2\,,\,OH^-} CHI_3 + CH_3COO^-$　（ヨードホルム生成）

Grignard 反応　　$CH_3-CHO + CH_3MgBr \longrightarrow CH_3-\underset{\underset{OH}{|}}{CH}-CH_3$　（炭素数増加）

　　　　　　　　$CH_3-CO-CH_3 + CH_3MgBr \longrightarrow CH_3-\underset{\underset{OH}{|}}{\overset{\overset{CH_3}{|}}{C}}-CH_3$　（炭素数増加）

Clemensen 還元，Wolf-Kishner 還元

5-1 節の問題の答え

答え 5-1　C4 のアルデヒドだからブタナール，C5 のアルデヒドだからペンタナール，

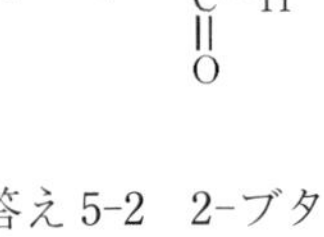

　　　　　　　　　　　＝　　　　　　　　2-クロロペンタナール

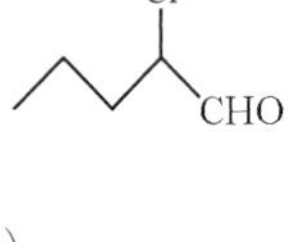

答え 5-2　2-ブタノン（ブタン-2-オン），2-ヘキサノン（ヘキサン-2-オン），
　　　　　3-ヘキサノン（ヘキサン-3-オン），2,4-ヘキサンジオン（ヘキサン-2,4-ジオン）

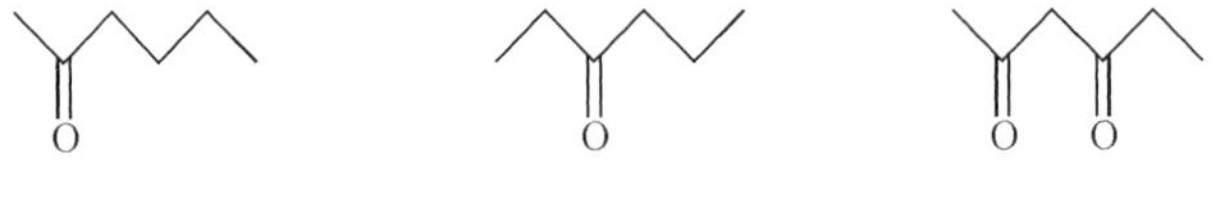

答え 5-3　1) c a （a c でも可）d b, 2) b a c d. 液体中における分子同士の引力（分子間

力）を断ち切って1分子だけで自由になったのが気体である．分子間力が大きいものほど，いわば鎖につながれているので，自由になり（蒸発し）にくい．強い分子間力を切るためにはより多くの熱エネルギーが必要なので沸点が高くなる．分子間力の大きさは，水素結合＞双極子相互作用＞分散力．3) b a c 分散力は分子量が大きいものほど大きい．

答え 5-4 1) f c a d (d a でも可) b g e h 水に対する溶解度（水分子との親和性）は，水素結合物質＞極性物質（分極したもの）＞無極性物質．油（R）が大きいものほど水に溶けにくい． 2) a＞b

答え 5-5 アセト酢酸は酢酸 CH₃COOH のメチル基の H の1つをアセチル基 CH₃-CO- で置換したもの，CH₃-CO-CH₂COOH，であり，β-ヒドロキシ酪酸は酪酸（ブタン酸，C4 のカルボン酸）の COOH のついた炭素（α-炭素）の隣の炭素（β-炭素）に水酸基（ヒドロキシ基）がついたものである．アセトンは既知のはずであるが（覚えること），プロパノンだから，(次の反応式の変化を構造式で理解せよ)

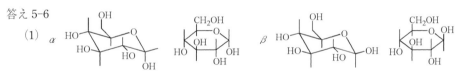

答え 5-6
(1) 　

(2) グルクロン酸（C⁶ → COOH），ソルビトール（糖アルコール，CHO → CH₂OH）

答え 5-7 グリセルアルデヒドは最も簡単な糖（多価アルコールのカルボニル化合物），トリオースである．→トリオースとは炭素数が3個（トリ）の糖（オース）．アルデヒドの名称→-CHO がある． 多価アルコール→-OH が複数個ある．同じ炭素に OH が2個ついたジオールは不安定（p.94, 98），およびグリセル…なる名称から (1)．ジヒドロキシアセトンはアセトンに-OH が2個，前と同じ議論より同じ炭素に-OH が2個ではないので (2)．

答え 5-8 エストラジオールはジ・オールであるから分子中には-OH 基が2個あること，テストステロンはロン（オン）だからケトンであること・すなわち C-CO-C なるケトン基が分子中に存在することがわかる．アルドステロンも同じくケトン基のほかにアルド，すなわちアルデヒド基 CHO を持つ．

1) フェノール・芳香族（ベンゼン環・ヒドロキシ基），アルコール（ヒドロキシ基），シクロアルカン
2) ケトン，アルコール（ヒドロキシ基），シクロアルケン，シクロアルカン
3) ケトンが2個，第一級・第二級アルコール（ヒドロキシ基）が1個ずつ，シクロアルケン，シクロアルカン，アルデヒド
    A．ベンゼン環；B．シクロヘキサン環；C．シクロヘキセン環

5-2 カルボン酸（R−COOH）　carboxylic acid　代表例：酢酸（食酢の主成分）

—C—O—H　**カルボキシ基**（−COOH）　　CH₃COOH　　CH₃—C—O—H
‖　　　　　　　　　　　　　　　　　　　　　　　　　　　　　‖
O　　　　　　　　　　　　　　　　　　　　　　　　　　　　　O

カルボキシとは「carb(onyl)−(hydr)oxy カルボニル・ヒドロキシ」，カルボニル基とヒドロキシ基の両方からできているという意味である．

　カルボン酸 carboxylic acid とはカルボキシ基を持った酸，の意味である．通常のカルボン酸：酢酸（食酢の酸）・酪酸（バターの成分）など；OH 基を持ったヒドロキシ酸：クエン酸（柑橘類の酸）・リンゴ酸・乳酸（乳酸菌による発酵生成物・筋肉運動時の嫌気的な糖代謝産物−疲労物質）など；アミノ酸（アミノ基を持った酸・味の素・ペプチド結合を作りタンパク質となる）；脂肪酸（中性脂肪の成分）；多価不飽和脂肪酸：ドコサヘキサエン酸（DHA）・（エ）イコサペンタエン酸（EPA, IPA）など（魚油に多く含まれており健康との関係で注目されている p.146）．

　このように，専門分野で出て来る酸は，そのほとんどがカルボン酸である．また，せっけんは C₁₇H₃₅COO⁻Na⁺ などの長鎖カルボン酸の塩であり，果物の香りの成分はカルボン酸とアルコールとの反応生成物（エステル p.132）である．

命名法

アルカン alkane の語尾の e を取って **-oic acid** ○○酸とする．

　　alkane ＋ oic acid →アルカン酸（alkanoic acid）

HCOOH　　　名称：メタン酸（C が 1 個（メタン）の酸）
H—C—O—H　　methane → -oic acid と変える→ methanoic acid
‖
O

メタン CH₄ がアルコール（メタノール CH₃OH）→アルデヒド（ホルムアルデヒド・メタナール HCHO）→カルボン酸（メタン酸 HCOOH）まで酸化されたもの．酢酸より強い酸．
慣用名：**ギ酸**（蟻酸）formic acid　飴色の小さい蟻が出す酸の意

CH₃COOH　　　名称：エタン酸（C が 2 個（エタン）の酸）
CH₃—C—O—H　　ethane → ethanoic acid
‖
O

エタン C₂H₆ がエタノール C₂H₅OH → アセトアルデヒド・エタナール CH₃CHO →カルボン酸（エタン酸 CH₃COOH）まで酸化されたもの．弱酸である．
慣用名：**酢酸**（食酢の酸）acetic acid
食酢は 3～4％の酢酸水溶液である．含有率 100％の酢酸（濃酢酸）は冬期に固化（融点 17℃）することがあるので氷酢酸ともいう．

5 章：不飽和有機化合物　　123

問題 5-9　（1）以下の化合物を命名せよ（示性式中の水素原子は一部が省略してある）.
　　　　　　また，1 番目から 3 番目までの化合物の構造式を，官能基（ここでは COOH 基）
　　　　　　以外は炭素骨格のみを短い線で表した線描の略式構造式で示せ.　　（答は p.131）

C—C—COOH　C—C—C—COOH　C—C—C—COOH　$CH_3(CH_2)_{14}COOH$　$CH_3(CH_2)_{16}COOH$
　　　　　　　　　　　　　　　　　　　　|
　　　　　　　　　　　　　　　　　　　　C

　　　　　（2）ペンタン酸，デカン酸，プロパン酸，酪酸の構造式を書け.　　（答は省略）

＊ギ_{さん}酸とは何なのか？

　　ギ酸は蟻_{あり}が出す酸である. ギ酸は英語で formic acid といい, formic とは「蟻の」, acid は
「酸」という意味を持つ. ホルムアルデヒドの「ホルム」やホルマリンの「ホル」はこの
form（蟻）由来のもので, 英語ではそれぞれ formaldehyde, formalin と表す. これを直訳す
れば, 蟻アルデヒド, 蟻マリンとなる. ちなみに「ant」は黒く大きな蟻のことであり,
「form」は砂糖に群がる飴色の小さな蟻のことをいう.

＊酢酸とその関連化合物の名称について

　　酢酸なる言葉の意味は「酢の酸」である. 英語で acetic acid というが, acet(ic) はラテン
語（古代ローマ語）の食酢 acetum に由来している. 現代イタリア語では食酢を aceto とい
う. アセトアルデヒド acetaldehyde の「アセト aceto」やアセトン acetone の「アセト」, ア
セチル基 acetyl group（$CH_3CO—$）の「アセチ acet」は, 酢酸 acet に由来している. ちなみ
に「acid, 酸」はラテン語の「acidus, 酸っぱい」に基づいており, acetum 由来の言葉であ
る. また英語の食酢 vinegar は「vin ワイン-egre 酸っぱい」という意味であり, 洋の東西を
問わず, 食酢がアルコール発酵（酒）：酢酸発酵（食酢）によりもたらされたことを示して
いる. 食酢は酢酸を 3～4%, その他の有機酸を少量, および酸のほかに糖類などを含んだも
のであり, 米酢・穀物酢・黒酢・合成酢・ワインビネガーなど, 種類は多様である.

アシル基　R—CO—，RCO—　　　R—C—
　　　　　　　　　　　　　　　　　　　　　||
　　　　　　　　　　　　　　　　　　　　　O

酸 acid の一般式は RCOOH, R—COOH, R—CO—OH, R—C—OH（||の下に O） と書くことができる.
R—CO—（RCO, R—C—||O ）は酸の一部だから, メチル基 methyl・エチル基 methyl のよう
に一般名として acyl アシル基と呼ぶ.

アシル基の命名法は, 元の酸の○○ ic acid → ○○ yl である. 従って,

ギ酸 formic acid H—CO—OH の H—CO—（H—C—||O）は formyl ホルミル基,
　　　　　　　　　　　　　　　　　　　　　　　　　（アルデヒド基と同じ）

酢酸 acetic acid $CH_3—CO—OH$ の <u>$CH_3—CO—$</u>（$CH_3—C—||O$）は <u>acetyl</u> アセチル基という.
アセチル Co-A は生化学で頻出する.

5-2-1　カルボン酸の性質

（1）酸である（なめると酸っぱい, 他）. なぜか.（p.124）

（2）刺激臭がある.

（3）R—の小さいものは水に良く溶ける. なぜか.（問題 5-12 の答）

（4）アルコールと反応しエステルを作る. 反応式を書いてみよ.　（p.132～133）

（5）アミンと反応しアミドを作る. 反応式を書いてみよ.　（p.130）

（6）長鎖の（R—の大きい）カルボン酸（脂肪酸）は界面活性作用を持つ. なぜか.
　　（長鎖カルボン酸のアルカリ金属塩はせっけんである）　（p.127）

デモ実験

(1) 酢酸・ギ酸・濃塩酸・クエン酸・シュウ酸の回覧（こぼさないように注意）.

(2) においを嗅ぐ：刺激臭

(3) ギ酸以外の酸をなめて酸っぱさを比較する(極少量を指先につけること)：強酸・弱酸

(4) 酸の水溶液に万能pH試験紙（pH 1〜12)をつけてみる. pHを比較する：強酸・弱酸

(5) 水と混ぜる. 溶けるか. （濃硫酸との比較・溶解熱の差・理由）　　溶解度大

5-2-2 カルボン酸はなぜ酸なのか （アルコールはなぜ酸ではないのか. 参考：p.95)

カルボン酸の−OHはH$^+$を放出するのに，アルコールの−OHはなぜH$^+$を放出しないのだろうか. カルボン酸R−CO−OHとアルコールR−CH$_2$−OHを比べると，どちらの−OH基もC原子に結合しているのに，カルボン酸の−OHはH$^+$を放出する・C−OHからH原子が解離してC−O$^-$＋H$^+$となるのに対し（酸っぱくなる；H$^+$が酸っぱい素である），アルコールの−OHはH$^+$を放出しない（アルコールは酸っぱくない）.

同じC−OHなのに，なぜこのように性質が異なるのだろうか. 両者の構造の違いは−CO−と−CH$_2$−であり，−CO−の存在が酸の−OHとアルコールの−OHの違いをもたらしているに違いない. そこで「**カルボニル基の立ち上がり**」（p.115）という話になる.

電子式（p.202〜206, 208〜213）で表すと，

(1) カルボニル基の立ち上がり（矢印）によって生じたC$^+$は電子を欲しがる. もとに戻れば電子を奪い返すことができるが，これでは何も新しいことはおこらない. そこでC$^+$が電子を獲得する別の方法を考えてみる.

(2) 隣のO原子が非共有電子対を持っているから，この電子対をC$^+$の方に引きずり込むと（矢印：Oの非共有電子対がC$^+$に配位する・非共有電子対を共有電子対とする. Cの空軌道とOの電子対を持った軌道で配位結合を作る），OはC$^+$に電子を1個与えて，

(3) CとOは二重結合となるが，今度はO原子が，電子をC$^+$に与えた結果として電子不足になりO$^+$となる.

(4) もとに戻らないでO$^+$が電子を得るにはO−H結合の電子対（1個は元々O原子のもの，もう1個はH原子のもの）をO$^+$が引っこ抜いて（矢印）電子を2個ともO原子のものとすればよい.

(5) するとOとHの間には接着剤の電子対がなくなるので，O−Hの結合が切れて，電子を取られたHはH$^+$となり外に放出される. すなわちカルボン酸は酸性を示す（H$^+$が酸っぱい素である）.

この−COOHからH$^+$が解離する際に，反応の前後でC=O二重結合の位置が変化することに注意してほしい. なお，酸の強さを定量的に示す尺度として酸解離定数pK_aがある

(『演習 溶液の化学と濃度計算』，その他の本を参照のこと）．

5-2-3 共鳴と共鳴構造式

カルボン酸の酸解離 RCOOH ⟶ RCOO⁻ + H⁺ がおこりやすい今一つの理由として，解離反応によって生じるカルボン酸イオンの安定性が高いことがあげられる．

アルコール R—CH₂—OH から H⁺ が解離した時の対イオンは R—CH₂—O⁻ なる唯一の構造である．一方，カルボン酸の酸解離で生じる RCOO⁻ は次の(1)，(2)で示される 2 つの構造式が可能である．ここで，矢印は電子対の動きである．詳細は上例の説明を参照．

電子式では，

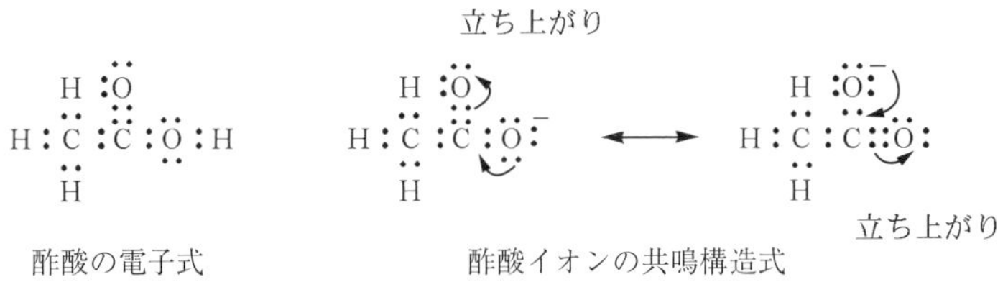

酢酸の電子式　　酢酸イオンの共鳴構造式

この(1)，(2)の2つの構造式は電子が動くだけで相互変換が可能である．電子の動く速さは光速に近いから，これらの構造式は実際には区別できない．したがって，RCOO⁻ の実体は，(1)，(2)のどちらでもない中間の構造・平均構造と考えられる．すなわち，この状態は構造式(3)で表すことができよう．(1)，(2)の構造式を極限構造式という．このどちらでもない状態を「2つの極限構造式が**共鳴**している」といい，↔ で表す（⇌ の矢印記号は 2 つの構造が実際に存在している場合，つまり平衡反応に用いる）．

(3)の構造式から明白なことは，2つの C—O 結合には差がなく共に 1.5 重結合であり，「−」電荷も一方の O 原子には局在しないで両方の O 原子に広がっている．すなわち，二重結合に関わる（π）**電子は非局在化**している（電子が 1 箇所に局所的に固定されて存在するのではなく，広がって存在）．この**非局在化状態・共鳴状態**は，極限構造式で示された仮想状態よりもエネルギー的に安定化していることが知られている．この安定化エネルギーを**非局在化エネルギー・共鳴エネルギー**という（p.229）．

以上，RCOOH から H⁺ が取れた RCOO⁻ は共鳴のために安定化するので，このような安定化効果のない RCH₂OH に比べて RCOOH からは H⁺ が取れやすくなる．

問題 5-10　酢酸は酸なのにエタノールはなぜ酸ではないのか．カルボン酸 RCOOH の酸性の強さの理由を説明せよ．　　　　　　　　　　（答は上述の説明参照）

問題 5-11　トリクロロ酢酸 CCl₃COOH と酢酸ではどちらが強い酸か．　　（答は p.131）

問題 5-12　（1）RCOOH の沸点は分子量から予測される温度より相当高い．例えば分子量 58 のブタンは 0℃，分子量 88 の酢酸エチルは 77℃であるのに対して，分子量 60 の酢酸の沸点は 118℃である．この理由を構造式を書いて説明せよ．

　　　　　（2）R の小さいカルボン酸（ブタン酸まで）は水と任意の割合で溶ける．その理由を構造式を書いて説明せよ．　　　　　　　　　　　　　（答は p.131）

5-2-4　ジカルボン酸：カルボキシ基を 2 個持つカルボン酸のこと．

　　シュウ酸 oxalic acid $(COOH)_2$：置換命名法ではエタン二酸 ethanedioic acid．ホウレン草などに多く含まれているアクの成分である．人体内にも代謝産物として存在する．腎臓結石・膀胱結石はその多くが難溶性のシュウ酸カルシウムの結晶である．

　　コハク酸 succinic acid：置換命名法ではブタン二酸 butanedioic acid．生化学で学ぶ好気的糖代謝の主要段階であるクエン酸（トリカルボン酸，TCA）回路 p.178 の中間産物である．日本酒中に含まれている．琥珀の乾留によって得られたのでこの名がある．

　　問題 5-13　上記の文章を参考にしてシュウ酸，コハク酸の構造式を書け．　　（答は p.132）
　　　　　　マロン酸（プロパン二酸），グルタル酸（ペンタン二酸）の構造式も書け．

5-2-5　ヒドロキシ酸：ヒドロキシ基を持つカルボン酸のこと．

　　リンゴ酸：リンゴに含まれる有機酸，クエン酸回路の中間生成物，置換命名法では 2-ヒドロキシブタン二酸．

　　酒石酸：ブドウの酸，2,3-ジヒドロキシブタン二酸．酒石：ぶどう酒中のおり．

　　クエン酸：柑橘類の酸である．2-ヒドロキシプロパン-1,2,3-トリカルボン酸（3-ヒドロキシ-3-カルボキシ-ペンタン二酸）．糖の好気的（酸素を必要とする）代謝経路であるクエン酸回路（トリカルボン酸 TCA 回路）の最初の物質である．

　　乳酸：示性式は $CH_3CH(OH)COOH$．ミルクの酸敗時に生じる酸で，グルコースの嫌気的（酵素を必要としない）酸化（解糖系）の生成物である．筋肉疲労はこの乳酸が筋肉細胞中に蓄積されることにより生じる．ぬかみそ漬けは乳酸菌による発酵を利用している．

　　問題 5-14　上記の文章を参考にして 1）①リンゴ酸，②酒石酸，③クエン酸の構造式を書け．2）乳酸の構造式を書き（置換命名法で）命名せよ．　　　　　　（答は p.132）

5-2-6　2-オキソ酸（α-ケト酸）

カルボキシ基—COOH が結合している炭素（α 位の炭素）がケトン基となったカルボン酸である．生化学の代謝，α-アミノ酸（p.128）のアミノ基転移反応などで生じる．

　　ピルビン酸：置換命名法では 2-オキソプロパン酸（α-ケトプロパン酸），グルコースの嫌気的酸化（解糖系）過程（乳酸回路）における代謝産物であり，このものが嫌気的条件下で還元されて乳酸となる．オキサロ酢酸は 2-オキソブタン二酸，クエン酸回路の最終生成物である．なお，オキソ（酸素）はケトン基を示す接頭語である．

　　問題 5-15　上記の文章を参考にして，①ピルビン酸，②オキサロ酢酸，③ γ-ヒドロキシ酪酸（GABA，ブタン酸・p.37，63）（①，②と異なり，③は 2-オキソ酸ではない・α，β，γ は p.129 参照）の構造式を書け．　　　　　　（答は p.132）

5-2-7 脂肪酸とは

長鎖の（R-の大きい，Cの数が多い）カルボン酸のことをいう．短鎖の酸をも含むこともある．中性脂肪（油脂；脂肪酸のグリセリンエステル）にNaOHなどの強アルカリ水溶液を加えて加熱すると，中性脂肪が加水分解されて構成成分のグリセリンとカルボン酸のNa塩が得られる（p.98, 100 グリセリン，p.132, 136 エステルの項を参照）．この塩がいわゆるせっけんであり，このアルカリ加水分解を**けん化**という（p.100）．脂肪酸なる語はこのように中性脂肪を構成する（カルボン）酸という意味である．

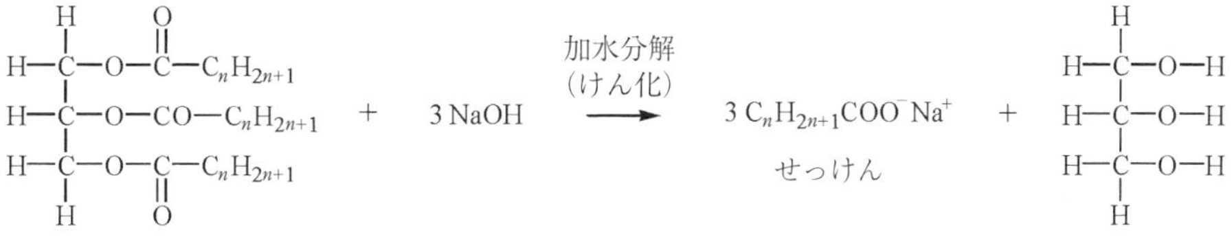

$$\text{中性脂肪（トリアシルグリセロール・トリグリセリド）} + 3\,\text{NaOH} \xrightarrow{\text{加水分解（けん化）}} 3\,C_nH_{2n+1}COO^-Na^+ \text{（せっけん）} + \text{グリセリン}$$

＊せっけんが衣服などの汚れを落とす理由：二つある．

理由の一つは，高校の教科書にも出ているせっけん分子（脂肪酸イオン）による**ミセル**形成である．脂肪酸のアルカン部分は**疎水性**で（水と疎遠な・水に溶けない，油に溶ける；R-の部分を**疎水基**という：親油性・親油基ともいう），カルボキシ基（-COOH，または-COO⁻）部分は**親水性**である（水と親しい，水に溶ける：-COO⁻部分を**親水基**という）．このように分子中に親水基と疎水基を併せ持つものを**両親媒性**物質という．せっけんを水に溶かした場合，せっけん濃度が高いと数十〜百のせっけん分子が，水に溶けにくい疎水基を内側・溶けやすい親水基を外側にして，集合したミセル（下図）を形成する．ミセル内部はいわば油であり，衣服についた油汚れを溶かし込むことができる（厳密には乳化作用, p.128）．

ミセル
──○の──はアルキル基，○は親水基を表している

しかし，せっけんが衣服の汚れを落とす最大の理由・第二の理由は，せっけん分子に水の表面張力を小さくする作用（**界面活性**作用）があるためである．蓮の葉の上に水滴があるとコロコロところがることはご存知のことと思う．またコップに水をてんこ盛りできることも日頃体験していることである．水道の蛇口から漏れ落ちる水滴は重力の影響で「なみだ君」の形をしているが，無重力の宇宙空間では液滴は球となる．これらはすべて液体の表面張力のなせる技である．液体が示す表面張力は，原子間に金属結合を持つ水銀を除き，水が最大である．それゆえアメンボウ・ミズスマシが水面を走ることができるし，針や一円玉さえ水面に浮かべることができる．さて，汚れた衣服を水洗いする場合を想起しよう．衣服の繊維の上に水が落ちると，特に新品の場合，繊維の中にしみ込まずにコロコロとしていることがよくある．これは水の表面張力が大きいために起きる．これでは汚れは落とせない．そこにせっけん水を加えると表面張力が小さくなり，水が繊維の狭い間に入り込んで汚れを落とすことができるようになる訳である．本書の第1ページ目のデモ実験「茶こしに水をためる実験」を思い出してほしい．ろうを塗った茶こしは水をはじくために水をためることができたのである．洗剤を入れれば水はたちまち流れてしまうし，コップにてんこ盛りもできない．せっけんのように界面活性作用を持つものを**界面活性剤**という．

では表面張力はなぜ生じるのだろうか．液体を構成する分子間には引力（分子間力）が働いている（だからすぐに気体にはならない）．液体中の分子はこの周りの分子と均等に相互作用しているが，表面にある液体分子はこれを取り囲んだ分子が下半分にしか存在しないために表面にある液体は内側に引き込まれようとする力に常に抗している（下左図）．すなわちエネルギーの高い不利な状態である．この不利な状況を少しでも減らそうとするために，液体では同体積で表面が最小になる球体を作るような力，表面張力が働く．別の表現をすれば，表面にある分子は内側に引き込まれないように表面の分子同士で強く手をつなぎあっている（相互作用する周りの分子が少ないのでひとつひとつの結合が強くなる）．すなわち，表面に張力が働く．水では水素結合による分子間力が強いので，その分，表面張力も大きくなる．

せっけんを溶かすと，せっけん分子は，ミセルを作る前に，まず，水に溶けない疎水性のアルキル基を水分子から避けるために液体表面に来ようとする．すなわち表面に吸着される．この結果，表面の水分子間の水素結合が切断されるために，または表面の水分子が界面活性剤分子にとって替わるために，表面分子間の分子間力が弱まる，すなわち，表面張力が小さくなる．

液体中の分子間力と表面張力　　水分子間の水素結合　　せっけん分子の水表面への吸着

*油のミセルへの溶解と乳化：ミセルへの溶解とは少量の油が疎水性部分に存在する場合をいい，乳化とは多量の油の表面に界面活性剤分子が吸着され油を包むことにより，水に溶けない油が水と安定な乳濁液（エマルション）を作ることをいう．せっけん・洗剤が油を水に溶かし，油汚れを落とすのはこの効果である．（乳濁液，懸濁液とは？）

*脂肪の消化吸収と界面活性剤：食事で摂取した脂肪は小腸で消化吸収されるが，水に溶けない脂肪は，天然の界面活性剤である胆汁酸塩（コール酸，他 p.174～175）とのエマルション形成によって小さい粒子となり反応表面が増すために，消化酵素が効率よく働き消化が促進される．また，消化で生じた水に溶けにくい長鎖脂肪酸イオンは，胆汁酸イオンと混合ミセルを形成し小腸管腔から小腸表皮細胞表面まで運ばれるので吸収が促進される．（『からだの中の化学』pp.104～113）

*疎水性相互作用：水分子同士は水素結合をして集まる傾向があるので，その結果として，水中の疎水性物質同志もはじき出されて集合することになる．これを指して，疎水性物質の間には疎水性相互作用が働くという．せっけん分子などの界面活性剤のミセル形成，リン脂質による細胞膜形成，タンパク質の疎水基部分の集合による高次構造の形成などに重要な役割を果たしている．

5-2-8 アミノ酸（タンパク質のもと，R–CH(NH$_2$)COOH）

アミノ基を持った酸のことである．通常はアミノカルボン酸を指す．すなわち，1つの分子中にアミノ基（–NH$_2$，アミン R–NH$_2$ のもと）とカルボキシ基（–COOH，カルボン酸のもと）を持つもの．アミンとカルボン酸のハーフ．

アミノ酸の構造

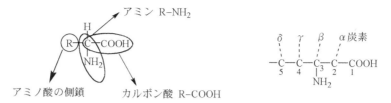

α-アミノ酸　　　　　　　　　β-アミノ酸　γ, δ ··· アミノ酸

*$\underline{\alpha, \beta, \gamma}$ …は，注目している官能基（この場合，アミノ酸だから—COOH）が結合した炭素の位置を α，隣を β，その隣を γ 位（英語のa, b, cに対応），…として表す．

したがって α-アミノ酸とは—COOH が結合した炭素にアミノ基—NH$_2$ が結合したものをいう．タンパク質を構成するアミノ酸，必須アミノ酸*のすべてが $\underline{\alpha\text{-アミノ酸}}$である．

なお，この $\alpha, \beta, \cdots$ と糖の α, β とは全く別物である．

*体内で合成できないので，食物として摂取しなければ発育・健康保持に障害を来すアミノ酸のこと．

問題 5-15-2　グリシン，アラニン，グルタミン酸の構造式を書け．　　　　　（答は p.167）

アミノ酸の等電点

アミン RNH$_2$ は塩基である．水溶液中では水分子 H$_2$O と反応してアルキルアンモニウムイオンを生成する（p.85）．　　$RNH_2 + H_2O \longrightarrow RNH_3^+ + OH^-$

カルボン酸 RCOOH は酸であり H$^+$ を放出する．　　$RCOOH \longrightarrow RCOO^- + H^+$

したがって，両者が同時に存在すれば，

$RNH_2 + H_2O + RCOOH \longrightarrow RNH_3^+ + OH^- + RCOO^- + H^+$

ここで $OH^- + H^+ \longrightarrow H_2O$ だから，$RNH_2 + RCOOH \longrightarrow RNH_3^+ + RCOO^-$

このことから，アミノ酸 R—CH—COOH は R—CH—COO$^-$ となることがわかる．
　　　　　　　　　　　　　｜　　　　　　　｜
　　　　　　　　　　　　　NH$_2$　　　　　　NH$_3^+$

これを双性イオン（両性イオン，zwitter ion）という．

酸性にすると　R—CH—COO$^-$ + H$^+$ ⟶ R—CH—COOH　陽イオン
　　　　　　　　｜　　　　　　　　　　　　　　｜
　　　　　　　　NH$_3^+$　　　　　　　　　　　NH$_3^+$

塩基性にすると　R—CH—COO$^-$ + OH$^-$ ⟶ R—CH—COO$^-$ + H$_2$O　陰イオン
　　　　　　　　　｜　　　　　　　　　　　　　　｜
　　　　　　　　　NH$_3^+$　　　　　　　　　　　NH$_2$

したがって，　R—CH—COOH $\underset{H^+}{\overset{OH^-}{\rightleftarrows}}$ R—CH—COO$^-$ $\underset{H^+}{\overset{OH^-}{\rightleftarrows}}$ R—CH—COO$^-$
　　　　　　　　｜　　　　　　　　　｜　　　　　　　　　　｜
　　　　　　　　NH$_3^+$　　　　　　NH$_3^+$　　　　　　　NH$_2$

　　　　　　　酸性，陽イオン　　中性近傍，双性イオン　　塩基性，陰イオン

＋電荷と－電荷の数が等しくなる pH（上式で陽イオンと陰イオンの数が等しくなる pH）を等電点といい，pH=4.3〜6.3 である．（『演習　溶液の化学と濃度計算』参照）等電点では電気泳動の移動度＝0，水に対する溶解度は最小となる．

アミノスルホン酸：　タウリン H$_2$NCH$_2$CH$_2$SO$_3$H（2-アミノエタンスルホン酸）はタウロコール酸（p.128，175 問題 7-8）として胆汁に多く含まれる．イカ・タコのうまみの成分でもあるが，これはカルボン酸ではなく，スルホン酸（R-SO$_3$H）のアミノ酸である．

5-2-9 アミド

タンパク質は，多数のアミノ酸が縮合した一種のポリ（多数の）アミドである．アミド
とはカルボン酸 RCOOH のヒドロキシ基—OH がアミノ基—NH_2 で置き換わった構造，す
なわちアシル基 R—CO—にアミノ基—NH_2 が結合したもの R—CO—NH_2 である．

$$R-\underset{\underset{O}{\|}}{C}-OH \longrightarrow R-\underset{\underset{O}{\|}}{C}-NH_2 \qquad\qquad R-\underset{\underset{O}{\|}}{C}- \quad + \quad -NH_2 \longrightarrow R-\underset{\underset{O}{\|}}{C}-NH_2$$

アミノ基の H の一方をアルキル基で置換した—NHR の場合は R—CO—NHR = $R-\underset{\underset{O}{\|}}{C}-\underset{\underset{H}{|}}{N}-R$

H を 2 個ともに R で置換した—NRR′ の場合は R—CO—NRR′ = $R-\underset{\underset{O}{\|}}{C}-\underset{\underset{R'}{|}}{N}-R$ となる．

これらの**—CO—N<結合をアミド結合**といい，大変安定な結合である．合成繊維のナイ
ロンは多数のアミド結合により高分子化したポリアミドである．タンパク質も，アミノ酸
分子のカルボキシ基—COOH と，別のアミノ酸分子のアミノ基—NH_2 とが反応し，脱水縮
合したポリアミドである．これを特にポリペプチドと呼び，アミノ酸同士のアミド結合
—CO—NH—，$-\underset{\underset{O}{\|}}{C}-\underset{\underset{H}{|}}{N}$ を**ペプチド結合**と呼ぶ．

$$
\begin{array}{l}
R-COOH \quad + \quad R'NH_2 \longrightarrow \quad R\text{-}\overline{CO-NH}\text{-}R' \quad + \quad H_2O \\[3mm]
R-\underset{\underset{O}{\|}}{C}\text{-}\overline{OH \quad + \quad H}\text{-}\underset{\overset{H}{|}}{N}-R' \qquad\qquad R\text{-}\underset{\underset{O}{\|}}{C}\text{-}\underset{\overset{H}{|}}{N}\text{-}R' \\
\hspace{3.5cm}\text{脱水}
\end{array}
$$

ペプチド結合（アミド結合—CONH—）のでき方（縮合反応）

アミドは非常に反応性が低く安定であるが，酸やアルカリと過熱すると加水分解され，
カルボン酸とアミンを与える．R—CO—NH—R′ + H_2O ⟶ R—COOH + R′NH_2
化学系の研究室に常備してある有機溶媒の 1 つ，*N,N*-ジメチルホルムアミド（DMF；問
題 5-16）はギ酸（formic acid）とジメチルアミンから生じたものである．

人体中におけるアミノ酸代謝の結果として生じる尿素はアンモニアと炭酸 H_2CO_3 が反
応して生じたアミドである（p.182 参照）．

5章：不飽和有機化合物　　131

$$HO-\underset{\underset{O}{\|}}{C}-OH \; + \; 2NH_3 \longrightarrow \; H_2N-\underset{\underset{O}{\|}}{C}-NH_2 \; + \; 2H_2O$$

　アミドは窒素原子の非共有電子対がカルボニル基と共鳴するため（非局在化：p.134の エステルと同様），アミンに比べてずっと塩基性が低い．したがってアミドのNにH$^+$は 付加しにくい．アミドはカルボン酸誘導体中では最も反応性が低い（エステルよりも低 い）．だから生物はタンパク質としてポリアミド＝ポリペプチドを利用している．

問題5-16　ホルムアミドと N,N-ジメチルホルムアミドの構造式を書け．　　（答は p.132）

問題5-16-2　酢酸とエチルアミンより生じるアミド，グリシンとアラニンよりなるペプ チド，3分子のアラニンよりなるペプチドの生成反応式を構造式で示せ．

（答は p.167）

5-2 節の問題の答え

答え5-9　プロパン酸，ブタン酸，2-メチルブタン酸（カルボン酸の分子炭素鎖の炭素数 はCOOHのCを含めた数であり，炭素原子の番号づけはCOOHの炭素を1番目 とする．アルデヒドでも同じである），ヘキサデカン酸，オクタデカン酸

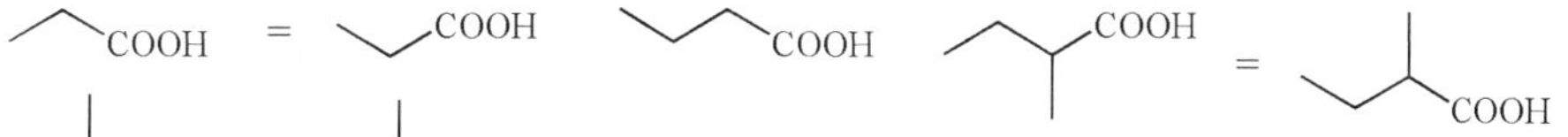

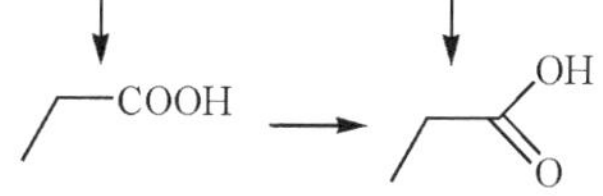

（Cを全部省略すると，このようにも書くことができる）

答え5-11　トリクロロ酢酸は，CH$_3$のH3個がCl3個で置換された酢酸である．Clは電 気陰性度が大きいために，C—Clの共有結合電子対をCl原子側へ引っ張り込む 傾向が強い．C—Cl結合は分極している．それが3箇所ともおきるので，分子中 の電子は強い力で3個のCl側へ引き寄せられ，結果としてO—H結合の電子対 も酢酸に比べてO原子側により強く引き寄せられる．接着剤としてのO—H共 有電子対の密度が低くなるためO—Hの結合は切れやすくなる．よってトリクロ ロ酢酸は酢酸よりH$^+$を放出しやすく，酢酸より強い酸である．
　　　CF$_3$COOHも同様である．

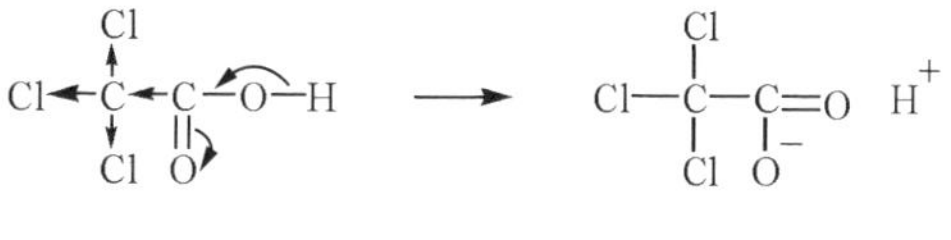

答え5-12　（1）分子間で水素結合を作るため.

二量体

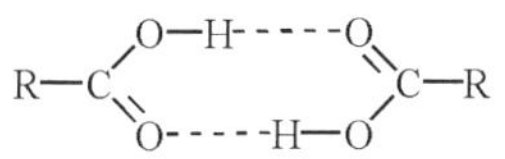

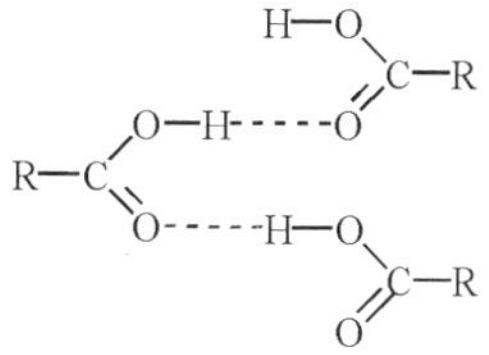

（2）水と水素結合を作るため.

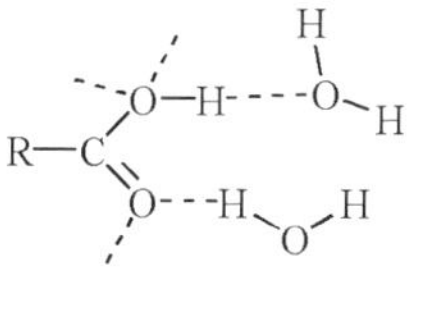

答え 5-13 シュウ酸 (COOH)$_2$ がエタン二酸で，コハク酸がブタン二酸であるから，コハク酸は COOH の C まで入れて C$_4$ のジカルボン酸である．したがって，

$$
\begin{array}{ccc}
\begin{array}{c} \text{COOH} \\ | \\ \text{COOH} \end{array}
& \equiv &
\text{HO}-\underset{\underset{\text{O}}{\|}}{\text{C}}-\underset{\underset{\text{O}}{\|}}{\text{C}}-\text{OH}
\end{array}
\qquad,\qquad
\text{HOOC}-\text{CH}_2-\text{CH}_2-\text{COOH} \equiv
\text{HO}-\underset{\underset{\text{O}}{\|}}{\text{C}}-\underset{\underset{\text{H}}{\overset{\text{H}}{|}}}{\text{C}}-\underset{\underset{\text{H}}{\overset{\text{H}}{|}}}{\text{C}}-\underset{\underset{\text{O}}{\|}}{\text{C}}-\text{OH}
$$

マロン酸：HOOCCH$_2$COOH，グルタル酸：HOOCCH$_2$CH$_2$CH$_2$COOH

答え 5-14 1) ①HOOC$-$CH$-$CH$_2-$COOH   ②HOOC$-$CH$-$CH$-$COOH
　　　　　　　　　　　| 　　　　　　　　　　　　　| 　　|
　　　　　　　　　　OH 　　　　　　　　　　　OH OH

　　　　　③
　　　　　　　　　　　　　　　OH
　　　　　　　　　　　　　　　|
　　　　HOOC$-$CH$_2-$C$-$CH$_2-$COOH
　　　　　　　　　　　　　　　|
　　　　　　　　　　　　　　COOH

　2) 2-ヒドロキシプロパン酸   CH$_3-$CH$-$COOH
　　　　　　　　　　　　　　　　　　　　　|
　　　　　　　　　　　　　　　　　　　　OH

答え 5-15 ①
$$
\overset{\beta}{\text{CH}_3}-\underset{\underset{\text{O}}{\|}}{\overset{\alpha}{\text{C}}}-\text{COOH}
$$

②オキサロ oxalo ← oxalic acid，したがって HOOC$-$CO$-$(OH) が付いた酢酸
$$
\text{HOOC}-\underset{\underset{\text{O}}{\|}}{\overset{\alpha}{\text{C}}}-\text{CH}_2-\text{COOH}
$$
　　または IUPAC 規則名通りに書けば良い．

③ $\overset{\gamma}{\text{HO}}-\text{CH}_2-\overset{\beta}{\text{CH}_2}-\overset{\alpha}{\text{CH}_2}-\text{COOH}$

答え 5-16
$$
\text{H}-\underset{\underset{\text{O}}{\|}}{\text{C}}-\text{NH}_2 \qquad\qquad \text{H}-\underset{\underset{\text{O}}{\|}}{\text{C}}-\underset{\underset{\text{CH}_3}{|}}{\text{N}}-\text{CH}_3
$$

5-3　エステル (R—CO—OR′, RCOOR′) 代表例：果物の香り・中性脂肪

構造式：$\underset{\underset{\text{O}}{\|}}{\text{R}-\text{C}}-\text{O}-\text{R}'$ 　　　　エステル結合 $\underset{\underset{\text{O}}{\|}}{\text{C}-\text{C}}-\text{O}-\text{C}$

　エステルとは有機酸または無機酸とアルコールとが**脱水縮合**して生成する化合物の総称である．花や果物の芳香の素はカルボン酸のエステルである（問題 5-16）．ろうや油 (oil)脂 (fat) も，細胞膜を構成するリン脂質，エステルコレステロールも皆このエステルである．土木工事などに用いる爆薬・ダイナマイトはグリセリンの硝酸エステルであるニトログリセリンを珪藻土に染み込ませたものである．このものは狭心症の発作を和らげる作用を持つ．遺伝子の本体 DNA，より多くの生物学的機能を持った RNA，様々な生体反応のエネルギー源 ATP はリン酸エステルである．

　本節では，主としてカルボン酸のエステルについて説明し，その他を補足する．

　カルボン酸のエステル (R—CO—OR′) は，カルボン酸 (R—COOH) とアルコール(R′—OH) が反応し，**脱水・縮合**した結果できる．

5章：不飽和有機化合物

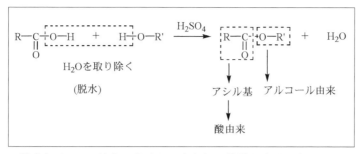

（カルボン酸は R—CO— と —OH の間、アルコールは —O—H の —O— と —H の間で切断される．—C—H 結合（—C— と —H の間）は滅多に切れない）

縮合とは，2つ以上の分子から水などの簡単な分子が取れてこれらの分子がつながり，1つの分子を作ることをいう．アミノ酸からタンパク質ができるのも，単糖からデンプン・セルロースといった多糖類ができるのも縮合反応である．＊反応式の書き方，要納得．

命名法

CH_3COOCH_3　　　　酢酸メチル methyl acetate（酢酸とメタノールが反応したもの．「酢酸のHがメチル基になっている」という意味か＊）

$CH_3COOC_2H_5$　　　酢酸エチル ethyl acetate（酢酸とエタノールが反応したもの．「酢酸のHがエチル基になっている」という意味か＊）

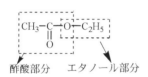

すなわち，エステルを構成する○○酸とアルコールのアルキル基部分の名称×× -yl とをつないで○○酸×× -yl，例えば酢酸メチルと命名する．したがって，そのエステルが，何という酸と，何というアルコールとから生じたものかわからないと命名できない（上記の反応式をよく理解する必要がある）．英語名ではアルキル基の名称のうしろに酸の名称 -oic acid を -ate に変えて続ける．例：methanol, acetic acid → methyl acetate　酢酸メチル

＊この酢酸エチル ethyl acetate なる名称と化学式 $CH_3COOC_2H_5$ とは共に，酢酸を NaOH で中和して得られる塩の一種，酢酸ナトリウム sodium acetate，CH_3COONa とまったく同形である．すなわち，この名称は酢酸 CH_3COOH の H が Na に置き換わる代りにエタノール C_2H_5OH 由来のエチル基—C_2H_5 に置き換わったという形式である．しかし，上述のように，本当は，エステルはカルボン酸 RCOOH の H が R′ に置き換わったものではなく，RCO—OH の —OH が —OC_2H_5 に置き換わったものである．すなわち，カルボン酸 RCOOH より OH が取れて R—CO—（アシル基），アルコール R′OH より H が取れて OR′，両者が結合して RCO—OR′，残った H と OH から H_2O が生じたものである．

問題 5-17　バナナの香りは酢酸ペンチル（エタン酸ペンチル），オレンジは酢酸オクチル，パイナップルは酪酸エチル，アンズは酪酸アミル（ブタン酸ペンチル）である．構造式を書け．（答は p.139）エステルのでき方：原料は？つながり方は？

問題 5-18　鯨油から得られるろうはパルミチン酸セチル（ヘキサデカン酸ヘキサデシル）である。示性式を書け。ちなみに鯨はラテン語で cetus である（cetus → cetyl）。なお，ろうとは高級脂肪酸（長鎖，炭素数の大きい脂肪酸）と高級 1 価アルコールとのエステルのことである。なお，木ろうはパルミチン酸を主体とするグリセリドである。　　　　　　　　　　　　　　　　　　　　　　　　　　　（答は p.139）

問題 5-19　合成繊維の 1 つであるポリエステルとはエチレングリコール（1,2-エタンジオール・エタン-1,2-ジオール，p.98）とテレフタル酸（1,4-ベンゼンジカルボン酸・ベンゼン-1,4-ジカルボン酸，p.156）のエステルポリマーである（ポリマー：高分子・多数の分子が結合して巨大な 1 つの分子となったもの）。2 分子のエチレングリコールと 2 分子のテレフタル酸よりなるトリエステルの構造式を書け。前ページのエステル化反応式を参照。　　　　　　　　　（答は p.139）
＊ PET ボトルの PET とはこのエステル，ポリエチレンテレフタレートのことである。

5-3-1　エステルの性質

(1) 芳香（果物の香り）がある。　→　人工香料（バナナ…）に利用。

(2) パラフィン（アルカン）的。反応性は低く安定である。溶媒として利用。

(3) 水に溶けにくい。（アルキル基が 2 個ついているため。全体に広がった小さなプラスの電荷を持っているため・下述）

エステルのデモ実験

(1) 酢酸エチル（エステル）回覧。

(2) においを嗅ぐ。芳香がある（原料の酢酸・エタノールと比較）。

(3) 手につけてみる。

(4) 水と混ぜる。水にはあまり溶けない・2 層に分離する。

5-3-2　エステルはなぜ反応性が低いのか

エステルにはカルボニル基があるので，反応性が高いと考えられる。しかし，分極して分子の 1 箇所に電荷がかたまっている場合に比べ，電荷が分子全体に広がっているので，よりイオン的ではなくなる（アミドの反応性の低さも同様である）。

$$R-\overset{\underset{\ddots}{\overset{\ddots}{O}}}{\underset{|}{C}}-O-R' \longleftrightarrow R-\overset{\underset{\ddots}{\overset{\ddots}{O}}^{-}}{\underset{|}{C}}{}^{+}-O-R' \equiv R-\overset{\underset{\ddots}{\overset{\ddots}{O}}^{-}}{\underset{|}{C}}{}^{+}-O-R' \longleftrightarrow R-\overset{\underset{\ddots}{\overset{\ddots}{O}}^{-}}{\underset{|}{C}}=\overset{+}{O}-R'$$

よって反応性も低くなり，水に対する溶解度も小さくなる。溶解度が小さくなる今一つの理由はアルキル基（油，疎水基）が 1 分子中に 2 個存在するから（R と R′）。

5-3-3　中性脂肪

3 価（OH が 3 つある）アルコールのグリセリンと長鎖カルボン酸である脂肪酸の 3 分子とから生じたトリエステル（**トリグリセリド**）である。油（oil：液体）と脂（fat：固体）は共に中性脂肪である。

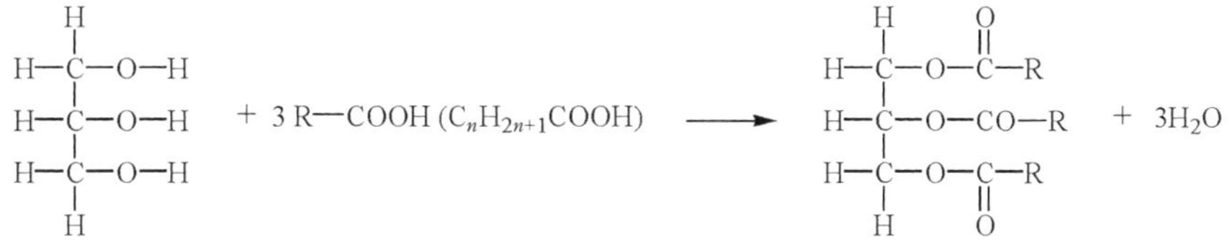

5 章：不飽和有機化合物　135

トリグリセリド
トリアシルグリセロール

　このものはグリセリン（アルコールだから語尾がオール，グリセロールともいう）の 3 個の—OH の H が 3 つとも，脂肪酸 **RCO—OH** の**アシル基 RCO—**に置換された形をしているので**トリアシルグリセロール**ともいう．ジグリセリド＝ジアシルグリセロール（1,2- と 1,3- の 2 種類），モノグリセリド＝モノアシルグリセロール（1- と 2-）も存在する．

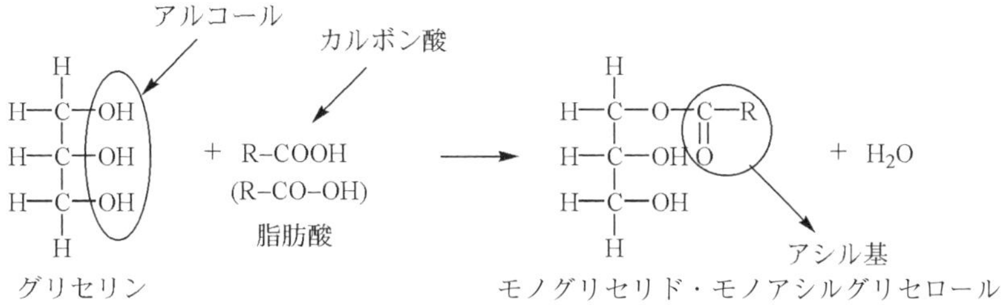

グリセリン　　　　　　脂肪酸　　　　　　　　　モノグリセリド・モノアシルグリセロール

問題 5-20　育毛剤の成分，ペンタデカン酸ジグリセリドの構造式を書け．　　（答は p.139）

問題 5-20-2　グリセリンと脂肪酸からの中性脂肪の生成反応式を示せ．また，この反応の脱水の過程を説明せよ．　　　　　　　　　　　　（答は上式と p.100 参照）

　　＊ニトログリセリンは硝酸エステル，毒ガス・サリンは一種のリン酸（ホスホン酸）と 2-プロパノールとのエステルである（アセチルコリン，コリンエステラーゼに対する毒性）．ニトログリセリンは狭心症の発作を和らげる作用を持つ．この作用は体内で生じた NO ガスが血管拡張・平滑筋の緊張緩和作用を持つためであることが近年明らかになった．テレビ・映画などで心臓病の人の常備薬「ニトロ」錠剤の中身をすり替えたり捨てたりして，発作で命を奪う犯罪がしばしば登場するので知っている人もいよう．—NO$_2$ をニトロ基という．ニトログリセリンを原料したダイナマイトがノーベル賞の基となったことは知っていよう．

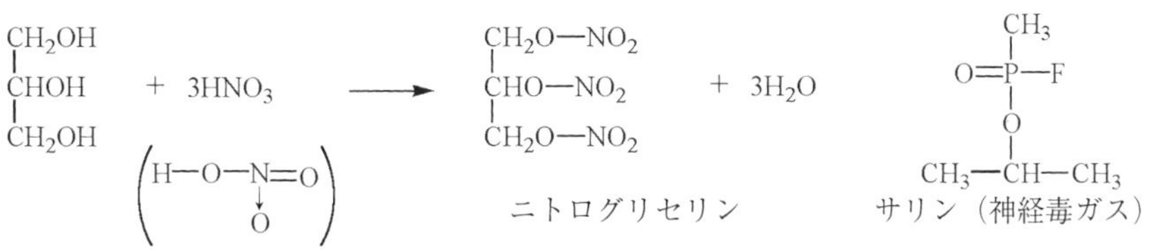

ニトログリセリン　　　　　サリン（神経毒ガス）

5-3-4　エステルの生成反応機構：—C—O—C—単結合の O 原子は酸とアルコールのどちらから来たものか

　　エステル R—CO—O—R′ はカルボン酸 R—CO—O—H とアルコール R′—O—H とが反応してできたものであるが，R—C—O—R′ の単結合の酸素原子は，元々，カルボン酸とアルコールの，どちらの分子中に存在した酸素原子だろうか（これは，実際，昔の有機化学者の疑問であった）．酢酸とエタノールのエステル化反応について，有機電子論に基づいて考えてみると，

$$CH_3-\overset{\overset{\displaystyle ::O::}{\|}}{C}-O-H \longrightarrow CH_3-\overset{\overset{\displaystyle ::O::^-}{\underset{+}{\|}}}{C}-O-H \longrightarrow CH_3-\overset{\overset{\displaystyle ::O::^-}{\|}}{C}-O-H \longrightarrow CH_3-\overset{\overset{\displaystyle ::O::^-}{\|}}{C}-OH \quad + \quad H^+$$

立ち上がり　　　　　　　　配位　　　　　　　　　　　　　　共有電子対の引き抜き

$+\ C_2H_5\overset{**}{O}H$　　　　　　　$C_2H_5-\overset{**}{O}-H$　　　　$C_2H_5-\overset{**}{O}H$　　　　$C_2H_5-\overset{**}{O}:$

共有電子対化

$$\longrightarrow CH_3-\overset{\overset{\displaystyle ::O::}{\|}}{\underset{\underset{\displaystyle +\ H^+}{C_2H_5-\overset{**}{O}:}}{C}}-O-H \longrightarrow CH_3-\overset{\overset{\displaystyle ::O::}{\|}}{\underset{C_2H_5-\overset{**}{O}:}{C}}\ \overset{-}{:}\overset{|}{\underset{\underset{\displaystyle H^+}{}}{O}}-H \longrightarrow CH_3-\overset{\overset{\displaystyle O}{\|}}{C}-\overset{*}{O}-CH_2CH_3 \quad + \quad H_2O$$

共有電子対の引き抜き　　　　　　　　　　　　　　　　　　酢酸エチル(エステル)

となり，単結合の O がアルコール R′—O—H 由来の O 原子であることが予言される．

　　これを実験的に確かめるには，通常の酸素 ^{16}O の同位体 ^{18}O を含むアルコールと，普通のカルボン酸とを反応させればよい．→実際にできたエステルは ^{18}O を含んでおり，エステル中の単結合の O は有機電子論の予言通りアルコール由来であることがわかった．

　　問題5-21　上記の酢酸エチルの生成反応についての有機電子論に基づく反応機構（反応の起こる道順）の考え方を参考にして，酢酸エチルのアルカリ触媒（NaOH（$Na^+ + OH^-$））による加水分解反応（けん化）の機構を考えてみよ．また，酸触媒（H^+）の場合についても考えてみよ．　（答は p.139）　＊KOH とけん化価

5-3-5　コレステロールエステル（エステルコレステロール）

　　コレステロール（p.173）は動脈硬化のもとでもあるが，細胞膜の成分であり，体中で各種の重要な役割を果たしている，なくてはならないものである．

　　このものは…ロール（オール）なる名称から，分子中に—OH 基があることがわかる．すなわち，アルコールの一種であり，脂肪酸とエステルを作ることができる．実際，このものは血中の 70〜80％がエステル型で存在する．血液中での循環形態は色々あるが（キロ（カイロ）ミクロン，HDL，LDL，VLDL；参考文献参照），その構造はいずれも，非極性（油）のトリアシルグリセロールとコレステロールエステルが中心部を形成し，その周りをリン脂質（両親媒性 p.127），コレステロール，タンパク質（両親媒性）が取り囲んでいる，いわば，せっけんミセル（p.127）・乳化された乳濁液と同じである．油が水に溶けるためには，このように両親媒性物質・界面活性剤が必須である．

コレステロール　　　　　　脂肪酸のアシル基　　　　　　コレステロールエステル

5章：不飽和有機化合物　　137

5-3-6　リン酸エステル：生命を支えるかぎ物質

DNA・RNA・ATP・ADP・AMP・NADH・FADH₂・CoA（coenzyme A；補酵素 A），**リン脂質**，およびグルコース-6-リン酸などの代謝中間体はすべてリン酸エステルである.

　遺伝子の本体である DNA（デオキシリボ核酸）・その親戚の RNA（リボ核酸），様々な生体反応のエネルギー源 ATP（アデノシン三（トリ）リン酸）・その親戚の ADP・AMP，電子伝達系の **NADH**（ニコチン酸アミドジヌクレオチド p.162，166）などの各種ヌクレオチドは，五単糖（ペントース）のリボース（またはデオキシリボース：−OH → −H となる）がリン酸 H_3PO_4（二リン酸・三リン酸）とエステル結合すると同時に（下式上），アデニンなどの核酸塩基（p.163）と N-グリコシド結合することにより（下式下），「リン酸−リボース−核酸塩基」が一体化したリン酸エステルである.

（リン酸）　リボース(糖)　　　　　　　　リン酸エステル(エステル結合)

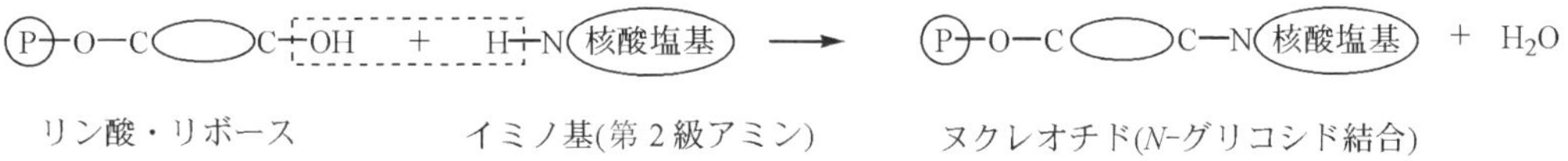

リン酸・リボース　　イミノ基(第 2 級アミン)　　ヌクレオチド(N-グリコシド結合)

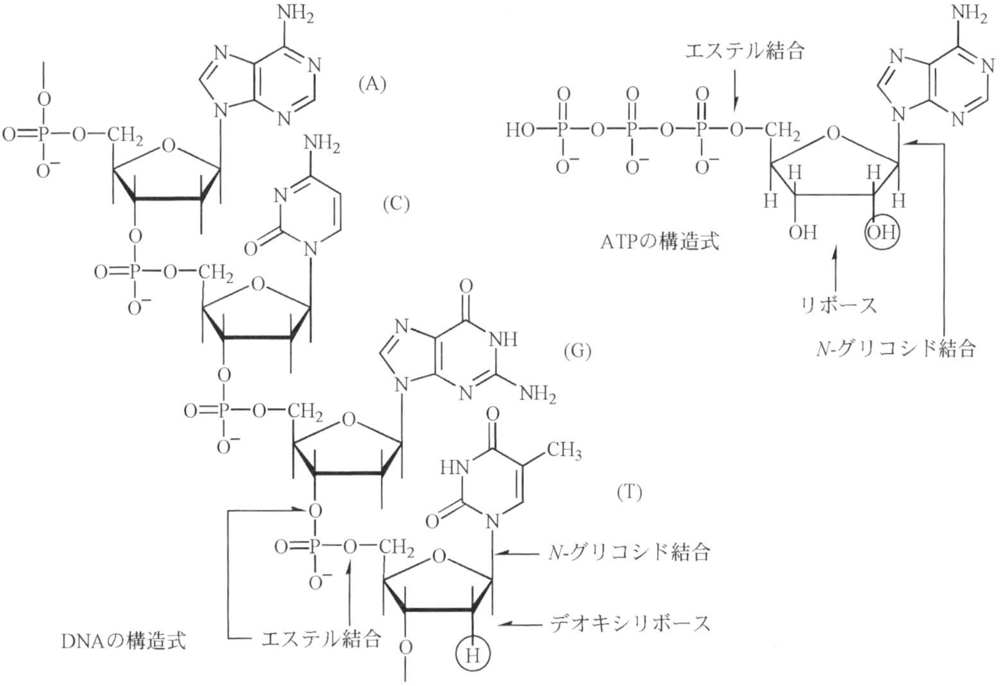

ATPの構造式

DNAの構造式

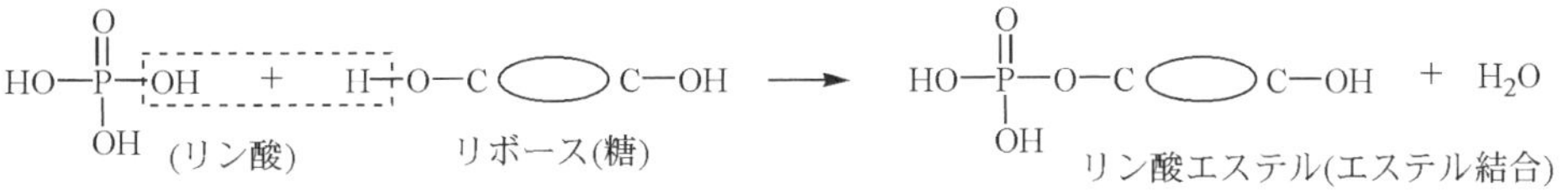

問題 5-21-2　前ページ，本ページ，次ページの各種の構造式中のエステル結合，N-グリコシド結合について反応式を書いて反応の過程（どのような構造式の原料がどのようにつながるか，脱水の過程）を説明せよ.　　　　　（答は省略）

一方，細胞膜（下図）を構成するリン脂質・ホスファチジルコリン（レシチン：下図）は，グリセロール（グリセリン）の2個の—OH基が脂肪酸とエステル結合して2本の疎水性炭素鎖を形作り，残りの1個の—OHがリン酸とエステル結合したジアシルグリセロールリン酸エステルである．このリン酸エステルは，リン酸の残りの—OHで，親水性のコリン（N,N,N-トリメチルエタノールアミン・第四級アンモニウム陽イオン）の—OH基とさらにエステル結合することにより両親媒性物質（p.127）となっている．他のリン脂質，血液凝固に関与したホスファチジルエタノールアミンや神経組織に多く含まれるスフィンゴミエリン*もリン酸エステルである．（『からだの中の化学』pp.73～75）

　　＊長鎖の炭素鎖を持った，スフィンゴシンといわれるアミノアルコール（1,3-ジヒドロキシ-2-アミノ-4-オクタデセン・1,3-ジヒドロキシ-2-アミノオクタデカ-4-エン）のアミノ基が脂肪酸とアミド結合を作ることにより2本の炭素鎖となり，—OH基がリン酸とエステル結合し，このリン酸がコリンとさらにエステル結合したもの．

　このように，生体中には様々なエステルが存在している．

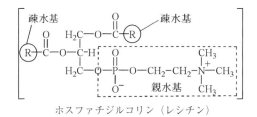
ホスファチジルコリン（レシチン）

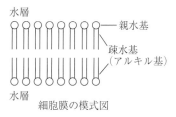
細胞膜の模式図

5-3-7　硫酸エステル

　　軟骨の主成分である多糖類のひとつ，コンドロイチン硫酸，複合脂質・スフィンゴ糖脂質のスルファチド，生化学などでタンパク質の精製・分析などに用いる界面活性剤 SDS（ドデシル硫酸ナトリウム sodium dodecyl sulfate；代表的な陰イオン性の界面活性剤）は硫酸エステルである．

$$C_{12}H_{25}—OH + H_2SO_4 \longrightarrow CH_3—(CH_2)_{10}—CH_2—OSO_3H + H_2O \qquad C_{12}H_{25}—OSO_3^- Na^+ \quad ----CH_2—O—\overset{O}{\underset{O}{S}}—O^- Na^+$$

　　　SDS

5-3-8　カルボン酸の誘導体 （ここは省略可）

　　　ハロゲン化アシル：R—C(=O)—X　アシル基 R—CO— + X（ハロゲン）
　（酸ハロゲン化物）

R—CO—OH + SOCl$_2$（塩化チオニル）$\longrightarrow$ R—CO—Cl + HCl + SO$_2$

　　ハロゲン化アシルではカルボニル基のCに電気陰性度の大きいハロゲンが結合しているので，C=OのC$^+$電荷は「立ち上がり＋ハロゲン」の効果により大きくなる．従って求核試薬の攻撃を受けやすく反応性大となる．水，アルコール，フェノール，アミンなどと反応して，それぞれ，カルボン酸，エステル，アミドを与える．塩化アセチル，CH$_3$—CO—Cl, の反応例：塩化アセチル＋水→酢酸；エタノール→酢酸エチル；＋アニリン→アセトアニリド（アシル化）

5章：不飽和有機化合物　　139

酸無水物：2分子のカルボン酸より1分子の水が取り除かれた構造をしている.

$$R-\overset{\displaystyle O}{\overset{\|}{C}}-O-H \quad\quad R-\overset{\displaystyle O}{\overset{\|}{C}}-O \quad\quad R-\overset{\displaystyle O}{\overset{\|}{C}}-O$$

酸無水物

酸無水物の反応は次例のようにハロゲン化アシルの反応に似ているが, 反応性はより低い.
例：無水酢酸＋水→酢酸；＋エタノール→酢酸エチル；＋アニリン→アセトアニリド

問題 5-21-3　タンパク質, 脂質, 糖質, DNA の結合様式について説明せよ. （答は省略）

問題 5-21-4　p.108, 109 を確認せよ. 左頁を見て右頁を答えることができること.

5-3 節の問題の答え

答え 5-17　酢酸ペンチル, $CH_3-\overset{O}{\underset{\|}{C}}-O-C_5H_{11}$；酢酸オクチル, $CH_3-\overset{O}{\underset{\|}{C}}-O-C_8H_{17}$；

酪酸エチル, $C_3H_7-\overset{O}{\underset{\|}{C}}-O-C_2H_5$；酪酸アミル, $C_3H_7-\overset{O}{\underset{\|}{C}}-O-C_5H_{11}$

答え 5-18　$C_{15}H_{31}-CO-O-C_{16}H_{33}$ （$C_{15}H_{31}COOC_{16}H_{33}$）（ヘキサデカン酸のヘキサデカン
C_{16} はカルボン酸の COOH の C も含んだ数なので $C_{15}H_{31}COOH$）

答え 5-19　$HO-CH_2CH_2-O-\overset{}{C}-\bigcirc-\overset{}{C}-O-CH_2CH_2-O-\overset{}{C}-\bigcirc-\overset{}{C}-OH$

答え 5-20　　　　　　　　　　　　　　　　　　または

(1, 2-)
$$\begin{array}{c} H \\ H-C-O-H \\ H-C-O-CO-C_{14}H_{29} \\ H-C-O-\overset{O}{\underset{\|}{C}}-C_{14}H_{29} \\ H \end{array}$$

(1, 3-)
$$\begin{array}{c} H \\ H-C-O-\overset{O}{\underset{\|}{C}}-C_{14}H_{29} \\ H-C-O-H \\ H-C-O-\overset{O}{\underset{\|}{C}}-C_{14}H_{29} \\ H \end{array}$$

答え 5-21

COの π 電子の立ち上がり　　　　　　　　　　　　　元に戻る

$$CH_3-\overset{O}{\underset{\|}{C}}-O-CH_2CH_3 \longrightarrow CH_3-\overset{O^-}{\underset{\underset{-OH}{+}}{C}}-O-CH_2CH_3 \longrightarrow CH_3-\overset{O^-}{\underset{\underset{OH}{}}{C}}-O-CH_2CH_3$$

OH⁻のC⁺への配位　　　　　　共有電子対の引き抜き

$$\longrightarrow CH_3-\overset{O}{\underset{\|}{C}}-OH + {}^-O-C_2H_5 \longrightarrow CH_3-\overset{O}{\underset{\|}{C}}-O^- + HO-C_2H_5 = CH_3COO^-Na^+ + C_2H_5OH$$

酸だから H⁺を放出, これを $C_2H_5O^-$ がもらう

＊酸触媒では H⁺が CO の酸素に付加, CO の π 電子が立ち上がる. 生じた C⁺に溶媒である
水分子 H_2O が O の非共有電子対を用いて配位. あとはほぼ同じ. ただし, 配位した水分子
から H⁺が取れる必要がある.

5-4 アルケン（アルカン（alkane）⇒アルケン（**alkene** →エン）

脂肪族不飽和炭化水素　　　　まとめ

(1) C_nH_{2n}　アルケン（二重結合を1個持つ化合物）

命名法？

C_2H_4　名称：？　　　　構造式：？

慣用名？

(2) C_nH_{2n-2}　アルキン（三重結合を持つ化合物）

命名法？

C_2H_2　名称：？　　　　構造式：？

慣用名？

(3) 性質：反応性は高い or 低い？　　その理由？

例1：？　　　　　　　　　例2：？

例3：？

例4：？

（例5：？）

(4) シス・トランス異性体（幾何異体性）とは？

2-ブテンには2種類，ジクロロエチレンには3種類の異性体が存在する．

これらの構造式を書き命名せよ．

＊補：カロテンと共役二重結合（共鳴）；ケト・エノール互変異性．

＊重要概念・キーワード：シス・トランス，（共役二重結合），付加反応，酸化
n-3系・n-6系脂肪酸，DHA・EPA（IPA），ステアリン酸・オレイン酸・リノール酸・リ
ノレン酸，アラキドン酸，プロスタグランジン，ヨウ素価

5章：不飽和有機化合物　　*141*

脂肪族不飽和炭化水素アルケン・アルキン：まとめ

(1) C_nH_{2n}　アルケン　alkene（二重結合を1個持つ化合物）複数個持つ化合物を**ポリエン**という．

　　命名法はアルカン alakane の語尾の ane を取って語尾にエン -ene をつける．

　　C_2H_4　名称：エテン　ethane-ene　　　　構造式：

$$\underset{H}{\overset{H}{>}}C=C\underset{H}{\overset{H}{<}}$$

　　　　　　慣用名：エチレン

(2) C_nH_{2n-2}　アルキン（三重結合を持つ化合物）

　　命名法はアルカン alakane の語尾の ane を取って語尾にイン -yne をつける．

　　C_2H_2　名称：エチン　ethane-yne　　　　構造式：$H-C\equiv C-H$

　　　　　　慣用名：アセチレン

(3) 性質：付加反応がおこる—不飽和炭化水素では多重結合が単結合に変化することにより，H_2，H_2O などが付加できるため，反応性に富む．酸化剤で酸化される．

　　例1：$CH_2=CH_2 + H_2 \longrightarrow CH_3CH_3$　　　例2：$CH_2=CH_2 + H_2O \longrightarrow CH_3CH_2OH$

　　例3：$CH\equiv CH + H_2O \longrightarrow CH_2=CHOH$ ビニルアルコール
　　　　　　　　　　　　　　　　（$\longrightarrow CH_3-CHO$ アセトアルデヒド）

　　例4：$CH_3CH=CHCH_3 \xrightarrow[\text{(O}_2,\ \text{光},\ M^{n+})]{\text{KMnO}_4} CH_3CH(OH)CH(OH)CH_3 \longrightarrow 2\,CH_3CHO \longrightarrow$
　　　　　$2\,CH_3COOH$

　　（例5：油脂の油焼け）

(4) **シス・トランス異性体**（幾何異性体）とは：**シス**，または Z（同じ側の意），**トランス**，または E（反対側の意）異性体（Z はドイツ語の zusammen，同じ側；E は entgegen 反対側）

$$\underset{H_3C}{\overset{H}{>}}C=C\underset{CH_3}{\overset{H}{<}}$$
シス-2-ブテン（シス-ブタ-2-エン）
（Z）

$$\underset{H_3C}{\overset{H}{>}}C=C\underset{H}{\overset{CH_3}{<}}$$
トランス-2-ブテン（トランス-ブタ-2-エン）
（E）

$$\underset{Cl}{\overset{H}{>}}C=C\underset{Cl}{\overset{H}{<}}$$
シス-1,2-ジクロロエチレン
（Z）

$$\underset{Cl}{\overset{H}{>}}C=C\underset{H}{\overset{Cl}{<}}$$
トランス-1,2-ジクロロエチレン
（E）

$$\underset{Cl}{\overset{Cl}{>}}C=C\underset{H}{\overset{H}{<}}$$
1,1-ジクロロエチレン

＊補：共役二重結合（共鳴）は p.147〜148；ケト-エノール互変異性は p.150．

5-4-1　アルケン　脂肪族不飽和炭化水素・鎖式不飽和炭化水素（エチレン系炭化水素）

二重結合を持った炭化水素．　　　　　代表例：エチレン（エテン，$H_2C=CH_2$）．

エチレンはエタノール・エチレングリコールのほか，様々な化学合成品の原料として用いられており，最も大量に生産されている有機化合物である．かつては産業の米といわれた時期もあった．家庭用の容器や袋に使われているポリエチレンとはエチレンの二重結合が開いてたくさん（ポリ）つながった（重合した）もの，ポリマー・高分子である．ビニール袋も厳密にはポリ塩化ビニル*の袋である．台所にはポリプロピレンの容器があるはずである．また，天然ゴム・人造ゴムはアルケンのポリマーである．*$CH_2=CH-$をビニル基，$CH_2=CH-CH_2-$をアリル基という．

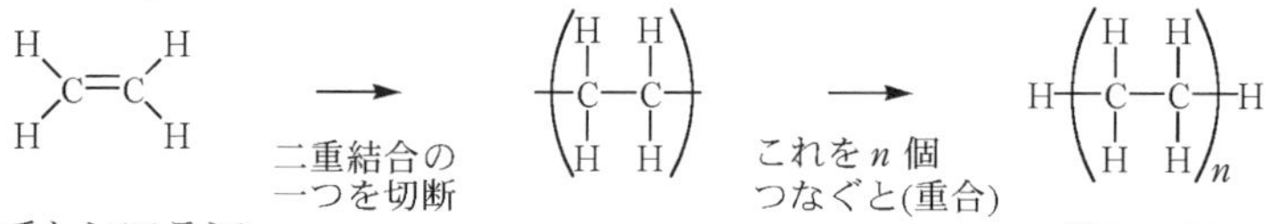

エチレン(エテン)　→　二重結合の一つを切断　→　これを n 個つなぐと(重合)　→　ポリエチレン

塩化ビニル　→　ポリ塩化ビニル　　　プロピレン(プロペン)　→　ポリプロピレン

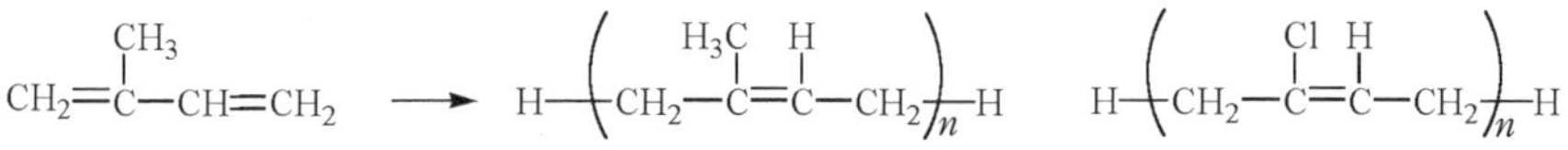

イソプレン　→　シス-1,4-ポリイソプレン（イソプレンゴム）　　シス-1,4-ポリクロロプレン（クロロプレンゴム）

ニンジン（carrot）の橙色の素であるカロテン（carotene）は分子内に二重結合を 11 個持ったアルケン（ポリエン）そのものであるし，ビタミン A（レチノール）はこれが半分に切れて末端がアルコールになった二重結合を 5 個持った物質である．家庭で用いる食用油（植物油）の成分は不飽和脂肪酸といわれるアルケン・ポリエンを炭素鎖とするカルボン酸のエステルである（R–COOH の R がアルカンではなくてアルケン・ポリエン）．エステルの形で魚油にたくさん含まれている．頭が良くなる？からだに良い DHA は分子中に二重結合をたくさん持った多価不飽和脂肪酸である．

＊植物ホルモンの一種・エチレン
エチレンはリンゴ・バナナ・メロン・桃・梅・菊・バラなどに対して植物ホルモンとして作用する．植物ホルモンは微量で高等植物の生長・その他の生理的機能を支配することができる．従って，青いバナナ・早生温州みかん・青いトマトはエチレン処理で成熟を早めるし，熟成した果物や野菜は自然にエチレンを出すので，例えばリンゴと一緒に他の果物を置くと，それらの熟成が早まって傷みやすくなる．イチゴを年中食べることができるのはエチレンによってイチゴ株の休眠を阻止しているからである．カーネーションは空気中に 0.001％のエチレンがあると開花しなくなる．植物にストレスを与えるとエチレンが大量に発生する．その結果として雑草はアスファルト・石の割れ目から芽を出すことができるし，麦は麦踏（早春に麦の芽を足で踏みつけること）によって徒長が押さえられ根が張り力強く育つ．

5章：不飽和有機化合物　　143

命名法

1. アルカン alkane の **ane を ene とする**．**アルケン alkene**
   語尾の **ene（エン）が二重結合を持ったもの**という意味に用いられる*．

   C_2H_4　名称：エテン（Cが2個でエタン（ethane）→エテン（ethene））
   $CH_2＝CH_2$　慣用名：エチレン　ethylene　　　　　　　　　　エン

   C_3H_6　名称：プロペン（C_3でプロパン（propane）→プロペン（propene））
   $CH_2＝CH-CH_3$　慣用名：プロピレン　propylene

   ＊ -ene は由来を示す接尾語．したがって ethylene はエチル基 C_2H_5-由来のものなる意．-ene
   はアルケンのみならず benzene などの芳香族炭化水素にも用いられている．
   　　ニンジン（carrot）→にんじんの色素のカロテン（carotene）

2. 二重結合の位置の表し方：分子骨格の炭素に番号づけをする．二重結合がある位置の
   2個の炭素の番号のうち小さい番号をもって二重結合の位置とする．
   $\overset{1}{C}H_2＝\overset{2}{C}H-\overset{3}{C}H_2-\overset{4}{C}H_3$　1-ブテン　1-buthene（ブタ-1-エン）　ブタンの1番目（と2番
   　　　　　　　　　　　　　　　　　　目）のCが二重結合に変化．
   $\overset{1}{C}H_3-\overset{2}{C}H＝\overset{3}{C}H-\overset{4}{C}H_3$　2-ブテン　2-buthene（ブタ-2-エン）　2と3の間が二重結合

3. 二重結合の数の表し方：二重結合の数に合わせて，語尾 ene のすぐ前に対応する数詞
   をつける．
   $CH_2＝C＝CH-CH_3$　1,2-ブタジエン　1,2-butadiene（ブタ-1,2-ジエン）
   　Cが4個（ブタン）で1（と2の間）と2（と3）の位置に2個（ジ）の二重結合
   （ene，エン）

   　　名称のつけ方：　C_4→ブタン butane；二重結合→ブテン butene；
   　　　二重結合の位置→1,2-ブテン　1,2-butene（ブタ-1,2-エン）(2,3-ブテン・ブタ-2,3-
   　　　　　　　　　　　　エンではない．小さい数字優先)
   　　　二重結合の数→2個→ジ di →ジエン di-ene = diene
   　　　両者を組み合わせる→butene・diene → ene の代りに diene をつけると butdiene と
   　　　なり不自然（発音しにくい）→ butane + diene で ane を取るのでなく ne のみを
   　　　取ってくっつける→1,2-ブタジエン buta-diene = 1,2-butadiene（ブタ-1,2-ジエン）

   $CH_2＝CH-CH＝CH_2$　1,3-ブタジエン（ブタ-1,3-ジエン，2,4-ではない）

問題5-22　1）3-メチル-1-ブテン（2-メチルブタ-1-エン）の構造式を書け．2）3-メチ
　　　　　ル-2-ヘキセン酸（3-メチルヘキサ-2-エン酸）は体臭の原因物質のひとつであ
　　　　　る．構造式を書け．　　　　　　　　　　　　　　　　　　　（答は p.151）

問題 5-23 以下の略式の示性式（H を省略）で示された化合物を命名せよ．（答は p.151）
(1) C=C–C–C, (2) C–C=C–C, (3) C=C=C–C, (4) C=C–C=C,
(5) C–C–C=C–C, (6) C=C–C–C–C,
(7) C–C=C–C=C–C–C=C–C

問題 5-24 上の問題の化合物を簡略化して書くと (1), (2)（または）と表される．(4), (5), (7) の簡略化した構造式を書け（ここでは，後述のトランス異性体のみとする）．　　　　　　　　（答は p.151）

5-4-2　シス・トランス異性体（幾何異性体）

　C=C 二重結合は C–C 単結合（一重結合）の場合と異なり，C–C（C=C）軸の回りに自由には回転できず，**平面構造**をとる（p.237 分子模型で確認せよ）．その結果，**シス**，または Z（同じ側の意），**トランス**，または E（反対側の意）（Z はドイツ語の Zusammen, 同じ側；E は Entgegen 反対側），の 2 つの異性体が生じる．この 2 つをシス・トランス異性体（幾何異性体）という．p.237 を参照（頭で納得するだけでなく，実際に分子模型でシス・トランス異性体を組み立てて，からだ・五感で納得すること）．
　例えば 2-ブテン（ブタ-2-エン），1,2-ジクロロエチレンには 2 種類の幾何異性体がある．

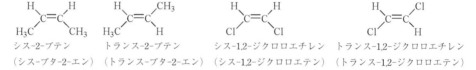

シス-2-ブテン　　　　トランス-2-ブテン　　　シス-1,2-ジクロロエチレン　トランス-1,2-ジクロロエチレン
（シス-ブタ-2-エン）（トランス-ブタ-2-エン）（シス-1,2-ジクロロエテン）（トランス-1,2-ジクロロエテン）

問題 5-25 マレイン酸とフマル酸*はともに 2-ブテン二酸（ブタ-2-エン二酸）である．マレイン酸はシス（Z），フマル酸はトランス（E）である．それぞれの構造式を書け．　　　　　　　　　　　　　　　　　　　　　（答は p.151）
　＊フマル酸は糖の代謝回路（クエン酸回路・TCA 回路，p.178）の構成物質である．

＊シス・トランス異性と生活活性

　ビタミン A（p.173, 184）は分子側鎖中に 4 つの二重結合（すべてトランス構造）を持った物質であり，不足すると夜盲症（鳥目）となるが，シスを含む異性体では夜盲症回復には効果がない．昆虫の性誘引物質・性フェロモンの一種ではシス異性体のみが効果を発し，トランスでは全く効果がない．すなわち，異性体間で生物活性が異なっている．
　また，植物油が液体で動物脂が固体であること，植物油に水素添加（付加）すると（p.34）硬化油（マーガリンの原料）が得られること，および耐熱菌が高熱に耐えて生存する理由のひとつも，じつはシス・トランス異性体の構造と密接に関係している（p.238）．

＊p.145 注：n-3（エヌマイナス 3）系は昔は ω3（オメガ 3）系，n-6 系は ω6 系と称した．いずれも二重結合となっている炭素の位置番号を示しており，n-3 はカルボキシ基 COOH の C を 1 番目の炭素として番号付けすると n-3（と n-2）番目の炭素原子が二重結合となっていることを示しており，ω3 とは脂肪酸の先端のメチル基 CH_3– を最初の炭素原子として COOH 側に数えて 3 番目（と 4 番目）が二重結合となっていることを示している．

5 章：不飽和有機化合物　　*145*

多価不飽和脂肪酸（poly unsaturated fatty acid, PUFA）と n-3 系, n-6 系必須脂肪酸

　ステアリン酸（18:0）・オレイン酸（18:1）・リノール酸（18:2）・リノレン酸（18:3）なる慣用名は面倒である*. これらのカルボン酸（脂肪酸）は IUPAC 置換命名法ではそれぞれオクタデカン酸・9-オクタデセン酸（-decene）・9,12-オクタデカジエン酸・9,12,15- オクタデカトリエン酸[†]といい, 炭素数が 18, 二重結合の数がそれぞれ 0,1,2,3 のカルボン酸であることは自明である. 慣用名でも, 上述のように, （ ）中に炭素数・二重結合数についての記述があれば覚えなくてもわかるが, 二重結合の位置はわからない. H の数は構造式を書いて数えればわかる. ステアリン酸は $C_{17}H_{35}COOH$, リノレン酸は $C_{17}H_{29}COOH$ である. *18:3 とは炭素数 18, 二重結合数 3 なる意.「すてきな俺のしぼりの のれん」≡ ステアリン酸, オレイン酸, リノール酸, リノレン酸（C が 18 で二重結合が 0,1,2,3 個）

[†]オクタデカ -9-エン酸, オクタデカ-9,12-ジエン酸, オクタデカ-9,12,15-トリエン酸

　問題 5-26　9,12-オクタデカジエン酸の構造式を書け. 線描による略式構造式も示せ.

　ヒント：炭素原子の番号付けはカルボキシ基の C（C_n の n の数に含）が 1 番目である.

　答え：

$$\overset{18}{CH_3}-CH_2-CH_2-CH_2-CH_2-CH=CH-CH_2-\overset{12}{CH}=\overset{9}{CH}-CH_2-CH_2-CH_2-CH_2-CH_2-\overset{3}{CH_2}-\overset{2}{CH_2}-\overset{1}{C}-\overset{}{OH}$$

（全トランス型 all trans 異性体）

（全シス型 all cis 異性体）他に 2 種

　二重結合の位置が 12（＝18−6＝n−6 と, これより 3 小さい 9）にあるので, これを n-6 系の**不飽和脂肪酸***という. 二重結合は $\{CH=CH-CH_2\}-CH=CH-$ を繰り返し単位としているので, このことを記憶しておけば, n-6 系であるリノール酸（18:2）の構造式は容易に書くことができる. $n=18$ だから二重結合の位置は 18−6＝12, もうひとつの二重結合の位置は $-CH=\overset{12}{CH}-CH_2-CH=CH-$ をもとに数えれば 9 であることがわかる. したがって名称も 9,12- オクタデカジエン酸[†]と容易に理解できる. ちなみに α-リノレン酸（18:3）**は同様に考えると **n-3 系の不飽和脂肪酸***であり, その名称は, $n-3=18-3=15$, これから順次 3 を引いていくと $15-3=12$, $12-3=9$ より, 9,12,15-オクタデカトリエン酸[†]（二重結合が 3 つ）とわかる. n-6, n-3 と $\omega6$, $\omega3$ は p.144 *参照.

　n-3 系・n-6 系の不飽和脂肪酸はヒトの細胞膜, 皮膚その他様々な組織を維持する働きをしており, 不足すると成長不良, 皮膚異常, 脂肪運搬阻害などがおこる. 動物はこれらの脂肪酸を自らは合成できないので食物から接収する必要があり, 必須脂肪酸とよばれている. なお天然に存在する脂肪酸の多くは炭素数が偶数個である. **γ-リノレン酸は n-6 系

　問題 5-27　9,12,15-オクタデカトリエン酸[†]の構造式・略式構造式を書け. 　（答は p.151）

（エ）イコサノイド（プロスタグランジンなど）の生理活性作用

　生理活性物質(エ)イコサノイドはプロスタノイドともいわれ, 血管収縮・拡張, 気管支弛緩・収縮, 血小板凝集促進・抑制, 胃酸分泌抑制, 子宮筋収縮などの生理作用を持つホルモン類似物質群であり, n-6 系のアラキドン酸（20:4）より合成される. 組織中の大量

のアラキドン酸（免疫抑制作用）は腫瘍細胞の増殖と移転を促進し，また血栓，乾癬，喘息，関節炎をおこさせ，睡眠・覚醒の周期を制御する．植物油はアラキドン酸のもととなるn-6系のリノール酸を大量に含んでいる．一方，魚油中にはn-3系のPUFA（EPA，DHA）が多く含まれており，この摂取により(エ)イコサノイドの合成を阻害し（免疫能増強作用），上述のような病気の原因を取り除くことができる．これはn-3系とn-6系によって合成経路が違い，お互いが補い合えないためである．このことが，EPA・DHAはからだに良い，と最近注目されている理由のひとつである．ちなみに，このn-3系脂肪酸を魚は合成できないので（上述），そのもとは植物プランクトンにある．食物連鎖のすごさ・我々の命が海洋の微小生物・地球に支えられていることに思いをはせてほしい．

問題 5-28　アラキドン酸（20:4）はn-6系，EPA（IPA，(エ)イコサペンタエン酸）・DHA（ドコサヘキサエン酸）はn-3系である．これらの化合物の略式の構造式を書け．

　　　　　ヒント：イコサ＝エイコサは数詞で20，ドコサは22である．したがってEPA(e)icosa pentaenenoic acid イコサペンタエン酸とはCが20個（(エ)イコサ）で5個（ペンタ）の二重結合（エン）を持つ酸（カルボン酸），DHA（ドコサヘキサエン酸）はCが22個（ドコサ）で6個（ヘキサ）の二重結合（エン）を持つカルボン酸のことである．二重結合を多数持つこれらの化合物にはシス・トランスの幾何異性体（前述）が多数存在するが，天然の不飽和脂肪酸は通常，シス体である．アラキドン酸はγ-リノレン酸より合成される．　　（答はp.151）

問題 5-29　1) アラキドン酸，EPAの構造を下図のプロスタグランジンE_2（PGE_2）と比較して，このものがアラキドン酸由来であることを納得せよ（共通点を3つあげよ）．
　　　　　2) PGE_2に存在する官能基・対応する化合物群名をすべて示せ．
　　　　　3) 下の線描の略式構造式からH，C原子を含めた正式の構造式を書け．　　（答はp.151）

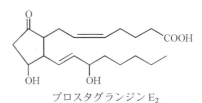

プロスタグランジンE_2

問題 5-30　問題5-23の化合物（1）〜（7）で可能な構造式（異体性）をすべて書け．
　　　(1) C=C−C−C,　(2) C−C=C−C,　(3) C=C=C−C,　(4) C=C−C=C,
　　　(5) C−C−C=C−C−C,　(6) C=C−C−C−C−C,
　　　(7) C−C=C−C=C−C−C=C−C−C　　　　　　　　　　　　　　（答はp.151）

5-4-3　アルケンの性質

(1) 付加反応をおこす．二重結合が単結合に変化することにより，H_2（油脂中の不飽和脂肪酸への水素添加），H_2O，I_2（油脂のヨウ素価）などが付加する．π電子の例え話 p.33

　　例1：$CH_2=CH_2 + H_2 \xrightarrow{触媒} CH_3-CH_3$　　例2：$CH_2=CH_2 + H_2O \xrightarrow{触媒} CH_3-CH_2OH$

(2) 酸化を受けやすい．過酸化物生成．酸化反応 p.149，油焼け p.147，失敗談・機械油
(3) シス・トランスの異性体が存在する．p.237 分子模型・σ結合とπ結合（p.224）
(4) 二重結合の位置異性体が存在する．共役二重結合

5章：不飽和有機化合物　　147

アルケンのデモ実験

(1) シス・トランス異性体の分子模型（2-ブテン・ブタ-2-エン，ブタン）の回覧

(2) オクタン・オクテンと $KMnO_4$（過マンガン酸カリウム）の反応・二重結合の酸化

　紫色の $KMnO_4$ 水溶液の少量のオクタン，1-オクテン（オクタ-1-エン）を加えて振
る→オクタンの方は不変，オクテンは紫色が褐色に変化（MnO_2），（臭素溶液の脱色）

*油脂のヨウ素価

　不飽和脂肪酸を含む油脂にヨウ素 I_2 を作用させると水素付加の場合と同様に二重結合に2個の
ヨウ素原子 I（1分子の I_2）が付加する．そこで，吸収されたヨウ素の量により，油脂中の二重結
合の数を知ることができる．油脂 100 g に吸収されたヨウ素の量（g）をヨウ素価という．この値
をもとに乾性油・半乾性油・不乾性油が分類されている．乾性油とは薄膜にして空気にさらして
おくと酸化重合（p.142）がおこり樹脂状の薄膜となるものである．リノール酸（18：2）・リノレ
ン酸（18：3）が多いもの（亜麻仁油など）がこれにあたりペンキ，印刷インキなどに用いられ
る．漆が乾く・湿気がある方が乾きやすいというが，この「乾く」とはフェノール系のウルシ
オールの酸化重合反応（酵素反応）がおこり固化することを意味する．

*ポテトチップス・せんべい・干物の油焼けとは

　不飽和脂肪酸を含むエステル（油脂）は空気と光があると油焼けをおこす．油焼けは光と酸素
分子の作用によって油脂が過酸化物となり，さらに酸化分解物を生じ，カルボニル化合物その他
に基づく不快臭・苦味・渋みを生じる現象である（下式）．

　光，特に紫外線が照射されると二重結合で挟まれたアリル位*の水素原子が引き抜かれてラジ
カルが生成する．すると，電子が動いて下述の共役ジエンとなり，より安定なラジカルとなる．
これが空気中の酸素と反応して，より安定なヒドロペルオキシド ROOH を生じる．新たに生じた
R・や ROOH が分解して生じた RO・，・OH のラジカルによりさらに反応が進む．

このような反応を自動酸化反応という．　　*CH_2＝CH—CH_2—をアリル基 allyl という．

5-4-4　カロテンと共役二重結合

　1,3-ブタジエン（ブタ-1,3-ジエン）CH_2＝CH—CH＝CH_2 のように C＝C 二重結合が一つ
おきに跳び跳びにあるものを**共役二重結合**と呼び，1個だけが独立に存在した二重結合，
二重結合の間に—CH_2—（メチレン基）が挟まった二重結合とは大きく異なる．

　CH_2＝CH—CH＝CH_2 が二重結合する前の形を考えると，$\overset{|}{C}H_2$—CH—CH—$\overset{|}{C}H_2$ のようにど
の炭素原子も手が1本（π電子が1個）余っている．この状態から，隣同士で手をつなぐ（π

結合する）ことを考えると，$CH_2\text{--}CH\text{--}CH\text{--}CH_2$ と $CH_2\text{--}CH\text{--}CH\text{--}CH_2$ の二つの可能性がある（π 結合は p.33, 224）．すなわち，$CH_2\text{=}CH\text{--}CH\text{=}CH_2$ 以外に $\overset{\cdot}{C}H_2\text{--}CH\text{=}CH\text{--}\overset{\cdot}{C}H_2$（$\equiv$ $\overset{\cdot}{C}H_2\text{--}CH\text{=}CH\text{--}\overset{\cdot}{C}H_2$）なる，両端に手（不対電子 p.203）が残った不安定構造が可能である．また，$H_2C\text{=}CH\text{--}CH\text{=}CH_2$ のように π 結合（p.33, 224）の電子が，電子対ごと引き抜かれて左側へ移動すると $H_2\overset{..}{C}{}^{-}\text{--}CH\text{=}CH\text{--}{}^{+}CH_2$，電子対が右側へ移動すると $H_2C^{+}\text{--}CH\text{=}CH\text{--}\overset{..}{C}H_2$ となる．電子は光速に近い速さで動いているから，$CH_2\text{=}CH\text{--}CH\text{=}CH_2 \leftrightarrow \overset{\cdot}{C}H_2\text{--}CH\text{=}CH\text{--}\overset{\cdot}{C}H_2 \leftrightarrow H_2\overset{..}{C}{}^{-}\text{--}CH\text{=}CH\text{--}{}^{+}CH_2 \leftrightarrow H_2C^{+}\text{--}CH\text{=}CH\text{--}\overset{..}{C}H_2$ の四つの構造式で示される状態は区別できない．それゆえ，$CH_2\text{=}CH\text{--}CH\text{=}CH_2$　1,3-ブタジエン（ブタ-1,3-ジエン）はこの四つの構造（**極限構造** p.125）間で**共鳴**している（p.125），すなわち，実際の状態はこれらが平均化された構造をとっているものと考えられる．従って，1,3-ブタジエンの本当の構造は $H_2C\text{--}CH\text{--}CH\text{--}CH_2$ に近く，しかも両端の C 原子は多少は + − に分極しているものと考えられる．1,3-ブタジエンのようなものを**共役ジエン**という．

　このように二重結合の電子が，1 箇所の C＝C 結合に局所的に固定化されないで複数の結合間に拡がっている状態を「**電子が非局在化している**」という．この状態はカルボン酸のところ（p.125）で既に説明したように，局在化した状態よりエネルギー的に安定であり，また，分子の基底電子状態と励起状態の間のエネルギー差が小さくなる（p.198～201 エネルギー準位，p.207～208 量子論，光 p.208 ＊ を参照のこと）．共役二重結合鎖が伸びれば伸びるほど電子は広い範囲に非局在化され，このエネルギー差はますます小さくなる．結果として基底状態から励起状態への遷移エネルギーが高エネルギーの紫外線側から可視光領域に下がると，可視光吸収により，物質はその補色に着色することになる．

C＝C--C＝C--C＝C--　　　　⟷　　　　C--C＝C--C＝C--C＝　　≡　　C--C--C--C--C--C--

C:C:C　C:C:C　C:C:C　　　⟷　　　　C　C:C:C　C:C:C　C:C:C

　このような長鎖の共役二重結合を持っているものに，ニンジンに含まれるカロテンという色素がある．カロテンの橙色はこの共役二重結合がもたらしたものである．

5-4-5　物質の色：服の色と結合性軌道−反結合性軌道間の電子遷移エネルギー

　分子中のそれぞれの結合について考えてみよう．σ 結合（p.33, 224～226）では結合性軌道（基底状態；エネルギーの低い状態）と反結合性軌道（励起状態；エネルギーの高い状態（p.210, 221）とのエネルギーの差は大きく，二つの軌道間の電子遷移（電子が光のエネルギーを吸収して基底状態から励起状態へ移ること）のエネルギーは大きく，その吸収する光は人の目に見えない紫外部にある．それに対し π 結合（p.33, 224～226）は相互作用が小さく，これより生じる基底状態と励起状態間のエネルギー差も小さくなる．そこでこの電子遷移に基づく光吸収は比較的可視に近い紫外部にでてくる．二重結合が 1 つおきにいくつもつながると，そのエネルギー差はさらに小さくなり，可視領域の波長の光を吸収するようになる．そのためにカロテンは橙色を示す（緑青光を吸収する）のである．カロテンの共役二重結合が 1 箇所でも途中で切れたとすれば，遷移エネルギーは大きくなり，吸収する光はエネルギーの高い短波長（紫・紫外線）側に移動することになる．カロ

5章：不飽和有機化合物　　149

テン分子は分子中央で切断されてビタミンA(レチノール)を生じるためにプロビタミンA
とよばれている．ビタミンAは共役二重結合鎖が短縮されたために黄色となる（青色光
を吸収・光のエネルギーはより高い p.208 ＊）．私達が普段着ている服の色のほとんども，
このような共役二重結合(芳香族の場合が多い)があるために色がついて見えるのである．

5-4-6　シクロアルケン　環状のアルケンのこと　［　］　シクロヘキセンなど

問題 5-31　p.140, 141 を確認せよ．左ページを見て右ページを答えることができること．

5-4-7　アルケンの反応（ここは省略可，ただし事実は重要）

　（1）**付加反応**

　　親電子的付加：二重結合・三重結合の π 電子を＋電荷を持った（δ^+ に分極した）原
子・原子団が攻撃することにより多重結合への様々な分子の付加が起こる．

$\longleftrightarrow$ 求核的付加（p.113）

（例）（1）水分子の付加（生化学的に重要な反応 p.178, 179）

$$CH_2{=}CH_2 \quad + \quad H_2O \quad \xrightarrow{H_2SO_4} \quad \cdots$$

配位

共有電子対の引き抜き

配位

$CH_3{-}CH_2OH$
エタノール

Br_2（$Br_2 = Br^+Br^-$ で Br^+ が，まず π 電子と相互作用する），HBr，HCl，H_2SO_4 などが付
加する．いずれも＋イオン・＋に分極した部分から π 電子と反応する．H_2 の付加でも分
極した H^+ 部分がまず反応する．Br^+，H^+ などを親電子試薬という．

　　＊ Markownikoff の規則（分子 X–Y が非対称アルケンに付加する時の配向性），アンチ付加
　　（トランス付加：立体化学），共役ジエンの 1,4 付加などの項目は別書参照．

（2）**付加重合**　エチレン，プロピレン，塩化ビニルなどから高分子化合物・ゴム・プラス
チックが合成される（p.142）．重合はラジカル反応で進行する．

（3）**酸化反応**（p.147 も参照のこと）

　　過マンガン酸カリウム $KMnO_4$ による酸化：アルケンに希薄 $KMnO_4$ 冷水溶液を作用さ
せるとジオールが生成する．加熱下で行うと結合が切断され，カルボン酸を生じる．

$$CH_3{-}CH{=}CH{-}CH_3 \xrightarrow{KMnO_4} CH_3{-}CH{-}CH{-}CH_3 \longrightarrow (2\ CH_3CHO) \longrightarrow 2\ CH_3COOH$$

　　　　　　　　　　　　　　　　　　　　OH　OH

2, 3-ジオール（グリコール）　　　アルデヒド　　　　　カルボン酸

オゾン分解：アルデヒドで止まる．

$$CH_3{-}CH{=}CH{-}CH_3 \xrightarrow{O_3} \cdots \longrightarrow 2\ CH_3CHO$$

オゾニド　　　　　　　　　　　アルデヒド

補：ビニル基とアリル基

CH$_2$=CH− をビニル基（vinyl），CH$_2$=CH−CH$_2$− をアリル基（allyl）という．
CH$_2$=CH−Cl 塩化ビニル，CH$_2$=CH−OH ビニルアルコール
CH$_2$=CH−CH$_2$−Cl 塩化アリル，(CH$_2$=CH−CH$_2$−)$_2$S 硫化アリル（にんにくの臭い）．
CH$_2$=CH−CH$_2$−NCS アリルイソチオシアネート（わさび・からしの辛味成分）．

＊ケト-エノール互変異性　例：エノールピルビン酸

下式で示したように，CO基の隣のα炭素にH（α水素）を持つアルデヒドやケトンは，ケト形（ケトン）とエノール形（エン・オール：二重結合のビニル位置に−OHがある）の二つの構造の平衡混合物として存在する．この構造異性を互変異性という．（α-HがCO基のOに移動してOHとなり，C−CがC=C二重結合へと変化していることを確認のこと）

下述のアセチレンへの水分子の付加の例のように通常はケト形の方が安定である．

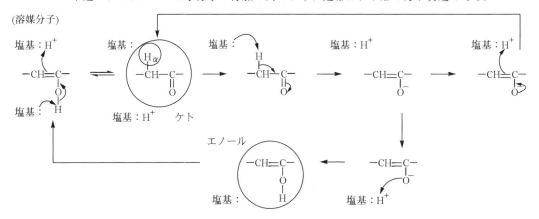

＊エンジオール（＝エン・ジオール）と糖の相互変換

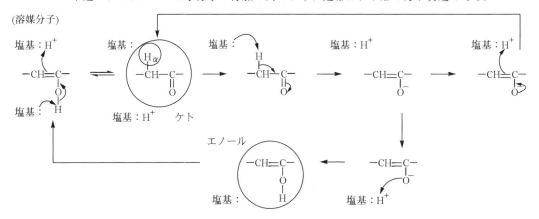

5-4-8：アルキン　アセチレン系炭化水素（ここは省略可）

三重結合を持った炭化水素をアルキンという．生体内にはほとんど存在しない．

アセチレン（エチン）：塩化ビニル・酢酸ビニル・酢酸エチルなどの原料．溶接用の燃料．

水の付加反応：CH≡CH + H$_2$O $\xrightarrow{\text{触媒}}$ CH$_2$=CHOH ビニルアルコール ⟶ CH$_3$−CHO

アセチレンに水分子が付加して生成したビニルアルコールは不安定なので，異性化してアセトアルデヒドとなる（エノール形よりケト形のアルデヒドが安定）．

5-4 節の問題の答え

答え 5-22 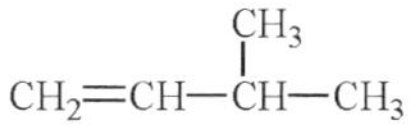
1) CH₂=CH—CH(CH₃)—CH₃ 2) CH₃—CH₂—CH₂—C(CH₃)=CH—C(=O)—OH

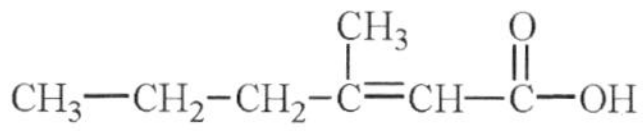

答え 5-23
(1) 1-ブテン, (ブタ-1 エン)
(2) 2-ブテン, (ブタ-2 エン)
(3) 1,2-ブタジエン, (ブタ-1,2-ジエン)
(4) 1,3-ブタジエン, (ブタ-1,3-ジエン)
(5) 3-ヘキセン, (ヘキサ-3-エン)
(6) 1-ヘキセン, (ヘキサ-1-エン)
(7) 2,4,7-デカトリエン (デカ-2,4,7-トリエン)

答え 5-24
(4)  (5)  (7)  [構造式]

答え 5-25
H—C—COOH   H—C—COOH
 ‖   ‖
H—C—COOH   HOOC—C—H

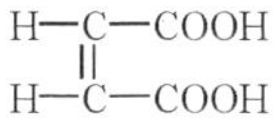

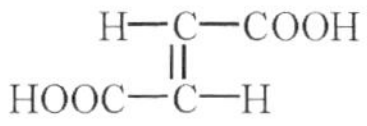

答え 5-27

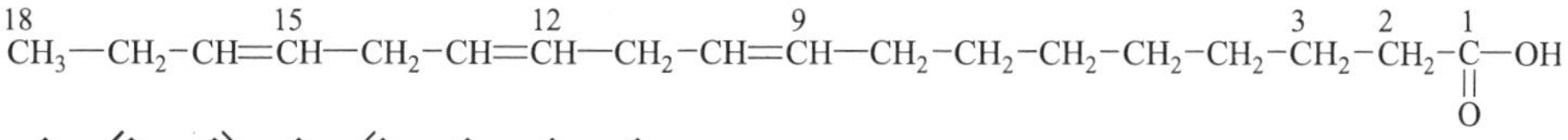

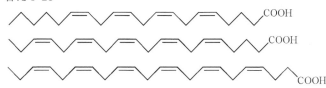

(全トランス形 all *trans* 異性体)
(全シス形 all *cis* 異性体)
他にトランス・シス混合があり全部で 8 種類 ($2^3 = 8$)

答え 5-28

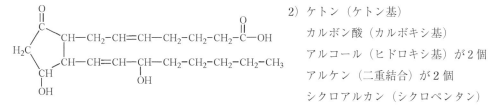

答え 5-29 1) ① 炭素数が 20 個, ② —COOH がある, ③ C^5 に二重結合がある.

2) ケトン（ケトン基）
カルボン酸（カルボキシ基）
アルコール（ヒドロキシ基）が 2 個
アルケン（二重結合）が 2 個
シクロアルカン（シクロペンタン）

答え 5-30 (1), (3), (4), (6) は問題に記載の構造式のみ. (2), (5) はシス・トランス異性体が一対. (7) には $2^3 = 8$ 個の異性体がある. すなわち, 2-シス-4-シス-7-シスまたは (2Z, 4Z, 7Z)-2,4,7-デカトリエン, このほかに (2Z, 4Z, 7E)-, (2Z, 4E, 7Z)-, (2E, 4Z, 7Z)-, (2Z, 4E, 7E)-, (2E, 4Z, 7E)-, (2E, 4E, 7Z)-, (2E, 4E, 7E)-2,4,7-デカトリエンがある. 以上の優先 IUPAC 名は (2Z, 4Z, 7Z)-デカ-2,4,7-トリエンなど.

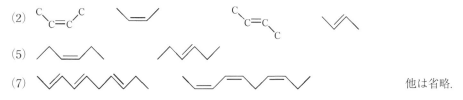

他は省略.

6章： 芳香族炭化水素とその化合物

(1) 芳香族：① 芳香族の代表を2つ，名称と構造式を示せ．構造の特徴を述べよ．

② 芳香族性とは何か．例を2つあげよ．また，芳香族性を生み出す原動力は何か．

(2) ① 代表的は芳香族化合物からHを1個取ったものを何基というか($\leftrightarrow CH_3$メチル基)．
② 芳香族アミンの最も簡単なものの名称と構造式を示せ．
③ このものの塩基としての強さは脂肪族アミンと比べて（強い or 弱い）．なぜか？
④ 代表的な芳香族化合物のHの1つをOHで置き換えたものの名称・構造式を示せ．これは酸としての性質（有無）．（比較：アルカンのHの1つをOHで置換したものはアルコールである）

(3) 芳香族における位置異性体：フェノールの水素原子の1つを塩素原子で置き換えたクロロフエノールには3種類の異性体が存在する．これらの構造式を書き命名せよ．

補：ベンゼン環の共鳴構造について説明せよ．

(4) 複素環式芳香族化合物とは何か，またその代表例を1つ（3つ）あげ，構造式を示せ．

補：核酸塩基の名称を述べよ．

＊重要概念・キーワード：芳香族・ベンゼン・芳香族性・共鳴・光学活性（D，L）

(1) 芳香族：① 平面分子であり，二重結合のπ電子が非局在化（1.5重結合）

② 付加反応がおきない（親電子置換反応がおこる），酸化されにくい（KMnO$_4$）．
　　共鳴（非局在化）による安定化エネルギー（共鳴エネルギー）．p.159を参照．

(2) ① フェニル基（C$_6$H$_5$−，Ph−）　⇔　メチル基
　　② 芳香族アミンの最も簡単なものはアニリン C$_6$H$_5$NH$_2$
　　③ 塩基としての強さは脂肪族アミンより弱い．理由 p.166
　　④ ベンゼンの−Hの1つを−OHで置き換えたものはフェノール C$_6$H$_5$OH．
　　　脂肪族のアルコールと異なり，酸としての性質を持つ．

(3) 芳香族における位置異性体：
　　オルト−クロロフェノール，メタ−，パラ− または，o−クロロフェノール，m−，p−．

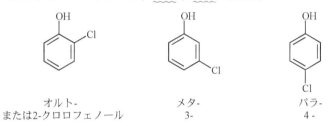

オルト−　　　　　　　　　　メタ−　　　　　　　　パラ−
または2−クロロフェノール　　3−　　　　　　　　　4−

補：ベンゼン基の共鳴構造については p.160 を参照のこと．

(4) 複素環式芳香族化合物：C以外の原子を含む芳香族化合物

　　ピリジン　　　　ピロール　　イミダゾール

補：プリン塩基はアデニン（A）・グアニン（G）
　　ピリミジン塩基はシトシン（C）・チミン（T）（ウラシル（U））

6-1 芳香族炭化水素とは

　　脂肪族の不飽和炭化水素アルケン・アルキンとは異なった性質を持つ，**ベンゼン C_6H_6** を代表とする不飽和炭化水素（炭素と水素のみの化合物）の一群を芳香族炭化水素という．芳香族なる名称は安息香・ベンゾイン（安息香酸 C_6H_5-COOH），アーモンドの香り（ベンズアルデヒド C_6H_5-CHO）やバラの香り（フェネチルアルコール $C_6H_5-CH_2CH_2OH$）といった芳香を持つ天然有機化合物がベンゼン環を持っていたという歴史的なものであり，芳香族炭化水素が特別の芳香を持つわけではない．現在では，本書で今まで見てきた脂肪族化合物の一群に対し，芳香族といわれる異なった性質の，もうひとつの化合物群を形成している．芳香族炭化水素とその誘導体からはアスピリン（解熱・鎮痛剤），サロメチール（鎮痛消炎剤）などの医薬品，合成染料，合成樹脂，合成ゴム，洗剤，爆薬の原料など，数多くの有機化合物が作られているし，また，あとで見るように生体内ではさまざまな芳香族化合物が重要な役割を果している（p.157，162〜164，175）．

6-1-1 代表的な芳香族化合物とその名称（命名法）

　　またもや化合物の名称であるが，これらは我々の日常生活とも無縁ではない．シックハウス（病気の家）症候群という，新築の家に住み始めた人がなぜか体調が悪くなるという奇妙な病気が近年問題になっている．この原因は，壁紙・家具の塗料といったものに含まれる，既述のホルムアルデヒドのほか，トルエン・キシレンといった芳香族炭化水素にもあるのではないかと疑われている．そこで，近年，環境基準・規制物質の見直しがなされた（環境衛生の授業で学ぶはずである）．シンナーは，この塗料をうすめて粘度を下げるために用いる混合溶剤であるが，代表的組成はトルエン 65％・酢酸エステル（エチル 20％・ブチル 5％・アミル 4％）・ブタノール 5％である．シンナー遊びなるものがあるが，これを吸うと肝臓を悪くしてしまい，遂には廃人同然になってしまう．子供を生みたいと思っている若い女性は特に，タバコ・お酒の害毒を含めて，きちんとした知識を持つことが大切である．妊娠以前の生活環境も胎児に影響を及ぼすことが報告されている．

　　ベンゼン benzene（C_6H_6）ベンゾイン（安息香）由来の名称であり（p.63），最も基本的な芳香族炭化水素である．語尾の -ene はアルケン同様に二重結合があることを示す．

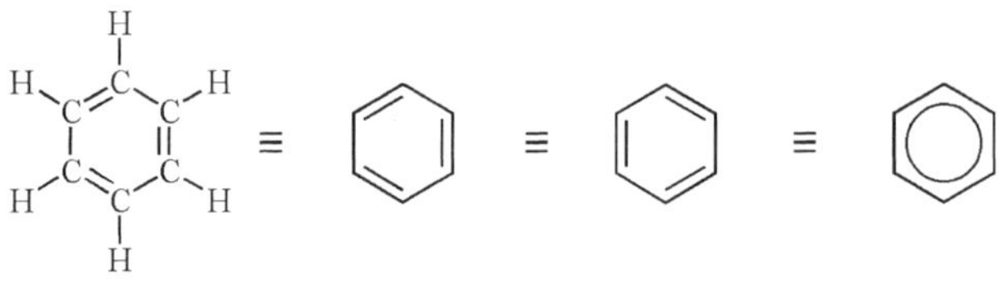

と略記する．理由は後述．
ベンゼン環とシクロヘキサン環（p.48，235）との違いを確認せよ．
構造式より受ける印象から，ベンゼン環のことを世間では亀の甲（かめのこ（う））とも呼んでいる．

置換ベンゼン（ベンゼン核の水素原子を別の基で置き換えたもの）．

1. ○○ベンゼンと置換基を接頭語にして命名するもの．

クロロベンゼン（C₆H₅−Cl）　　　　ニトロベンゼン（C₆H₅−NO₂）

　＊C₆H₅−Cl，C₆H₅−NO₂ は通常−を省略して C₆H₅Cl，C₆H₅NO₂ と書く．−NO₂ をニトロ基という．

2. 新しい名称となるもの

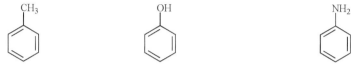

トルエン（C₆H₅CH₃）　　フェノール（C₆H₅OH）　　アニリン（C₆H₅NH₂）　芳香族アミン

　安息香酸（C₆H₅COOH）・ベンズアルデヒド（C₆H₅CHO）・スチレン（C₆H₅CH＝CH₂）

＊フェノールは−OH 基（ヒドロキシ基）を持つが，アルコールとは異なる性質であり，アルコールと別のグループとして扱う．すなわち，**ベンゼン環に−OH 基を持っているものはアルコールとはいわない**．フェノール，ポリフェノール（ベンゼン環に複数の−OH 基を持ったもの．p.156 参照）という．

問題 6-0　安息香酸，ベンズアルデヒド，スチレンの構造式を省略しないで書け．

（答は省略）

　脂肪族炭化水素・アルカンに対して，芳香族炭化水素・アルキル基置換ベンゼンをアレーン（arene）と総称する（語尾の -ene は二重結合の意 p.143）．

アリール基は（aryl，Ar−と略記；例．ArOH，Ar−NH₂ など），アルキル基（alkyl，R−と略記）と同様，芳香族化合物に対して用いる一般名であり，ベンゼン環のみならず，ナフタレン・アントラセン（p.161）といった，ベンゼン環が複数個くっついた縮合環の化合物をも含めて示す名称である．フェニル基なる名称はメチル基と同様の具体名である．
フェニル基：ベンゼン C₆H₆ から H を１つ取ったものをいう．→ **C₆H₅−**（**Ph−**とも略記）．
　例：C₆H₅−OH，C₆H₅OH，Ph−OH，PhOH（すべて同じ意味である）．
ベンジル基：C₆H₅CH₂−をいう．例：C₆H₅CH₂Cl 塩化ベンジル（クロロメチルベンゼン）

6-1-2 置換ベンゼンの異性体 (位置異性体)

ベンゼン核の2個の水素原子をメチル基で置換したものをキシレン ($C_6H_4(CH_3)_2$) というが，これには3種類の異性体が存在する．

オルト(o-)キシレン　　メタ(m-)キシレン　　パラ(p-)キシレン
1,2-　　　　　　　　　1,3-　　　　　　　　1,4-

これらの異性体を左から順に**オルト** ortho (o- と略記)，**メタ** meta (m- と略記)，**パラ** para (p- と略記) 異性体という．脂肪族炭化水素で用いた命名法 1,2,…,6 の番号による表し方では，オルトは 1,2-，メタは 1,3-，パラは 1,4- の置換体である．ちなみに ortho は正しい・標準の・普通の，meta は間 (あいだ)，para は離れた，という意味である．

例．　慣用名　　　　名称 (IUPAC 名)
　　o-キシレン＝1,2-キシレン＝1,2-ジメチルベンゼン
　　m-キシレン＝1,3-キシレン＝1,3-ジメチルベンゼン
　　p-キシレン＝1,4-キシレン＝1,4-ジメチルベンゼン
　　o-クロロフェノール＝2-クロロフェノール
　　m-ジクロロベンゼン＝1,3-ジクロロベンゼン
　　2,4,6-トリニトロトルエン

問題 6-1 (1) m-ジクロロベンゼン，p-クロロフェノール，2,4,6-トリニトロトルエン (TNT 火薬，核爆弾以外の通常爆薬で最強のもの) の構造式を書け．(答は p.165)

(2) ピクリン酸とメシチレンの名称 (IUPAC 規則名) を述べよ．
　前者は 2,4,6-トリニトロトルエンのメチル基をヒドロキシ基に変えたものであり，腎炎の検査目的に行われる尿中クレアチニンの分析などに用いられる．後者はベンゼン核の水素原子を1つおきに3個メチル基で置換したもの $C_6H_3(CH_3)_3$ である．

＊ポリフェノール

ベンゼン環に複数の―OH 基を持ったもの．赤ワインやブルーベリーのアントシアニン・お茶のカテキンなどのポリフェノールは体内で生じた活性酸素を除く作用 (抗酸化作用) があり，各種の生活習慣病の予防に有効であることが最近明らかになってきた．このためマスコミでよく取りあげられている．

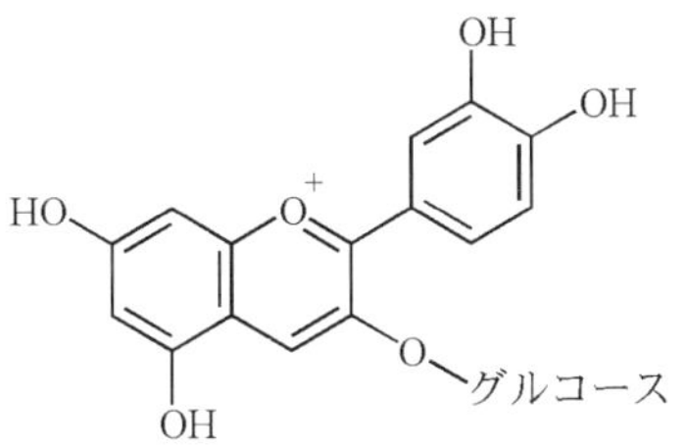

6章：芳香族炭化水素とその化合物　　157

アントシアニンの一種（菊花・黒豆色素） 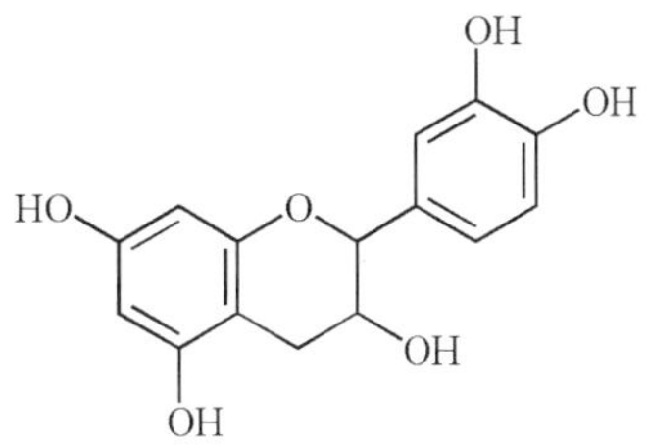　　　　　　カテキンの構造

問題 6-2　　次のフェノール・ポリフェノール化合物の構造式を書け.　　　　　（答は p.165）

① o-クレゾール（2-メチルフェノール）はフェノールの親戚であり，消毒薬・防腐剤に使用されている.

② ピロカテコール・カテコール（ベンゼン-1,2-ジオール）. 酸化されやすい.

③ ピロガロール（ベンゼン-1,2,3-トリオール）. 酸化されやすい.

④ ドーパミン（神経伝達などを行う生理活性物質である**カテコールアミン**の1つ. 1,2-ジヒドロキシ-4-アミノエチルベンゼン）

⑤ カテキンの構造式を C, H を省略せずに書け.

＊芳香族アミノ酸と疎水性アミノ酸

　　動物は芳香族化合物を自らは合成できないので食餌として摂取する必要がある. アミノ酸については芳香族化合物はフェニルアラニン・チロシン・トリプトファンの3者であるが，このうちチロシンのみは必須アミノ酸ではない. その理由はフェニルアラニンが体中でチロシンに変換されるためである. これらの芳香族アミノ酸は脂肪族のアルキル基を側鎖に持った他のアミノ酸と共に疎水性アミノ酸に分類される. タンパク質中でこれらのアミノ酸残基は疎水性部分を形成し, 疎水性相互作用（p.128）に基づくタンパク質の高次構造維持に役立っている.

＊フェニルケトン尿症（PKU）

　　先天代謝異常のひとつ. フェニルアラニンのチロシンへの変換が阻害され，尿中にフェニルピルビン酸などのフェニルケトンを排泄する遺伝疾患. 代謝異常病・遺伝病のひとつで人口の 1.5 ％の人が欠陥遺伝子を持つ. この遺伝子を持った両親の子供は PKU となる. 髪や皮膚の色が薄くなり, また脳細胞の正常な生育も阻害され, 放置すると脳に障害をおこす.

問題 6-3　　フェニルケトン尿症に関わる以下の物質について答えよ.　　　　　（答は p.165）

（1）フェニルアラニンとチロシンの構造式（示性式）を書け.

　　ヒント：アラニンは側鎖にメチル基を持った α-アミノ酸（p.129）である.

　　フェニルアラニン：（必須アミノ酸の1つ）アラニンの側鎖のメチル基の水素原子のひとつがフェニル基に置換されたもの.

　　チロシン：このフェニル基のパラ位の水素原子がヒドロキシ基に置き換わったもの（フェノール）.

（2）フェニルピルビン酸の構造式（示性式）を書け. また, これをフェニルケトンと呼ぶ理由を述べよ.

　　ヒント：フェニルピルビン酸はピルビン酸のメチル基の H をフェニル基に置き換

えたものである．ピルビン酸は 2-オキソ（α-ケト）プロパン酸のことである．

(3) フェニルピルビン酸を還元するとフェニル乳酸となる．構造式を示せ．

＊ベンゼン環とシクロヘキサン環

両者の違いを確認しておくこと（p.48, 154, 235, 244）．

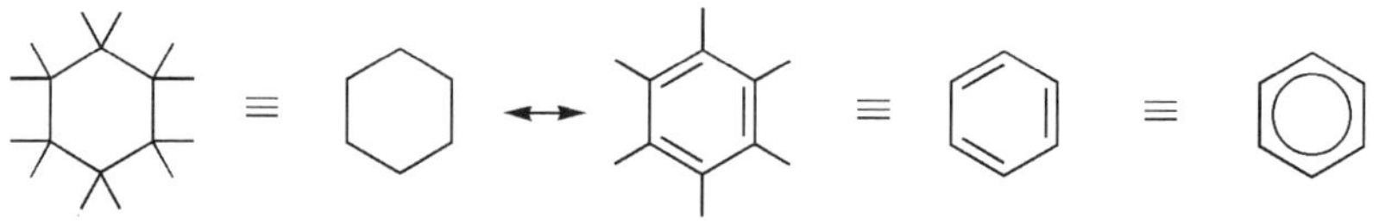

6-1-3　芳香族の性質・特徴

(1) 不飽和二重結合を持つが，その反応性は脂肪族不飽和炭化水素と大きく異なっている．過マンガン酸カリウムなどによって酸化されない（←→ p.149）．ニトロ化，スルホン化，ハロゲン化などの親電子置換反応を行う（p.161）．

(2) ―OH を持つ化合物（フェノール）はアルコールと異なり，弱い酸性を示す．

(3) アミノ基―NH$_2$ を持つ芳香族アミンの塩基性は脂肪族アミンに比べて弱い（水溶液は弱いアルカリ性しか示さない）．「なぜか」はフェノールの場合を含めて後述．

(4) 芳香環の位置の違いによる位置異性体が存在する（o-, m-, p-）．

芳香族のデモ実験

(1) ヘキサン・ベンゼン，フェノール，アニリンの回覧

(2) においを嗅ぐ．ヘキサンとベンゼンの違い・フェノールの臭い(消毒薬？)・アニリン

(3) ヘキサンとベンゼンを手につけてみる．ひんやりする程度・沸点の異同・指の油？

(4) ヘキサンとベンゼンを燃やしてみる．何が異なるか．なぜか？（反応式：O$_2$ の必要量）

(5) 水と混ぜてみる．溶解性を比較する．水溶液の pH を調べる．フェノール・アニリン

(6) アニリンを塩酸溶液と混ぜる．純水には油として沈む→ HCl に溶ける→なぜ？

(7) フェノールと水を混ぜると 2 層に分離する．→ NaOH を加えると 1 層になる．なぜ？

(8) フェノール水溶液に Fe^{3+} を加えて色の変化を見る．

用途：医薬品，合成染料，合成樹脂，合成ゴム，洗剤，爆薬の原料，溶剤など．

　芳香族化合物は，製鉄用コークスと石炭ガスを作るための石炭の乾留（蒸し焼き・空気を遮断して加熱）の際に生じる，コールタールから取り出される．最近は石油の粗製ガソリンを改質することにより大量に得られている．

問題 6-4　アセチルサリチル酸（商品名アスピリン，＊解熱鎮痛剤・風邪薬・抗炎症剤），サリチル酸メチル（サロメチールなどの鎮痛消炎剤），アセトアニリド（解熱鎮痛剤，医薬・染料の原料）の構造式を示せ．（＊これらの効果は体内におけるプロスタグランジンの産生を阻害する働きに基づく（p.146））　　　　　　（答は p.165）

　　　　　ヒント：サリチル酸は 2-ヒドロキシベンゼンカルボン酸である．アセチルサリチル酸は

酸であると同時にこれがアセチル化されたものである（アセチル基とは？）．サリチル酸メチルはサリチル酸のメチルエステル（メタノールとの反応生成物）である．アセトアニリドはアニリン（ベンゼンアミン）がアセチル化された，アミドの一種である．

6-2 芳香族性：脂肪族のアルケン・アルキンと異なる性質

ベンゼンは C_6H_6 なる示性式より考えて不飽和化合物であるはずだが，アルケン・アルキンと異なり，熱や過マンガン酸（$KMnO_4$）酸化に対して安定，臭素（Br_2）の二重結合への付加反応もおこさない（臭素溶液を脱色しない）．付加反応よりもむしろ置換反応をおこす．光・触媒による付加反応はアルケン同様におこる．不飽和の証拠である．

$$C_6H_6 + 3Cl_2 \xrightarrow{光} C_6H_6Cl_6 \quad C_6H_6 + 3H_2 \xrightarrow{Ni} C_6H_{12}$$

例1．芳香族の置換反応と不飽和脂肪族の付加反応（共に＋の親電子試薬とπ電子が相互作用　親電子置換，親電子付加）　　　　（同じ二重結合だが反応の仕方が異なる）

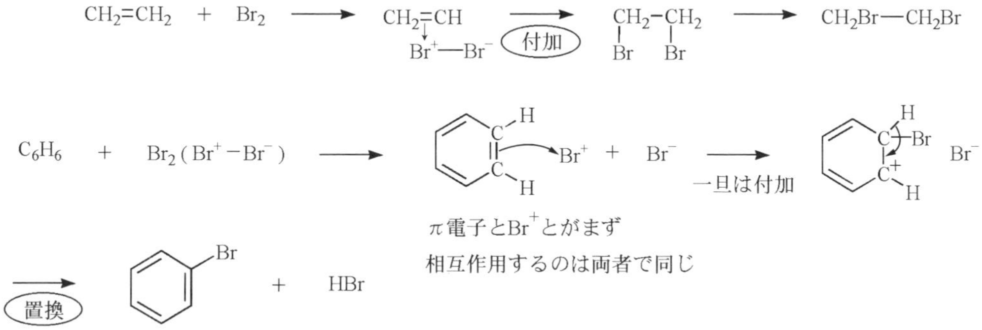

$CH_2=CH_2 + Br_2 \longrightarrow CH_2=CH \underset{Br^+—Br^-}{\downarrow} \fbox{付加} CH_2—CH_2 \underset{Br\quad Br}{} \longrightarrow CH_2Br—CH_2Br$

$C_6H_6 + Br_2(Br^+—Br^-) \longrightarrow$ [ベンゼン環とπ電子がBr$^+$と相互作用] $+ Br^- \longrightarrow$ 一旦は付加 [シクロヘキサジエニルカチオン] Br^-

π電子とBr^+とがまず相互作用するのは両者で同じ

$\xrightarrow{置換}$ [ブロモベンゼン] $+ HBr$

付加したものからH^+がとれてベンゼン環に戻る（共鳴エネルギー＝非局在化エネルギー＝安定化エネルギーを失いたくないから元の共役系に戻る．次項参照）

2．過マンガン酸カリウムによる酸化

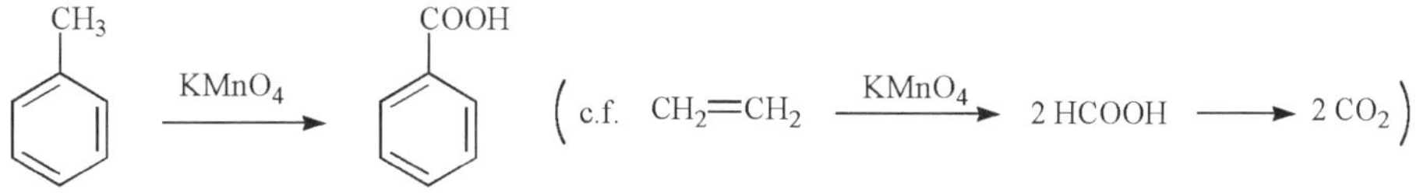

[トルエン] $\xrightarrow{KMnO_4}$ [安息香酸] $\left(c.f.\ CH_2=CH_2 \xrightarrow{KMnO_4} 2\,HCOOH \longrightarrow 2\,CO_2 \right)$

（ベンゼン環は酸化されない）

6-2-1 ベンゼンの構造式：共鳴

芳香族性・脂肪族との性質の違いは下図の2個のケクレ構造式では説明できない．

A. [ケクレ構造式1] または　B. [ケクレ構造式2]

そこで，このアルケンとの違いを示すために，

C. [ケクレ構造式] ↔ [ケクレ構造式] または D. [円を含む六角形] と書き表す．

なぜこのような表し方をするのかをここで考えてみよう．

　ベンゼン分子を構成する炭素原子が4本の手（原子価数4）のうちの3本で環状の骨格（σ電子によるσ結合）を作っても，上図のようにまだ手が1本余っている（π電子，p_z 軌道電子 p.229）．そこで，余った手をつなぐ必要があるが，お互いに両隣に手があるから，手のつなぎ方は2通りある．例えば上図中の*の手が右の手と握手すると，残りの手のつなぎ方は決まってしまい，上図Aの構造式となる．逆に*が左と結合すると結果的には上図Bの構造式となる．電子は光速に近い速さで動いているので，<u>AとBとを区別できない</u>．したがって，<u>ベンゼンの真の姿はこの両者を平均したものと考えられる</u>．すなわち，ベンゼン環の炭素原子間の結合は単結合と二重結合からなっているのではなく，すべてが同じ，すなわち1.5重結合であると考えられる．そこで，この平均の姿・構造式は右図のように書き表されるが，いつもこのように書くのは面倒なので，以上の議論を前提として，通常は従来通りのケクレ構造で示すか，もしくは上図D.のように表す．

　ケクレ構造式で上記のことを強調して表現する・すなわち平均構造であることを示すために，構造式A, Bを↔でつないだCの表現をする．A, Bを**共鳴構造式**（極限構造式）といい，↔で表される平均構造の状態を「AとBが**共鳴**している」，A ↔ Bを共鳴混成体と呼ぶ．以上の議論は，p.147の共役ジエンの項の考え方・説明と全く同じである．ただし共役ジエンの場合と異なり，ベンゼンではAとBの構造が全く等価であり*，このことはπ電子がベンゼン環全体に完全に非局在化していることを示している（p.125）．このため実在のベンゼンはA, B式で示される局在化した状態よりエネルギー的にずっと安定である（共鳴エネルギー・非局在化エネルギー；p.125, 229参照）．このことが，ベンゼンが環の酸化・環への付加に抵抗する理由である．これらがおこるとベンゼンは共鳴エネルギーを失ってしまう＝損をする．自然界では義理・人情は働かないので，エネルギー的に損をすることは，まずおこらない．

　　*共鳴エネルギーが大となる要素はこのほかに共鳴構造式が多数書けることである．
　ベンゼンがとることができる共鳴構造式をすべて示すと（デュワー式ほかを除く）：

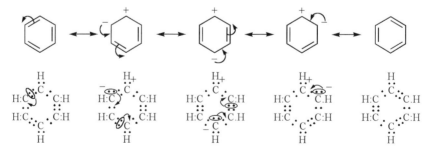

問題6-5　フェノール C_6H_5OH はアルコールと異なり，—OH基が解離して H^+ を放出する．酸としてふるまう．理由を共鳴構造式を用いて説明せよ．　　　　（答はp.166）

問題6-6　アニリン $C_6H_5NH_2$ の塩基としての強さは脂肪族アミンと比べて強いか，弱いか．また，その理由を共鳴構造式を用いて説明せよ．　　　　（答はp.166）

6-2-2 芳香族の反応（ここは省略可）

親電子置換反応：ニトロ化，スルホン化，ハロゲン化，アルキル化・p.76 求核置換

ニトロ化

$$\text{C}_6\text{H}_6 + \text{HNO}_3\ (\text{HO}-\text{NO}_2) \xrightarrow{\text{H}_2\text{SO}_4} \text{C}_6\text{H}_5\text{NO}_2 + \text{H}_2\text{O}$$

NO_2^+ が π 電子と相互作用

スルホン化（スルホ化）

$$\text{C}_6\text{H}_6 + \text{H}_2\text{SO}_4\ (\text{HO}-\text{SO}_3\text{H}) \xrightarrow{\text{SO}_3\text{H}^+ \text{が反応}} \text{C}_6\text{H}_5\text{SO}_3\text{H} + \text{H}_2\text{O}$$

ハロゲン化 p.159 反応機構も参照のこと（他の反応でも基本的には同じである）．

アルキル化（Friedel-Crafts 反応）

$$\text{C}_6\text{H}_6 + \text{CH}_3\text{Cl}\ (\text{R}-\text{X}) \xrightarrow{\text{AlCl}_3\ (\text{CH}_3^+ \text{が反応})} \text{C}_6\text{H}_5\text{CH}_3 + \text{HCl}$$

アシル化（Friedel-Crafts 反応）

$$\text{C}_6\text{H}_6 + \text{CH}_3\text{COCl} \xrightarrow{\text{AlCl}_3\ (\text{CH}_3\text{CO}^+ \text{が反応})} \text{C}_6\text{H}_5\text{COCH}_3 + \text{HCl}$$

置換基がすでについている置換ベンゼンへの第二の置換基を導入する置換反応では，反応がおこる位置が既存の置換基の種類によって異なる．これを置換基の配向性といい，置換基をオルト・パラ配向性，メタ配向性の2種類に分類できる．詳しくは参考文献参照．

6-3 ベンゼン以外の芳香族化合物

(1) 多環式芳香族化合物

ナフタレン，アントラセンのような2個以上のベンゼン環が縮合した化合物

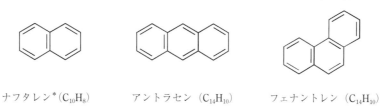

ナフタレン*（$C_{10}H_8$）　　アントラセン（$C_{14}H_{10}$）　　フェナントレン（$C_{14}H_{10}$）

*ナフタレンは衣服防虫剤のナフタリンのことである．現在はパラジクロロベンゼンが用いられている．

問題 6-7　ナフタレンの構造式を C，H を省略せずに書け． （答は省略）

(2) 複素環式芳香族化合物

C 以外に N, O, S 原子を環の中に含み, 芳香族の性質を持った化合物.

   ピリジン   フラン*   チオフェン   ピロール   イミダゾール

*糖のフルクトースのフラノース環の名称はこれが由来である. ピラノースはp.245参照.

ピリジン

問題 6-8 以下の①〜⑤はピリジンを母核とするビタミンB群の化合物である. 下記の名称・ヒントをもとに, 構造式を書け.（分子式中の置換基の位置番号はN原子を1として表す） （答はp.166）

 (1) ナイアシン：①ニコチン酸と②ニコチン酸アミドの総称. ニコチン酸はピリジン-3-カルボン酸, ニコチン酸アミドはこのカルボン酸がアミドとなったものである. NAD^+, $NADP^+$, NADH, NADPH の形で水素の供与体として酸化還元反応の補酵素を構成する.

 (2) ビタミン B_6：③ピリドキシン, ④ピリドキサール, ⑤ピリドキサミンとそれらのリン酸エステルの総称. ③は2-メチル-3-ヒドロキシ-4,5-ジヒドロキシメチルピリジンである. また④…サールは…アールであるから〇〇基を含む. 4- の位置が4-ホルミル*となっている以外は③と同じである. ⑤は名称から推定できるようにアミノ基を持っており4-アミノメチル以外は③と同じである. *ホルミルはアルデヒド基のこと（p.113）

ビタミン B_6 はアミノ酸代謝におけるアミノ基転移, 脱炭酸, 分解, 置換反応などの補酵素（酵素の働きを助ける物質）として働く.

ピロール

以下はピロールを母核とする化合物群である. 各化合物についてピロール核を確認するとともに, 酸素運搬を行う血色素・光合成色素という動物・植物にとって最も大切な化合物がほぼ同じ構造をしていることに感慨を持ってほしい.

   ヘム（血色素）   クロロフィル（光合成色素）

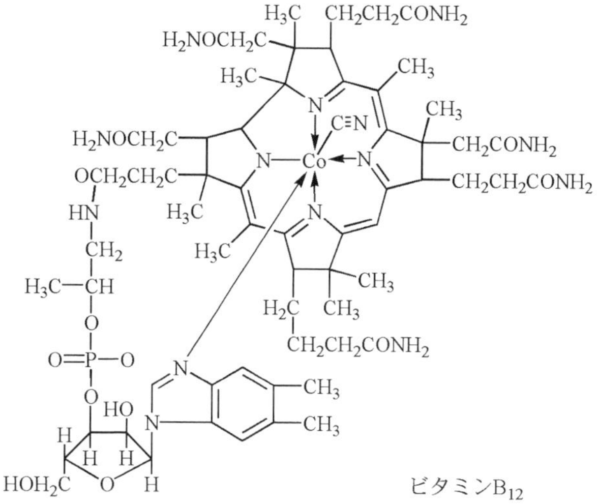

6章：芳香族炭化水素とその化合物　　*163*

$$\text{ビタミンB}_{12}$$

　ピロール環とベンゼン環が縮合した形のインドールなるものが存在する．これは必須アミノ酸のひとつであるトリプトファンの母体である．トリプトファンからは次のような各種の生理活性物質が合成される：ナイアシン（ビタミン B 類，問題 6-8）・セロトニン（生理活性アミン，神経伝達・止血）・メラトニン（松果体ホルモン，外界の光周期情報を体内に伝える・睡眠促進）．

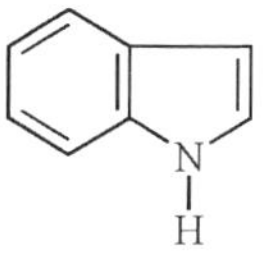

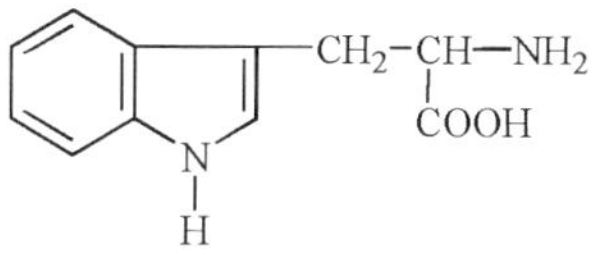

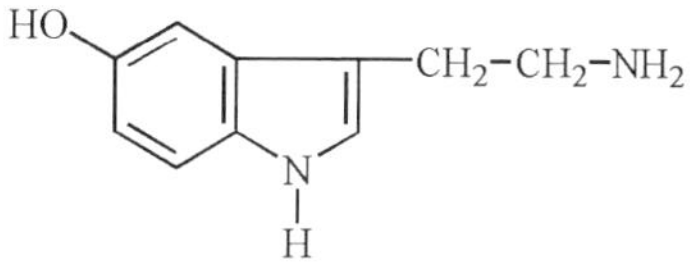

　　　　インドール　　　　　トリプトファン　　　　　　セロトニン

イミダゾール

　イミダゾール核を持つ重要な化合物にアミノ酸のヒスチジンがある．金属酵素*タンパク質中では，このヒスチジン残基が金属イオン M^{n+} と結合（配位）する場合がしばしば見られる（ビタミン B_{12}）．ヘムではヘム色素上面（p.162）からヒスチジン残基が鉄に配位している．

　　　*酵素活性の発現に金属イオンを必要とするもの．

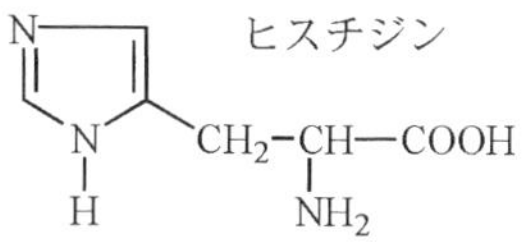

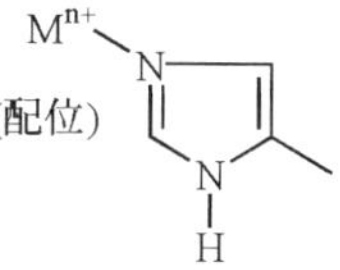

ヒスチジン

M^{n+}
（配位）

(3) 核酸塩基

　核酸とは細胞の核から単離された酸（リン酸塩）のことであり，デオキシリボ核酸 DNA，リボ核酸 RNA に大別される．細胞やウイルスの遺伝物質である．核酸塩基とは核酸を構成する窒素を含む有機塩基である（複素環式芳香族化合物・アミンの一種ともいえる：だから塩基）．

　ヌクレオチド：リン酸ー（エステル結合）ー糖：リボース・デオキシリボースー(*N*-グリコ

シド結合）—核酸塩基の三元化合物（p.137）．これを単位として，この単位同士の残っているリン酸基の—OH と糖の—OH との間でエステル結合することにより高分子となったものが核酸である（下図，p.137）．ヌクレオチドは ATP，ADP，AMP を始めとして，様々なものが細胞中に大量に含まれている．

ヌクレオシド：糖-核酸塩基（すなわち，リン酸化される前の二元化合物）のことをいう．核酸塩基にはピリミジン塩基とプリン塩基とがある．N–H 部分で糖と *N*-グリコシド結合を作る．

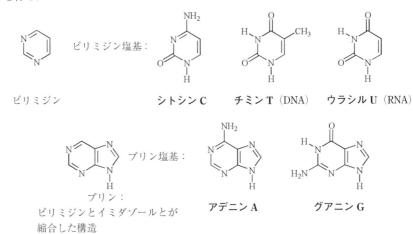

問題 6-9　上記構造式を C，H を省略せずに記せ．　　　　　　　　　　　　　　（答は省略）

核酸塩基と水素結合：核酸塩基は複雑で，うんざりするような構造である．では，なぜ A，G，C，T（U）でなければいけないのだろうか．

その必然性と機能
① *N*-グリコシド結合を作るためには N–H が必要．
② 遺伝情報を担うためには遺伝子複製のための分子構造上のしくみが必要．これが二重らせん構造の相補的二本鎖であり（p.252，『からだの中の化学』），これを支えるのが次ページの図に示した塩基対間の多重水素結合である（水素結合を複数個作ることができる）．

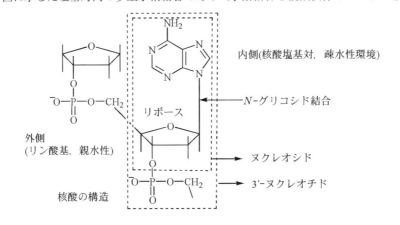

下図のようにCは官能基のすべてを使って，G, A, Tも可能な限りを使って多重の水素結合を作っていることがわかる．核酸は親水性のリン酸基を外側として水と接し，疎水性の塩基を内側とすることにより水素結合も疎水性環境下で強められている（p.137）．

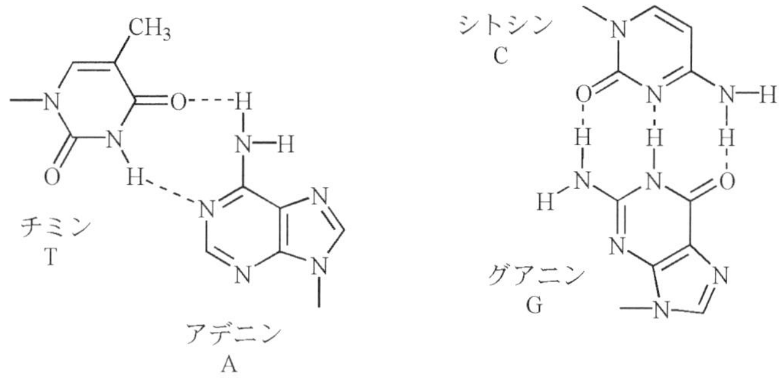

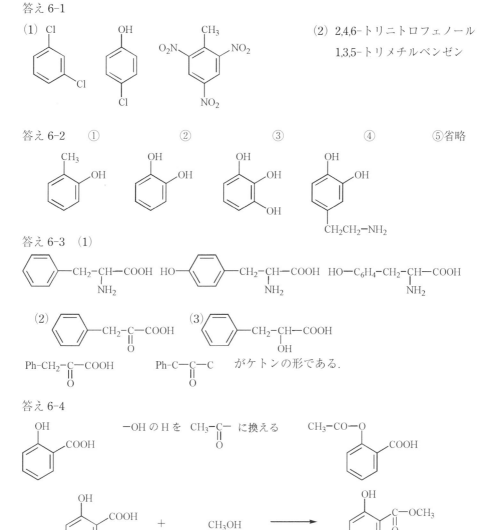

6章の問題の答え

答え 6-1

(1)

(2) 2,4,6-トリニトロフェノール
1,3,5-トリメチルベンゼン

答え 6-2 ① ② ③ ④ ⑤省略

答え 6-3 (1)

(2) (3) がケトンの形である．

答え 6-4

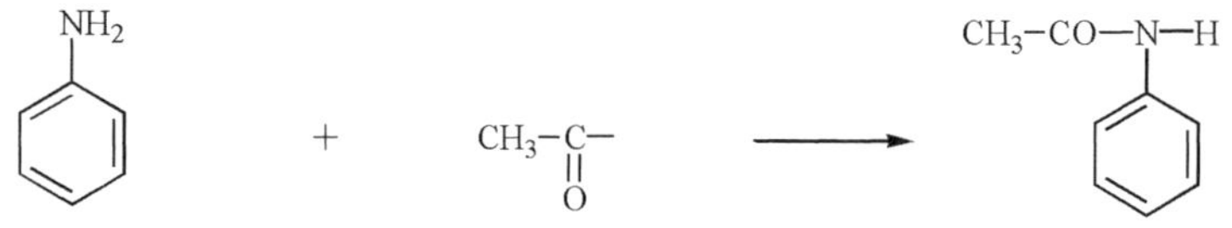

答え 6-5　フェノールは酸としての性質を持つ．それはヒドロキシ基の O 原子上の非共有電子対とベンゼン環の二重結合電子系とが共鳴することにより O 原子上の非共有電子対の密度が減少するために H が取れやすくなることによる．（**フェノキシドイオン** $C_6H_5O^-$）

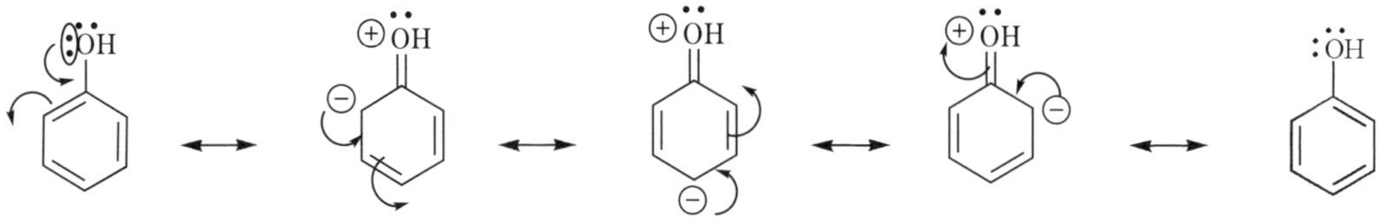

答え 6-6　アニリンの塩基としての強さは脂肪族アミンより弱い．それはアミノ基の N 原子上の非共有電子対とベンゼン環の二重結合電子系とが共鳴することにより，N 原子上の非共有電子対の密度が減少する為である（p.85 電子式による表し方）．

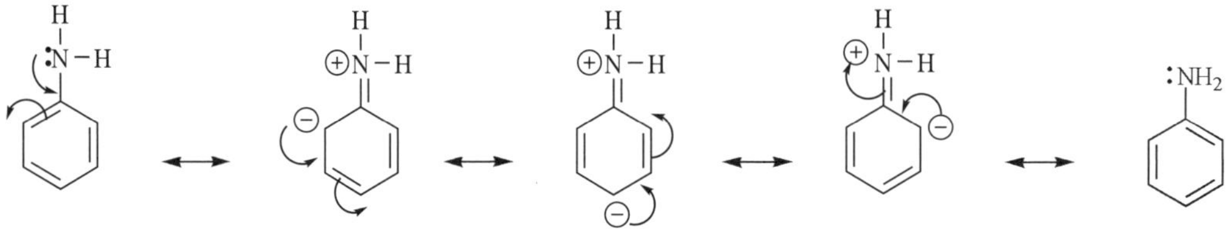

答え 6-8

(1)

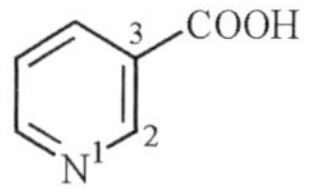

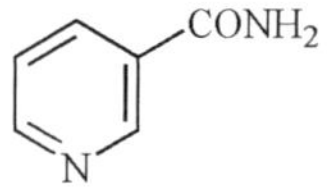

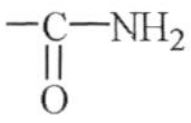

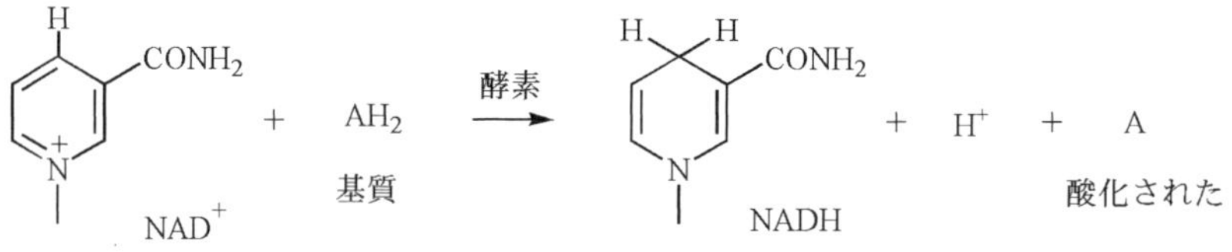

$$NADH + H^+ + B \xrightarrow{酵素} NAD^+ + BH_2$$

基質　　　　　　　　　　　　　　　　還元された

＊ NADH の構造は p.186 参照．

(2)

③ 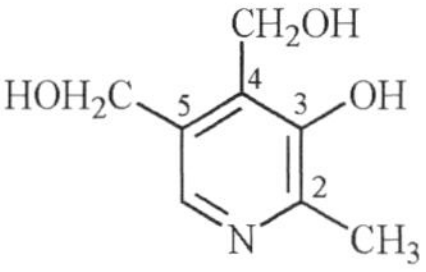 ピリドキシン　　　④ 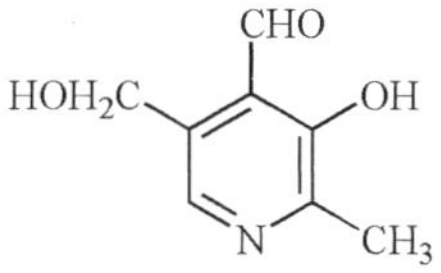 ピリドキサール　　　⑤ 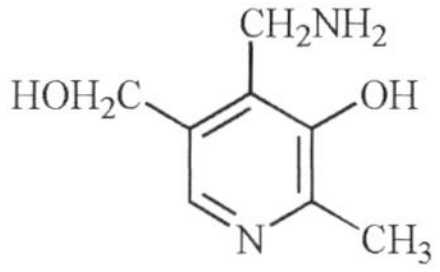 ピリドキサミン

6章：芳香族炭化水素とその化合物　　*167*

5章の問題の答え（つづき）

答え 5-1-2　$CH_3-CH_2-CH_2-CH_2-CH_2-CH(OH)-CH_2-CH_2-CHO$

　　　　　　$CH_3-CH_2-CH_2-CH_2-CH(NH_2)-CH_2-CH_2-CH_2-CHO$

答え 5-2-2　$CH_3-CH_2-CO-CH_2-CO-CH_2-CH_2-CH_3$

　　　　　　$(CH_3-CH_2-CH_2-CO-CH_2-CO-CH_2-CH_3)$

　　　　　　$CH_3-CO-CO-CH_2-CH_2-CH_2-CH_3$

　　　　　　$(CH_3-CH_2-CH_2-CH_2-CO-CO-CH_3)$

答え 5-5-2　ホルムアルデヒド $HCHO$ →ギ酸 $HCOOH$，メタノール CH_3OH；

　　　　　　アセトアルデヒド CH_3CHO →酢酸 CH_3COOH，エタノール CH_3CH_2OH；

　　　　　　プロパナール CH_3CH_2CHO →プロパン酸 CH_3CH_2COOH，1-プロパノール

　　　　　　　（プロパン-1-オール）$CH_3CH_2CH_2OH$；

　　　　　　乳酸 $CH_3CH(OH)COOH$ →ピルビン酸（2-オキソプロパン酸，α-ケトプロ

　　　　　　　パン酸）$CH_3COCOOH$；

　　　　　　β-ヒドロキシ酪酸 $CH_3CH(OH)CH_2COOH$ →アセト酢酸 CH_3COCH_2COOH

　　　　　　　（3-オキソ酪酸，β-ケト酪酸）；

　　　　　　ピルビン酸 $CH_3COCOOH$ →乳酸 $CH_3CH(OH)COOH$．構造式は省略．

答え 5-15-2　グリシン H_2N-CH_2-COOH，または $H-CH(NH_2)-COOH$；

　　　　　　アラニン酸 $H_2N-CH(CH_3)-COOH$，または $CH_3CH(NH_2)-COOH$；

　　　　　　グルタミン酸 $HOOC-CH_2-CH_2-CH(NH_2)-COOH$

答え 5-16-2　$CH_3COOH + H_2N-C_2H_5 \longrightarrow CH_3CO-NH-C_2H_5 + H_2O$；

　　　　　　$H_2N-CH_2COOH + H_2N-CH(CH_3)COOH \longrightarrow$

　　　　　　　$H_2N-CH_2CO-NH-CH(CH_3)COOH + H_2O$；

　　　　　　$H_2N-CH(CH_3)COOH + H_2N-CH_2COOH \longrightarrow$

　　　　　　　$H_2N-CH(CH_3)CO-NH-CH_2COOH + H_2O$；

　　　　　　$H_2N-CH(CH_3)COOH + H_2N-CH(CH_3)COOH + H_2N-CH(CH_3)COOH$

　　　　　　　$\longrightarrow H_2N-CH(CH_3)CO-NH-CH(CH_3)CO-NH-CH(CH_3)COOH + 2H_2O$

　　　　　　（構造式は省略）

7章: 生体物質とのつながり

7-1 アミノ酸・糖と鏡像異性体（光学異性体）・対掌体・鏡像体

　　我々のからだの右手・左手と同じように，ある種の分子にも右手分子・左手分子が存在する．その身近な例は調味料の「味の素」(L-グルタミン酸ナトリウムというアミノ酸の左手分子）である．右手分子である D-グルタミン酸ナトリウムは「味の素」としてのうま味はない (p.169 デモ)．その理由は我々の体が L-アミノ酸からできていることによる．すなわち，L-アミノ酸からできた我々の舌の味らい（味を感じる部分）が D-アミノ酸とうまく相互作用できないためである．糖類にも右手分子・左手分子が存在する．からだの中の様々な酵素など，ほとんどすべての体構成物質が右手分子・左手分子を区別することにより我々の体はうまく機能しているのである．分子の右左の概念が生体にとって大変重要であることが理解できよう．以下，この分子の右左，分子のキラリティー（**不斉**）について学ぶ．キラル chiral とはギリシャ語で手の意であり，人には利き手がある（左右で違う）ので，これを念頭にこの言葉を用いている．D は dextro 右，L は levo 左の意である．

　　アミノ酸のひとつであるアラニン $CH_3CH(NH_2)COOH$ の分子模型を作ってみると，以下に図示した(I), (II)の2種類の立体構造があることがわかる（付録 p.243 模型）．
　　(I), (II)はアラニン分子中心の C^* 原子と結合した原子・官能基（水素原子—H, メチル基—CH_3, アミノ基—NH_2, カルボキシル基—COOH）の空間的な相対位置（—CH_3, —NH_2）が異なっているだけであり（両者を重ね合わせてみよ），いわば左手・右手の関係であるので，これらを**対掌体**（一対の手のひらに対応するもの）と呼ぶ．またこれらはお互いに鏡に映した関係でもあるので**鏡像体**ともいう．

　　左右一対の対掌体・鏡像体は融点・密度などの通常の物理的・化学的性質は全く同じであり，**鏡像異性体**（エナンチオマー，反対のものという意）という．右手・左手に対応する異性体を D と L, R と S という（右手・左手型の絶対配置による区別法）．両者は後述するように光に対する性質（旋光性）が異なるので**光学異性体**ともいい，旋光性により右旋性・左旋性 d と l, (+) と (−) で区別する．D が右旋性 ((+), d) とは限らない．

　　鏡像異性体（光学異性体）と幾何異性体は分子中の原子の結合順序が同じで空間配置・立体構造のみが異なるので構造異性体（原子の結合順序が異なる）に対して**立体異性体**と呼ばれる．R, S の定義は巻末の参考文献を参照．

鏡像異性体（光学異性体）は分子中に**不斉炭素**とよばれる，Cの4本の手がすべて異なる原子・基（上の例では–H，–NH$_2$，–COOH，–CH$_3$）と結合している炭素原子が存在する時に生じる．同じものが2つ以上結合していると対掌体は生じない（上の例でCH$_3$がHに変わったグリシンについて考えてみよ；C–COOH軸回りに120度回転させると（I），（II）の構造式は同じになることがわかる）．示性式中で，ある炭素原子が不斉炭素であることを示す時にはCH$_3$C*H(NH$_2$)COOHのようにC*で表す．

鏡像異性体の構造式の書き方は複数ある．上図を矢印の方向から眺めると，

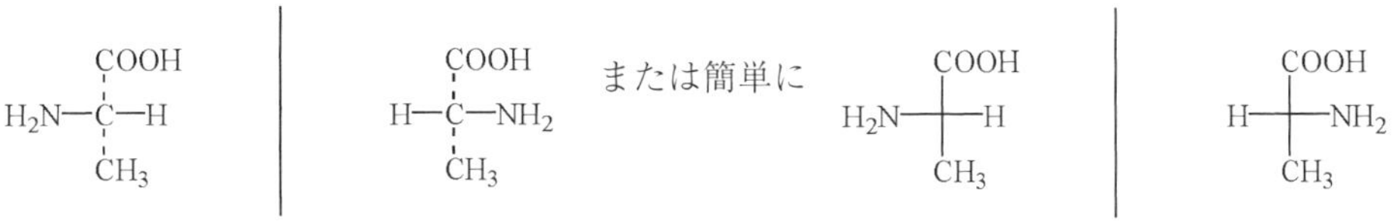

$$\begin{array}{cccc}
\text{COOH} & \text{COOH} & \text{COOH} & \text{COOH} \\
\text{H}_2\text{N–C–H} & \text{H–C–NH}_2 & \text{H}_2\text{N—H} & \text{H—NH}_2 \\
\text{CH}_3 & \text{CH}_3 & \text{CH}_3 & \text{CH}_3
\end{array}$$

または簡単に

ここで，分子中央のC（C*）は紙面上，——は紙面の上側，……は紙面の下側に原子・基があることを意味する．右側の書き方をフィッシャー投影図という．

アミノ酸，糖類の多くには鏡像異性体が存在する．これらの分子の絶対配置DとL・RとSは下図のグリセルアルデヒド（3炭糖，トリオース）をもとに定義・区別されている．

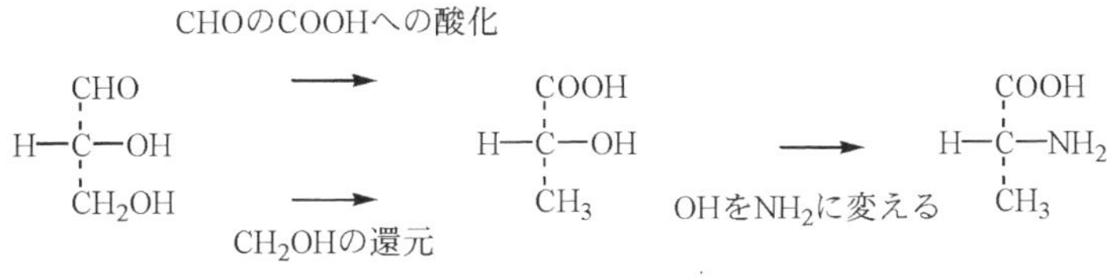

CHOのCOOHへの酸化

$$\begin{array}{ccc}
\text{CHO} & \text{COOH} & \text{COOH} \\
\text{H–C–OH} & \text{H–C–OH} & \text{H–C–NH}_2 \\
\text{CH}_2\text{OH} & \text{CH}_3 & \text{CH}_3
\end{array}$$

CH$_2$OHの還元　　　　OHをNH$_2$に変える

D-グリセルアルデヒド　　　　　D-乳酸　　　　　　　D-アラニン

(グリセリンの一方の端の C-OH がアルデヒド基 CHO に変化したもの)

以上，不斉炭素を持つ分子にはD，Lの記号で表される鏡像異性体があることを理解すればよい．D，Lの分子構造がそれぞれどちらの形かを覚えなくて可．p.242, 243も参照．

デモ実験：D，L-アミノ酸をなめる・味をみる．味の素，L(+)-グルタミン酸ナトリウムはアミノ酸のひとつであり，L-体のみがうまみの素であり，D(−)体はうま味なし．D-のNa塩は市販されていないので，メチオニンなどの他のアミノ酸で試みるとよい．

7-2　光学活性と偏光・旋光性

デモ：偏光サングラス（プラスチック製¥1000）を用いて偏光の観察をする．
2個のめがねを角度を変えて重ね合わせ，視野の明るさが角度によって変化することを確認せよ．また2個の間に砂糖（スクロース）と果糖（フルクトース）の濃厚液が入った試料ビンをはさんで同様のことを観察する．液を満杯にしたビンの口を台所用ラップで封をして輪ゴムでとめ，これを横にして用いる．

光は波（電磁波）であり，波の進行方向に直交した電場・磁場の波として伝わっていく（次ページの図）．

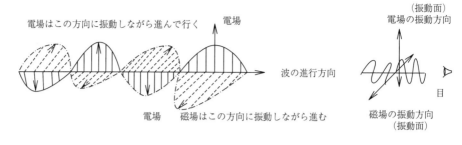

簡単化のために，波の振動方向（振動面）を電場の振動方向（振動面）で代表すると，上の波では波の振動方向は↕の方向で示すことができる．普通の光・自然光はすべての方向に振動している波が混ざっている．これを上の例と同じように矢印で表せば右端図の様に示すことができる．上図の例のように一方向（一平面内）でのみ振動する光を平面**偏光**という．通常の光を方解石のような物質（偏光媒体）に通すと平面偏光が得られる．

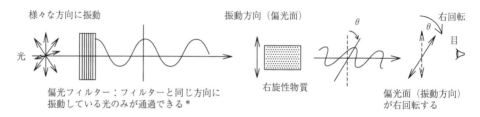

鏡像異性体（光学異性体）は全く同じ分子式の化合物でありながら，平面偏光の振動方向（偏光面）をお互いに反対方向に回転させる（これを旋光という）性質（**旋光性**）を持っている．このように偏光面を回転させる物質を**光学活性物質**と呼び，偏光面を右（時計回り）回転させるものを**右旋性物質**，左（反時計回り）回転させるものを**左旋性物質**という．それぞれ，例えば d-アラニン，l-アラニン，または（+）-アラニン，（−）-アラニンのように表す．回転角度（旋光角）の大きさは物質によって異なり，沸点などと同様にその物質に固有の値である（比旋光度・モル旋光度で表す）．

＊縄を縦にゆらして波を作る．その縄を格子に通して揺らす場合↕方向のみしか波は生じない．こういう効果を光に対して持つ物質を偏光媒体という．これで作ったうすい板・膜が偏光フィルターである．

問題 7-1　鏡像異性体（光学異性体）とは何か？　アラニン $CH_3CH(NH_2)COOH$ の2種類の異性体の構造を区別できるように書き，命名せよ．（答は p.182）
　　参考：ジアステレオマー，メソ体，ラセミ体（参考文献参照）

課題：期末テストの基礎確認テスト用に，各単元の両開きのまとめ（p.108, 140, 152），p.168〜170, 247〜249, および p.4〜17, p.37〜40, 3章, 表紙の裏の表, 豆テスト 1・2 を必ず復習すること．p.105 の課題も再確認せよ．

7章：生体物質とのつながり　　171

7-3　今まで学んだことの専門分野への応用

　　ここまでの学習により，専門分野の授業で学ぶ複雑な化合物の構造式を見て「ぞーっ」としなくなっただけでなく，一応それなりには，構造式中に存在する官能基の種類が分かる・従ってその物質の性質も想像できる，構造式と化合物名の対応がつく，名称から構造式が予想できるようになったことを実感してほしい．このことを全員ができるようになることが本書の目的である．以下で，専門分野の化合物（アミノ酸・香気性物質・ビタミン・ホルモン類）を問題形式で概観することにより，今までに身につけたことを応用してみよう．また生化学で学ぶ糖，脂質，アミノ酸の代謝経路は複雑な反応式の集合体で何とも理解できそうになく思えるが，この反応の各段階が有機電子論の考えでどのように理解できるかを示そう．

7-3-1　香気性物質

　　問題 7-2　以下は果実の香気の素となる化合物である．それぞれについて官能基・化合物グループ名を示せ．　　　　　　　　　　　　　　　　　　　　（答は p.182）

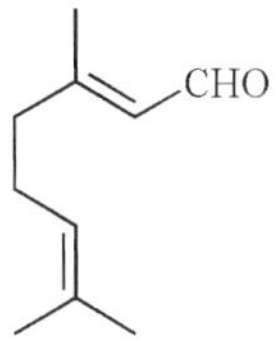

①ゲラニアール 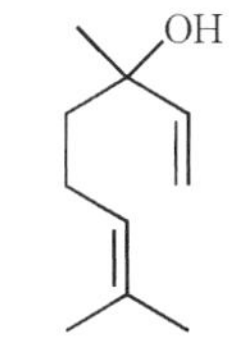　　②リナロール 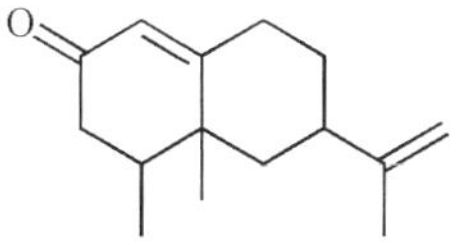　　③ヌートカトン 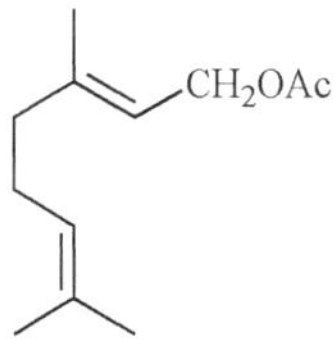　　④酢酸ゲラニル

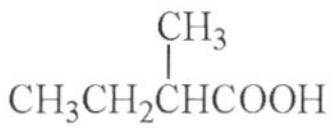

⑤ 2-メチルブタン酸 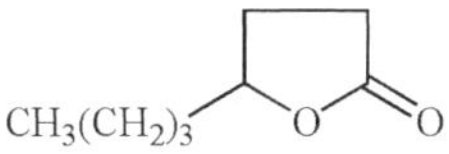　　⑥ 4-ブチルブタノリド 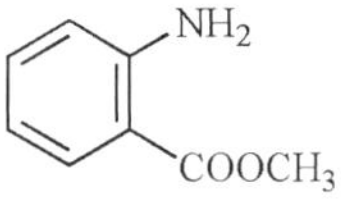　　⑦アントラニル酸メチル 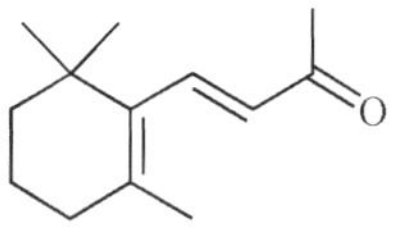　　⑧ β-イオノン

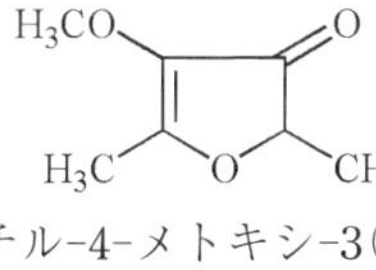

⑨ 2,5-ジメチル-4-メトキシ-3(2H)フラノン 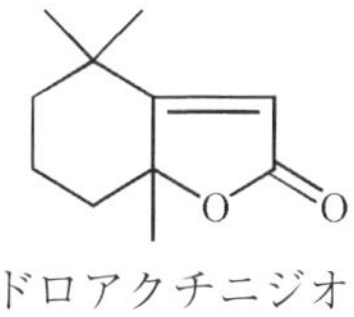　　⑩ジヒドロアクチニジオリド

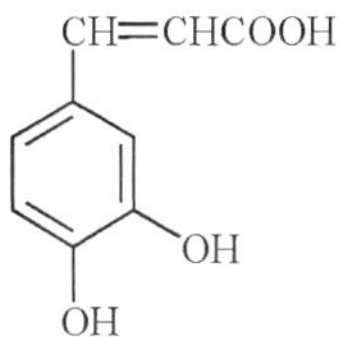

⑪コーヒー酸（カフェ酸） 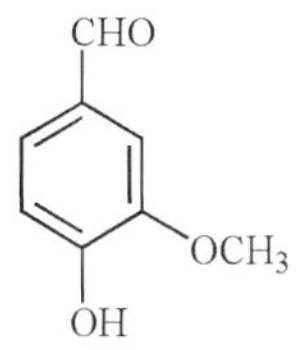　　⑫バニリン（バニラの香り）

7-3-2　アミノ酸

　　問題 7-3　（1）以下のアミノ酸を命名法に基づき命名せよ．　　　　（答は p.183）

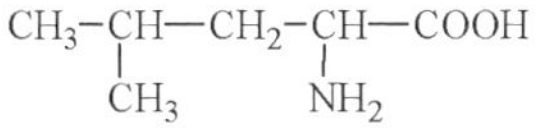

$$CH_3-CH-CH_2-CH-COOH$$

①ロイシン（疎水性アミノ酸） 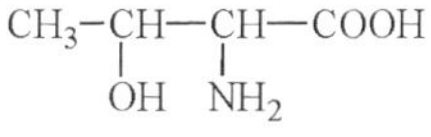　　②トレオニン（スレオニン，ヒドロキシアミノ酸）

$$HOOC-CH_2-CH_2-CH-COOH \qquad H_2N-CH_2-CH_2-CH_2-CH_2-CH-COOH$$
$$\qquad\qquad\qquad\quad NH_2 \qquad\qquad\qquad\qquad\qquad\qquad\qquad\qquad NH_2$$

　③グルタミン酸（酸性アミノ酸）　　④リシン（リジン，塩基性アミノ酸）

(2) グルタミン $H_2NCOCH_2CH_2CH(NH_2)COOH$ の構造式を書き，分子中の官能基をすべてあげよ．また H_2NCO-（$-CONH_2$）の部分を何というか．

(3) システイン $HSCH_2CH(NH_2)COOH$，メチオニン $CH_3SCH_2CH_2CH(NH_2)COOH$ の構造式を書け．

　*システイン，メチオニンは硫黄を含むので含硫アミノ酸と呼ばれる．それぞれ**チオール**（チオアルコール）とチオエーテルである．硫黄原子 S を含む場合，チオ〇〇という．S は周期表で O の下にある同族元素であるから，O と同様の化合物を作る．そこで R–OH に対応して R–SH をチオール，R–O–R′ に対応して R–S–R′ をチオエーテルという．システインは酸化（脱水素）されると 2 分子が S 原子同士で結合する．この R–S–S–R を**ジスルフィド結合**という（S の酸化数は R–SH と R–S–S–R でどうなるか考えてみよ）．

7-3-3　ビタミン・ホルモン（共役二重結合，ステロイド骨格）

　イソプレノイド：テルペン・テルペノイドともいう．イソプレン（合成ゴムの原料 p.142；C_5 の 2-メチル-1,3-ブタジエン・2-メチルブタ-1,3-ジエン $CH_2=C(CH_3)CH=CH_2$）を原料とした物質であり，以下の様々なビタミン類・ステロイドホルモンが含まれている．

問題 7-4　次に示すイソプレノイド化合物について答えよ．　　　　　　（答は p.183）
(1) トマトの赤色色素・**リコペン***はイソプレン分子 $CH_2=C(CH_3)CH=CH_2$ の 8 個が結合したものである．つながっている箇所を示せ．また，8 個の分子をつないで構造式を書いてみよ．

　*二重結合が，ひとつ置きにすべてトランス形でつながった共役二重結合鎖の化合物であり，赤色を示す理由が理解できる（p.147, 148）．

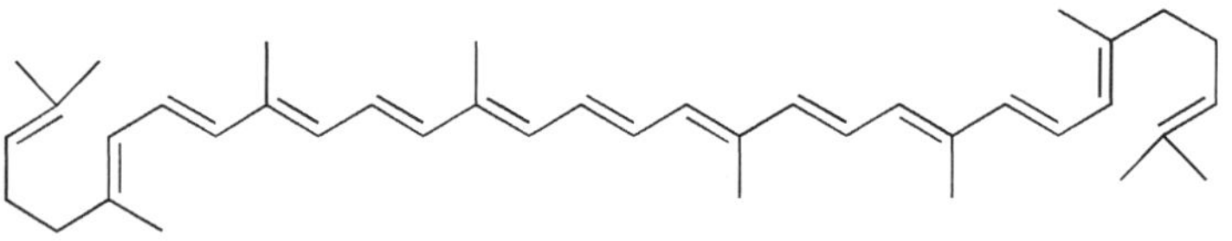

リコペン

(2) リコペンのどこをどうすれば**β-カロテン**となるかを示せ．

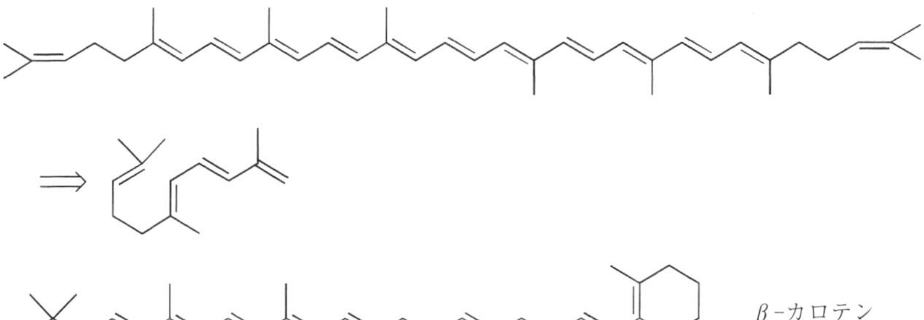

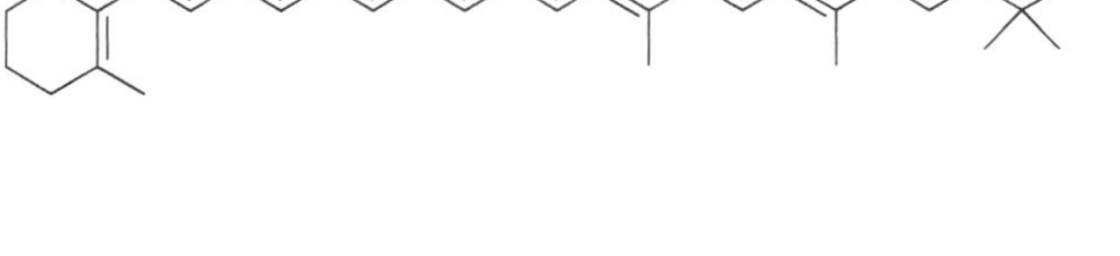

β-カロテン

7章：生体物質とのつながり　173

（3）β-カロテンはプロビタミンAであり，中央の二重結合が酸化切断されて，全トランス型のレチナールが生成する．これが還元されてレチノール（代表的**ビタミンA**），酸化されてレチノイン酸となる．レチナール・レチノール・レチノイン酸の構造式を書け．ビタミンA欠乏症には夜盲症・成長阻害・生殖障害・皮膚障害などがある．視覚の場合の活性型はレチナール（視物質ロドプシン形成），他の作用の活性型はレチノイン酸である．

問題 7-5　**ビタミンE**（トコフェロール）*の構造は環状の分子骨格にイソプレン分子$CH_2=C(CH_3)CH=CH_2$が何個結合したものか．つながっている箇所を示せ．（血液凝固に関わるビタミンKも同様のイソプレン側鎖を持った化合物である）

（答は p.184）

*細胞膜を構成している不飽和脂肪酸の酸化を防止する働き・抗酸化作用がある．相手を還元し，自身は酸化されてトコフェリル**キノン**（トコ*キノン*）などとなる．

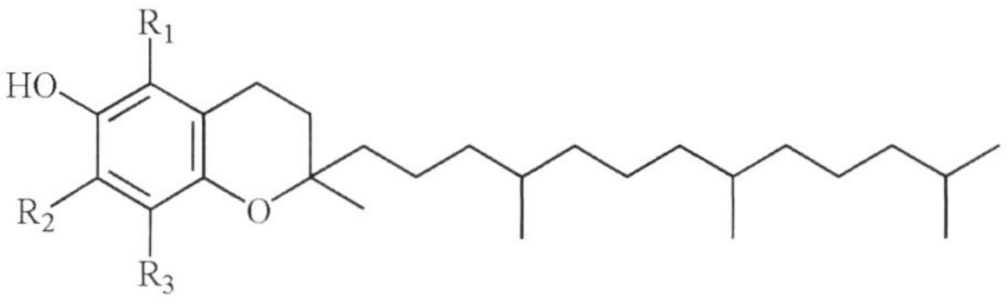

ビタミンE
（トコフェロール）

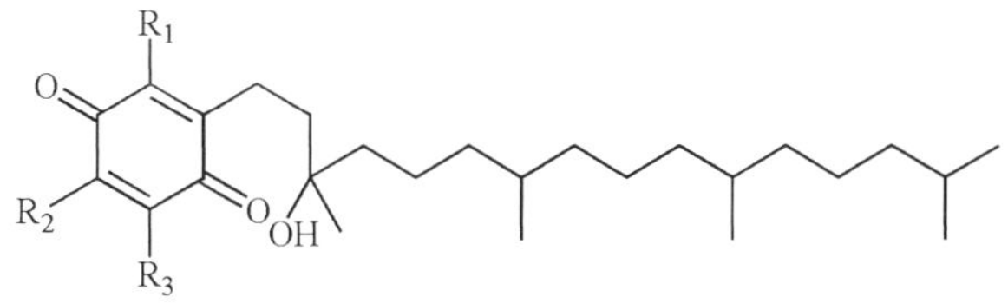

（トコフェリルキノン）

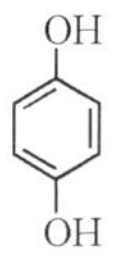

をハイドロキノン，これが酸化されたもの $(-H_2)$ を 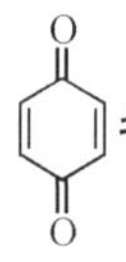 **キノン** という

問題 7-6　**コレステロール**（動脈硬化のもと・細胞膜の成分として重要），性ホルモン，副腎ホルモン，胆汁酸（胆のうから分泌される消化液である胆汁の成分）は，すべて**ステロイド**といわれる同一の分子骨格を持った化合物の一群である．それぞれの化合物の名称に対応する官能基・化合物グループ名を構造式中に探し出せ．それ以外の官能基・化合物グループ名（p.53，54）もすべて示せ．また，コレステロールの構造式をC，Hを省略しないで書いてみよ．　　　（答は p.184）

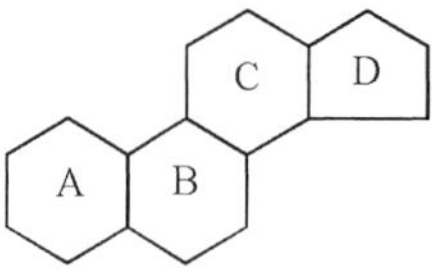

ステロイド骨格
（構造式中の位置を A,B,C,D 環と名づける）　①コレステロール 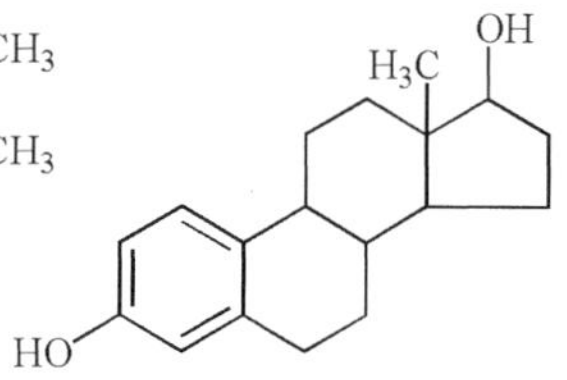　②エストラジオール*

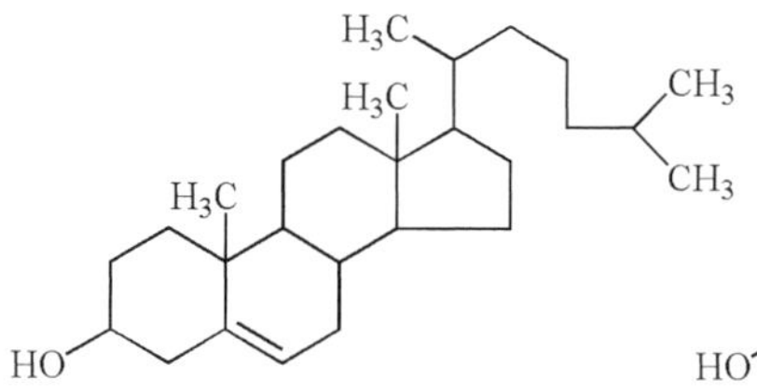

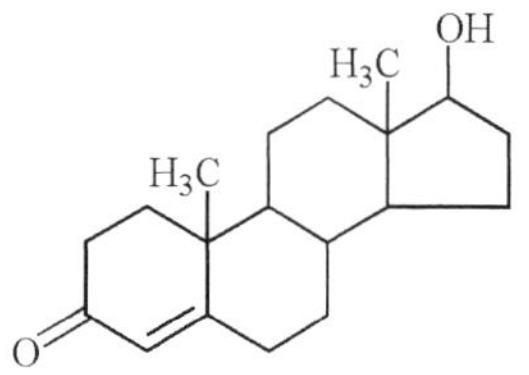

③テストステロン* 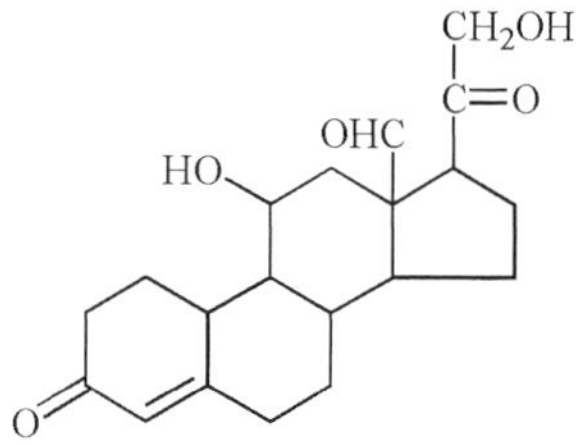　　　④アルドステロン* 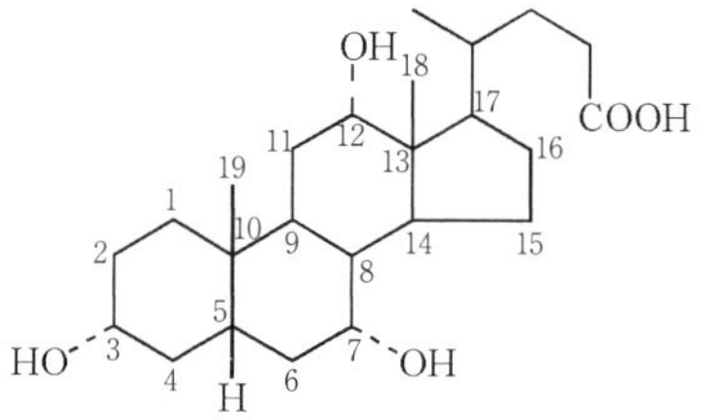　　　⑤胆汁酸（コール酸）

*エストラジオール：女性ホルモンのひとつ．テストステロン：男性ホルモン．アルドステロン：副腎皮質ホルモンのひとつ．腎臓の尿細管に作用して Na^+ の再吸収を促進し，K^+ の排泄を促進する．デオキシコール酸：7α-OH がないもの．ケノデオキシコール酸：12α-OH がないもの．リトコール酸：7α-OH，12α-OH がないもの．

問題 7-7　生体ではコレステロール（上図）もスクアレン経由でイソプレン 6 分子から合成される．下図でコレステロール骨格ができることを確認せよ（骨格をつないで作ってみよ）．また，イソプレン分子のつなぎ目を図中に示せ．　　　（答は p.184）

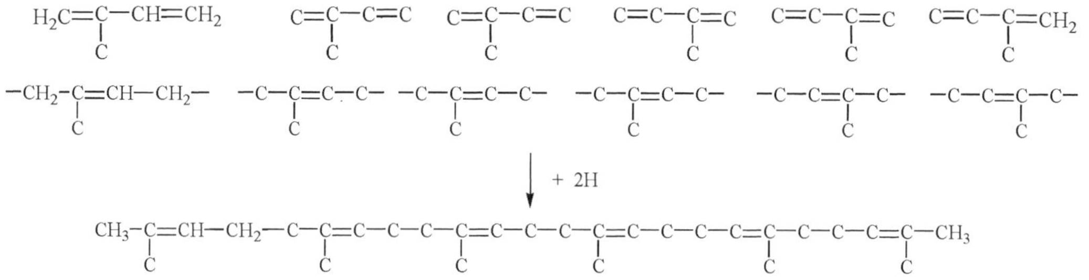

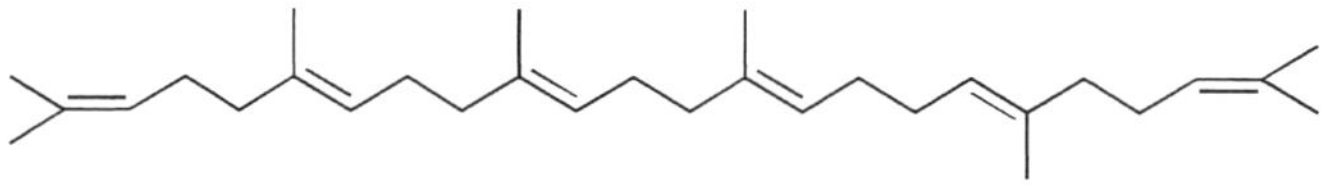

（スクアレン）

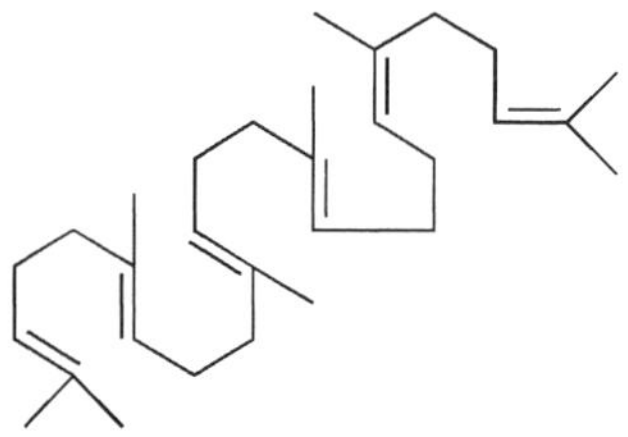

7章：生体物質とのつながり　175

問題 7-8　次の構造式で示したグリココール酸・タウロコール酸は，それぞれ，コール酸とある化合物がアミド結合したものであり，胆汁酸塩（抱合胆汁酸）といわれる．結合する前の化合物の構造式を示せ．名称についてもアミド結合したものの名称より推定してみよ（慣用名と命名法に基づく名称）．　　　　　　（答は p.185）

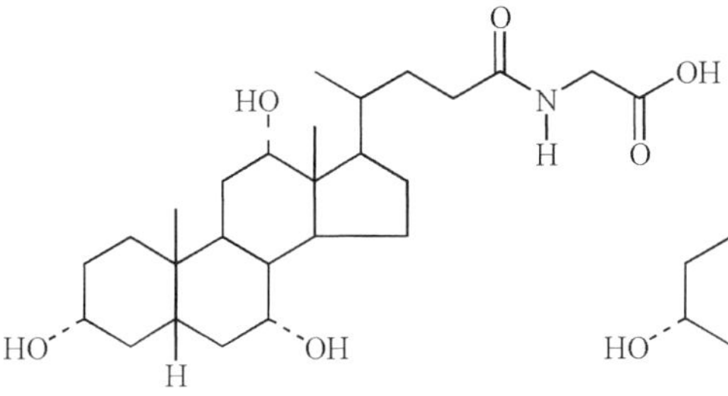

グリココール酸 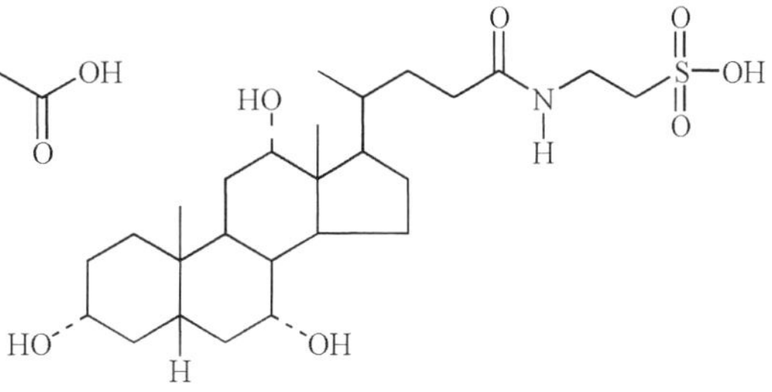　　　　　　　　　　　　タウロコール酸

問題 7-9　ビタミン D のもと（プロビタミン D）はステロイドの一種である．ビタミン D とプロビタミン D の構造式を比較して，プロビタミン D のどこの結合が切れてどうなったのかを示せ．ビタミン D 分子中の官能基についてあげよ．また，プロビタミン D の A〜D 環部分の分子模型を組んで実際ビタミン D の A，C，D 部分へ構造変換してみよ（分子模型の黒・青・赤玉をすべて使えば組み立てることができる）．　　　　　　　　　　　　　　　　　　　　　　　　　　　　（答は p.185）

＊ビタミン D はカルシウム量調節に関係し，欠乏するとくる病になる．D₂ はエルゴカルシフェロール，D₃ はコレカルシフェロール．エルゴは菌類，コレは胆汁，シトは穀物の意．

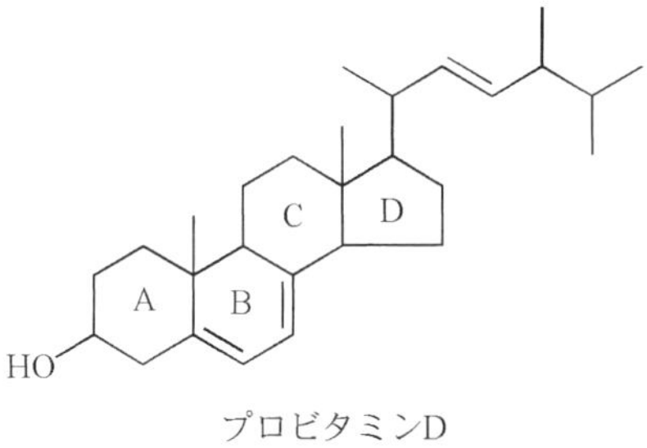

プロビタミン D 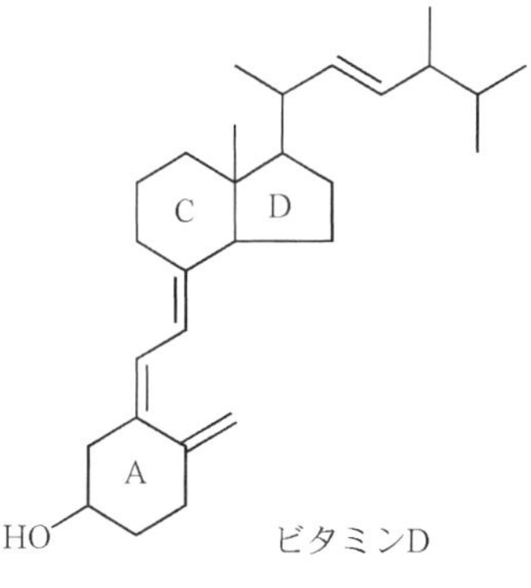　　　　　　　　　　　　　ビタミン D

問題 7-10　次の構造式中の官能基・化合物群名をすべて示せ．　　　　（答は p.185）

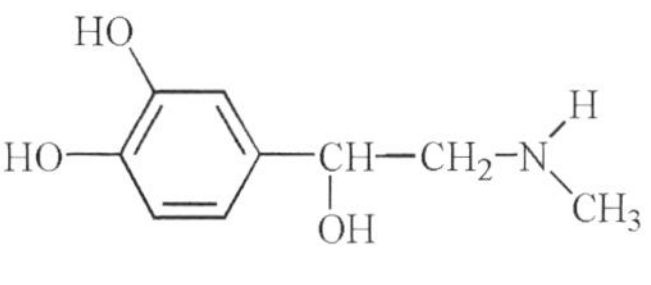

①アドレナリン＊ 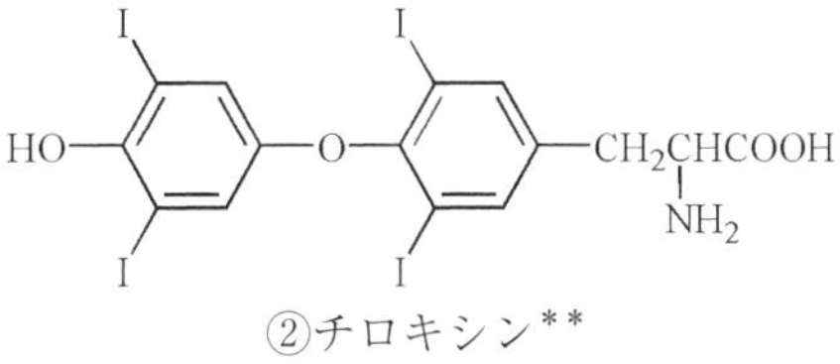　　　　　　　　　　　　②チロキシン＊＊

＊別名エピネフリン．副腎髄質ホルモンのひとつ．生理活性カテコールアミンの一種．血圧の調節と血糖濃度の維持を行っている．緊急時・感情の興奮・運動・出血多量・その他のストレスに対して放出され，血糖値上昇・心拍数増大・血液凝固の促進・筋力増強などの作用がある．いわゆる「火事場の馬鹿力」はこのアドレナリンの分泌による．

**チロキシン：甲状腺ホルモンのひとつ．核における遺伝情報発現の調節，脂肪分解や糖新生の促進，代謝亢進，交感神経賦活作用がある．甲状腺機能亢進ではバセドー病，胎児新生児期の機能低下で先天異常と知能発育障害，小児期の機能低下で身体の成長障害がおこる．

問題 7-11　ビタミン B 群に属する①，②の構造式中の官能基・化合物群名をすべて示せ．また，これらの複雑な複合分子を構成する（各部分のもととなっている）分子の構造を示せ．　　　　　　　　　　　　　　　　　　　　　　　（答は p.185）

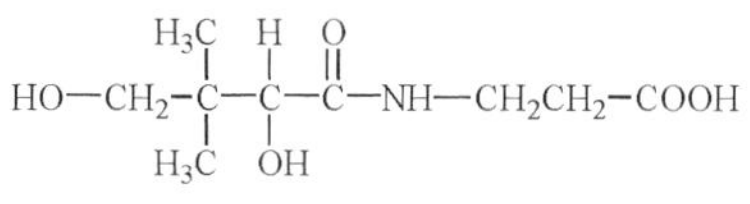

①パントテン酸 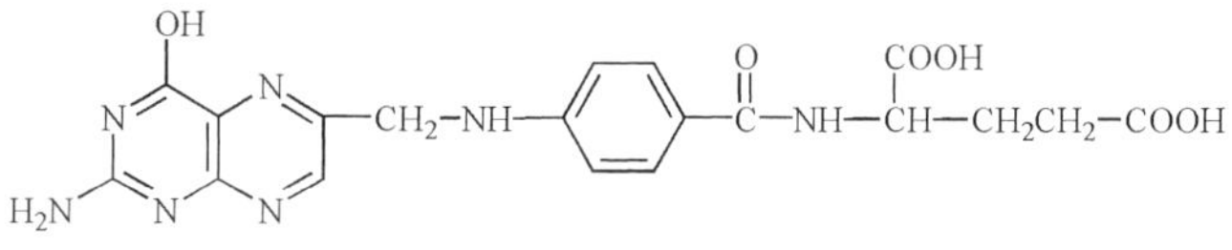　　　　　　　　　　　　　　　　　　　②葉酸

7-3-4　代謝

有機化合物の反応の種類のまとめ：以下に学ぶ代謝がいかなる種類の反応から構成されているかを確認するための予備知識として，今までに学んだ有機反応をまとめた．

① **置換反応**：ハロアルカン（p.76，77）芳香族（p.159，161），その他 p.120，138

　縮合反応：エーテル p.104・エステル p.135・イミン p.114，119・アミド p.130 の生成

② **脱離反応**：ハロアルカン（求核的 p.76，77），アルコール（求核 p.103，104）

③ **付加反応**：アルデヒド・ケトン（p.113，118，120），アルケン・アルキン（p.149，150）

④ （転移反応）アミノ基の転移

⑤ **酸化還元反応**：アルコール（p.94），カルボニル（p.114，120），アルケン（p.149）

7-3-4a　糖の代謝

我々が生きていくためのエネルギー，即ち，日常の身体・精神活動を支えている様々な生体内反応のエネルギーは ATP によってもたらされている．この ATP を生み出すためのしくみである糖（グルコース）の代謝，即ち酸化は 2 段階よりなる．第一段階は解糖といわれ，酸素を必要としない嫌気性下でピルビン酸 p.126 と ATP を生じる過程，第二段階はピルビン酸がクエン酸回路を経て，酸素の必要な呼吸鎖（電子伝達系）へと進むことによりさらに ATP を生み出す過程である．嫌気性下では第一段階で生じたピルビン酸は，酸素を必要とする第二段階へは進めないので，乳酸へと変化する．酸素不足となる激しい運動の際に筋肉を動かすエネルギーは乳酸を生成するこの第一段階で生産されたものである．

＊解糖

問題 7-12　次の解糖系（第一段階）に関する①〜⑥の化合物の構造式を書け．

（答は p.185）

第一段階である解糖系では，まず，六炭糖のグルコース $C_6H_{12}O_6$（アルドース，アルデヒド糖）がケトース（ケトン糖）のフルクトースへを異性化し，これが分解（解糖）して 2 つの C_3 化合物，①ジヒドロキシアセトン（1,3-ジヒドロキシプロパノン，1,3-ジヒドロキシプロパン-2-オン）と②グリセルアルデヒド（2,3-ジヒドロキシプロパナール）を生じる．①も②へ異性化し，2 分子の②が③グリセリン酸（2,3-ジヒドロキシプロパン酸）

7章：生体物質とのつながり　177

へと酸化される．この分子より H_2O（−H，−OH）が脱離して④エノール（エン・オール）のエノールピルビン酸（2-ヒドロキシ-2-プロペン酸，2-ヒドロキシプロパ-2-エン酸）となる．これがケト-エノール互変異性化（p.150）して 2-オキソ酸（a-ケト酸）である⑤ピルビン酸（2-オキソプロパン酸，a-ケトプロピオン酸）を生じる．無酸素下では⑤がそのまま還元されて（NADH を NAD^+ に戻すため）⑥乳酸となる．（生体内の反応では①〜④はリン酸エステルとして存在している．反応はすべて酵素を触媒とした反応である．）

解糖系で生じたピルビン酸は次の反応で**アセチル CoA**（アセチル−S−CoA）となる．

ピルビン酸 + H−S−CoA（補酵素 A）+ NAD^+ → **アセチル−S−CoA** + CO_2 + $\underline{NADH}$ + H^+

第一段目：**酸化反応**（脱水素）と脱炭酸　　　　　　　　　　　　　　　　　　（ATP の元）

$$CH_3-CO-COOH + H_2O \longrightarrow CH_3-CO-OH + CO_2 + \textcircled{2H}$$

C の酸化数：　+2　　+3（H は +1 × 2）　→　　　　+3　　　+4（H は 0）

第二段目：**エステル化反応**

$$CH_3-CO-OH + H-S-CoA(チオアルコール^*) \longrightarrow CH_3-CO-S-CoA(\textbf{チオエステル}) + H_2O$$

　*チオ…は問題 7-3 のコメント参照のこと　　アセチル−S−CoA（活性酢酸ともいう）

＊クエン酸回路（TCA 回路）

　解糖系のピルビン酸は上述の反応でアセチル CoA（$CH_3CO-S-CoA$）へと変化するが，このアセチル CoA のアセチル基（酢酸）が以下の TCA 回路で CO_2 へと酸化され，これによって生み出された還元性物質が ATP を産生する．

　問題 7-13　次ページのクエン酸回路の各段階の反応について，おこっている反応の種類を述べよ．

答え

① **オキサロ酢酸** + $CH_3-CO-S-CoA$(アセチル−S−CoA) + H_2O → **クエン酸** + H−S−CoA

　第一段目：CH_3-CO- の CO の a−H を CoA 塩基？が引き抜く反応

$$H-CH_2-CO-S-CoA \longrightarrow {}^-CH_2-CO-S-CoA + H^+$$

　　第二段目：カルボニルへの**付加反応**　　　　　　第三段目：チオエステルの**加水分解反応**

② **クエン酸 → *cis*-アコニット酸**（名称は気にしないでよい）．

脱離反応によるアルケンの生成（−OH と−H が取れて二重結合となっている）

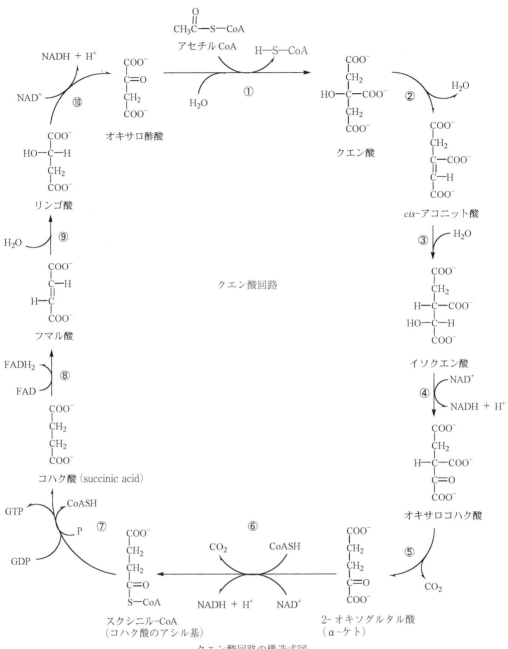

クエン酸回路の構造式図

③ **cis-アコニット酸** + H_2O → **イソクエン酸**（イソ＝同じ，クエン酸の異性体）

二重結合への水分子の**付加反応**（H と OH がくっつく）による異性化

$$^-OOC-CH_2-\underset{}{\overset{\overset{\textstyle COOH}{|}}{C}}=CH-COO^- \quad \xrightarrow{\ H_2O\ } \quad ^-OOC-CH_2-\underset{\overset{|}{H}}{\overset{\overset{\textstyle COOH}{|}}{C}}-\underset{\overset{|}{OH}}{CH}-COO^-$$

代謝（異化）とは酸化反応である．クエン酸のアルコール性—OH は第三級 OH 基であり，酸化されにくい．したがって，②，③の反応でクエン酸をイソクエン酸として，—OH を第三級から第二級に変えることによって，④の反応で，この第二級の＞CH—OH 基をケトン基＞C＝O に酸化できるようにしている．

④ **イソクエン酸** + NAD^+ → **オキサロコハク酸**

酸化反応（脱水素，$NADH + H^+$の生成）（第二級アルコールがケトンになっている）

$$^-OOC-CH_2-\underset{\overset{|}{H}}{\overset{\overset{\textstyle COOH}{|}}{C}}-\underset{\overset{|}{OH}}{CH}-COO^- + NAD^+ \longrightarrow \boxed{^-OOC-CH_2-\underset{\overset{|}{H}}{\overset{\overset{\textstyle HOOC}{|}}{C}}}\boxed{\overset{\overset{\textstyle}{}}{C}\underset{\overset{||}{O}}{}-COO^-} + NADH + H^+$$

コハク酸の部分　　　　オキサロはシュウ酸$(COOH)_2$ oxalic acid のアシル基

⑤ **オキサロコハク酸** → **2-オキソグルタル酸**（α-ケトグルタル酸，2-オキソ○○酸とは
—CO—COOH のこと）**脱炭酸反応**（—COOH が CO_2 二酸化炭素・炭酸ガスとなって取れた）：反応の前では COOH と CH で C の酸化数+3 と −1，あとでは CO_2 と CH_2 で +4 と −2 → 正味として酸化還元なし

$$^-OOC-CH_2-\underset{\overset{|}{H}}{\overset{\overset{\textstyle COOH}{|}}{C}}-\underset{\overset{||}{O}}{C}-COO^- \quad \longrightarrow \quad ^-OOC-CH_2-\underset{\overset{|}{H}}{\overset{\overset{\textstyle H}{|}}{C}}-\underset{\overset{||}{O}}{C}-COO^- + CO_2$$

⑥ **2-オキソグルタル酸** + H—S—CoA + NAD^+ → **スクシニル CoA** + CO_2 + $\underline{NADH + H^+}$

ピルビン酸→アセチル CoA と同一反応　　コハク酸 succinic acid の　　（ATP の元）
　　　　　　　　　　　　　　　　　　　　アシル基がついた CoA

第一段目：**酸化反応**（脱水素）と脱炭酸

$$^-OOC-CH_2-CH_2-CO-COOH + H_2O \rightarrow {}^-OOC-CH_2-CH_2-CO-OH + CO_2 + ⓶H$$

第二段目：**エステル化反応**

$$^-OOC-CH_2-CH_2-CO-OH + H-S-CoA \rightarrow {}^-OOC-CH_2-CH_2-CO-S-CoA + H_2O$$
スクシニル CoA

⑦ **スクシニル CoA**（コハク酸のアシル基）+ GDP + Pi → **コハク酸** + $\underline{GTP}$ + H_2O
　　　　　　　　　　　　　　　　　　　　　　　（リン酸）

チオエステルの**加水分解反応**

$$^-OOC-CH_2-CH_2-CO-S-CoA + H_2O \rightarrow {}^-OOC-CH_2-CH_2-CO-OH + H-S-CoA$$
スクシニル CoA　　　　　　　　　　　　コハク酸

⑧ **コハク酸 + FAD → フマル酸 + FADH$_2$**

酸化反応（水素の脱離反応，FADH$_2$ の生成）　　　　　　（ATP の元）

$$^-OOC-CH_2-CH_2-COOH + FAD \rightarrow {}^-OOC-CH=CH-COOH + FADH_2 \quad フマル酸$$

⑨ **フマル酸 + H$_2$O → リンゴ酸**　（酸化するために第二級アルコールを作っている）

二重結合への水分子の**付加反応**

$$^-OOC-CH=CH-COOH + H_2O \longrightarrow {}^-OOC-\underset{\underset{OH}{|}}{CH}-\underset{\underset{H}{|}}{CH}-COOH \quad リンゴ酸$$

⑩ **リンゴ酸 + NAD$^+$ → オキサロ酢酸 + NADH + H$^+$**

酸化反応（脱水素，NADH + H$^+$の生成）（第二級アルコールがケトンになっている）

$$^-OOC-\underset{\underset{OH}{|}}{CH}-\underset{\underset{H}{|}}{CH}-COOH + NAD^+ \longrightarrow {}^-OOC-\underset{\underset{O}{||}}{C}-CH_2-COOH + NADH + H^+$$

　　　　　　　　　　　　　　　　　　　　　　　　　　　　　　（ATPの元）

補足：反応式 ①〜⑩ を加算すると，TCA 回路の正味の反応は<u>アセチル基の酸化のみである</u>．

$$CH_3-CO-S-CoA + 3NAD^+ + GDP + Pi + FAD + 2H_2O \quad (GDP + Pi \rightarrow GTP + H_2O)$$

$$-3 \quad +3 \qquad\qquad\qquad\qquad \rightarrow HS-CoA + 2CO_2 + 3H^+ + 3NADH + GTP + FADH_2$$

$$+8 \qquad\qquad +6e^- \qquad\qquad +2e^-$$

$$2C + 3H^+ + O^{2-} + 3H_2O \rightarrow 2CO_2 + 9H^+ + 8e^- \quad (O と H の酸化数は -2 と +1 で不変．C のみ変化)$$

$$-3 \quad +3 \qquad\qquad\qquad\qquad +8 \qquad -8 \quad \rightarrow 電子を 8 個得た（8 還元当量）$$

$$（もしくは 9H^+ + 8e^- \rightarrow 8H + H^+：H を 8 個得た）$$

　　結局，TCA 回路では，炭素が酸化され電子 8 個（H 8 個；または 3H$^+$ + 3NADH + GTP + FADH$_2$）を得ただけである．これらの生成物が電子伝達系（呼吸鎖，酸素が必要）でATP を生み出すことになる．

　　クエン酸回路の詳しい内容は，多分，必ずしも理解する必要はなく，この経路でアセチル基（アセチル CoA）が酸化されて 2CO$_2$ となり，その時に得られるエネルギー（還元力，8H）が呼吸鎖で最終的に ATP のエネルギーに変換される（H が O$_2$ で酸化されてH$_2$O となる），というあらすじを理解しておけば十分であろう．

7-3-4-b　脂質の代謝

　　脂肪酸の酸化：中性脂肪が加水分解されると脂肪酸とグリセリン（グリセロール）を生じる．この脂肪酸は以下の脂肪酸回路で **β 酸化**を受けることによりアセチル CoA の形で脂肪酸の炭素が 2 個切り取られ，炭素鎖が 2 だけ短くなったアシル CoA（R−CO−S−CoA）となる．この過程が繰り返されることによって脂肪酸がすべて 2 個ずつに切断される．生じたアセチル CoA は TCA 回路に入ることによりすべて CO$_2$ へと酸化される．

7章：生体物質とのつながり　181

問題 7-14　下記の β 酸化の反応過程 ①～⑤ に関する設問に答えよ.

1）②の反応が起こる原動力を念頭において，有機電子論的に反応機構を考えると次のようになる．各段階の反応式を有機電子論の表現法で書いてみよ.
　　CO が立ち上がる． α -H の電子対を C$^+$ が引き抜き C=C となる． H$^+$ を FAD の N 原子の非共有電子対が受け取る．立ち上がった CO がもとに戻る． C=C の π 電子が隣の C—C 結合へ移動し，ここが C=C となる．このため不要となった β -H を水素陰イオン（ヒドリドイオン）として FADH$^+$ が受け取り FADH$_2$ となる.

2）③の付加反応で OH が β 炭素に付加する理由を有機電子論的に考えよ.

3）④の反応は NAD$^+$ を必要とする．その理由を有機電子論的に考えよ.

4）⑤の反応機構を有機電子論的に考えてみよ．（CO の立ち上がりと S の配位，CO がもとに戻って C—C 結合の切断，アシル CoA とアセチル CoA の生成）　　　　（答は p.185）

① 脂肪酸 R—CH$_2$—CH$_2$—COOH が補酵素 A　H—S—CoA（チオール・チオアルコール）とエステルを作る.
　　R—CH$_2$—CH$_2$—COOH + H—S—CoA　⟶　R—CH$_2$—CH$_2$—CO—S—CoA + H$_2$O
　　　　β 位　α 位（COOH からみて）

② 脱水素がおこりエノン（エン・オン）構造をとる.
　　R—CH$_2$-CH$_2$-C—S—CoA　⟶　R—CH=CH—C—S—CoA
　　　　　　　　　‖　　　　　　　　　　　　　‖
　　　　　　　　　O　　　　　　　　　　　　　O
　　　　　　　　FAD が 2H を受け取る→ FADH$_2$

③ 二重結合への水分子の付加反応（H と OH がくっつく）がおこる.
　　R—CH=CH—C—S—CoA + H$_2$O　⟶　R—CH—CH—C—S—CoA
　　　　　　　　‖　　　　　　　　　　　　　　│　　│　‖
　　　　　　　　O　　　　　　　　　　　　　　OH　H　O

④ 酸化反応がおこる（アルコール→ケトン；この反応の準備のために ①②③ の反応がおこる）
　　R—CH—CH—C—S—CoA + NAD$^+$　⟶　R—C—CH$_2$—C—S—CoA + NADH + H$^+$
　　　　│　│　‖　　　　　　　　　　　　　‖　　　　‖
　　　　OH　H　O　　　　　　　　　　　　　O　　　　O
　　　　　　　　　　　　　　　　脂肪酸の β 位が酸化されてケトン化

⑤ H—S—CoA との反応による C—C 結合切断．アシル CoA（R—CO—S—CoA）とアセチル CoA（CH$_3$—CO—S—CoA）の生成．脂肪酸の炭素鎖が 2C だけ短くなった.
　　R—C—CH$_2$—C—S—CoA + H—S—CoA　⟶　R—C—S—CoA + CH$_3$—C—S—CoA
　　　　‖　　　　‖　　　　　　　　　　　　　　‖　　　　　　　‖
　　　　O　　　　O　　　　　　　　　　　　　　O　　　　　　　O

7-3-4-c アミノ酸の代謝—尿素回路

アミノ酸はビタミン B_6 が関与する 2-オキソ（α-ケト）グルタル酸へのアミノ基転移反応により 2-オキソ酸（α-ケト酸）とグルタミン酸に変化する．グルタミン酸は酸化的脱アミノ化反応によってアンモニアと 2-オキソグルタル酸に変えられる．

$$RCH(NH_2)COOH + H_2O + NAD^+ \rightarrow RCOCOOH + NH_3 + NADH + H^+ \quad (R = HOOCCH_2CH_2)$$

ここで生じたアンモニア（アンモニウムイオン）は高濃度で脳損傷を引き起こす（高アンモニウム血症）．そこで生体はこの NH_3 を無毒化する仕組みを備えている．

問題 7-15 生体が NH_3 を無毒化する仕組みとはどのような仕組みか．また，この仕組みがどのような原理に基づくか述べよ． (答は p.186)

問題 7-16 アンモニアを**尿素**に変える反応経路が尿素回路（オルニチン回路）である．この回路の正味の反応は，$2NH_3 + CO_2 \rightarrow NH_2—CO—NH_2 + H_2O$ である．反応機構を非酵素反応的に，有機電子論の考えに基づいて示せ． (答は p.186)

7章の問題の答え

答え 7-1 分子中に不斉炭素（C の 4 本の手がすべて異なる原子・基と結合している炭素原子）が存在する場合，この分子を鏡に映した空間配置（鏡像，右左の掌の関係）の 1 対の分子が存在する．これを鏡像異性体（光学異性体）といい，両者を D（右），L（左）で区別する．D, L を絶対配置という．D, L は直線偏光を右または左に旋回させる性質（旋光性・光学活性）を持つ．右旋性を（+）または d，左旋性を（−），l で表す．D が右旋性（(+), d）とは限らない*．

L(+)-アラニン　　　　D(−)-アラニン

*今は，両者が鏡に映した関係であることさえ理解しておけば，どちらが D か L か，気にしなくてもよい（L を left と覚えておけば COOH が上で NH_2 が左にあるものが L）．

答え 7-2 ① —CHO でアルデヒド（アールという名称からも想像できる），二重結合が 2 個あるのでアルケン

② —OH でアルコール（ロール（オール）という名称からも想像できる），二重結合が 2 個あるのでアルケン

③ O=< でケトン（トン（オン）という名称からも想像できる），二重結合が 2 個あるのでアルケン

④ Ac はアセチル基 CH_3–CO– だから —CH_2OAc = —CH_2O—CO—CH_3 = R′—O—CO—R = R—CO—OR′．よってエステル（酢酸エチルに似た酢酸ゲラニルという名称からも想像できる），二重結合が 2 個あるのでアルケン

7章：生体物質とのつながり　183

⑤ 脂肪族カルボン酸　⑥ アルカン，分子内の—COOH と—OH が反応して脱水縮合した分子内エステル R—CO—O—R′．名称はトリグリセリドに似ているのでエステルと推測できる？

⑦ 名称よりエステル，R—CO—OR′ の形よりエステル．アミン（アミノ基）．芳香族炭化水素．

⑧ ノン（オン）という名称からケトン，>C=O からケトン．二重結合が2個あるのでアルケン．

⑨ ノン（オン）という名称からケトン，>C=O からケトン．エーテル結合が2個，アルケン．

⑩ アルケン，分子内の—COOH と—OH が反応して脱水縮合した分子内エステル R—CO—O—R′（分子内エステルのことをラクトンという）
名称はトリグリセリドに似ているのでエステルと推測できる．

⑪ フェノール（ヒドロキシ基・芳香族），カルボン酸（カルボキシ基），アルケン

⑫ フェノール（ヒドロキシ基・芳香族），アルデヒド—CHO，エーテル（メトキシ—O—CH$_3$）

答え 7-3 (1) ① 2-アミノ-4-メチルペンタン酸　② 2-アミノ-3-ヒドロキシブタン酸
　　　　　　③ 2-アミノペンタン二酸　④ 2,6-ジアミノヘキサン酸

(2) グルタミンの構造式　　分子中の官能基：カルボキシ基，アミノ基，カルボニル基．
H$_2$NCO—（—CONH$_2$）の部分はアミド．

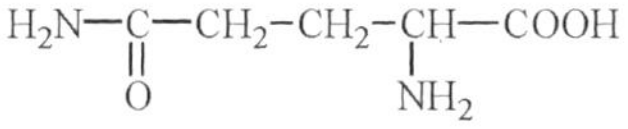

$$H_2N-\overset{\underset{\|}{O}}{C}-CH_2-CH_2-\overset{\underset{|}{NH_2}}{CH}-COOH$$

(3) システイン　　　　　　　　　メチオニンの構造式

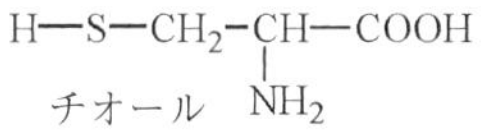

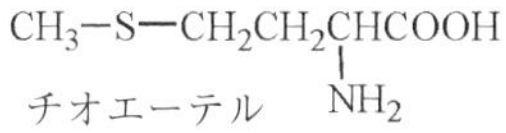

H—S—CH$_2$—CH—COOH　　　　CH$_3$—S—CH$_2$CH$_2$CHCOOH
　　　　　　　　|　　　　　　　　　　　　　　　　　　|
チオール　　NH$_2$　　　　　チオエーテル　　NH$_2$

答え 7-4 (1)

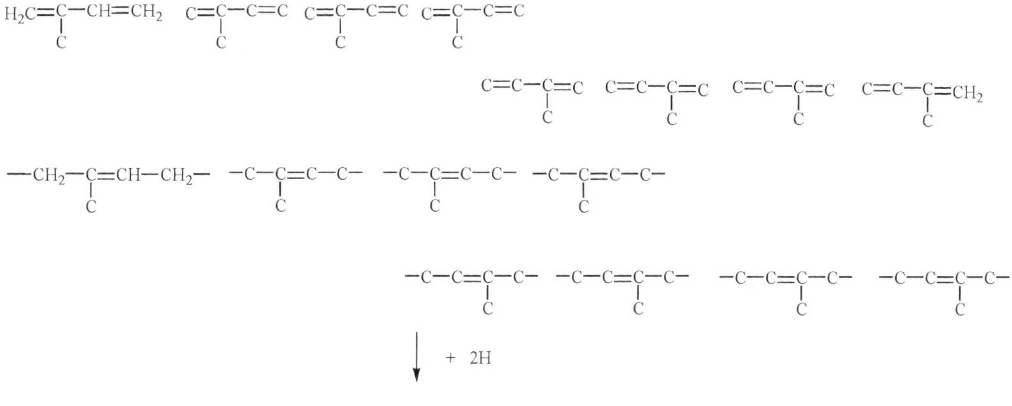

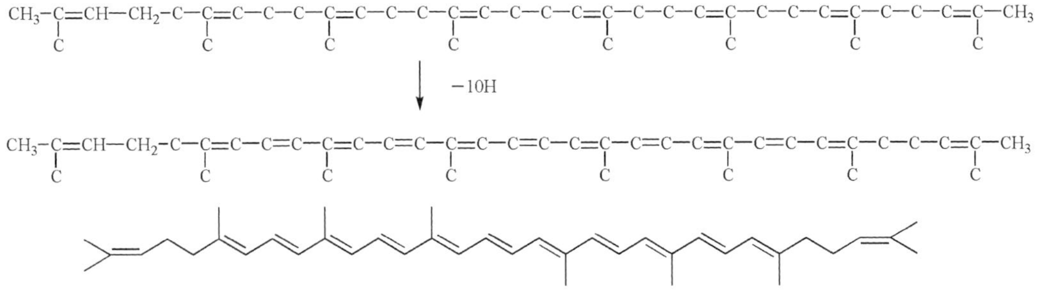

(2)

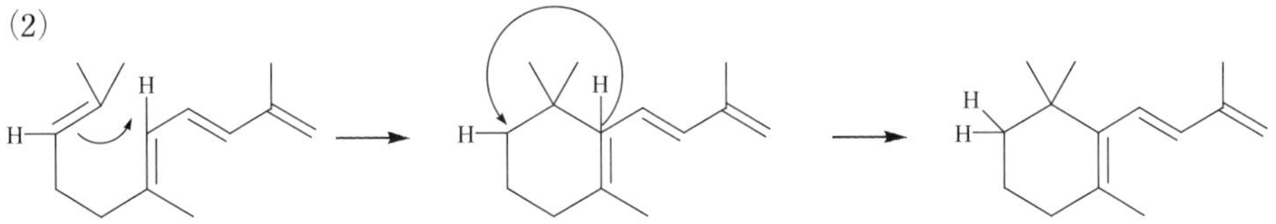

二重結合の１本が切れて環化，水素原子の位置が移動

(3)

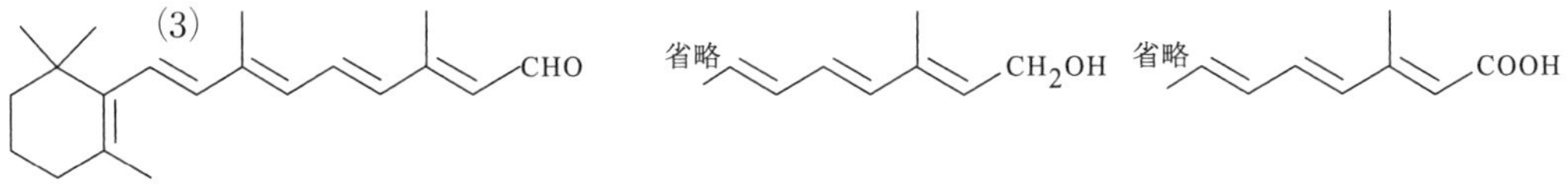

レチナール　　レチノール（ビタミンA）　　レチノイン酸

答え 7-5 (1)

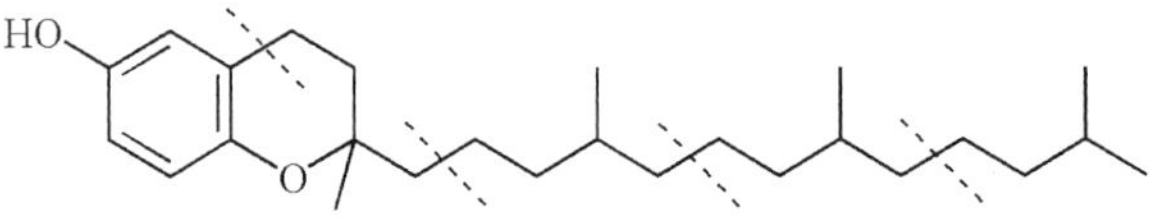

3 個（環形成部分もイソプレンだとすると 4 個）

答え 7-6　①ヒドロキシ基（アルコール）・シクロアルケン・（シクロ）アルカン　②ヒドロキシ基（フェノール・アルコール），フェニル基（芳香族），シクロアルカン
③ケトン，（シクロ）アルケン，シクロアルカン，ヒドロキシ基（アルコール）
④アルデヒド，ケトン（ケトン基 2 個），ヒドロキシ基 2 個（アルコール），（シクロ）アルケン
⑤ヒドロキシ基 3 個（アルコール），カルボキシ基（カルボン酸），シクロアルカン

答え 7-7

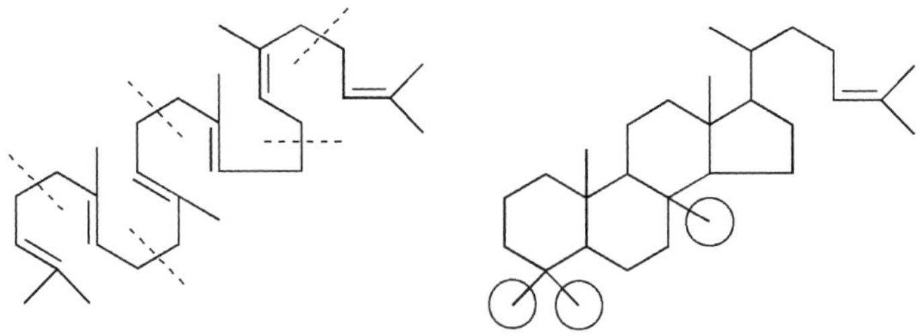

○印が不要部分

7章：生体物質とのつながり　　*185*

答え 7-8　H_2N-CH_2-COOH，グリシン（アミノ酢酸・アミノエタン酸）

　　　　　　$H_2N-CH_2-CH_2-SO_3H$，タウリン（2-アミノエタンスルホン酸）

答え 7-9　B 環の左上の C–C 結合が切れて，メチル基から H が C 環の結合が切れた跡に
　　　　結合する．一方，メチル基部分は，C–C 結合が切れた手と，メチル基から H を
　　　　取った残りの手がつながって二重結合となる．官能基：ヒドロキシ基（名称が…
　　　　カルシフェロール），共役二重結合，（化合物名：アルコール・シクロアルカン・
　　　　アルケン）

答え 7-10　① ヒドロキシ基 3 個のうちフェノール（カテコール）–OH が 2 個（フェニ
　　　　ル基・芳香族），アルコール–OH が 1 個，第二級アミン（イミノ基）
　　　　　② フェノール（芳香族・フェニル基・ヒドロキシ基），エーテル，アミノ基・
　　　　カルボキシ基（アミン・カルボン酸，アミノ酸），ハロゲン化物（ハロアルカン
　　　　ではない）

答え 7-11　① パントイン酸と β-アラニンがアミド結合したもの：ヒドロキシ基が 2 個
　　　　（アルコール），カルボキシ基（カルボン酸），アミド結合（アミド，カルボニル
　　　　基，イミノ基（第二級アミン））
　　　　　② パラアミノ安息香酸を中央にしてアミド結合でグルタミン酸と結合，アミ
　　　　ノ基部分でプテリジンとつながった化合物である：カルボキシ基が 2 個（カル
　　　　ボン酸），アミド結合（アミド），第二級アミン，フェニル基（ベンゼン・環芳
　　　　香族），複素環式芳香族，アミノ基，ヒドロキシ基

答え 7-12　① $HO-CH_2-\underset{\underset{O}{\|}}{C}-CH_2-OH$　② $\underset{\underset{OH}{|}}{CH_2}-\underset{\underset{OH}{|}}{CH}-\underset{\underset{O}{\|}}{C}-H$　③ $\underset{\underset{OH}{|}}{CH_2}-\underset{\underset{OH}{|}}{CH}-\underset{\underset{O}{\|}}{C}-OH$

　　　　　④ $CH_2=\underset{\underset{OH}{|}}{C}-\underset{\underset{O}{\|}}{C}-OH$　⑤ $CH_3-\underset{\underset{O}{\|}}{C}-\underset{\underset{O}{\|}}{C}-OH$　⑥ $CH_3-\underset{\underset{OH}{|}}{C}-\underset{\underset{O}{\|}}{C}-OH$

答え 7-14　1）

　2）エノン（エン・オン）構造であり，CO の立ち上がりによる共鳴構造式を次のよう
に書くことができる．従って，まず α-C に H^+ が付加し，続いて β-C^+ に OH^- が付加する．

（構造式：$R-CH=CH-C(=O)-S-CoA \longrightarrow R-CH-CH_2-C(=O)-S-CoA$、H–OH の付加）

3）NAD^+ は電子を欲しがっている構造である（だから酸化剤である）.

C–OH 結合の O 原子の非共有電子対が C–O 結合の共有電子対となり C=O となると，C に結合した –H は不要となるので，これを H^-（ヒドリドイオン）として NAD^+ が引き抜き NADH となる．一方，OH の O 原子は + となって電子不足なので O–H 結合電子対を引き抜く．結果として H^+ を生じる.

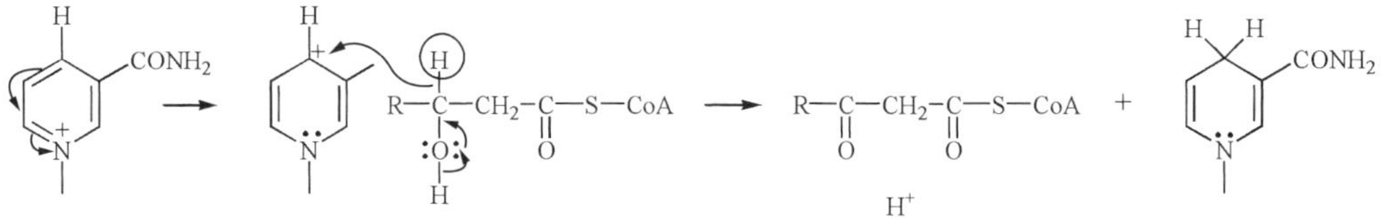

（構造式：ニコチンアミド環と R–C(OH)–CH_2–C(=O)–S–CoA の反応 → R–C(=O)–CH_2–C(=O)–S–CoA ＋ NADH ＋ H^+）

＊ 1）と 3）を読めば，生体が酸化剤として FAD と NAD^+ を使い分ける理由がわかるであろう.

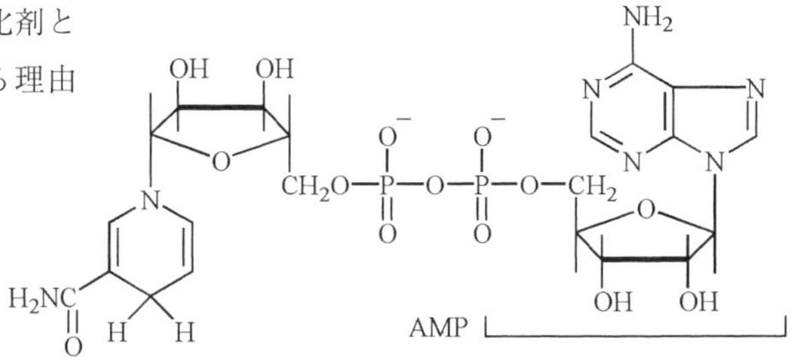

ニコチンアミドアデニンジヌクレオチド (NADH)

4）

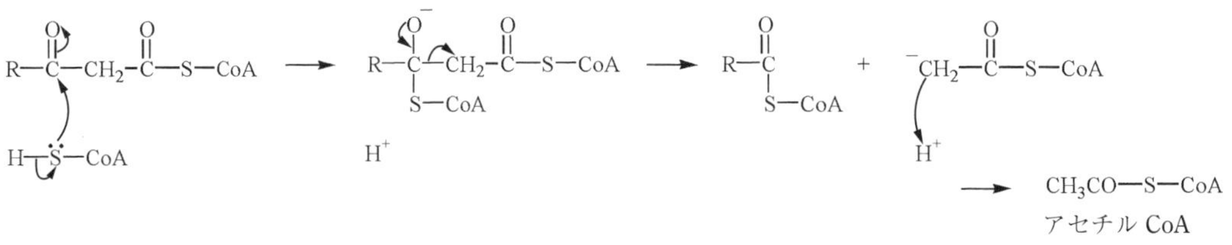

（構造式：$R-C(=O)-CH_2-C(=O)-S-CoA$ ＋ H–S–CoA → 中間体 → $R-C(=O)-S-CoA$ ＋ $^-CH_2-C(=O)-S-CoA$ → $CH_3CO-S-CoA$ アセチル CoA）

H^+

答え 7-15　NH_3 を尿素（H_2NCONH_2）に変換することにより，アンモニア窒素の非共有電子対の強い塩基性をカルボニル基 CO の電子吸引効果で弱めてしまう（非共有電子対の電子が H^+ を引きつける強さが塩基性の強さだから，この電子密度が下がることは塩基性が弱まることを意味する）.

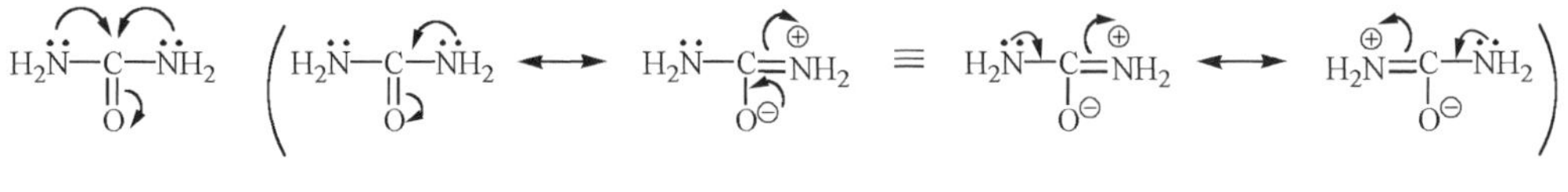

（共鳴構造式：$H_2\ddot{N}-C(=O)-\ddot{N}H_2 \longleftrightarrow H_2\ddot{N}-C(-O^-)=NH_2 \equiv H_2\overset{+}{N}=C(-O^-)-NH_2 \longleftrightarrow$ ...）

答え 7-16

（構造式：$O=C=O \rightarrow O=C-O^- \rightarrow O=C-O-H \rightarrow$ 中間体 $\rightarrow O=C(-NH_2)_2 ＋ H_2O$（$H^+ + {}^-OH$）、下部に $H-N(H)-H$ とアンモニア分子）

H^+

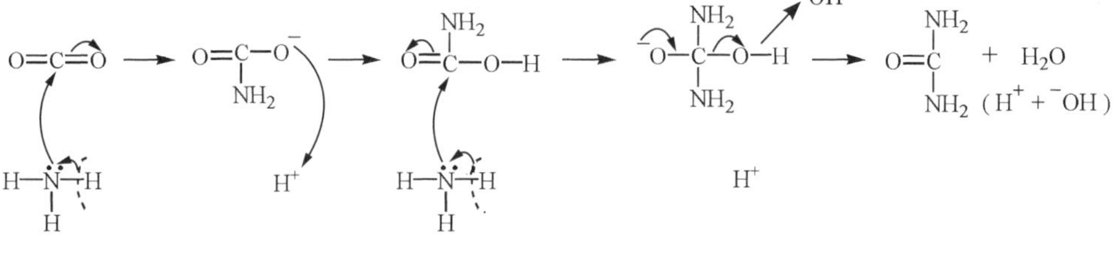

8章： 原子構造と化学結合

1. 電気陰性度とは何か.
　　H, C, N, O, F, Cl について電気陰性度の大きい順に並べよ.

2. 極性とは何か.
　　次の分子で明らかに極性を持つものはどれか.
　　　H_2, O_2, F_2, CH_4, H_2O, NH_3, HF, CH_3Cl

3. 電子式とは何か.

4. イオン結合とは何か. 例を一つあげよ.

5. 共有結合とは何か. 例を一つあげよ.

6. 分子の電子式
　　H_2O, NH_3, CH_4, O_2, N_2, CO_2, NH_4^+, CH_3COOH, CH_3COO^- の電子式を書け.

7. 共有電子対, 非共有電子対とは何か. NH_3 を例に示せ.

8. 配位とは何か. 例を一つあげよ.

9. 共鳴構造式とは何か.
　　酢酸イオンの共鳴構造式を書け.

＊重要概念・キーワード：このページの 1.～9. の項目のすべて, 元素, 原子, 原子番号, 原子量, 原子の構造（原子核, 陽子, 中性子, 電子, 電子殻（K, L, M殻）), 同位体, 原子の電子配置, 閉殻構造, 価電子, 有効核電荷, クーロン相互作用, イオン化エネルギー, 電子親和力, オクテット則

8章：原子構造と化学結合　　*189*

1. 電気陰性度：p.197 を自分でまとめよ.
　　電気陰性度の大きい順：$F > O > Cl = N > C > H$

2. 極性：p.69, 70, 84 を自分でまとめよ.
　　極性をもつもの：H_2O, NH_3, HF, CH_3Cl

3. 電子式：p.202, 203「電子式の書き方」を参照せよ.

4. イオン結合：p.208 をまとめよ.

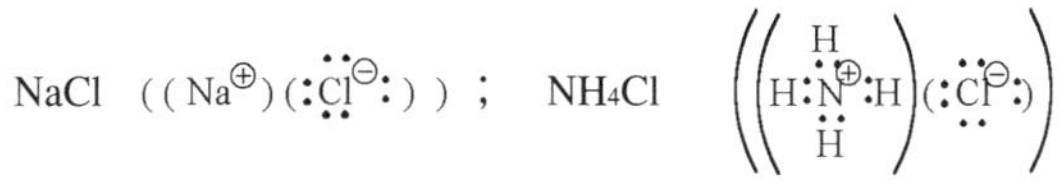

　　NaCl　$((Na^{\oplus})(:\overset{..}{\underset{..}{Cl}}:^{\ominus}))$；　NH₄Cl　$\left(\left(\overset{H}{\underset{H}{H:\overset{\oplus}{N}:H}}\right)(:\overset{..}{\underset{..}{Cl}}:^{\ominus})\right)$

5. 共有結合：$1 \; + \; 1 = \; 2$　　　　　$1 \; + \; 1 = \; 2$　　　　p.208〜212 をまとめよ.
　　　　　　　（1+1, 不対電子1個ずつから, =2, 共有電子対を生じる）

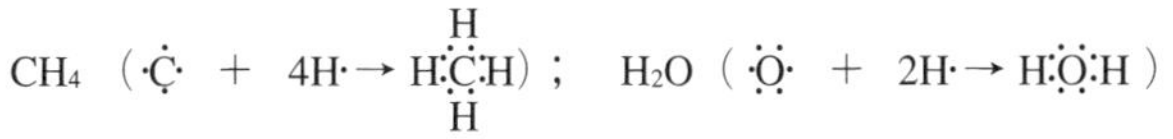

　　CH_4　$(\overset{H}{\underset{H}{\cdot\overset{\cdot}{C}\cdot}} \; + \; 4H\cdot \rightarrow \overset{H}{\underset{H}{H:\overset{..}{C}:H}})$；　H_2O　$(\cdot\overset{..}{\underset{..}{O}}\cdot \; + \; 2H\cdot \rightarrow H:\overset{..}{\underset{..}{O}}:H)$

6. 分子の電子式：

　　$H:\overset{..}{\underset{..}{O}}:H$　　$\overset{H}{\underset{H}{H:\overset{..}{N}:H}}$　　$\overset{H}{\underset{H}{H:\overset{..}{C}:H}}$　　$:\overset{..}{\underset{..}{O}}::\overset{..}{\underset{..}{O}}:$　　$:N:::N:$　　$:\overset{..}{\underset{..}{O}}::C::\overset{..}{\underset{..}{O}}:$

　　　　　　　　　　　　　　　　　　　　$:\overset{..}{\underset{..}{O}}::\overset{..}{\underset{..}{O}}:$　　$:N:::N:$　　$:\overset{..}{\underset{..}{O}}::C::\overset{..}{\underset{..}{O}}:$

　　$\overset{H}{\underset{H}{H:\overset{\oplus}{N}:H}}$　$\left(または \; \overset{H}{\underset{H}{H:\overset{..}{N}:H^{\oplus}}}\right)$　　$\overset{H}{\underset{H}{H:\overset{..}{C}:\overset{\overset{..}{O}}{\underset{..}{C}}:O:H}}$　　$\overset{H}{\underset{H}{H:\overset{..}{C}:\overset{\overset{..}{O}}{\underset{..}{C}}:O:^{\ominus}}}$

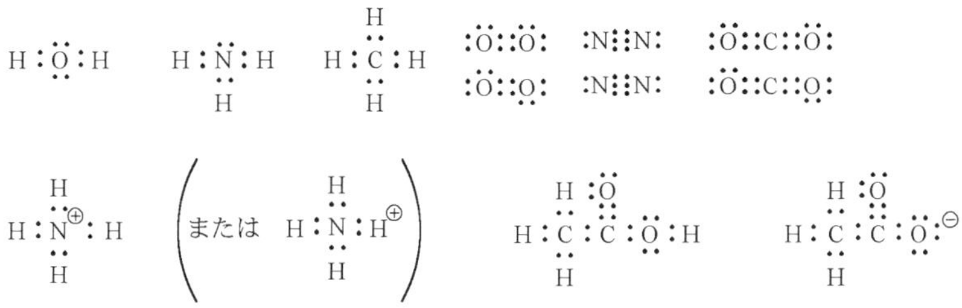

7. 共有電子対, 非共有電子対：

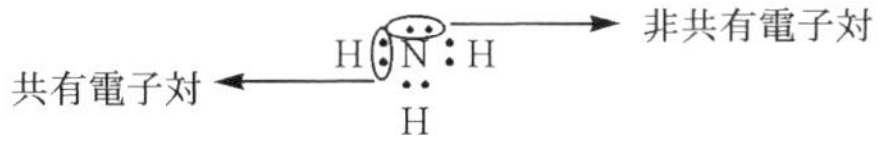

　　　　　　　　　　　　　　H:N:H　→　非共有電子対
　　共有電子対　←　　　　　　　H
　　　　　　　　　　　　　　　（$H:\overset{..}{\underset{H}{N}}:H$）

8. 配位：　$2 \; + \; 0 \; = \; 2$　　　　　p.212 をまとめよ.
　　　　　　（2+0, 非共有電子対と空の軌道から, =2, 共有電子対を生じる）

　　$\overset{}{\underset{H}{H:\overset{..}{N}:H}} + H^{\oplus} \longrightarrow \overset{H^{\oplus}}{\underset{H}{H:\overset{..}{N}:H}}$　$\left(\overset{H}{\underset{H}{H-\overset{\overset{|}{\oplus}}{N}-H}} , NH_4^{\oplus}\right)$

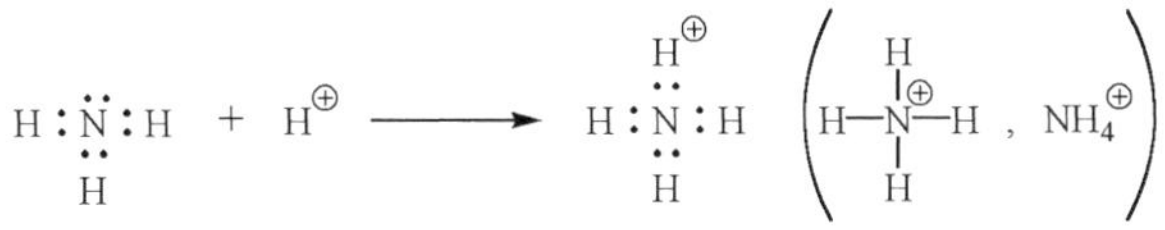

9. 共鳴構造式：p.125 をまとめよ.

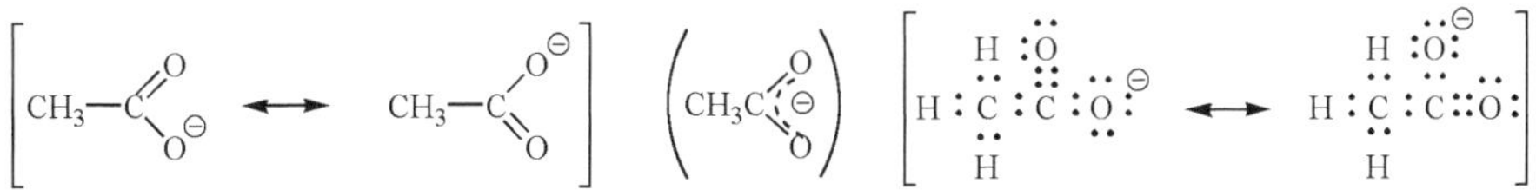

　　$\left[CH_3-C\begin{smallmatrix}\nearrow O \\ \searrow O^{\ominus}\end{smallmatrix} \longleftrightarrow CH_3-C\begin{smallmatrix}\nearrow O^{\ominus} \\ \searrow O\end{smallmatrix}\right]$　$\left(CH_3C\begin{smallmatrix}\nearrow O \\ \searrow O\end{smallmatrix}^{\ominus}\right)$　$\left[\overset{H}{\underset{H}{H:\overset{..}{C}:\overset{\overset{..}{O}}{\underset{..}{C}}:O:^{\ominus}}} \longleftrightarrow \overset{H}{\underset{H}{H:\overset{..}{C}:\overset{\overset{..}{O}^{\ominus}}{\underset{..}{C}}::O:}}\right]$

8-1　原子量と原子番号

　我々の身のまわりのものは，我々の身体を含めて，すべて物質からできている．この物質を構成成分に分けていったときの究極の純粋成分（種類）が**元素**である．例えば水は水素と酸素の2種類の元素から成る．一方，物質を小さく分けていくと，元素の性質を持ったものでそれ以上分けられない究極の粒子が存在する．この粒子を**原子**という．例えば1個の水（分子）は水素原子2個と酸素原子1個から成る．原子のいわば体重を**原子量**という．原子の構造がわからなかった時代には一番軽い元素である水素原子の質量（重さ）を1として他の元素の構成原子の相対質量を表した．例えばNaの原子量＝23とはNa原子がH原子の23倍の重さであることを意味している．発見された多数の元素を整理・整頓するためにその元素を構成する原子の体重順（軽いもの順）に並べられた．その席次，即ち，その元素の原子が何番目の重さかを示したものが**原子番号**である．従って原子番号が大きい元素ほど重たい元素・原子量が大きい元素ということになる．

　例：鉄の原子番号は26，鉛は82 ⇒ 鉛の方が重たい．1 mL（cm^3）の水は1 gだが，1 cm^{3}の鉄は8 g，鉛は11 gである．放射能の遮蔽に用いる鉛レンガは1個の重さが11 kgもある．ただし密度には原子のサイズ*も関係しているので，原子番号が大きい元素より成る物質ほど重たい・密度が大きいとは必ずしも言えない**．

　　*周期表の同族元素では下ほど大，同一周期では左ほど大である（なぜかは後述）．
　　**気体の体積は物質によらず一定なので（1 molは0℃，1気圧で22.4 L），原子番号が大きい元素の気体ほど重たい．

　以上が原子量，原子番号の最初の歴史的定義である．現在の原子量は炭素原子の同位体核種（後述）^{12}C原子の質量＝12，原子番号＝陽子の数として定義されている（その結果ArとK，CoとNi，TeとIでは原子番号と原子量の大きさの順序とが逆転している）．

8-2　原子の構造

　原子は正電荷を帯びた原子核と負の単位電荷（-1）を帯びた微小粒子である電子から成る．原子全体を野球場の大きさだとすれば，原子核の大きさは2塁の上に落ちているごま粒ほどであり，電子は野球場全体に広がっていると考えられる．そのごま粒～豆粒程度の大きさの原子核が原子の重さの大部分を占めている（電子の重さは水素原子核の約1/2000である）．中心に種のある梅・桃をイメージせよ．ただし種の大きさは大変小さい．

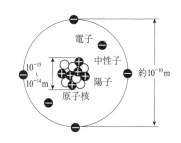

　いわば原子の種である原子核は陽子と中性子の2種類の粒子から成る．両者の重さは同じだが陽子はプラスの電荷を持ち，中性子は電荷を持たない．陽子と中性子の数を足したものが質量数（ほぼ原子量に対応する）である（**質量数＝陽子数＋中性子数**）．原子番号は，既に述べたように，歴史的にはその元素の構成原子が全元素中で何番目の重さであるかを示したものであったが，その後，この原子番号が陽子の数に等しいことが明らかになった．通常，物質は電気的に中性なので（さわってもビリッと感電しないので）その物質の構成単位である原子も電気的に中性である．従って＋の電荷を持つ陽子と－の電荷を持つ電子の数は同じ必要がある（**原子番号＝陽子数＝電子数**）．元素の化学的性質はこの陽子数＝電子数に支配されている（後述）．従って原子番号の異なる元素は異なった化学的性質を持つ＝原子番号がその元素の背番号としての意味を持つ．原子の中には陽子の数は同じ，従って原子番号が同じ＝同じ元素，でも中性子の数が異なる，従って質量数が異なるものが存在する．これを**同位体**という（言葉の意味はp.15参照）．

　例：塩素の原子量は35.45であるが，これは自然界に質量数35と37の2種類の安定に存在する同位体核種，^{35}Clと^{37}Cl，が3：1で混ざっているからである．水素原子には安定同位体として^{1}H，^{2}H（重水素）および放射線を出して^{3}Heに変化してしまう不安定な同位体核種・放射性同位体として^{3}H

（三重水素）が存在する．参考：$^3H → ^3He^+ + β$ 線（電子）（中性子が陽子と電子になる）

元素 X を同位体を区別して，核種として示す時は ^m_nX（n, m, X はそれぞれ原子番号，質量数，**元素記号＝元素のイニシャル**）と書く．例：^1_1H, ^2_1H, ^3_1H

問題 8-0　原子の構造を説明せよ．また，同位体とは何か．　　　　　　　　（答は p.190 本文参照）

問題 8-1　塩素の同位体 ^{35}Cl と ^{37}Cl の存在比が 3：1 である，つまり 75％と 25％であるとして塩素の原子量を求めよ．　　　　　　　　　　　　　　　　　　　　　　　　　　（答は p.193）

問題 8-2　水素の同位体 ^1_1H, ^2_1H, ^3_1H および塩素の同位体 ^{35}Cl と ^{37}Cl の原子番号・質量数・陽子数・中性子数・電子数を答えよ（原子番号は周期表を見るか，H, He, Li, Be…から Cl までの順番を数えよ）（答は p.193）．例：^2H．H は周期表中で 1 番目の元素だから原子番号＝1，^2H の左肩の 2 は質量数を示しているので質量数 2，陽子数＝電子数＝原子番号だから陽子数＝電子数＝1，質量数＝陽子数＋中性子数だから中性子数＝1．

8-3　原子の同心円モデル（太陽系モデル・軌道モデル）：電子殻モデルと原子の電子配置

例えば水星・金星・地球・火星といった惑星が太陽の周りを回っているように，電子は原子核を中心に同心円状に回っている．一番内側の K 殻*と呼ばれる軌道には 2 個の電子，2 番目の L 殻には 8 個，3 番目の M 殻には 18 個，4 番目の N 殻には 32 個電子が入ることができる．K, L, …のそれぞれは卵の殻のように電子の殻とみなすことができるので電子殻と呼ぶ．原子番号 6 の炭素は 6 個の電子を持つので，まず一番内側の K 殻に 2 個の電子が入り，次の L 殻に残りの 4 個の電子が入る．これを $(K)^2(L)^4$ と表記する．このように電子がそれぞれの電子殻にどのように詰まっているかを示したものを電子配置という．

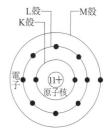

ナトリウムの電子配置

＊K, L, …の名称は電子殻を区別するためにつけられた歴史的産物であり，読者の氏名と同類である．

問題 8-3　H・He・Li・F・Na・Cl の各原子の電子配置を示せ．　　（答は p.193，答え 8-5 を参照）

8-4　原子の電子配置と周期律

「電子殻に詰まった電子のエネルギーは，K 殻よりも L 殻が大きく，L 殻よりも M 殻が，M 殻よりも N 殻が大きい．つまり電子は外側にあるほどエネルギーが大きくなる（不安定になる）．内側ほど安定である．」

なぜ，内側の電子殻が安定か．話は簡単である．原子核の＋と電子の−とは静電（電気的）引力により引き合うので＋原子核と−電子とはくっついている方が一番安定な状態である．くっついたものを引き離すには力をかけて引っ張らなければならない．＋と−をお互い逆方向に引っ張って両者を引き離す（ある距離を動かす）には仕事（エネルギー）が必要である．高校の物理で習ったように，または力を出してある距離を動けば（重たいものを運ぶことを考えてみよ）お腹が空くことからも実感できるように〈力×距離＝エネルギー〉である．より遠い距離を動けばよりお腹が空くように，電子を原子核からより遠くへ動かせばその分だけ元の原子核にくっついた状態に比べて電子のエネルギーは高く（不安定に）なっていることが容易に理解できよう．即ち，電子殻の外側へ行くほど電子のエネルギーは高い＝電子の状態は不安定＝原子核の束縛から離れて勝手に動き回りやすくなる＊．

＊＋と−との静電引力は静電気以外に体験できないので，ここの説明はわかりにくいが，小学校で体験した磁石の N 極と S 極の引力と同じイメージで捉えればよい．（同符号・同一極同士では反撥力・斥力）　デモ：磁石

引力⊕⊖　　　　　　　最も安定（エネルギーが低い）

⊕　⊖⇒力　　　　　不安定（エネルギーが高い）：引き離すのに仕事をした（エネルギーを使った）．その分だけ高いエネルギー状態である．

⊕　　　　⊖⇒力　　もっと不安定（もっとエネルギーが高い）：更に遠くへ引き離すのにもっと仕事をした．その分だけ高いエネルギー状態である．

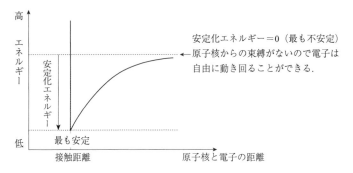

　電子殻の内側ほど電子は安定に存在する．そこで，電子殻に電子を詰めるときは，エネルギーの低い，より安定な内側の電子殻から順にK，L，…と詰めていくことになる．すると各原子の電子配置図（下図）が完成する．この図から，なぜ元素の性質に周期性があるかが容易に理解できる（後述）．周期表は化学の中身を最も簡単にまとめたものといえる．

周期＼族	1	2	13	14	15	16	17	18	最外殻
1	₁H							₂He	K殻
2	₃Li	₄Be	₅B	₆C	₇N	₈O	₉F	₁₀Ne	L殻
3	₁₁Na	₁₂Mg	₁₃Al	₁₄Si	₁₅P	₁₆S	₁₇Cl	₁₈Ar	M殻
価電子の数	1	2	3	4	5	6	7	0	

原子の電子配置：長周期表の一部

　価電子：周期表の縦の列（族）をみると，一番外側の電子殻（最外殻）に同じ数の電子を持つ原子が並んでいる．この**最外殻電子**のことを下記の理由で**価電子**（原子価電子）と呼ぶ．上述のように一番外側の電子殻の電子はエネルギーが高く，最も不安定な（原子核との引力が一番弱い・一番束縛されていない）ために自由度が大きい．この価電子が原子から失われて陽イオンとなったり，他の原子の電子と共有電子対を作ったりする（共有結合の形成(p.208)）．また，価電子の一部をなす非共有電子対を他の原子に供与して配位共有結合(p.212)を作ったりもする．すなわちこの電子＝価電子は**原子の化学的性質**（化学結合）**と密接に関係**している．この価電子の数が同じということが同じ性質を持つ（同族元素である）源である（同族元素＝価電子数が同じ．p.202～の電子式の項も参照のこと）．

8章：原子構造と化学結合　　193

＊電子殻の**閉殻構造**：内側の電子殻を内殻，電子を**内殻電子**と呼ぶ．内殻軌道には電子が全て詰まっている（閉殻構造）．内殻電子は原子核の大きな＋電荷に強く引きつけられて・束縛されているのでエネルギー的に安定であり，原子の化学的性質にはほとんど影響しない．

問題 8-4　1）原子構造の電子殻モデル（原子の電子配置）を勉強せよ．

　　　　　2）電子殻は内側から，？，？，？，？殻という．

　　　　　3）？殻には電子は？個まで入る．？，？殻には？，？個まで入ることができる．

　　　　　4）原子にある電子の総数は？に等しい．

　　　　　5）一番外側の殻にある電子を？といい，この電子は原子の化学的性質に関与しているのでこれを？ともいう．

問題 8-5　H から Ca までの原子の電子配置を書け．

　　　　　例：Be の電子配置は $(K)^2(L)^2$（この記述は K 殻に 2 個，L 殻に 2 個という意味である）

　　　　　H, He, Li, Be, B, C, N, O, F, Ne, Na, Mg, Al, Si, P, S, Cl, Ar, K, Ca, …

問題 8-6　H から Ca までの原子の最外殻電子数＝価電子（長周期表の 1，2 族は族番号，13 族以降は元素の族の番号 － 10 ＝価電子数）を示せ．

　　　　　1）H, He：？殻に？個

　　　　　2）Li, Be, B, C, N, O, F, Ne：？殻に？個

　　　　　3）Na, Mg, Al, Si, P, S, Cl, Ar：？殻に？個

　　　　　4）K, Ca, …：？殻に？個

8-1 〜 8-4 節の問題の答え

答え 8-1　$35 × 3/4 + 37 × 1/4 = 35.5$，または $(35 × 75 個 + 37 × 25 個)/100 個 = 35.5/1 個$．

答え 8-2　原子番号・質量数・陽子数・中性子数・電子数は H：1, 1, 1, 0, 1；1, 2, 1, 1, 1；1, 3, 1, 2, 1；Cl：17, 35, 17, 35 － 17 = 18, 17；17, 37, 17, 37 － 17 = 20, 17

答え 8-4

　　　　1）原子構造の電子殻モデル（p.191 または高校教科書：原子の電子配置）を勉強せよ．

　　　　2）電子殻は内側から，K, L, M, N 殻という．

　　　　3）K 殻には電子は 2 個まで入る．L, M, N 殻には 8, 18, 32 個まで入ることができる．

　　　　4）原子にある電子の総数は原子番号（陽子の数）に等しい．

　　　　5）一番外側の殻にある電子を最外殻電子といい，この電子は原子の化学的性質に関与しているのでこれを価電子（原子価電子）ともいう．

答え 8-5　H, $(K)^1$；He, $(K)^2$, Li, $(K)^2(L)^1$；Be, $(K)^2(L)^2$；B, $(K)^2(L)^3$；C, $(K)^2(L)^4$；N, $(K)^2(L)^5$；O, $(K)^2(L)^6$；F, $(K)^2(L)^7$；Ne, $(K)^2(L)^8$；Na, $(K)^2(L)^8(M)^1$；Mg, $(K)^2(L)^8(M)^2$；Al, $(K)^2(L)^8(M)^3$；Si, $(K)^2(L)^8(M)^4$；P, $(K)^2(L)^8(M)^5$；S, $(K)^2(L)^8(M)^6$；Cl, $(K)^2(L)^8(M)^7$；Ar, $(K)^2(L)^8(M)^8$；K, $(K)^2(L)^8(M)^9$ と書きたいところだが，正しくは $(K)^2(L)^8(M)^8(N)^1$；Ca, $(K)^2(L)^8(M)^{10}$ と書きたいところだが，正しくは $(K)^2(L)^8(M)^8(N)^2$．理由は p.200〜202 参照．

答え 8-6　H から Ca までの原子の最外殻電子数は，

　　　　1）H, He：K 殻に 1, 2, 2）Li, Be, B, C, N, O, F, Ne：L 殻に 1, 2, 3, 4, 5, 6, 7, 8

　　　　3）Na, Mg, Al, Si, P, S, Cl, Ar：M 殻に 1, 2, 3, 4, 5, 6, 7, 8

　　　　4）K, Ca, …：N 殻に 1, 2（M に 9, 10 ではない．理由は p.200〜202 参照のこと）

8-5 イオン化エネルギー・電子親和力：陽イオン，陰イオンへのなりやすさ

　　p.10 で周期表の「同族元素」，アルカリ金属・アルカリ土類金属・ハロゲン元素について復習した．これらの同族元素はそれぞれ+1価，+2価の陽イオン，−1価の陰イオンになりやすいことも述べた．つまり，$(K)^2(L)^8(M)^1$ の電子配置の Na は Na^+ になりやすいし，$(K)^2(L)^8(M)^7$ の電子配置の Cl は Cl^- になりやすい．なぜこのような性質があるのかを，ここで考えてみよう．

　　高校の教科書では「原子の電子配置は，He，$(K)^2$；Ne，$(K)^2(L)^8$ などのように，それぞれの電子殻に電子が全部詰まっている状態・**閉殻構造が安定**なので，閉殻構造をとろうとする傾向がある[*]（オクテット則，p.202）」このためにこれらのイオンになりやすい，と書いてある．皆さんはこれで納得できるだろうか．これでは「ではなぜ電子がすべて詰まった構造・閉殻構造が安定か」という疑問が当然湧いてくる．教科書には「閉殻構造をとっている不活性ガス（貴ガス）は安定である．だから閉殻構造は安定である．だから，Na が Na^+，Cl が Cl^- となれば，$(K)^2(L)^8$，$(K)^2(L)^8(M)^8$，と閉殻構造の電子配置をとるので貴ガス同様に安定になるはずである．だから Na は Na^+，Cl は Cl^- になりやすい」と記されている．この説明は鶏と卵の関係，結果を述べた単なる現象論的説明にしかすぎない．説明になっていない．この説明はじつは簡単，容易に理解できることである．

　　[*]高校化学未履修者は，この文章を頭に残すこと．p.10 のイオンの価数はこの考えで理解できる．

　　なぜ閉殻構造が安定か，を言い換えれば，例えばナトリウムはなぜ電子を1個失いやすいかということである．ナトリウムは11番元素なので原子核に+11の電荷，K殻に2個，L殻に8個，M殻に1個の電子を持つ．電子の電荷は−1だから，一番内側のK殻電子は原子核の電荷の影響をそのまま受けて $(-1) \times (+11)$ の静電相互作用（電気的引力）で原子核に強く引きつけられている[*]．従ってK殻は p.191, 192 の原子の電子配置図より本当はずっと原子核寄りにある．理解しやすいように誇張して例えれば，野球場の2塁ベース上にあるごま粒大の原子核のそば 10 cm のところに2個のK殻電子が引き寄せられている．8個のL殻電子は，より内側の部分の電荷＝原子核電荷＋K殻電子の電荷＝+11 − 2 = +9 と相互作用し，$(-1) \times (+9)$ の強い引力で原子核の方に，2塁ベースから1 m のところにまで，引き寄せられている．すると，原子の最も外側で原子核から遠く離れた観客席にあるM殻電子からは，2塁ベースを中心にした半径1 m の内側部分は，原子核＋K・L殻電子＝+11 − 2 − 8 = +1 の電荷を持った小さな塊にしか見えない．すなわち，M殻電子は内側部分と $(-1) \times (+1)$ の弱い引力で相互作用している．言い換えれば最外殻電子は非常に弱い力でしか原子に引き止められていない．内側と最外殻電子の引力が弱く，小さいエネルギーを与えてやればM殻電子は簡単に失われるため，+1価の陽イオンになりやすいのである．すなわち Na は Na^+ となり，結果として閉殻構造となる訳である．Na^+ からさらに電子を引き抜く場合にはL殻電子を引き抜くことになるが，このためには $(-1) \times (+9)$ の引力に打ち勝つ必要があるので容易でないことがわかる．従って，Na は2価の陽イオンにはなりにくい．

　　[*]クーロンの法則：$F = ZZ'e^2/r^2$ ①＋と−の電荷はお互いに引き合い（引力），＋と＋／−と−は反撥する（斥力）．②電荷が大きいほど引力・斥力（F）は大きく，電荷（$+Z$，$-Z'$）の積 $Z \times Z'$）に比例する．③引力・斥力 F は電荷間の距離の二乗 r^2 に逆比例するので，近いほど強く，遠いほど弱い．磁石のN極とS極の引力・斥力にも同じ関係が成り立つので磁石の場合と同様にイメージしてよい．

　　同様に貴ガスのアルゴン $(K)^2(L)^8(M)^8$ から電子を引き抜く場合，引き抜かれるM殻電子は内側部分に $(-1) \times (+8)$ の強い静電気力（クーロン力）で引きつけられているので容易には引き抜けない．すなわち陽イオンには大変なりにくい＝不活性であることが納得できる．塩素が陽イオンになりにくいこともももちろん同様にして理解できる（電子は $(-1) \times (+7)$ の力で引きつけられている）．

8章：原子構造と化学結合　195

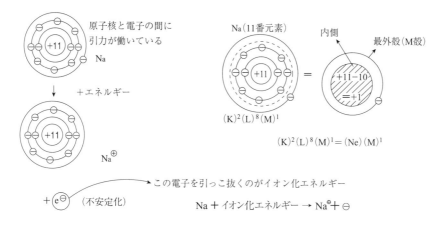

イオン化エネルギー：価電子を原子より引き離すのに必要なエネルギー
　　　　　　　　　小さい→陽イオンになりやすい，大きい→陽イオンになりにくい

　以上の説明*は非常に単純化したものであり，実際には例えばNaの場合L殻電子の1つは同じ殻中の他の7個の電子の影響を受けることになる．しかしこの効果を考慮したとしても定性的にはここで述べた考えでよいことが量子力学的取扱いからも示されている（**有効核電荷**と**遮蔽**）．原子から電子（最外殻電子＝価電子＝原子価電子）を引き離すのに必要なエネルギーを**イオン化エネルギー**という（エネルギーを与えないとイオン化しない）．上の説明から明白なようにNaなどのアルカリ金属は（第一）イオン化エネルギーが小さく+1の陽イオンになりやすい．Clのようなハロゲン，Arなどの貴ガスではイオン化エネルギーは大変大きく（p.197図），陽イオンにはなりにくい．

　*1回読んで解らなかったら最低3回は読み直して考えよ．「読書百遍，意自ら通ず」である．

　ではハロゲン元素が一価の陰イオンになりやすいことはどのように理解できるだろうか．17番元素である塩素原子 $(K)^2(L)^8(M)^7$ に電子を1つ付け加えることを考えてみよう．塩素原子のM殻には電子がもう1個入る場所が残されている（p.192図）．ここに電子を外から持ってくるとその電子は**内側の電荷（有効核電荷）**＝原子核＋内殻のK・L殻電子＝＋17－2－8＝+7に（－1）×（+7）の大きな静電引力で引きつけられる＝相互作用することになる．換言すれば，よそにあった何も相互作用していなかった電子は塩素原子にくっつくことにより引力が働いた分ずっと安定化することになる．即ちClはCl⁻になりやすく，結果として閉殻構造となる．ClがCl⁻になる時のように電子を原子に付け加えることによる安定化エネルギー（放出されるエネルギー）のことを**電子親和力**という．

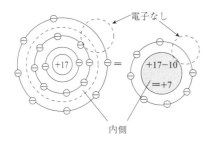

　最外殻電子（価電子）は（+7）×（－1）の強い引力で内側に引き留められている．イオン化エネルギー大→価電子は失われにくい→陽イオンになりにくい→Cl→Cl⁺＋⊖は起こりにくい．
（M殻にはもう1個だけ電子が入ること可）逆に強い力で電子をもう1個引きつけることができる・電子親和力大・エネルギー的に得をする．→陰イオンになりやすい→Cl＋⊖→Cl⁻ 起こりやすい→Cl⁻となる（閉殻構造となる）

電子親和力　（電子1個を最外殻に入れることによる安定化エネルギー（放出されるエネルギー））

次に貴ガスであるアルゴン原子 Ar に電子を 1 つ付け加えることを考えよう．閉殻電子構造の Ar では加えるべき電子はその外の N 殻に入ることになる．N 殻から見た Ar の内側は $+18-2-8-8=0$，すなわち無電荷となるから，$(-1)\times(0)=0$ と，付け加わった電子は内側との静電引力＝相互作用は（ほとんど）ない，すなわち，電子親和力は大変小さいことになる．従って，Ar は陰イオンになりにくい＝不活性であることがわかる．塩素原子が 2 価の陰イオンになりにくいこと＝塩化物イオン Cl⁻ に 2 個目の電子を持ってきたとしても引力はほとんど働かないこと，Na が Na⁻ になりにくいことも容易に理解できる．

  補：ナトリウム原子 Na に電子を 1 個あげれば実は Na⁻ イオンになることができる．これは電子が真空中に 1 個だけでいるよりは，プラスに少しでも引かれている方がエネルギー的に安定化するからである．$Na(K)^2(L)^8(M)^1$ に電子を 1 つ付け加えるには M 殻に入れることになるが M 殻電子から見れば内側は $+1$ に見えるので $(-1)\times(+1)$ の弱い引力（相互作用）が期待できる．ただし，既に最外殻に電子が 1 個あるので，その電子と反発してエネルギー的に損をする．全体として少し安定化するために真空中では Na⁻ が存在できる．

以上をまとめると：塩素原子は，**内側の電荷（有効核電荷）が大**で最外殻電子を強く引き止めているため，イオン化エネルギーは大きく，陽イオンになりにくい．逆に電子親和力は大きく，強い引力で外の電子を引きつけ陰イオンである塩化物イオン（Cl⁻）になりやすい．一方，ナトリウム原子は**内側の電荷（有効核電荷）が小**で最外殻電子を引き止めている力が弱いため，イオン化エネルギーは小さく，電子を失う傾向があり，陽イオンであるナトリウムイオン（Na⁺）になりやすい．電子親和力は小さく，外の電子を引き付ける力が弱いため陰イオンにはなりにくい．貴ガスはイオン化エネルギーが大きく，電子親和力は小さいので陽イオンにも陰イオンにもなりにくい．

問題 8-7　価電子・最外殻電子・閉殻構造とは何か，説明せよ．答えは各自，本文をまとめよ．

問題 8-8　イオン化エネルギー・電子親和力とは何か，説明せよ．答えは各自，本文をまとめよ．

問題 8-9　1, 2, 13, 16, 17 族の元素はそれぞれ何価の陽 / 陰イオンとなるか（**陽 / 陰イオンの価数と周期表の族元素の関係**：Na, K, Mg, Ca, Al, O, S, F, Cl, Br, I は何価の陽 / 陰イオンとなるか）．答えは p.10.
　＊ $+2$，-2，$+3$ のイオンとなる理由も上述の $+1$，-1 のイオンの場合と同様に考える．

問題 8-10　貴ガス（閉殻構造）が安定である理由（なぜ陽イオンにも陰イオンにもなりにくいのか）を述べよ．答えは各自 p.194 下，196 上をまとめよ．

補足：イオン化エネルギーとはイオン化するために与えるべき・必要なエネルギーである．すなわち，自然の状態ではイオン化した状態は原子の状態よりエネルギーの高い，エネルギーを要する状態である．従って，いくら Na のイオン化エネルギーが他の元素より小さくても，エネルギーを必要とするのであるからイオンにはなりにくいはずである．しかし，我々は食塩水中で NaCl が Na⁺ と Cl⁻ に分かれている，イオンになっている．食塩 NaCl の結晶中でもイオンに分かれていることを知っている．なぜ，エネルギー的に不利なはずのイオンになっているのだろうか．実際，NaCl は気相中（真空中）では共有結合をした極性分子として存在しており，イオンにはなっていない．また，Ca が Ca^{2+}，Al が Al^{3+} となるには Na が Na⁺ になるよりかなり大きなエネルギーが必要なはずである（$(-1)\times(+2)$，$(-1)\times(+3)$ で $(-1)\times(+1)$ の 2 倍，3 倍となる）．なのになぜイオンになるのだろうか．これらの理由は，イオン化に必要なエネルギー以上にイオンが安定化するしくみ，水和エネルギー・イオンの水和（p.84）による安定化，＋－のイオン対間の静電引力による安定化，格子エネルギー・結晶中の多重のイオン間引力による安定化（参考文献参照）が働くためである（電子親和力の寄与もある）．

8-6 元素の性質の周期性，イオン化エネルギー・電子親和力の周期性

元素の性質の周期性は原子の構造・元素の電子配置図（p.192）から理解される．周期表の縦方向（同族元素 p.11）では最外殻の電子数（価電子数）が同じことがその背景である．周期性の具体例として，元素が化学反応して化合物を作る際の価数（酸化数*）が同族元素では同じことがあげられる．例えば LiCl, NaCl, KCl；MgCl$_2$, CaCl$_2$；NaF, NaBr, NaI；H$_2$O, H$_2$S；CO$_2$, SiO$_2$；NH$_3$, PH$_3$, AsH$_3$；HNO$_3$, HPO$_3$, HAsO$_3$；H$_2$SO$_4$, H$_2$SeO$_4$ など．すなわち，同族元素は同じ組成の化合物を作る傾向がある＝化学的性質が同じ・似ている．ではなぜ同じ価数となるのだろうか．それを説明するのがイオン化エネルギー・電子親和力である（イオン化合物の場合）．これらがなぜ周期性を示すのかは既に p.194 で説明した．*酸化数の詳しい説明は『演習 溶液の化学と濃度計算』を参照のこと．

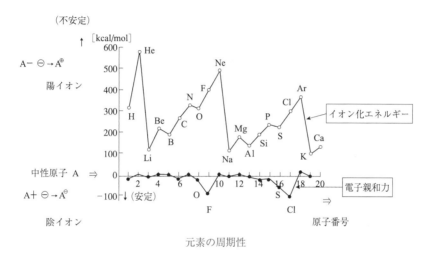

元素の周期性

原子・イオンのサイズ：原子・イオンの大きさにもある種の規則性がある．その理由は最外殻電子の空間的広がりは内側電荷が大きいほど引力が強く働くために小さくなり，また周期表の下側の元素ほど（後述の軌道の主量子数が大きいほど）電子の広がりが大きくなるからである．原子・イオンは周期表中の同一周期の元素では左側に行くほど，また同族元素では下に行くほど大きくなる．

デモ実験：ナトリウム，塩素
(1) 金属ナトリウムをナイフで切り，その断面を観察する．ナトリウム小片を水に加え，フェノールフタレインを加える．水に濡れたろ紙上に小片を乗せる．金属光沢・赤色・発火
(2) 台所用の塩素系漂白剤に酸を加える．気相の色を観察する．においを瞬時嗅いでみる．
(3) 濡れた花びらをこの気体入りの試験管に入れて放置する．この試験管に金属ナトリウムの小片をピンセットでつまんだまま入れる．緑黄色・特異臭・漂白・反応する．

問題 8-11 同族元素とは何か，例を4つあげて，それぞれの代表的性質と，なぜそれらの性質がもたらされるかを電子配置を基に説明せよ．答えは上述の本文と p.11, 192～196 を参照のこと．

8-7 電気陰性度（電子式と化学結合・共有結合，p.202～206, 208下～214 をまず予習のこと）

電気陰性度とは分子内で共有結合している原子が電子を引きつける能力を数値で表したものであり，結合の極性・イオン結合性の程度を示すためにポーリング博士によって初めて提案された．水素結合や有機・無機化合物の性質・反応性を考える上で大変重要な概念である．

電気陰性度はいわば元素が電子を引っ張る強さの尺度・電子を好む尺度である．従って，電子親和力が大きく電子を得て陰イオンになりやすいものほど電気陰性度は大きく，イオン化エネルギーが小さく電子を失って陽イオンになりやすいものほど小さい．実際，マリケンが提案した電気陰性度値はイオン化エネルギーと電子親和力を基に算出したものである．

電気陰性度小←　　　　　　　　　→電気陰性度大

(Na$^+$になりやすい) Na ＜ H ＜ C ＜ N ＝ Cl ＜O＜F (F$^-$になりやすい)

電気陰性度の例（ポーリング）　　　→ 大 ↑

内側の電荷	+1	+2	+3	+4	+5	+6	+7
H	Li	Be	B	C	N	O	F
2.1	1.0	1.5	2.0	2.5	3.0	3.5	4.0
	Na	Mg	Al	Si	P	S	Cl
	0.9	1.2	1.5	1.8	2.1	2.5	3.0
	K	Ca	Sc	Ge	As	Se	Br
↓	0.8	1.0	1.3	1.8	2.0	2.4	2.8

小 ←

　　フッ素Fの電気陰性度が酸素Oのそれより大きいのはなぜだろうか．それは内側の電荷（有効核電荷）がFでは＋7，Oでは＋6，とFが大きく，電子を引きつける力はFがOより大きくなるからである．そこで，原子の最外殻電子の場合のみならず，原子が共有結合し，最外殻電子・価電子が共有結合電子となった場合も，電子はFの方でより強く引きつけられるし，また，周期表の左から右に行くにつれて原子の内側の電荷（有効核電荷）が大きくなるので電気陰性度は大きくなる．

　　では内側の電荷が共に＋7であるFとClで，なぜFの電気陰性度が大きいのだろうか．また内側の電荷＋7のClより内側の電荷＋6のOの電気陰性度が大きいのはなぜだろうか．それは共有結合電子が最外殻電子のM殻由来であるClより，L殻由来であるF・Oの方が**原子核と電子の距離**が短くなるため内側の＋電荷と共有結合電子との引力が大きくなるからである．ClはK，L，M殻まで電子が詰まっているため原子全体が大きく，M殻では電子は＋の電荷を持った原子核からかなり外側に離れている．それゆえ原子中の最外殻電子のみならずこれが共有結合電子として振舞う場合についても電子に対する引力はそれほど大きくない．OやFではK，L殻までしか電子が詰まっていないので原子全体はより小さく，L殻電子のみならずこれが共有結合電子となった場合も正電荷を持った原子核の近くにあるので電子に対してより強い引力が働く．

　　このように，最外殻電子・価電子をもとにした共有結合電子が内側にどのくらい束縛されるか，共有結合電子を引きつける内側の力がどれほど強いかで，電気陰性度の大きさが決まる．その因子は内側の電荷（有効核電荷）の大きさと原子核・電子間距離である（原子，イオンの半径と有効核電荷）．

問題8-12　電気陰性度とは何か？H，C，N，O，F，Cl，Na について電気陰性度の大きい順に並べよ．また，なぜこの順になるのか，その理由を述べよ．答えは上述の本文を参照のこと．

8-8　原子の構造：同心円モデルの修正

　　高校で学んだ原子の構造の同心円モデルはこのテキストでも最初に復習した．その中身は「原子は中心の原子核とその周りのK，L，M，N…の電子殻から成っている．それぞれの殻に電子は2，8，18，32…個まで入ることができる」ということであった．ところが，じつは量子力学の教えるところによれば原子の本当の構造は次のようなものである：L殻は実は4本の副殻（軌道＝軌道のようなもの）からできており，4本のうちの1本は内側に，残りの3本は外側に重なって存在する．M殻は9本の副殻（軌道）で構成され，内側に1本，真ん中に3本，外側に5本がまとまって存在する．N殻も同じようにそれぞれ1，3，5，7本が重なっていて，全部で16本の副殻（軌道）を持つ．それぞれの軌道には電子が2個まで入ることができる．このように電子殻は実は微細構造（副殻構造）を持っている．

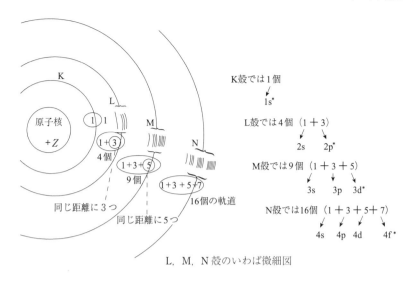

L, M, N 殻のいわば微細図

*K 殻を 1, L 殻を 2, M 殻を 3, …なる数値で表している（この数値を主量子数という．p.215）．

　高校で勉強した原子の軌道モデルはこの微細構造を持った原子を遠くから眺めていたものと考えればよい．近くまで寄ってよく観察してみると上述のような微細構造があったと理解すれば納得できよう．その微細構造，細かい軌道の一番内側にある 1 本しかない軌道を **s 軌道**，その次の 3 本ある軌道を **p 軌道**，その次の 5 本ある軌道を **d 軌道**，一番外側の 7 本ある軌道を **f 軌道** と呼ぶ．同じ名称の軌道はもちろん同じ性質を持っている．K, L, M, N…殻を 1, 2, 3, 4…で区別する*（p.215 参照）．従って上図に示したように K 殻 = 1s, L 殻 = (2s, 2p × 3 個), …となる．s, p, d, f の名称は単に 4 種類の軌道を区別するためにつけられた K, L, M と同種のものであり，諸君の氏名と同類なので名称にこだわる必要はない（p.215 参照）．高校のモデルでは K 殻に 2 個，L 殻に 8 個，M 殻に 18 個，N 殻に 32 個の電子が入ることができると学んだが，これは実はそれぞれの電子殻を構成する細かい軌道の数，1, 4, 9, 16 個の 2 倍の数の電子がこれらの軌道に入る＝<u>1 つの軌道に 2 個の電子が入る</u>ことを表している．p 軌道が 3 つ同じ所（距離）にあることは，下図左側のように重なって存在するのではなく，右側のように 3 つの軌道が直交することを考えれば，電子は負電荷を持っているので負同士が反撥する・電子間反撥の立場からは合理的である．お互いに直交したこれら 3 つの p 軌道をそれぞれ p$_x$, p$_y$, p$_z$ 軌道という（ただし量子力学的には形が異なる p.215, 219〜220）．

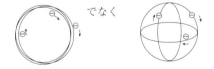

8-9　電子スピン

　では，なぜ 1 つの軌道に電子が 2 個入ることが出来るのだろうか．

　電子は − の電荷を持っているので実は p.191 のような原子のモデル図，即ち 1 つの軌道（電子殻）にたくさんの電子が入った状態ではお互いに − 電荷同士で反発し合うために安定でありえないはずである．微細構造を持つ新しいモデルでは細かい軌道 1 本に対し，電子が 2 個入ると述べたが，これとてやはり電子同士が同じ軌道の中で反発し合いエネルギー的に不利・不安定なはずである．電子が 1 個だけ入っていた方が反発しないので合理的である．それにもかかわらず，なぜ同じ軌道に電子が 2 個入ることができるのだろうか．このことは電子が自転（スピン）しているという考えで理解される．

電子がスピンという性質を持つことは実験的に，また量子力学の理論からも明らかにされている．ただし極微の世界の目で見ることができない実際の電子スピンがどのようなものかを我々がイメージすることはできない．しかし我々人間はイメージできないと理解・納得できないので以下に述べる「自転」の解釈をしているのである．

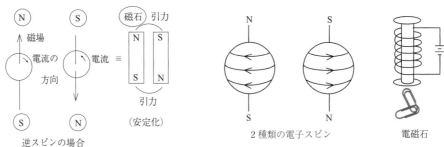

例えば地球が自転する場合をイメージしよう．自転する場合には右回りと左回りの回転が可能である．一方，電子が動くということはその逆方向に電流が流れるということである（＋から－流れるのが電流の定義である．電子は－だから電子の動く方向と電流の流れる方向は逆である）．高校の物理で学んだように（アンペールの右ねじの法則），また中学校の理科で電磁石について学んだように，輪になった銅線・コイルを電流が流れればその周りに磁界が発生する．言い換えればコイルを流れる回転運動をしている電流は磁石として作用する．電流が右回りに流れた時と左回りの場合とでは生じる磁石向きが南北逆になる．自転している電子は小さい球の表面に分散した電荷がその球と共に回転しているのと同じだから，電荷の回転＝電流が流れていると考えてよく，電子は小さな磁石と見なすことができる（上図中央）．同じ軌道中の2個の電子の自転（スピン）方向が逆なら南北逆方向の磁石がそばにあることになるので，この2個の磁石は引き合う＝引力が働く．つまり電子は，マイナス同士で電気的に反発するが，磁石としての引力が働くためにスピンを逆にすれば同じ軌道に2個入ることができる．

デモ：① 電磁石の電流の方向と磁極の関係，② 軌道に電子1個↑は小磁石であるので強力磁石により $CoCl_2$, $FeCl_3$ 水溶液の Co^{2+}, Fe^{3+} が引き寄せられ，液面が少しだけ盛り上がる．

電子の詰まり方の順序（**電子配置**）：高校で原子構造の軌道モデルについて学んだ時に，M殻には18個の電子が入ると書いてあったにもかかわらず，実際学ぶ原子の電子配置はなぜか8個止まりであった．例えばCaの電子配置は $(K)^2(L)^8(M)^{10}$ のはずなのに $(K)^2(L)^8(M)^8(N)^2$ であった．筆者は高校生当時このことを疑問に思っていたが，既に学んだ微細構造モデルを使えば疑問は容易に氷解する．

既に述べたように電子の軌道（電子殻）のエネルギーは原子核に近いほど低い＝電子は安定であるから，原子を構成する電子は内側から詰まっていく．高校ではK, L, M…と詰まっていくと学んだが，微細構造モデルでは，K殻のs軌道に2個，L殻のs軌道に2個，3つのp軌道に3×2＝6個，M殻では同様に，内側のエネルギーの低い方からs軌道1本，p軌道3本，d軌道5本の計9本の軌道からなっているから，まず2個の電子がスピンを逆にしてエネルギーの最も低い1本のs軌道に入り，その次に3個の電子が2番目にエネルギーの低い3本のp軌道にまずは1つずつ入る．続いてあと3個の電子がスピンを逆にして順次p軌道で対を作る．このp軌道はエネルギー的にs軌道と大差がないのでM殻では8個までの電子が詰まって一段落となる（Na〜Ar）．

もっと電子が多い場合には，よりエネルギーの高いd軌道に電子が5×2＝10個，sとpを合わせて計18個の電子が入ることになる理屈であるが，実は3d軌道（M殻の一番外側の軌道）は4s軌道（N殻の一番内側の軌道）よりエネルギー的に高いところにあるので（次ページ図右），まず4s軌道に電子が2個入った後で，3d軌道に電子が詰まることになる．すなわち，カリウムKは $(K)^2(L)^8(M)^9$ でなく $(K)^2(L)^8(M)^8(N)^1=(Ar)(4s)^1$, Caは $(K)^2(L)^8(M)^{10}$ でなく $(K)^2(L)^8(M)^8(N)^2=(Ar)(4s)^2$. バナジウムVでは $(Ar)(3d)^3(4s)^2$. ただし軌道エネルギーは4s〜3dなので，原子によっては

電子間反撥の結果，4sに電子が1個入っただけで3dに電子が詰まる場合，例えばCrは(Ar)(3d)^4(4s)^{2}ではなく(Ar)(3d)^5(4s)^{1}や，イオンになって電子が一部失われると4sより3dに電子が詰まった状態が安定になることがある．例えばFeは(Ar)(3d)^6(4s)^{2}だがFe^{2+}は(Ar)(3d)^4(4s)^{2}ではなく(Ar)(3d)^6(4s)^0，Fe^{3+}は(Ar)(3d)^5(4s)^{0}など．

上記の説明の中で，3個のp軌道，5個のd軌道に電子が詰まる際には，電子は電子間の反撥を避けるために，まずはそれぞれの軌道に1個ずつスピンを同じ向きにして入り（**フントの規則**），そのあと順次，2個目の電子がスピンを逆にして対を作り，計6個，または10個の電子が入ることになる．

既述（p.192）のように，電子は原子核に近いほど安定に存在し（軌道エネルギーは低く）原子核から離れる程軌道のエネルギーは大きくなるので，軌道エネルギーの大きさは

1s＜2s＜2p＜3s＜3p＜4s～3d*＜4p＜5s～4d＜5p＜6s～4f～5d＜6p＜7s～5f～6d

となる． ＊実際の原子では 4s＜3d，イオンでは 3d＜4s となる．

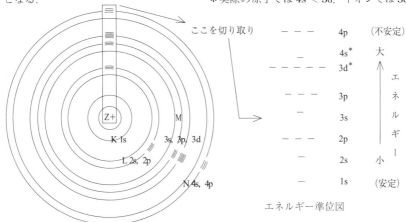

エネルギー準位図

右上図のように，縦軸方向に軌道のエネルギーをとり，軌道を短い横線で示すことにより軌道の順序を表したものを「エネルギー準位図」という．

右回り・左回りの2種類の電子スピンを区別するために，これらのスピン状態をそれぞれ↑・↓（右左どちらがどちらでもよい）で表し（右回り・左回りスピンの代りにこれを上向きのスピン・下向きのスピンともよぶ），それぞれの軌道中の電子を↑↓で示す．すると，例えばC，O，Na原子，Fe^{2+}イオンの電子配置はそれぞれ次のように示される．

電子配置図：

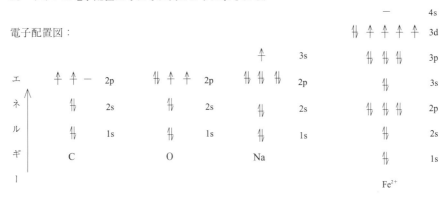

原子の電子配置式　　C：(1s)^2(2s)^2(2p)^2　　O：(1s)^2(2s)^2(2p)^4
　　　　　　　　　Na：(1s)^2(2s)^2(2p)^6(3s)^1　　Fe：(1s)^2(2s)^2(2p)^6(3s)^2(3p)^6(4s)^2(3d)^6

＊電子配置式から電子配置図を作るには，① 下から順に2個ずつスピンを逆にして詰める．② 同一エネルギーの軌道が複数ある場合はフントの規則に従って電子を詰める．

周期表と電子の軌道：

　電子配置式から解るように1，2族はs軌道電子が最外殻電子＝価電子，3〜12族はd軌道電子が最外殻電子，13〜18族はp軌道電子が最外殻電子である．

1,	2,	3,	…,	12,	13,	…, 18 族
$1s^1$			周期表			$1s^2$
$2s^1$,	$2s^2$,				$2p^1$, …	$2p^6$
$3s^1$,	$3s^2$,				$3p^1$, …	$3p^6$
$4s^1$,	$4s^2$,	$3d^1$,	…	$3d^{10}$,	$4p^1$, …	$4p^6$

問題 8-13　H，C，N，O，Na^+，K，K^+，Cu，Cu^{2+}，Fe^{2+}，Fe^{3+}，Cl^- の電子配置図と配置式を書け．また，Fe はなぜ Fe^{2+} と Fe^{3+} の状態をとるのかを考えてみよ（イオンについては p.205 参照）．　　　　　　　　　　　　　　　　　　　　　　　　　　　　（答は p.204）

問題 8-14　p.197 のイオン化エネルギーの ⩗⩘⩗ なる形はなぜこのようになるのか，全体として見た ⩗⩘⩗ の形と小さいギザギザ形の両方を説明せよ．　　　（答は p.205）

8-10　電子式

　元素の種類によって陽イオン・陰イオンへのなりやすさ（p.194）がなぜ異なってくるかについて高校の教科書では次のように説明してある．「電子配置が閉殻構造（それぞれの電子殻に電子が全部詰まっている状態）の貴ガスは安定である．だから閉殻構造は安定である．そこで原子は安定な閉殻構造の電子配置をとろうとする傾向があるため，例えば Na 原子は Na^+ イオンに，Cl は Cl^- になりやすい」．この考え方を一般化したものを**オクテット則・八隅則**という．「化学反応が進むとあらゆる元素はより安定な構造をとる方向へ変化するが，反応によって到達する化学的に安定な構造は貴ガス元素の電子構造であり，反応は最外殻に8個の電子を収容し最外殻の軌道が閉殻構造を取る方向へ変化する」．この考え方は，なぜ閉殻構造が安定なのか，という根本的な問いには答えていないが，事実を把握するには便利な考え方である．実際，高校での化学結合の説明はすべてこの考え方に基づいている（イオンへのなりやすさ（p.194）・共有結合（p.208）・配位結合（p.212））．

　この考え（モデル）は原子のボーアモデル（同心円モデル・太陽系モデル）の成立直後，量子力学成立以前に NaCl のようなイオン性化合物の生成や Cl_2，O_2 のような非イオン性物質の電子対共有結合の概念を模式的に説明するためにルイスによって提案されたものである．現在では必ずしも正しくないことがわかっているし，電子対の共有によってなぜエネルギーの安定化がおこるかも説明されていないが，依然として大変有用であり，また量子論に基いたモデルは難解であるために，化学の初歩を勉強する際にはまずこの考えに基いて化学結合を理解するという道順をとっている．ものごとを理解するにはこのように段階的な方法をとる方がよい場合が多い（認識・進歩・変化は直線的でなく，らせん的である）＊．このオクテットの考え方は電子式（ルイス記号）を用いることにより最も適切に表示・展開することができる．

　　＊努力しても理解できなかった箇所は印をつけて先に進むのもひとつの手である．その時理解できなかったことが，勉強を進めていくうちに，いつのまにか理解できていることは多い．

　電子式とは最外殻電子（価電子）を元素記号の周りに「・」または×などで示したものである．イオン性・共有結合性化合物の構成原子は電子8個そろった状態，オクテット（電子の8個組）・八隅子（8個の電子が四隅にある）で安定となる．例 :N̈e: 　:C̈l:⁻ 　:F̈:F̈:

　このオクテット則に基づく電子式の書き方を修正軌道モデル（p.198）で解釈すると次のようになる．元素の周りの上下左右の4箇所が4つの軌道に対応しており，「・」または「×」はその軌道に入っている電子を表している．4つの軌道とはs軌道1本とp軌道3本とを合わせたものであり，s軌道とp軌道はエネルギー的に大きな違いがないので電子式を書く場合は同じものとして扱う（s軌道とp軌道を区別しない，いわば sp^3 混成軌道（p.227）として考える）．

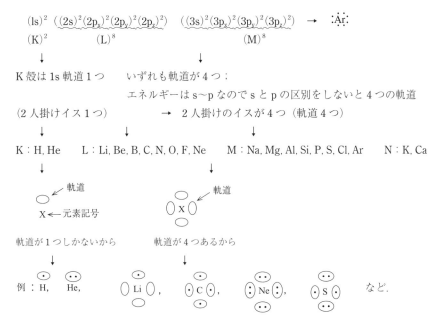

電子式を用いて原子の最外殻の電子配置を表すことにより，この原子がイオンになる際には正負何価をとるか，共有結合する際の原子価（p.15, 230）が何価かを予想することができる．また共有結合・配位結合のでき方も容易に示すことができる．有機化合物の性質・反応性を，暗記ではなく，理解するための理論として「有機電子論」がある．この理論（数式を一切含まない＝考え方）を理解して使えるようになるためにも電子式を書けることが前提となる．

電子式の書き表し方
1. 原子の電子式
　　電子式：**最外殻電子（価電子）** を元素記号の周りに「・」または「×」などで示したもの．

問1．原子 X の電子式の表し方を示せ（長イス（軌道）の数，定員，表示場所）．

答え：二人掛けの長イスが噴水の周りに4個ある（元素記号 X の上下左右に軌道が4組ある）
　　→原子には電子が2個入ることができる軌道が4組ある（2s×1, 2p×3個；ただし，H・He だけは長イスは1組（1s）しかない．この1組は元素記号 X の上下左右のどこに書いてもよい）．

問2．長イス（軌道）への腰掛け方（電子の詰め方）を説明せよ．

答え：　最初は皆，一人ずつ別のイスに座りたがる．この電子を**不対電子**という．
　　　　イスは4個しかないので5人目からは仕方なく2人掛けとなる．合計8人座ることができる．この2人掛けした電子のことを**電子対**という．
　　→電子は－電荷を持つから，これが同じ軌道に入ると反撥することになり，少し不安定になる．そこで電子数個4までは電子はそれぞれ別の軌道に入る（不対電子）．5個目からは一つの軌道に2個の電子が入ることになる（電子対）．この際には電子のスピンは逆向きである（礼を尽くして着席する）必要がある（p.200）．当然，合計8個までの電子が入ることができる．

問 3. どのイス（軌道）にどの順序で座る（入れる）かを述べよ.

答え：4個のイス（軌道）に違いはないので，上のルールさえ守れば，どのイス（軌道）にどの順序で座って（入れて）もよい.

問題 8-15　H（電子1個），He（電子2個）について電子式を書け.　　　　　　（答は p.205）

問題 8-16　X が H, He 以外の元素（軌道は4つ）であるとして，電子数が1〜8のそれぞれの場合について，電子式を書け.　　　　　　（答は p.205）

問 4. 電子式中の電子数（最外殻電子数＝価電子数）と，その原子が属する族番号との関係を述べよ.

答え：電子式に書くべき電子の数（最外殻電子数＝荷電子数）は，1, 2族ではその原子が属する<u>族番号</u>と同じ，13〜18族では族番号 − 10 である.

問題 8-17　H から Ca までの電子式を書け.　　　　　　（答は p.205）

電子式と電子配置との関係を示すと（＊<u>電子式では s と p を区別していない</u>. いわば sp³ 混成）
（電子配置＝電子の詰め方は p.200, 203 の説明を参照のこと）

電子式	電子配置	軌道	図
Li ＝ ⊙Li⊖ は	$(L)^1 = (2s)^1$	$(2s)^1(2p_x)^0(2p_y)^0(2p_z)^0$	↑ — — —
Be ・ ＝ ⊙Be⊖ は	$(L)^2 = (2s)^2$	$(2s)^1(2p_x)^1(2p_y)^0(2p_z)^0$	↑ ↑ — —
・Ḃ ＝ ⊙B⊖ は	$(L)^3 = (2s)^2(2p)^1$	$(2s)^1(2p_x)^1(2p_y)^1(2p_z)^0$	↑ ↑ ↑ —
・Ċ ＝ ⊙C⊖ は	$(L)^4 = (2s)^2(2p)^2$	$(2s)^1(2p_x)^1(2p_y)^1(2p_z)^1$	↑ ↑ ↑ ↑
・Ṅ・ ＝ ⊙N⊖ は	$(L)^5 = (2s)^2(2p)^3$	$(2s)^2(2p_x)^1(2p_y)^1(2p_z)^1$	↑↓ ↑ ↑ ↑
・Ȯ・ ＝ ⊙O⊖ は	$(L)^6 = (2s)^2(2p)^4$	$(2s)^2(2p_x)^2(2p_y)^1(2p_z)^1$	↑↓ ↑↓ ↑ ↑
:Ḟ・ ＝ ⊝F⊖ は	$(L)^7 = (2s)^2(2p)^5$	$(2s)^2(2p_x)^2(2p_y)^2(2p_z)^1$	↑↓ ↑↓ ↑↓ ↑
:Ṅe: ＝ ⊝Ne⊖ は	$(L)^8 = (2s)^2(2p)^6$	$(2s)^2(2p_x)^2(2p_y)^2(2p_z)^2$	↑↓ ↑↓ ↑↓ ↑↓
Na ＝ ⊙Na⊖ は	$(M)^1 = (3s)^1$	$(3s)^1(3p_x)^0(3p_y)^0(3p_z)^0$	↑ — — —
Ṁg・ ＝ ⊙Mg⊖ は	$(M)^2 = (3s)^2$	$(3s)^1(3p_x)^1(3p_y)^0(3p_z)^0$	↑ ↑ — —
Al, ……			……
:Ċl・ ＝ ⊝Cl⊖ は	$(M)^7 = (3s)^2(3p)^5$	$(3s)^2(3p_x)^2(3p_y)^2(3p_z)^1$	↑↓ ↑↓ ↑↓ ↑

……　を意味する.

2. イオンの電子式

問題 8-18　−1価陰イオン・+1価陽イオンの電子数と原子の電子数の関係を示せ.　　（答は p.205）

問題 8-19　Na, Na⁺, Cl, Cl⁻, K⁺, Br⁻, I, I⁻, Ca, Ca²⁺, O, O²⁻, Al, Al³⁺ の電子式を書け.

（答は p.205）

8-9, 8-10 節の問題の答え

答え 8-13　C, O, Na, Fe^{2+} の電子配置図と C, O, Na, Fe の配置式は p.201.
　　H, $(1s)^1$; N, $(1s)^2(2s)^2(2p)^3$; Na^+, $(1s)^2(2s)^2(2p)^6(3s)^0$; K, $(1s)^2(2s)^2(2p)^6(3s)^2(3p)^6(4s)^1$;
K^+, $(1s)^2(2s)^2(2p)^6(3s)^2(3p)^6(4s)^0$; Cu, $(1s)^2(2s)^2(2p)^6(3s)^2(3p)^6(4s)^1(3d)^{10}$;
Cu^{2+}, $(1s)^2(2s)^2(2p)^6(3s)^2(3p)^6(3d)^9(4s)^0$; Fe^{2+}, $(1s)^2(2s)^2(2p)^6(3s)^2(3p)^6(3d)^6$;
Fe^{3+}, $(1s)^2(2s)^2(2p)^6(3s)^2(3p)^6(3d)^5$; Cl^-, $(1s)^2(2s)^2(2p)^6(3s)^2(3p)^6$. 電子配置図は省略. Fe^{2+} の電子配置は Fe のそれから 4s 電子を2個取ったもの，Fe^{3+} は5個の d に電子が1個ずつ詰まっているもの，であることを基になぜかを考えよ.

8章：原子構造と化学結合　　*205*

答え 8-14　全体として見たギザギザは内殻の電荷が +1〜+8 まで周期的に変化するのでイオン化エネルギーもそれにつれて変化するため．小さい形のギザギザは副殻 s，p 軌道の存在による．最初の 2 個は s，次が 3 個の p に 1 個ずつ入った電子，その後の 3 個は対になった電子についてのイオン化エネルギーである．

答え 8-15　Ḣ　（H·　　H·　　·H でも可）；　Hė　（He:　　He·　　:He でも可）

　H，He の電子配置はそれぞれ (K)^1 = (1s)^1　1s ↑，(K)^2 = (1s)^2　1s ↑↓ であるが，この電子配置を H = ⊙$_{H}$，He = ⊙$_{He}$ と書く．H，He では軌道 (1s) は 1 つである：この 1 つの軌道，または電子「·」，「··」の記載位置は ⊙X　X⊙　X⊙　⊙X のように上下左右のどこでもよい．

答え 8-16　1：Ẍ　（X·　　X·　　·X でも可）

　　　　　2：·Ẍ　（·X　　·X·　　Ẍ　　X·　　X· でも可）

　　　　　3：·Ẍ　（·Ẍ　　·X·　　Ẍ· でも可）　　　　4：·Ẍ·

　　　　　5：·Ẍ　（Ẍ·　　·Ẍ·　　·Ẍ: でも可）

　　　　　6：:Ẍ·　（·Ẍ·　　:Ẍ·　　·Ẍ:　　:Ẍ: でも可）

　　　　　7：:Ẍ·　（:Ẍ·　　·Ẍ:　　:Ẍ: でも可）　　　　8：:Ẍ:

答え 8-17　Ḣ，Hė，Li·，·Be，·B̈，·C̈·，·N̈·，:Ö·，:F̈·，:N̈e:

　　　　　　Na·，·Mg，·Al̈，·S̈i·，·P̈·，:S̈·，:C̈l·，:Är:，K·，·Ca

答え 8-18　−1 価陰イオン→原子の電子数 +1 個，+1 価陽イオン→原子の電子数 −1 個

答え 8-19　Na·，Na$^+$，:C̈l·，:C̈l:$^-$，K$^+$，:B̈r:$^-$，:Ï:$^-$，:Ï·，Ca·，Ca^{2+}，·Ö·，:Ö:$^{2-}$，·Al̈·，Al^{3+}
（Ẋ=⊙X，Ẍ=⊙X と考えよ）

答え 8-19 の補足説明：　イオンのでき方をまず考える．
　Na から電子を 1 個引き抜くと Na$^+$ となる．すなわち，Na −⊖（e$^-$ とも書く）= Na$^+$

　　　　　　　　　　　　　　　　　　　　　　　電子 e は electron（電子）の略

　この式で，何もないところ（Na）から − を引き抜くとなぜ +（Na$^+$）となるかが理解できないという人がいるが，それは上式を原子の構造ごと書いてみるとわかる．即ち，Na は 11 番元素*だから，

　　*原子番号は H，He… と数えればわかる → 電子配置も書けるはず．
　　また，例えば Fe → Fe^{2+} + 2e$^-$ は（周期表をみると Fe は 26 番元素だから）

$+ 2e^-$ のことである.

Na 原子の電子式：$(K)^2(L)^8(M)^1 =$（内殻）$(M)^1 = $ Na $= \dot{Na}$ （$= Na$ 原子）

空っぽ

Na$^+$ の電子式：（内殻）$(M)^1 -$ 電子 1 個 $=$（内殻）$(M)^0 = $ Na $= Na$ とすると原子とイオンの区別なし. よって $=$「Na$^+$」とする.

Cl 原子の電子式（17 番元素）：$(K)^2(L)^8(M)^7 =$（内殻）$(M)^7 = $:Cl: $= \ddot{\ddot{Cl}}\cdot$

Cl$^-$ の電子式：（内殻）$(M)^7 + \ominus =$（内殻）$(M)^8 = $:Cl: $= :\ddot{\ddot{Cl}}:^- \equiv Cl^-$

電子 1 個得

-17 / $+17$ $+ \ominus = $ -18 / $+17$ $= $ -1

O 原子の電子式（8 番元素）： $(K)^2(L)^6 =$（内殻）$(L)^6 = $ O $= \cdot\ddot{O}\cdot$

O^{2-} の電子式： （内殻）$(L)^6 + 2\ominus =$（内殻）$(L)^8 = $ O $= :\ddot{O}:^{2-} \equiv O^{2-}$

電子 2 個得

-8 / $+8$ $+ 2\ominus = $ -10 / $+8$ $= $ -2

Al 原子の電子式（13 番元素）： $(K)^2(L)^8(M)^3 =$（内殻）$(M)^3 = $ Al $= \cdot\dot{Al}\cdot$

空っぽ

Al^{3+} の電子式： （内殻）$(M)^3 - 3\ominus =$（内殻）$(M)^0 = $ Al $^{3+} \equiv Al^{3+}$

電子 3 個失

-13 / $+13$ $- 3\ominus = $ -10 / $+13$ $= $ $+3$

　＊電子式で Na$^+$ では:Ṅa:$^+$ と書かずに Na$^+$ と書き，Cl$^-$ は:Ċl:$^-$ と書き Cl$^-$ と書かない理由：Na$^+$ では $(L)^8$，すなわち，:Ṅa:$^+$ は確かにこのイオンとしては最外殻電子であるが，この電子は内殻の電荷（Na 原子核電荷 +11 と $(K)^2$ 殻の電荷 −2 を加えた +9 の電荷）との間の $(+9)\times(-1)$ の大きな静電引力により原子核に強く束縛されており，化学的な役割を果たすこと・反応にかかわることはできない．すなわち「価電子」ではない．この電子は Na 原子の最外殻電子 $(M)^1$ から見れば Ne と同じ電子配置の内殻電子であり，上述のように Na$^+$ としてもやはり内殻に強く束縛されている内殻電子の性

質しか持っていないので Na⁺ の電子式は価電子 0 個の形である「Na⁺」と書く．一方，Cl⁻ では「:C̈l:⁻」の電子は元々から Cl 原子の最外殻電子であり，Cl 原子の場合と同様に「価電子」としての性質を持つ（化学反応に携わる）ので Cl⁻ は「:C̈l:⁻」と書く．

8-11 量子論の考え方 I

　読者が高校で勉強した原子の同心円モデルには高校では触れられなかった大変重要な意味が含まれている．この原子モデルを認めたということは，実は原子の世界・極微の世界で電子が持つことができるエネルギーは「細分できない一塊（ひとかたまり）のエネルギーである」・原子の中の電子は「跳び跳びのエネルギー」しか持つことができないという考えを認めたことに等しい．この一塊のエネルギーをエネルギーの塊という意味で**量子**（りょうし）（エネルギーの小さい塊）という．量子力学とは，**ミクロ**（極微）の世界で物質が持つことができるエネルギーは任意の勝手な値を取ること・勝手に小さく切り刻むことはできなく，ある定まった大きさ・塊でしかとりえないということを前提に組み立てられた学問体系である．一方，諸君が高校物理で学んだ，身の回りの世界の（大きい：**マクロ**）物質を対象とするニュートン力学＝古典力学では，物質のエネルギー値はいかなる値・小さく切り刻んだ値をも取りえることを前提にしている．

　では，なぜ原子の同心円モデルを認めたことが，エネルギーはある定まった塊でしか取り得ない＝エネルギーは勝手な大きさには細分できない・原子の中の電子は跳び跳びのエネルギーしか持つことができない，ことを認めたことになるのだろうか．このことを納得するために p.192 の ⊕ 原子核から ⊖ 電子を引き離す操作を再度考えてみよう．

　電子を原子核から引き離すのには仕事をする・エネルギーを使う必要がある．原子核中心から K 殻のところまで電子を動かしたとすると，その分の仕事を電子にした・電子はその分だけ原子核にくっついていた時よりエネルギーが高く・不安定になったことになる（p.192 図）．電子が獲得したエネルギーはこの原子核から K 殻までの距離に対応した一塊のエネルギー（量子）である．ここで同心円モデルの中身を復習すると，電子はある決まった軌道（K，L，M，N 殻）＝原子核からのある決まった距離にしか存在できないというのがポイントである．電子殻以外の勝手な場所＝原子核からの勝手な距離には電子は存在できないということである．このことは，電子のとることができるエネルギーは K，L，M，N 殻の距離に対応する「ある定まったエネルギー＝小分けできない一塊のエネルギー」であることを意味する．もしエネルギーを小分けできれば電子は電子殻以外の任意の場所に存在できることになる．エネルギーを小分けできないということは，電子を原子核中心から K 殻まで動かすのに，一気に動かす必要がある，途中で中休みできない（中休みできる場所＝軌道がない）ということである．

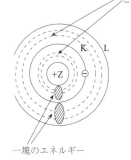

　　ここは軌道がない＝電子は居てはいけない．

一塊のエネルギー

　電子 ⊖ を原子核 ⊕Z から引き離すのに，⊕Z ⊖ の状態から，一息に K 殻の所まで動かさなければならない．動かす時に途中で休んではいけない（途中には原子が存在すべき軌道がない）．→電子が取ることが許されるエネルギーは小分けにできなく，電子を原子核から K 殻まで動かすのに必要なエネルギーを一塊として（一気に）取る必要がある．

　　→エネルギー量（塊の）子（粒子）→量子力学

　以上，「原子の中の電子がとりうるエネルギーは塊（量子）である・電子は跳び跳びのエネルギーしか持つことができない」が原子の同心円モデルの本質である．同心円モデルによる原子の性質の説明は 1912 年デンマークのニールス・ボーアによって初めてなされた．ボーアの理論を古典量子論という．実はこの理論には矛盾があったが，ボーアはそれを原子の世界の未知の現象（本質）であると考えて矛盾に目をつぶった．このモデルで水素原子の発光スペクトル*が正しく説明できたからである．この矛盾を克服したのがオーストリアのシュレーディンガーとドイツのハイゼンベルグである．シュレーディンガーは粒子である電子が波

の性質を持っているというフランス人ド・ブロイの仮説（物質波）を基に波の理論（波を表す式）と粒子の理論（粒子の運動の式）とを組み合わせて**量子力学（波動力学）**を作りあげた．ハイゼンベルグも独立にマトリックス量子力学なるものを考え出したが，これは実質的にはシュレーディンガー理論と同じであった．波動力学の考え方が理解しやすかったので，現代の量子論（量子力学）はシュレーディンガーの考え方に基いて表される．電子が波として振舞うのは，極微の世界では粒子の「エネルギーと場所とは同時に決めることはできない」というハイゼンベルグが見出した**不確定性原理**の反映である．

　　電子は K 殻，L 殻，M 殻，N 殻…の場所にのみ存在するが，そのことの持つ意味は上述のように「原子の中の電子は跳び跳びのエネルギーしかとりえない」ということである．電子の持つエネルギーは一つの塊（量子）であり不連続である．この不連続性が炎色反応の炎の色や物の色を理解する鍵である*．量子力学はこのエネルギーの不連続性を前提に成立した学問である．その考えの基本・ポイントは，物質は粒子（塊）であると同時に波としてもふるまう，ということである．これを物質波という．ある長さのゴムひもを振動させた時に生じる波（定常波）は波の山が 1 個〜〜2 個〜〜〜3 個…となることからわかるように，定常波はわれわれが知っている不連続性を示す（1，2，3，…と整数をとり，その中間はとれない）代表的なものであり，そのエネルギーが跳び跳びになることは容易に理解されよう．電子は粒子であると共に波としての性質も持つ．だから電子が持ちうるエネルギーは跳び跳びになるし，また電子顕微鏡なるものも存在しうるのである．一方，波である光は粒子＝光子（エネルギーの塊）としての性質も持つ．人間は物体だが，量子力学的に見れば波長の大変短い波であるとも言える．これが原子分子の極微の世界に対する人類の認識の仕方である．

問題 8-20　ド・ブロイは物質はすべて波の性質を持つという考えを提案した．これを物質波といい，電子は実際に波として振舞うことが実験的に証明された．この物質波の波長は $\lambda = h/mv$（m は質量 kg，v は速度 m/sec）で表される（$h = 6.63 \times 10^{-34}$ J s ジュール秒）．　（答は p.214）
(1)　1 g の弾丸が時速 3600 km で動いている．このときの弾丸の波長を求めよ．
(2)　0.001 mg ＝ 1 μ g の粒子が光速（3×10^8 m/秒）で動いている場合の波長を求めよ．
(3)　電子（$m = 9.1 \times 10^{-31}$ kg）が $v = 6 \times 10^6$ m/秒で動いている場合の波長を求めよ．
*原子の発光スペクトル，炎色反応，原子吸光分析，比色法の原理，光とは何か，光の波長と色の関係，基底原子状態・励起状態・電子遷移については『演習　溶液の化学と濃度計算』または『演習　誰でもできる化学濃度計算』を参照のこと．

8-12　化学結合
問題 8-21　イオンや分子が安定に存在するためには安定な電子配置をとっている必要がある（高校で学んだ考え方）．これはどのような電子配置か，またこの配置を何というか．（答は p.214）

8-12-1　イオン結合
　　イオン結合とは＋イオンと－イオンとが対になって電気的に引き合う結合・クーロン力による引力・結合をいう．クーロン力とは電気的な引力・斥力のことである（クーロンの法則参照 p.194，磁石の N 極・S 極間の引力・斥力と同じ形式のものと考えてよい）．NaCl 結晶を維持する力・Na^+Cl^-，タンパク中の塩基性アミノ酸残基の$-NH_2$基（$-NH_3^+$）と酸性アミノ酸残基の$-COOH$基（$-COO^-$）との相互作用・$-NH_3^+\cdots{}^-OOC-$）などがイオン結合の代表例である．NaCl（$(Na^+)(:\overset{..}{Cl}:^-)$）

8-12-2　共有結合（電子対結合，電子対共有結合）
　　二つの原子が不対電子を 1 個ずつ出し合って電子対をつくり共有することによって生じる結合を共有結合，この電子対を**共有電子対**という．結合形成により 2 個の原子はエネルギー的に安定化する．

p.15, 230 で述べた原子価＝「手」は実は不対電子 1 個のことであり「手をつなぐ」とはこの不対電子 2 個で共有電子対を作ることである．結合に関与しない電子対を**非共有電子対**という．

例：水素分子（H₂）の生成　H 原子の電子式は H・．2 個の H 原子が不対電子を 1 個ずつ出し合って電子対をつくる（共有結合生成）．

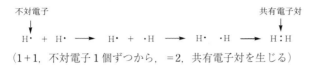

（1＋1，不対電子 1 個ずつから，＝2，共有電子対を生じる）

では，どうして共有結合すると安定になるのか？
① 高校式の考え方：オクテット則（八隅則）⇒2 つの原子がお互いに一対の電子を共有することにより，それぞれの原子から見れば，電子殻に 8 個の電子が詰まった閉殻構造・貴ガスの電子配置となるために安定になる（以下は最外殻のみを示したもの．電子式の書き方は p.203〜）．

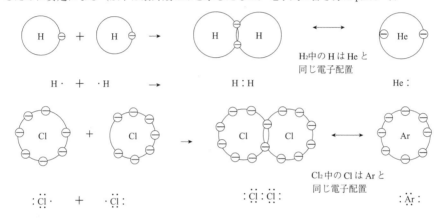

このオクテット則の説明は，現象論的に化学的に不活性な貴ガスとの相似性を述べているだけで，なぜ安定になるのかの説明とはなっていない．本質的説明には量子論の考えが必要であるが（p.214, 221），定性的には＋の 2 つの原子核を－の電子対が接着剤としてくっついていると考えてよい．

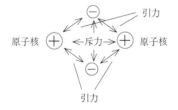

② 量子力学（波動力学）に基づく共有結合（電子対共有結合）の考え方
　電子が 1 個しか入っていない軌道が重なる → 軌道の重なりに基づく相互作用が共有結合．

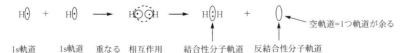

　H 原子の 1s 軌道に電子が 1 個入っている．この H 原子 2 個が互いに近づくと 2 つの 1s 原子軌道が重なり相互作用して 2 つの新しい軌道，エネルギーの低い安定な結合性分子軌道と，エネルギーの高い反結合性分子軌道とを生じる．2 つの 1s 軌道にそれぞれ入っていた電子はエネルギーの低い結合性軌道に 2 個一緒に入ることにより安定化する（結合生成）．反結合性軌道は空．

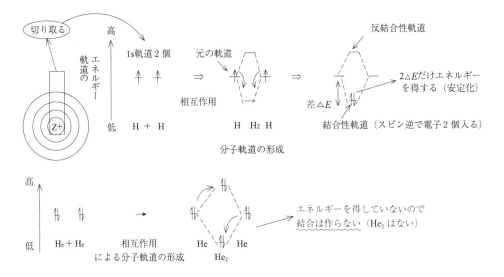

軌道が重なり合って結合性軌道と反結合性軌道を作る.
⇒結合性軌道に電子を詰めるとエネルギーを得する. ⇒ 結合形成する

　2つの軌道の相互作用の例え話：2人部屋でそれぞれ一人暮しをしていた2人が同居する場合を考えよう．一方の部屋にそれぞれの家具を持ち寄ることで生活用品のそろった居心地の良い同居用部屋ができるが，もう一方の部屋は生活用品が減り不要物の置き場と変じてしまい前より住み心地が悪くなる．同居で2人とも得をする．得だから同居する．もちろんたまには喧嘩もするだろうが（エネルギー的に得する（＝安定化する）から分子軌道ができて結合性軌道に電子2個が収まる．電子間反撥でエネルギーを多少損する（＝不安定化する）が）．

　この考えで，共有結合のみならず，後述の配位結合や，一電子結合・三電子結合といった高校の考えでは理解できない他の結合も理解することができる（下図）．

*電子間反撥の分だけ損をする．

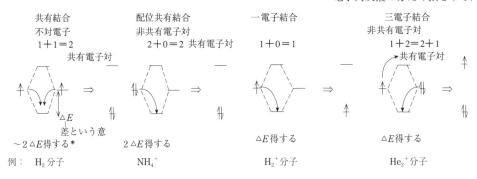

問題 8-22　H_2, Cl_2 を例に挙げて，原子の電子式を基にした共有結合（電子対共有結合）の作り方を，① 高校式，② 軌道の考え方で説明せよ．

答え：① 高校式：2つの原子の電子式の不対電子1個ずつを組み合わせて電子対を一つ作る．

　　　H· + H· ⟶ H· ·H ⟶ H· ·H ⟶ H:H　（=H–H）
　　　:Cl· + ·Cl: ⟶ :Cl· ·Cl: ⟶ :Cl:Cl:　（=Cl–Cl）

② 軌道の考え方：H₂ 分子の生成は，

H· + ·H → H· ·H → H(· ·)H → H:H + ( )

Cl₂ 分子の生成は， :Cl: + :Cl: → :Cl: :Cl: + ( )

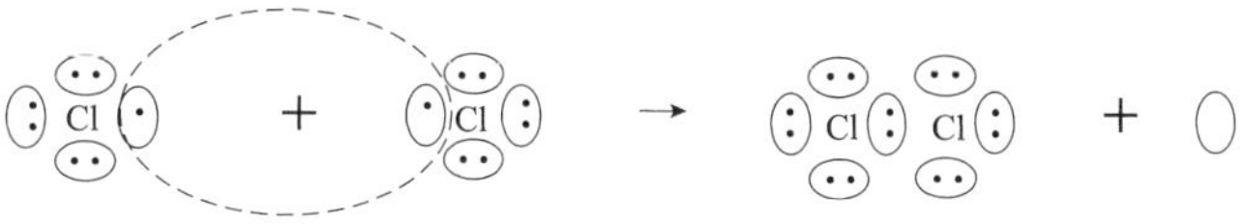

＊オクテットの考え方と異なり，結合に必要部分は 2 つの · の重なりである．

Cl· + ·Cl → Cl:Cl

このほかの : （**非共有電子対**）は結合には関係ない． · が重要 → · の数＝共有結合の価数

問題 8-23 （1）H₂O，（2）NH₃，（3）CH₄，（4）O₂ の電子式の書き方（軌道式）を示せ．

答え：（1）H₂O → H· + ·Ö· + ·H → H· ·Ö· ·H → H:Ö:H

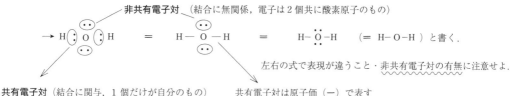

→ H(:)O(:)H ＝ H—O—H ＝ H—Ö—H （＝ H–O–H）と書く．

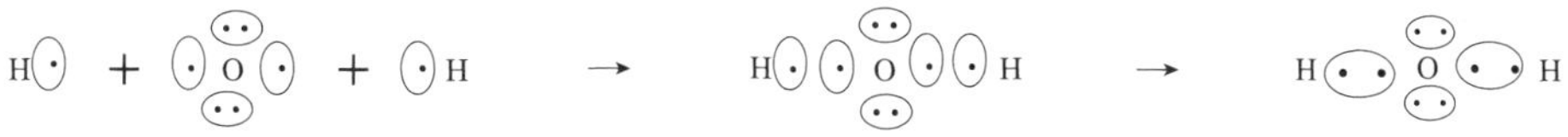

非共有電子対（結合に無関係，電子は 2 個共に酸素原子のもの）

共有電子対（結合に関与，1 個だけが自分のもの）　共有電子対は原子価（—）で表す

左右の式で表現が違うこと・非共有電子対の有無に注意せよ．

（2）NH₃：

H· + ·N·· + ·H → H(·)(·)N(·)(·)H → H(·)N(··)H
電子 1 個　　　　　　　　　　　　　　　　　　　　　H
　　　　+　　　　　　　　　　　　　　　　　　　　　
　　　　·H　　電子 5 個持っている　　H

　　　非共有電子対　　　　　　　　　　　　左右で表現が違うことに注意せよ

→ H:N:H ＝ H—N—H ＝ H—N̈—H （＝ H–N–H）と書く．
　　H　共有電子対　　H　　　　　　H

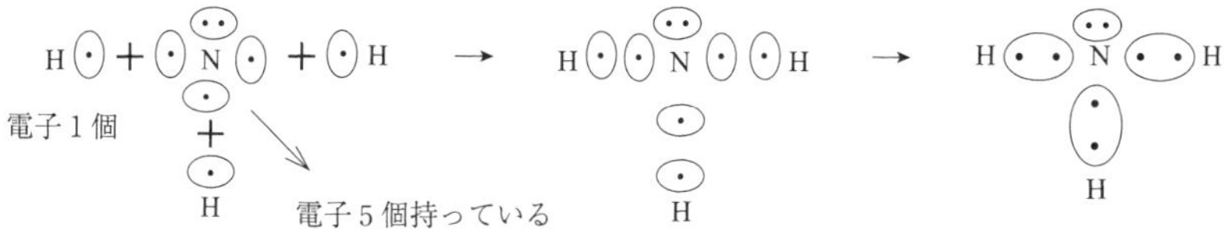

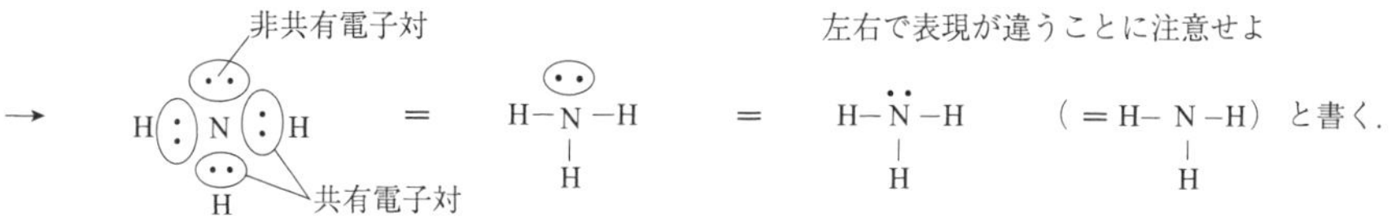

共有電子対のうち 1 個は H の，1 個は N のもの．非共有電子対は 2 個共 N のもの → N は電子 5 個保持．

(3) CH$_4$:

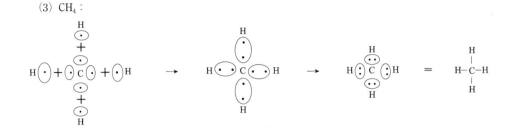

(4) O$_2$:

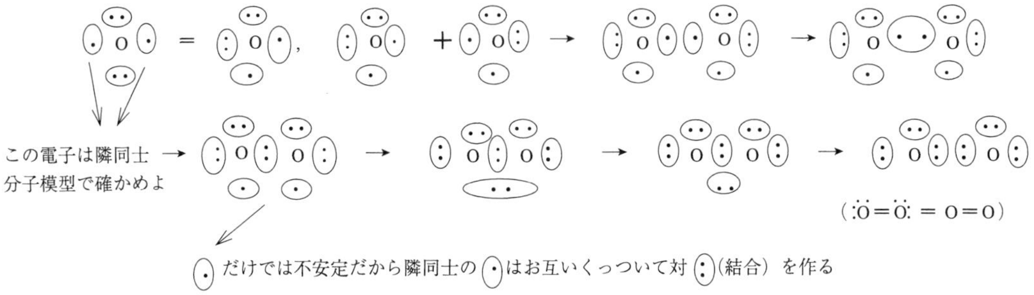

この電子は隣同士 分子模型で確かめよ

(:Ö=Ö: = O=O)

(・)だけでは不安定だから隣同士の(・)はお互いくっついて対(:)（結合）を作る

このように，H, O, N, C の原子価（手の数）がそれぞれ 1, 2, 3, 4 となるのは，共有結合(:)を作る基となる(・)，1つの軌道に電子が1個入ったものがそれぞれ 1, 2, 3, 4 個あるからである．

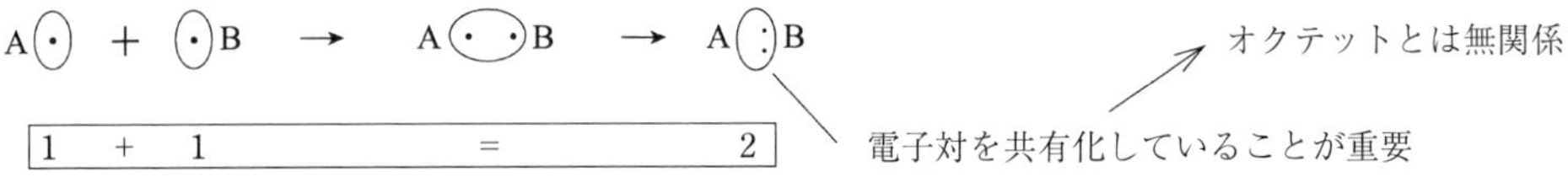

A(・) + (・)B → A(・・)B → A(:)B

オクテットとは無関係
電子対を共有化していることが重要

| 1 + 1 | = | 2 |

(1+1，不対電子1個ずつから，=2，共有電子対を生じる)

8-12-3 配位結合：配位とは非共有電子対を持った原子（配位原子）が，電子不足の原子（空の軌道を持った原子）に電子対を供与し，結果としてその電子対を共有する（相手に電子1個与える）ことであり，配位共有結合とは配位によりできた電子対共有結合のことである．

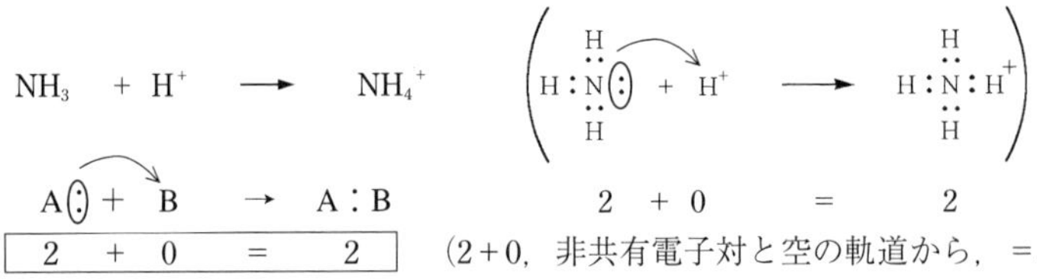

NH$_3$ + H$^+$ → NH$_4^+$ (H:N(:)+H$^+$ ⟶ H:N:H$^+$)
　　　　　　　　　　　　　　　　H　　　　　　　H

A(:) + B → A:B   2 + 0 = 2
| 2 + 0 = 2 | (2+0，非共有電子対と空の軌道から，=2，共有電子対を生じる)

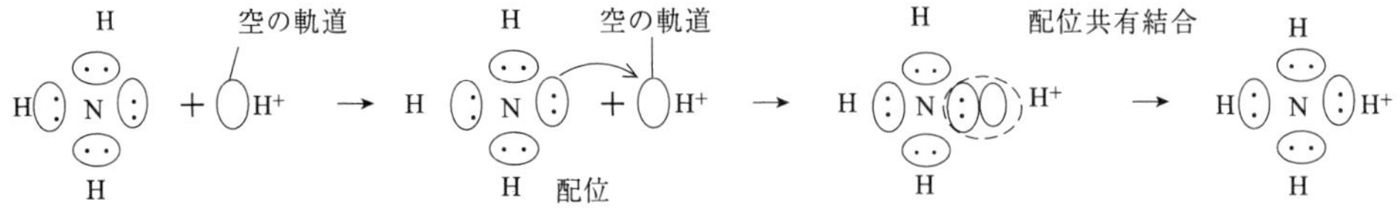

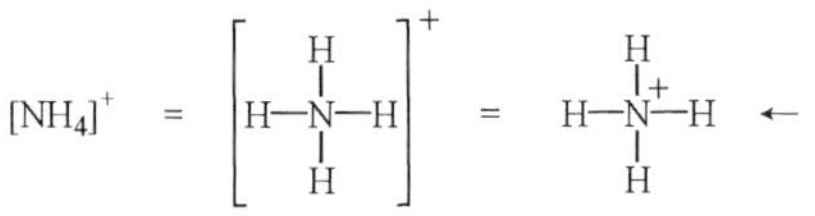

空の軌道　　　　空の軌道　　　　　　配位共有結合

H(:)N(:) + ( )H$^+$ → H(:)N(:) + ( )H$^+$ → H(:)N(::)H$^+$ → H(:)N(:)H$^+$
　H　　　　　　　　　H　配位　　　　　　H　　　　　　　　H

[NH$_4$]$^+$ = [H-N(H)-H]$^+$ = H-N$^+$(H)-H ← 上式でH$^+$はNの電子対から電子をもらっている（共有電子対）のでNが電子不足，+はN上にある．ただし，N$^+$は形式電荷である．

8章：原子構造と化学結合　　213

$$H:\overset{\cdot\cdot}{\underset{\overset{\displaystyle H}{}}{\overset{\displaystyle H}{N}}}:H$$ （N⁺の＋を形式電荷という，なぜなら実質的な電荷は $^{0.25+}H:\overset{\cdot\cdot}{\underset{\overset{\displaystyle H^{0.25+}}{}}{\overset{\displaystyle H^{0.25+}}{N}}}:H^{0.25+}$ だから）

　＊N原子・$\overset{\cdot\cdot}{\underset{\cdot}{N}}$・は最外殻には本来5個の電子（$(1s)^2$を入れて7個）を持つが，$NH_4^+$では電子対をHと共有・すなわちHに電子を1個取られるのでNの電子は4個（$(1s)^2$を入れて6個）・電子1個不足でN^+となる（7番元素：$+7-6=+1$）．一方，NはHより電気陰性度が大きいので4組のN：H共有電子対をHからN側に引きつける．その結果Nの＋は中和され，実質的には＋電荷は4個のHに＋0.25ずつ分散して存在する．従ってNの＋を**形式電荷**と呼ぶ．

　以上をまとめると，
- Na → Na⁺ になりやすい理由（Li, Kも同じ） p.194
- Ca → Ca²⁺ になりやすい理由（Mgも同じ） 考え方はNaと同様
- H → H⁺ になりやすい理由 同上
　または，Hが共有結合で1価になる理由 H(・)で他と結合するから．
- Cl → Cl⁻ になりやすい理由（F，Br，Iも同じ） p.195

　　または，Clが共有結合で1価になる理由 $\left(\overset{\cdot\cdot}{\underset{\cdot\cdot}{:}}Cl(\cdot)\right)$ の(・)で他と結合するから．

- O → O²⁻ になりやすい理由 $\cdot\overset{\cdot\cdot}{\underset{\cdot\cdot}{O}}\cdot$ ＋2・→ $:\overset{\cdot\cdot}{\underset{\cdot\cdot}{O}}:{}^{2-}$ 考え方はClと同様

　　または，Oが共有結合で2価になるのは $\left(\overset{\cdot\cdot}{\cdot}O\cdot\right)$ の2つの(・)で他と結合するから．

　このように，ある元素の周期表中の位置，すなわち最外殻電子の個数から，その元素がイオンになる時は陰陽どちらのイオンか，何価となるかを知ることができる．また，(・)＋(・)→(:)なる共有結合の時は(・)の個数＝不対電子の数から，原子価が何価かを予測できる．配位結合することができるか否かも電子配置から知ることができる．

　以上，軌道の重なりに基づく共有結合の形成について電子式の考えで見てきた．では**軌道の重なり**とは具体的にどのようにおこるのだろうか．ここで軌道の形を考える必要が生じる．このことは次節で扱う．高校で学んだ同心円モデル（K，L，M，…なる電子殻（軌道））およびp.199の修正同心円モデル（副殻s，p，d軌道）は本当は正しくない．

問題8-24　イオン結合とは何か，例を一つあげて説明せよ．電子式も示せ．　　　　（答はp.208参照）

問題8-25　共有結合とは何か，例をあげて説明せよ．　　　　　　　　　　　　　　（答はp.214）

問題8-26　次の分子 H_2O，NH_3，CH_4，O_2，N_2，CO_2，CH_3COOH の電子式を書け．　　（答はp.214）

問題8-27　共有電子対，非共有電子対とは何か，NH_3 を例に示せ．　　　　　　　（答はp.214）

問題8-28　配位，配位共有結合とは何か，例をあげて説明せよ．電子式も示せ．　（答はp.212参照）

8-12-4　金属結合： 金属元素の原子は電子を失って陽イオンとなりやすい．金属中では構成原子が陽イオンの形で集合体を作り，これらの間を各金属原子から離れた価電子のそれぞれが特定の陽イオンに属することなく自由に動き回ることによって＋－＋…の相互作用を行い，金属イオン（原子）同士をつないでいる．この結合洋式を金属結合といい，結合電子を自由電子という．

8-11, 8-12 節の問題の答え

答え 8-20　(1)　$\lambda = h/mv = 6.63 \times 10^{-34}$ J s/$(1 \times 10^{-3}$ kg $\times 3600 \times 10^3$ m/3600 s$) = 6.63 \times 10^{-34}$ m

(2)　$\lambda = 6.63 \times 10^{-34}$ J s/$(1 \times 10^{-9}$ kg $\times 3 \times 10^8$ m/s$)\ = 2.21 \times 10^{-33}$ m

(3)　$\lambda = 6.63 \times 10^{-34}$ J s/$(9.1 \times 10^{-31}$ kg $\times 6 \times 10^6$ m/s$)\ = 0.121 \times 10^{-9}$ m $= 1.2 \times 10^{-8}$ cm

答え 8-21　イオン・分子の電式ではHとHeのみがK殻に電子2個（$(K)^2$），他の元素では原子のL殻，またはM殻に電子が8個ある（これをオクテットという），すなわち，最外殻が閉殻構造をとっている必要がある．

答え 8-25　共有結合とは，2個の原子が不対電子を1個ずつ出し合って対（共有電子対）を作ることによって形作られる化学結合．

共有結合　H・　＋　・H　→　H：H

1　＋　1　＝　2(1+1，不対電子1個ずつから，＝2，共有電子対を生じる)

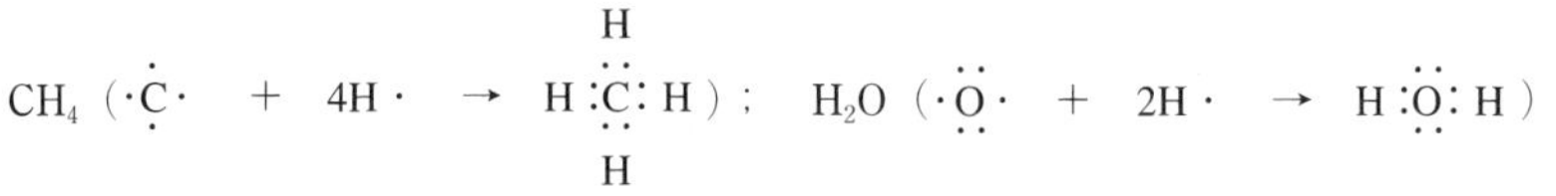

CH_4 (・C̈・　＋　4H・　→　H：C̈：H)：　H_2O (・Ö・　＋　2H・　→　H：Ö：H)

1　＋　1　＝　2 (同上の意味)　　　　1　＋　1　＝　2 (同上の意味)

答え 8-26　H：Ö：H　　H：N̈：H　　H：C̈：H　　:Ö::Ö:　　:N:::N:　　:Ö::c::Ö:

または　　または　　または

H：C̈：C̈：Ö：H　　　　　　　　:Ö::Ö:　　:N::N:　　:Ö::c::Ö:

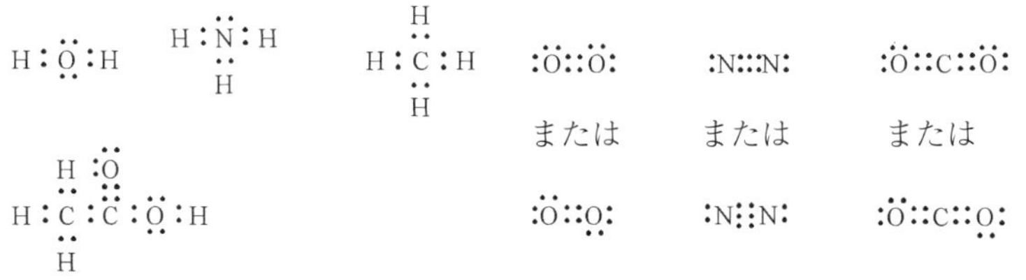

答え 8-27　共有電子対とは2つの原子により共有されている共有結合を形作った電子対，非共有電子

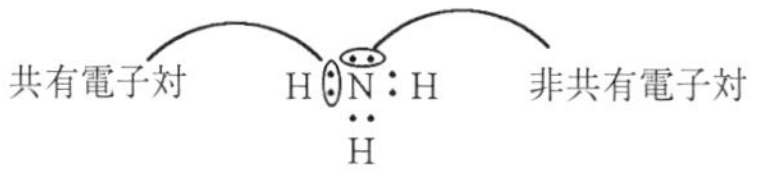

共有電子対　　H・N̈：H　　非共有電子対

対とは1つの原子に属する結合に関与していない電子対のこと

8-13　量子論の考え方 II：軌道の形 − s 軌道と p 軌道の真の姿（ここは省略可）

　　p.207〜208で次のことを説明した．電子が同心円軌道上を回転運動しているという考え（高校で学んだ同心円モデル）はデンマーク人のボーアによって初めて導入されたが，このモデルの最大の意味は「原子・分子の世界ではエネルギーは塊（エネルギー量子）としてしか持つことができないので，そこで電子が取ることができるエネルギーは跳び跳びである．すなわち原子・分子の存在可能な状態は限られている」ということにあった．この同心円モデルは電磁気学の考えに基づくと安定には存在できないが，ボーアは原子・分子の極微の世界ではこの電磁気学の法則が適用されないものと仮定した．このボーアの考え方を前期量子論という．

　　一方，前期量子論の成立後，電子は粒子（塊）の性質と同時に波としての性質をも持つことがわかった．これを物質波，またはこの考えのフランス人提案者にちなんでド・ブロイ波という．すなわち，極微の世界では**電子のような粒子も波としての性質を持ち波として振舞う**（電子顕微鏡は電子の波としての性質を利用したものである）．このことを基にして作りあげられた考え方が現代の量子論・量子力学である．従って量子力学は波動力学とも呼ばれる．

粒子の波としての振舞いは，極微の世界では粒子の存在場所と時間・エネルギーが同時に確定できないことに基づいている（これを**不確定性原理**といい，ドイツのハイゼンベルグにより示された）．つまり電子はどこにいるかわからないということである．それでもこの辺りにいそうだということは推定できる．この存在確率を表したものが今まで考えていたボーア理論における「軌道（orbit）」に対応する．通常は**波動関数ϕ**といわれるものを**軌道**（のようなもの orbital：K, L, M…殻を構成するs軌道，p軌道など）と呼んでいるが，これはあくまで波としての電子の存在可能な状態・電子が取りうる状態を表す数学関数（波を表す数式・数学モデル，例えば$\sin\theta$，$\cos\theta$といったもの）であり，この波動関数を二乗したϕ^2が**存在確率**，すなわち，電子の居る場所を確率的に示したもの＝我々のイメージする「軌道」に対応する．波動関数ϕを求める手順は大変複雑であるので，ここではその結果・関数形の数式のみを示す．関数の図形，$\phi(1s)$（s軌道）と$\phi(2p)$（p軌道）も示した．

水素原子の波動関数（波を表す数式）

$\phi(1s) = Ae^{-r/a_0}$

$\phi(2s) = B(2-r/a_0)e^{-r/2a_0}$

$\phi(2p)\begin{cases} \phi(2p_x) = B(r/a_0)e^{-r/2a_0}\sin\theta\cos\phi \\ \phi(2p_y) = B(r/a_0)e^{-r/2a_0}\sin\theta\sin\phi \\ \phi(2p_z) = B(r/a_0)e^{-r/2a_0}\cos\theta \end{cases}$

$A = a_0^{-3/2}/(\sqrt{\pi})$, $B = A/(4\sqrt{2})$

＊ 1s，2pなどの1, 2, …を主量子数（$n=1, 2, \cdots$），s, p, …は副量子数（$l=0, 1, \cdots$），$p_x, \cdots$の$x, \cdots$は磁気量子数（$m=-1, 0, 1$）に対応している．これらは電子の状態を表す波を特徴づける値である．a_0はボーア半径．

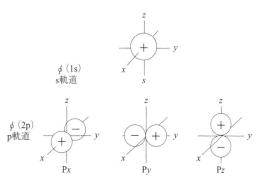

p軌道の角度部分（θ, ϕ）

　波動関数＝軌道＝波を表す数学関数，**存在確率**について正しく理解するためにはこれらのイメージを持つ必要がある．そこで，まず波の一般的性質について復習し，次に最も簡単な量子力学的取り扱いの例をみることにより波動関数＝波を表す数学関数，存在確率，軌道とは何かを考えよう．

8-13-1　波の干渉

　波には，2つ以上の波が重なると，結果として強められたり弱められたりする性質があることは知っていよう．簡単のために2つの波が重なる場合（これを波の合成という）を考えよう．波として$\sin\theta$を例に取ることにする．

この例のように，波を表す関数ϕには振幅の方向（関数ϕの値）に正と負がある．
2つの波の位相＊が合った場合，例えば$\phi_2 = \sin(\theta+2\pi)$の時，波の振幅は2倍に大きくなる（位相の合った2つの波は干渉して強め合う）．＊位相とはいわば2つの波の山のずれである．

振幅は2倍となる
最も強め合う

数式で表せば $\phi_1 + \phi_2 = \sin\theta + \sin(\theta + 2\pi) = 2\sin\theta$. ϕ_1 と位相が180°(π)重なる場合，$\phi_3 = \sin(\theta + \pi)$ について，これらの sin 関数（波）を合成してみると，下図のようになり，位相が同じ（2πの整数倍異なる）ϕ_1とϕ_2では元の2倍の振幅に強め合うのに対して，ϕ_1とϕ_3（位相が180°ずれた時）では完全に打ち消し合うことがわかる．数式で示せば $\phi_1 + \phi_3 = \sin\theta + \sin(\pi + \theta) = \sin\theta - \sin\theta = 0$. このように，波には強め合う干渉と弱め合う干渉がある．

8-13-2 非定常波と定常波

デモ：輪ゴムを切って空箱に通したもので基音・倍音・3倍音の定常波を作る．

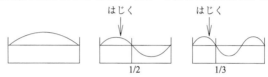

上のデモの例を考えよう．弦を小さい穴に通して，その位置を動かしながらゴムひもの左側をはじくと，ちょうど1/2の長さのところで2個の腹を持つ波が生じ，1/3のところで3個の腹の波，…というように弦の中に整数個の腹が生じる時のみ定常波（存続する波）となり，それ以外では振動させてもすぐ停止・波はすぐ消滅してしまう（非定常波：消えてしまう波）．つまり，弦の両端が節になっていないと定常波にはならない．これと全く同じ話であるが弦楽器を触ったことのある人は倍音・3倍音といったことを知っているだろう．倍音は弦の長さの半分の所を瞬間押さえて弦をはじいて出す音であり，3倍音は弦の1/3のところを押さえて出す音である．定常波はこのように1本の弦の上に波が整数個（1, 2, 3, …）できたものである．すなわち，固定された波の両端の内側に腹（山）が整数個生じる．腹（または節）の数が多くなるほど高い音が出る（波の波長は短く，量子力学的には波のエネルギーは大きい）．波動関数とはこの定常波を表す数式・数学関数である．

8-13-3 一次元井戸の中の電子の振舞い

次に，電子の波としての存在状態を表す波動関数と電子の存在確率との関係を理解するために，量子力学を適用した一番簡単な例・一次元井戸の中の電子の振舞いについて考えよう．

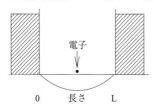

電子がエネルギー無限大の壁で囲まれた中（井戸の底）に存在する場合を考える．

簡単のために一次元で考える（左図）．具体的には，短い電線の中に電子が閉じ込められている場合をイメージするとよい．

この場合を量子力学的に取扱うと，波としての電子が取り得るエネルギー E，波動関数 ϕ（電子が取り得る波の状態を表す波の関数式），電子の空間的存在確率（電子密度）ϕ^2 は次のようになる（詳細は参考文献参照．量子力学とはいかなるものかが誰にでも容易に理解できる最も良い例である）．

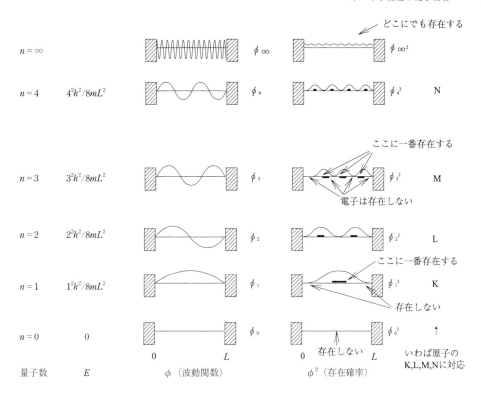

すなわち，波の腹1つ，2つ，3つ，4つの順に低い方からエネルギー準位が得られる．電子が波であると考えれば，存続できる状態は定常波であるからこの結果は直感的に納得いくであろう．これらのエネルギー状態・波動関数に対応する電子の存在確率は波動関数の2乗で表されるから，存在確率 ϕ^2 は図の右側のようになる．$n = 0$ の状態は $E = 0$ かつ $\phi = 0$，従って ϕ^2 も零，すなわち，電子は存在しない．このことは量子力学的にはエネルギー零の状態は取り得ないことを意味している．$n = 1$（エネルギーの一番低い状態）では電子は中央にいる（両端にはいない＝存在確率0），$n = 2$（2番目に低いエネルギー状態）では中央と両端には存在せず，端から1/4，3/4の場所に存在する，…といった大変奇妙な振舞いになる．$n = \infty$ では電子はどこにでも存在できるという我々の世界の常識と同じ結論になる．

マクロの世界に住む我々は，通常，ミクロ・量子力学の世界を理解する言葉である存在確率を電子密度*，波動関数を軌道と言い換えている．*仮に1個の電子を細かい粉（電子雲と表現することもある）に砕くことができたとして，この電子が存在する空間的確率はこの粉を確率の大きさに従って空間にばらまいたものに等しいはずである．そこでこの存在確率のことを電子密度とよぶ．

8-13-4 s軌道

ここで原子の波動関数に戻って波動関数・電子波の関数式の形を見てみよう．原子は三次元的・空間的広がりを持つ存在である．従って，電子の波は，上で考えた一次元の波でも水面に生じる二次元の波でもなく，三次元の立体波であることをまず認識するべきである．一番単純な三次元波のイメージは爆発に伴う爆風である．または電球から八方に発せられる光という波である．中心から球対称（いわばボール）状に無限に広がっていく．もちろん中心から離れるほど爆風は弱くなり，光の明るさは暗くなっていく．

エネルギーの一番低い波（電子の状態を表す波の関数式）φ(1s) は次式で示される（p.215）.

$$\phi(1s) = Ae^{-(r/a0)} = （定数）\times 10^{-|br|}$$
$$= （定数）\times 1/10^{br} \quad\rightarrow\quad 図示\rightarrow$$

（指数関数：r は原子核から電子までの距離）

この波の式は原子核から電子までの距離 r のみの関数であり角度に一切依存しないから，この波は球対称である（いわばボール状，爆風・電球の光と同じ）．この球対称の波の式を，原子核中心からの距離 r を横軸，波の振幅 ϕ を縦軸にとって図示したのが上図である．すなわち，振幅 ϕ は原子核に近いほど大きく，原子核から離れるに従って指数関数的に小さくなっていく．これが三次元の波であることをもう少しわかりやすく図示すると下図のようになる．

ϕ は三次元の波（ボール型）：爆発がおこった時の衝撃波（爆発中心から三次元的に広がっていく）をイメージせよ．

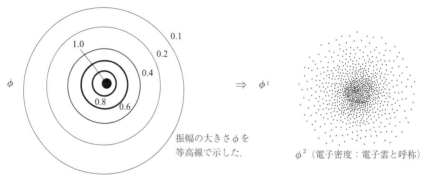

上図に対応させて原子核からの距離 r の関数として波の振幅（ϕ の値：$\phi(1s)$ を図示したもの），および電子密度（ϕ^2 の値）を描くと，

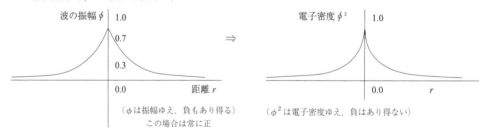

実際の電子の存在確率は ϕ^2 だから（上図 ϕ^2），やはり球対称．確率ではイメージがわかないから前述のように確率を電子密度とみなせばよい．上図のままでは図に表すのが不便なので，最も単純な表示法として，例えば $\phi = 0.5$ の等高線で示したもの，電子全体の90%が存在する領域を○で囲んだもの（境界表面）が，多くの本で目にする下図の $\phi(1s)$ と $\phi(1s)^2$ である．

(p.215 の図と同じもの)

φの図ではφ(1s)の波の振幅は正だから＋の符号をつけるが（このあとに議論するφ(2p)では上記 $\sin\theta$ の場合と同様に波の振幅に＋と－が存在する），ϕ^2 では符号はない（常に＋である）．φの二乗だからφの正負にかかわらず ϕ^2 は必ず正となる．これは ϕ^2 が電子分布を表していることから当然である．

L殻・M殻に属する2s, 3s軌道も本質的には1s軌道と同じであるが，波の節がそれぞれ1個, 2個ある点が異なっている（2sではボールの中にもう1つボールが入っている形, 3sではその中にまた1つボールが入っている三重のボール形である（p.252, Brady『一般化学』を参照のこと））．

＊電子密度を表す ϕ^2 とボーア軌道との関係は p.252, Brady『一般化学』を参照のこと（ボーア半径と電子最大分布）．

8-13-5 p軌道

L殻で2s軌道の次に低いエネルギーの軌道（電子の状態を表す波の方程式）である φ(2p) は原子核からの距離 r の関数部分に角度分布部分 (θ, ϕ) を掛け合わせたものである（p.215）．r の部分は $r \times e^{-ar}$（a は比例定数）の形をしている．即ち，原子核から離れるにつれて増大する r の部分と，逆に（1s軌道の場合と同様に）減少する指数部分（e^{-ar}）の積であるから，φ(2p) の数値は，原子核からの距離 r の増大に伴い，最初零の値が一旦増大して最大値を経た後に減少するという変化をすることがわかる（右図）．

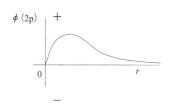

一方，角度部分 (θ, ϕ) は，一番簡単な式で表される p_z では $\cos\theta$ であるから（p.215），p_z について考えると，$p_z = \cos\theta$ は左下図で表される．一方，これを極座標で表すと，z 軸と為す角を θ とすれば $p_z = \cos\theta$ の軌跡は右下図で表される．

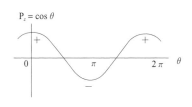

($z = \cos 0° = 1$, $\cos 30° = \sqrt{3}/2 = 0.866$, $\cos 60° = 0.5$, $\cos 90° = 0$, $\cos 120° = -0.5$, $\cos 150° = -0.866$, $\cos 180° = -1$, $\cos 210° = -0.866$, $\cos 240° = -0.5$, $\cos 270° = 0$, $\cos 300° = 0.5$, $\cos 330° = 0.866$)

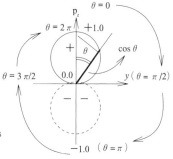

（破線はマイナスを意味する）

従って φ(2p$_z$) を φ(1s) の場合と同様に図示すると，

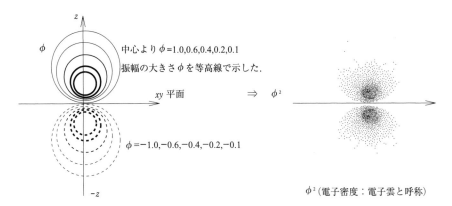

ϕ^2（電子密度：電子雲と呼称）

上図に対応させて，原子核から z 軸方向への距離の関数として波の振幅（ϕ の値：$\phi(2p_z)$ を図示したもの）および電子密度（ϕ^2 の値）を描くと，

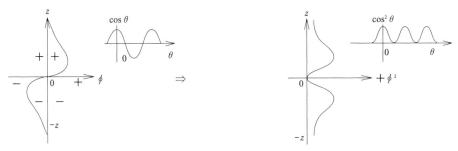

左図の ϕ を2乗すると存在確率（電子密度）として右図が得られる．s 軌道の場合同様，このままでは図にしにくいので，例えば $\phi = \pm 0.5$ の等高線で p_z を，電子全体の90%が存在する空間領域を○で囲んだもので $p_z{}^2$ を示すと，これらは下図中央左で表すことができる．p_x, p_y も軸方向が異なるだけで全く同じ形をしていることが表（p.215）の数式を基に示すことができる（下図右）．

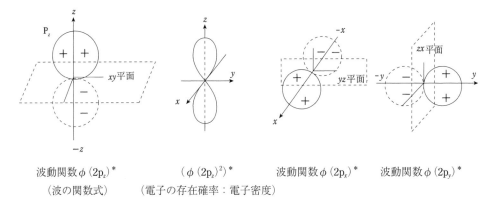

波動関数 $\phi(2p_z)$*　　　$(\phi(2p_z)^2)$*　　　波動関数 $\phi(2p_x)$*　　　波動関数 $\phi(2p_y)$*
（波の関数式）　　（電子の存在確率：電子密度）

*これらの図は $\phi(2p)$ の角度（θ, ϕ）に関する関数部分のみを表したものである．

以上，現代の量子論ではボーアのモデルにおける軌道（orbit）に対応する実体は波動関数 ϕ を二乗した ϕ^2 である．ϕ^2 が空間における電子の存在確率を示しているので，実在の電子密度に対応している．一方，多くの本で記載してある「軌道」（のようなもの：orbital）は波動関数 ϕ そのものを示したものであり，本書でも軌道（orbital）なる言葉は波動関数 ϕ を意味する言葉として用いる．ϕ は sin, cos のような波を表す数学関数であるから ϕ の値には＋，－の符号が存在するし，以下に見るように化学結合においてはこの符号が大きな意味を持つ．

8-14 共有結合（ここは省略可）

　共有結合とは，高校では二つの原子が不対電子を1個ずつ出し合ってこの電子対を共有することによって形成される結合であることを学んだ．　A・＋・B → A：B

　このことは，量子力学的には，異なる原子に属する不対電子を持った<u>2つの軌道φ，φ'</u>（原子軌道・定常波）がお互いに重なり合うこと，すなわち2つの波φとφ'とが相互作用・干渉をおこしてエネルギーのより低い安定な合成波（新しい定常波・状態）である結合性分子軌道を生じる．この軌道に電子が2個入ることに対応する．これが共有結合である．

```
A(·) + (·)B  →  A(·) (·)B  →  A(·)(·)B  →  A(:)B  +  ( )
 φ    φ'          φ    φ'      φ，φ' 相互作用    結合性軌道   反結合性軌道
                            (お互いに重なり合う)
```

8-14-1 分子軌道法（LCAO-MO法）に基づく化学結合の解釈（p.209～210の定性的理解の，より厳密な説明）

　では，軌道が重なるとなぜ安定化するのだろうか？

　原子A，Bが分子A–Bを形成したとする：　A ＋ B → A–B

　この結合形成は2つの波，すなわち，結合する2つの原子A，Bに属するそれぞれの原子軌道（atomic orbital）ϕ_A，ϕ_Bが近づき重なり合って一つの合成波，すなわち，分子軌道（molecular orbital）ϕ_{MO}ができたことによる．この分子軌道は原子Aの近傍ではϕ_A，Bの近傍ではϕ_Bに等しいと考えられるから分子軌道を$\phi_{MO} = C_A \phi_A + C_B \phi_B$と$\phi_A$，$\phi_B$の線形結合（足し算）で近似できると仮定する（$C_A$, C_Bは係数）．この考え方をLCAO-MO法（Linear Combination of Atomic Orbital- Molecular Orbital）という．

　分子軌道ϕ_{MO}の具体的な形は，量子力学の原理に基づいて，変分法という数学的方法を用いて，ϕ_{MO}のエネルギーEが最低になるようなC_A, C_Bの値を求めることによって得られる．この手順は一種の2次方程式を解くことに対応する．従って，根の公式が$x = (-b \pm \sqrt{b^2 - 4ac})/2a$で示されるように，<u>$\phi_{MO}$のエネルギーは$E = p \pm q$の形で高低2種類の値が得られる</u>*．すなわち，分子軌道法の考え方では，論理的な（数式上の）結論として，高低2つの状態が生じる．

　　*単なる波の重なり合いという上述の定性的な考え方では，このような2種類の状態が得られるとは即座には考え難いが，元々2つの波・軌道があったのであるからこれらが相互作用した結果できるものも2種類であることは合理的である．実験事実は分子軌道法の考え方が正しいことを示している．

水素分子のエネルギー状態図：

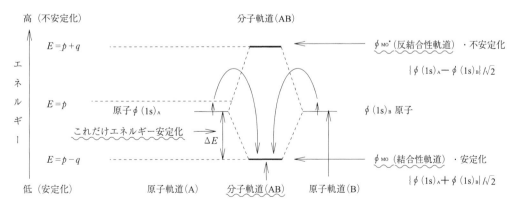

低いエネルギー・即ち，より安定な状態に対応する波動関数（これを**結合性軌道**といいϕ_{MO}で表す）はϕ_Aとϕ_BがA, B 2つの原子核の間で強め合う重なり方をした場合（従って原子核間の電子密度は増大する）に対応し，高いエネルギーに対応する波動関数（これを**反結合性軌道**といいϕ_{MO}^*で表す）は逆にA–B間で弱め合う重なり方をした場合（従って原子核間の電子密度は減少する）に対応する．以上の説明の定性的理解は p.209～210 を参照のこと．

例えば，波動関数（軌道）が球対称で，波の振幅は常に＋である$\phi(1s)$を用いて結合を形成する水素分子 H–H（H_2）では，結合性軌道（波動関数）は$\phi_{MO}^b = \{\phi(1s)_A + \phi(1s)_B\}/\sqrt{2}$，反結合性軌道は$\phi_{MO}^a = \{\phi(1s)_A - \phi(1s)_B\}/\sqrt{2}$となることが示される．これを図示すると，

結合性軌道の形成：

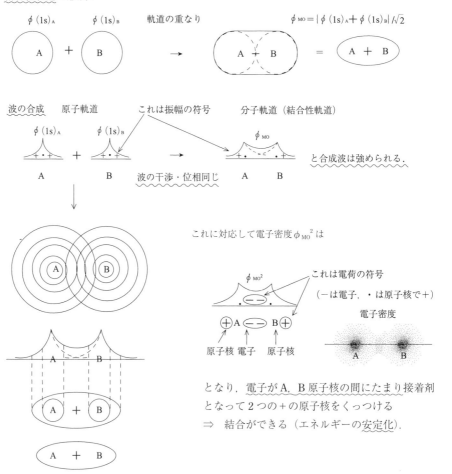

このように，軌道ϕ（波動関数・波）の位相が合えば波の重なり（合成・足し算）により波の振幅は大となり，その結果としてϕ^2（電子密度）も大となる．すなわち，相互作用している軌道が属している2つの原子核（＋）間に電子がたまる．従って，この電子が原子核間の引力となる．以上が，軌道の重なりにより安定化する（エネルギーが低くなる），すなわち，化学結合ができる理由である．

共有結合を電子式で表せば，高校式と軌道式の考えでそれぞれ次のように表されよう．

反結合性軌道の生成：

一方，新しく生じた反結合性軌道についても，結合性軌道と同様に考えれば，

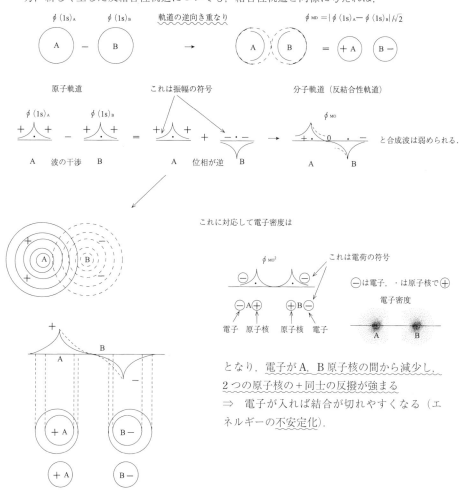

となり，電子がA，B原子核の間から減少し，2つの原子核の＋同士の反撥が強まる
⇒ 電子が入れば結合が切れやすくなる（エネルギーの不安定化）．

このように，軌道φの位相（符号）が逆になれば，波の重なり（合成・足し算）により波の振幅は小となり，その結果としてφ²（電子密度）も小となる．すなわち，相互作用している軌道が属している2つの原子核（＋）間から電子が減少する．従って，原子核（＋）同士が反撥することになる．以上がこの軌道の重なりが不定化する（エネルギーが高くなる），すなわち，反結合性軌道となる理由である．

これを電子式で書けば

普通の電子式では反結合性軌道は（軌道概念がないので）表せない．

以上のように，2つの軌道（波動関数・波）が重なって，増幅するように干渉し合う相互作用をするためには重なり合い方，すなわち，軌道（波動関数）の符号（位相）と形が鍵である．

8-14-2　σ（シグマ）結合とπ（パイ）結合（p.33 も参照）

　以上で見てきたように，軌道（波動関数）の重なりが直接結合に関係しているので，この重なり方が重要であることが理解できよう．そこで，ここで様々なタイプの軌道の重なり方について考えよう．

① s 軌道＋s 軌道　　これは既に見た通りである．
$\phi(s)_A+\phi(s)_B$ が結合性軌道，$\phi(s)_A-\phi(s)_B$ が反結合性軌道となる．

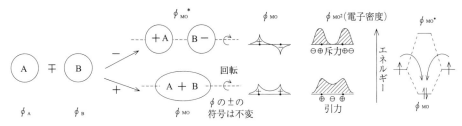

② p 軌道＋p 軌道　　この場合，2 種類の重なり方がある．
(i) σ 重なり

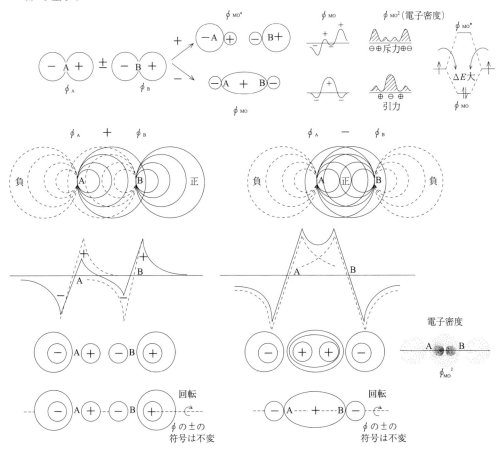

(ii) π重なり

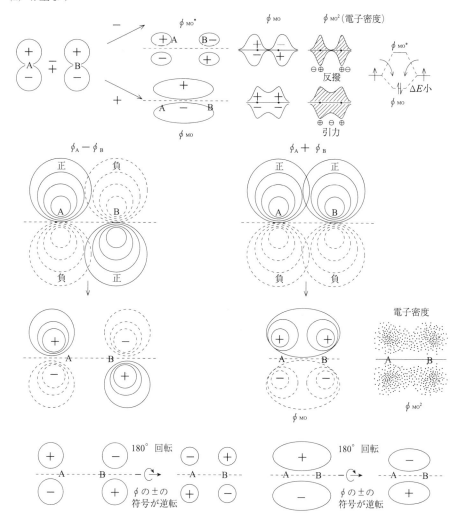

　この(ii)のπ重なりは原子間距離が大きいほど(i)のσ重なりに比べて重なり方が小さくなる．
　(i)のσ重なりは波動関数（波）の拡がるA–Bの分子結合軸方向でお互いに面と向かい合わせた（正面を向いて抱き合うような）重なり方であるが，(ii)のπ重なりは波動関数の拡がる方向ではなく，これと直角方向の分子結合軸方向，すなわち波動関数の拡がる横（隣）同士で（横向いて手をつなぎ合っているように）少しだけ重なり合っている重なり方である（p.220 の φ(2p) の形および上図参照）．ちなみに，①もσ重なりである．
　σ重なりでは，重なって生じた分子軌道（合成波・波動関数）の＋－符号は，軌道を A–B の分子結合軸回りに回転しても変わらない（串団子をイメージせよ；上図の(i)参照）．このようなσ重なりにより生じたA–Bの分子結合軸回りで回転対称な結合を**σ結合**，一方，上記(ii)のように分子軸回りの 180°回転で分子軌道（波動関数）の＋－符号が逆（逆対称）になるものを**π結合**という．すなわち，軌道の対称性（形と＋－符号）に基づいて2つの軌道の間の重なり方・結合をσ・πの2種類に分類することができる．①，②(i)はσ結合，②(ii)はπ結合である．

　分子軌道形成による安定化エネルギー ΔE (p.210, 221) は，定性的には軌道（波動関数）の重なりが大きいほど大きいと考えてよい．C–C結合距離では軌道間のπ重なりはσ重なりに比べて小さいので，π結合の ΔE は小，ΔE 大のσ結合よりπ結合は弱い結合ということになる．実際，σ結合

のみの C–C 結合エネルギーは 346 kJ/mol, $\sigma + \pi$ 結合の C=C では 602 kJ/mol である（結合距離の短い N_2, O_2 では事情が異なってくる）．

上記(ii)で, π 結合を作る元の原子軌道 ϕ_A, ϕ_B が例えば共に $2p_x$ 軌道(p.220)であるとすると（この場合, 分子結合軸を z 軸とする）, ϕ_A, ϕ_B の拡がる向きは $+x$ 軸, $-x$ 軸方向である（zx 面方向でお互いに重なっている；下図左）．ここで, もし ϕ_A, ϕ_B の一方が $2p_x$, 他方が $2p_y$ ならば（下図右）, 即ち 2 つの軌道の拡がる方向が直角に交わって（ϕ_A, ϕ_B が直交して）いたら, 軌道はお互いに重なることができない．従って π 結合のある分子を結合軸回りに少しずつねじっていくと, ねじれ角が大きくなるにつれて軌道の重なりは小さくなり, 90°回転（直交）したときに重なりは零となる．結合軸回りのねじれ回転により π 結合は切れてしまうので π 結合はねじれ回転に対しては抵抗することになる．即ち, 二重結合を持った分子は C–C 結合軸の回りでの自由回転をすることができない．このことがシス・トランス異性を生じる原因, エチレン $CH_2=CH_2$ やベンゼン C_6H_6 が平面分子となる理由である*．

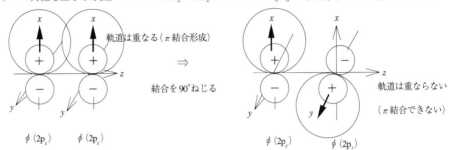

* π 結合を持った分子でもアセチレン CH≡CH のように三重結合性の軸対称（棒状）分子では平面, 非平面の区別はない．

8-14-3 分子構造と化学結合

では分子の形はいかに説明されるのだろうか．実は p 軌道が p_x, p_y, p_z のように異なる方向性を持つことが分子の構造の多様性の基となっている（d 軌道も同様である）．すなわち, 軌道（波動関数）の重なりが大きい程, 強い結合ができるので, 結合は p 軌道が広がった方向に生じることになる．

デモ：水・アンモニア・メタン・エチレン・アセチレン・ベンゼンの分子模型を回覧．

水分子 H_2O （非線形構造）

水分子は 1 個の酸素原子が 2 個の水素原子と H–O–H の結合角 104.5°で結合したものである．O 原子の $2p_x$, $2p_y$ 軌道がそれぞれ水素原子の 1s 軌道と重なって共有結合を作っている．$2p_x$, $2p_y$ 軌道は直交しているので H–O–H の結合角は 90°と予測される（軌道の重なり最大）．実測の結合角がこれより少し大きいのは $\delta+$ に帯電した（p.70, 84；分極）水素原子間の静電反撥に基づくものと考えられる（厳密には sp^3 混成軌道（p.227）を考慮する）．

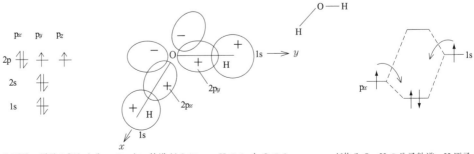

アンモニア分子　NH_3（三角ピラミッド構造）

アンモニア分子は1個の窒素原子が3個の水素原子とH─N─Hの結合角106.7°で結合したものである．N原子の$2p_x$，$2p_y$，$2p_z$軌道がそれぞれ水素原子の1s軌道と重なって共有結合を作っている．$2p_x$，$2p_y$，$2p_z$軌道は直交しているのでH─N─Hの結合角は90°と予測される（軌道の重なり最大）．実測の結合角がこれより少し大きいのは$\delta+$に帯電した水素原子間の静電反撥に基づくものと考えられる（厳密には下記のsp^3混成軌道を考慮する）．

N原子
電子が1個しか入っていない軌道が3個
あるから3本のN─H共有結合ができる

p_xがつくる
N─Hの分子軌道　H原子
H1sとO$2p_x$の重なり
p_y，p_zも同上

メタン分子　CH_4（正四面体構造）

メタン分子は1個の炭素原子が4個の水素原子とH─C─Hの結合角109°で結合したものである．C原子の電子配置は下図に示したように$(1s)^2(2s)^2(2p_x)^1(2p_y)^1(2p_z)^0$であり，電子が1個しか入っていない軌道は2個なので2本の共有結合（2価）しかできないはずである（p.209～211）．ところが実際には4本の等価な共有結合が存在する（4価）．このことは2s軌道電子の1つがエネルギーの高い2p軌道に移動することにより（これを昇位という）4個の不対電子軌道ができていることを示している．4本の結合ができてCH_4となれば2価のCH_2より大幅に安定化するため，昇位のためのエネルギーを十分に補うことができる．ただし，このままではs軌道を用いたC─H結合とp軌道を用いた3個のC─H結合の2種類の異なった結合となってしまう．実際は4本の等価なC─H結合が存在するから，1個のs軌道と3個のp軌道から4本の等価な結合ができる必要がある．1個の赤いお団子と3個の白いお団子を混ぜ合わせて4個のピンクのお団子ができるように，1個のsと3個のpの4軌道が混ざり合って方向の異なる4個の新しい等価な軌道，**sp^3混成軌道**，ができていると考えられる．

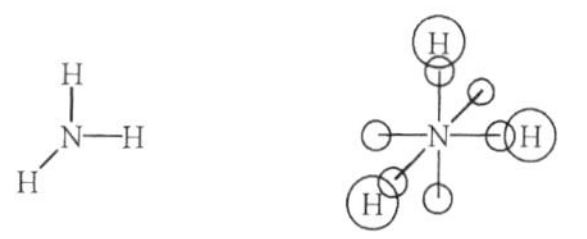

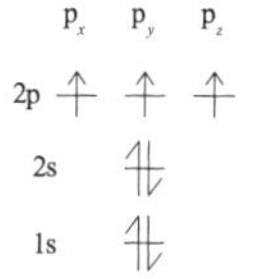

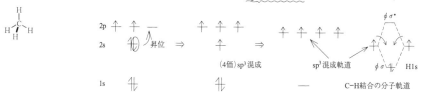

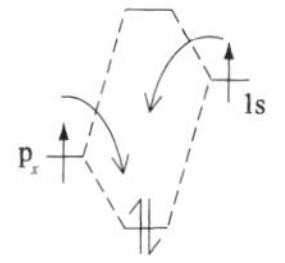

これらの4本の混成軌道（波）のひとつひとつとH原子の1s軌道（波）が相互作用し（重なり）4本のC─H結合を作る．式で表現すると$\phi_\sigma = c_1\phi(1s) + c_2\phi(sp^3)$

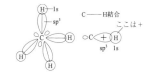

エチレン（エテン）分子　$CH_2{=}CH_2$（平面構造）

エチレン分子は下図の構造をした結合角がすべて120°の平面分子である．分子面に垂直なp_z軌道は分子面内のσ結合には関与することができないので，sp^3の場合と同様の考え方でp_x，p_y軌道と2s軌道の3個の軌道が混ざり合って，同一平面内に，相互になす角が120°の3個の新しい等価な軌道，**sp^2混成軌道**を形作る．

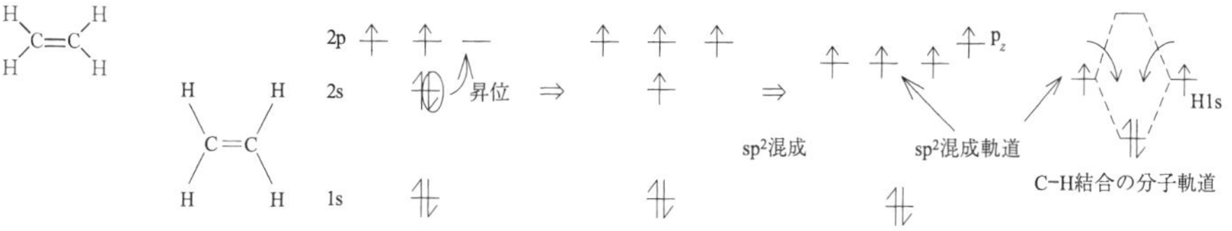

これらの3本の混成軌道のうちの2個がH原子の1s軌道と相互作用し2本のC─H結合を作る．残りの1本の混成軌道が隣のCのsp^2混成軌道とC─Cのσ結合を作る．残ったp_z軌道は隣のCのp_z

軌道とπ結合を作る．このためにC–C結合は自由回転できず，平面分子となる（p.226）．

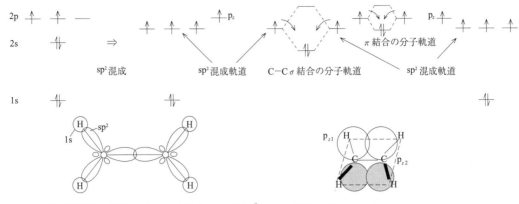

分子骨格はσ結合　　$\phi_\sigma = c_1\phi(1s) + c_2\phi(sp^2)$　　π結合　$\phi_\pi = c_1 p_{z1} + c_2 p_{z2}$

アセチレン（エチン）分子　CH≡CH　H–C≡C–H

アセチレン分子は直線分子である．分子軸方向をz軸とすると，s軌道とp_z軌道とで2本の反対向きの**sp混成軌道**を作る．その1本でC–H結合，1本でC–Cσ結合を形成する．残ったp_x, p_y軌道は2個のπ結合を作る．

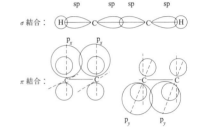

8-14-4　π電子系の分子軌道

デモ：フェノールフタレインの酸性色とアルカリ性色・なぜ赤くなるのか．
2つのベンゼン環の間でπ電子が非局在化．その結果，結合性軌道と反結合性軌道のエネルギー差が紫外領域から可視領域のエネルギーへと小さくなる（赤の補色の緑色の光を吸収）．

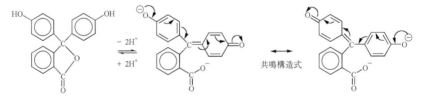

ラクトン型，無色　　　　　　　　　　　　キノイド型，紅
（分子内エステル）

1,3-ブタジエン（共役二重結合 p.147）　$CH_2=CH-CH=CH_2$

分子骨格のσ結合はエチレンと同じsp^2混成軌道よりなる．π結合は4個のCの4個のp_z軌道が重なり，混ざり合って形作られる．一般式で表すと
　$\phi_{\pi 1} = c_1 p_{z1} + c_2 p_{z2} + c_3 p_{z3} + c_4 p_{z4}$（$c_1$…は係数）．結果として4個の分子軌道が得られる．

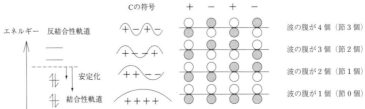

⇒以上は p.217 の一次元井戸の中の電子の挙動と同じ＝波であることを示している．
この場合の安定化エネルギーはエチレンの C=C 結合の 2 倍より大きい．これは共有二重結合の電子が分子全体に非極在化することに基づく安定化による（非極在化エネルギー）．

ベンゼン　C_6H_6（芳香族性：π 電子の非局在化による安定化 p.159〜160）

ベンゼン環中の正六角形（亀の甲）の炭素骨格を作る σ 結合は sp^2 混成軌道より成る．残った p_z 軌道は π 結合に用いられる．6 個の炭素原子の 6 個の p_z 軌道から π 結合を作ると，次の一般式で示される 6 個の π 性の分子軌道が得られる．

$\phi_{\pi 1} = c_1 p_{z1} + c_2 p_{z2} + c_3 p_{z3} + c_4 p_{z4} + c_5 p_{z5} + c_6 p_{z6}$（$c_1 \cdots$ は係数）3 個が結合性軌道，3 個が反結合性軌道である（下図）．波動関数の形を見るとエチレン・ブタジエンの場合と同様に，波動関数が波であること，井戸の中の電子とよく似た結果であることが理解できよう（下図）．

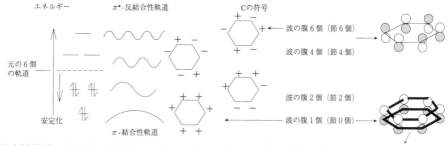

結合性軌道に電子が 6 個詰まることにより，エネルギー的に大きく安定化する．この安定化エネルギーは，エチレンの二重結合 3 個分よりも，もっと大きく，この過剰分を非局在化エネルギー・共鳴エネルギーという．この安定化のためにベンゼン環は二重結合を持つにもかかわらずアルケンと異なった反応性・すなわち芳香族性を示す（p.159）．

ベンゼンの π 電子（π 結合）
ベンゼン環の上下・6 個の炭素（結合）全体に拡がる

問題 8-29　エチレン，ブタジエン，ベンゼンの波動関数（軌道）が，エネルギーの低い方から，いわばゴムひもの振動様式，および一次元井戸の中の電子の振舞いと同じになっていることを確認せよ．

問題 8-30　簡易分光器で新式の蛍光灯の光を見ると，線スペクトル（色の違う線が数本）が観察された．この理由を述べよ．

問題 8-31　s，p 軌道の形を示せ．軌道を示すときに用いられる ＋，－ の符号は何を意味するか．s，p，d 軌道と K，L，M 殻の関係を述べよ．

問題 8-32　1 つの軌道に電子が 2 個入ることができる理由を説明せよ．

問題 8-33　周期表はなぜあのような表の形になるのかを説明せよ．

問題 8-34　共有結合を軌道を使って説明せよ．結合性軌道，反結合性軌道とは何か．

問題 8-35　σ 結合と π 結合について説明せよ．

問題 8-36　水素が H_2 分子のように H−H 結合を作るのに対して，ヘリウム He は原子のままで $(He)_2$ 分子を作らない理由を分子軌道法の考えで説明せよ．

問題 8-37　メタン，エチレン，アセチレンの結合と分子構造について説明せよ．

問題 8-38　中和滴定に用いる酸塩基指示薬フェノールフタレインが酸性では無色なのに，アルカリ性ではピンク色に変色する理由を述べよ．また，ニンジンの色素カロテンが橙色となる分子構造上の特徴と色が着く（可視領域に吸収をもつ）理由を述べよ．

以上の問題の答は省略．

付録 1： 分子模型で遊びながら学ぶ有機化学の基礎：

メタンからダイヤモンドまで　教材：「HGS 分子構造模型 A 型セット（1,600 円（税別））」

　　1 年次にこの授業や他の授業で学ぶ化学物質の基礎的部分は大体この付録に示してある．従って，授業の進行状況とは無関係にこの付録を自習することは大変良い予習となる．化学を高校で勉強してこなくて不安だという人はここで遊ぶこと．難しく考えないで，子供になったつもりで楽しむ．書いてあることをやってみればよい．手を動かすだけでよい．早く「分子・構造式」に慣れてほしい．

　　さあ遊びをはじめよう！有機化学に出てくる元素は主として炭素・水素・酸素・窒素（C，H，O，N：中学校で学んだ元素記号），この他にたまに出てくるのがフッ素，塩素，臭素，ヨウ素（F，Cl，Br，I）と硫黄 S，たったこれだけである．

＊HGS 分子構造模型 A 型セットの構成

炭素原子（C）…黒玉（12 個）　　水素原子(H)…水色小玉（24 個）

酸素原子（O）…赤玉（2 個）　　窒素原子(N)…青玉（2 個）

原子をつなぐ棒，3 種類：　この棒で化学結合（ボンド）を示す．

ボンド長（20 本）…C−C，C−O，C−N，O−N 等に使用

ボンド短（25 本）…C−H，N−H，O−H 等，水素原子との結合に使用

ボンド曲（6 本）…C＝C，C＝O，C＝N，C≡C，C≡N 等の二重結合，三重結合に使用

ゴム管…玉とボンド（棒）がはずれないときに引抜き用に使用する（ゴムは摩擦が大なので滑らず力を入れやすい．固いビンのふたを開ける時ゴムバンドを巻いて蓋を回せばうまくいきやすい．引っ越し用のゴム付き軍手もこの一例である）．

原子価と構造

　　「原子価とはなにか？」と聞かれたら諸君は何と答えるだろうか．ある学生の答えは，「…つながる数…」であった．それなりに理解していることを推定させる言葉である．

　　原子価：他の原子と結合できる手の数．この数は原子の種類によって決まっている．例えば，諸君に手が 2 本あれば二人と手をつなぐことができる．しかし手が 1 本しかなければ，一人としかつながることができない．そのようにつながることのできる手の数を原子価という．自分自身で 2 本の手をつないでもそれは原子価として数えない．あくまでも他とつなぐ手の数である．

　　では C，N，O，H の原子価はそれぞれいくつだろうか？　これら 4 元素の原子価は，有機化学のいろは，ABC，基礎の基礎のそのまた基礎であるので必ず頭に入れておくこと（記憶せよ）．

C：4 価（手が 4 本）　　例：CH_4　　　　O：2 価（手が 2 本）　　　　例：H_2O

N：3 価（手が 3 本）　　例：NH_3　　　　H：1 価（手が 1 本）　　　　例：H_2

　　以下，分子模型を使って C，H，N，O でいろんな分子を組み立ててみよう．子供に戻ったつもりでこの模型で遊ぶことにより，「こんな化合物があるのだ，こんな構造をしており，その構造から物質の性質がわかることもあるのだ」ということを学んでほしい．即ち，ここでは後で学ぶ化合物群を身近に感じること，構造式に対するイメージ作り，抵抗感の払拭，化合物群についての一通りの予習が目的なので，出てくる化合物の名称は差し当りあまり気にしなくてよい（今は必ずしも覚えなくてもよい）．

もっとも簡単な分子

　　分子式：メタン，アンモニア，水はそれぞれ CH_4，NH_3，H_2O と書き表される．分子式 CH_4 はメタン分子が 1 個の炭素原子と 4 個の水素原子より成ること，NH_3 はアンモニア分子が 1 個の窒素原子と 3

個の水素原子より成ること，H_2O は水分子が 2 個の水素原子と 1 個の酸素原子より成ることを示している．

演習 A1　まず，台所の都市ガス CH_4（メタン）の分子模型を作ってみよう（次ページ参照）．
　(1) 黒玉（C）の 4 個の穴に短い棒（ボンド）をそれぞれ入れる―炭素の手は 4 本．
　(2) その 4 本の棒の先端（黒玉の反対側）に小さい玉（H）をそれぞれつける．―小玉の穴は 2 個あるが水素の手は 1 本なので 1 個しか使わない．
　(3) 以上で CH_4 分子が自動的にできあがる．分子模型の材料そのものの中に，前もって構造（ボンドの角度・長さ・数）がプログラムされているのである．

注意！　以下の分子模型を用いた演習では，テキストに指示されたことを忠実に行い，それ以外のことは家で行うこと．模型を手にすると，諸君の気持ちが子供時代に戻ってしまい，C，N，O，H がそれぞれ 4，3，2，1 価であるというルールを無視して「組み立てブロック」を色々と勝手にいじくってしまいがちである．このこと自体は好奇心の発露であり歓迎すべきことではあるが，ここでは「分子構造の勉強」を優先してほしい．
　　　　　　　　作ったメタンはこわすな！　あとで用いる．

演習 A2　NH_3（アンモニア）の分子模型を作ってみよう（p.233 参照）．アンモニアは虫に刺された時の塗布薬（キンカンなど）のにおい，水洗でないトイレのにおいの素である．
(1) 青玉（N）の 4 個の穴のうち 3 個の穴に短い棒を入れる―窒素の手は 3 本．
(2) その 3 本の棒の先端に小さい玉（H）をそれぞれつける．
(3) できたものの形（構造）をメタンと比較せよ．

　参考：アンモニアにもう 1 個 H をつければメタンと同じ構造となる．N の価数は 3 であると言ったが，実は N 原子は通常の 3 本の（共有）結合以外に，配位という様式を通した 4 本目の（共有）結合（配位共有結合，p.212）をすることが可能である．アンモニアの非共有電子対（p.211）に水素イオン H^+ が付加（配位共有結合）すると $NH_3 + H^+ \longrightarrow NH_4^+$ で示される +1 の電荷を持ったメタン CH_4 と同形のアンモニウムイオン NH_4^+ が生成する（p.212）．

演習 A3　H_2O（水）の分子模型を作ってみよう（p.233 の図参照）．
(1) 赤玉（O）の 4 個の穴のうち 2 個の穴に短い棒を入れる―酸素の手は 2 本．
(2) その 2 本の棒の先端に小さい玉（H）をそれぞれつける．
(3) できたものの形（構造）をメタン・アンモニアと比較せよ．

　参考：水分子に H を 2 個つけ加えればメタンと同じ構造となる．O の価数は 2 であると言ったが，実は O 原子は通常の 2 本の（共有）結合以外に，配位という様式を通した 3 本目の（共有）結合（配位共有結合）をすることが可能である．$H_2O + H^+ \rightarrow H_3O^+$（これをオキソニウムイオンという．水素イオンの本当の姿である．アンモニアと同じ構造をしている）．
　また，固体の氷の中では，O 原子は

のように，周りの水分子と，分子同士（分子間）で，さらなる 2 本の手（非共有電子対）を使って弱く結合している．この結合を水素結合という（p.84）．結果として氷中の H_2O の O は C と同じくほぼ 4 面体構造をしている．液体の水の中でもこの構造がかなりの割合で保たれている．

分子模型を使って分子を組み立てる時のルールは，唯一「**C は手が 4 本・N は手が 3 本・O は手が 2 本・H は手が 1 本**」だけである．このルールさえ守っていれば，自分で好きなものを勝手に作っても，それは実際存在する分子であると考えてほぼ間違いない．

問題 A1 上で組み立てた CH_4，NH_3，H_2O の分子模型をながめて，それぞれの分子の中の原子のつながりをノートに書き取れ．

答え A1 模型を見て自分式に書いてみること．ここではどのように書いてもそれでよい．有機化学における正式の書き方はこの後で学ぶので，学んだ後に自分式と正式の書き方の違いを確認，納得すること．

構造式

上で作った分子模型を豆細工モデル（下図左）という．このモデルは分子の真の姿を表してはいないが（いわば骸骨），原子のつながり（結合）が見やすいのが長所である．実際の水・メタンの構造は，丸いお団子がくっついたような構造である．この構造に対応した分子模型が CPK モデル（下図の中・右）である．

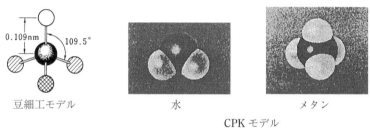

立体的な構造式の書き方として，

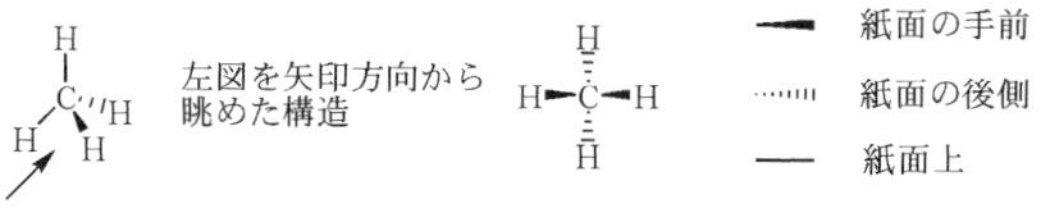

なる表示法がある．これは立体化学という，より専門的な分野を学ぶ時に必要となる表示法であり，本書では p.168（鏡像異性体）以外では扱わない．

実際の分子は立体的であるが，通常は，一般の構造式は以下に示すように平面的に書く．

例 A1 メタンは豆細工モデルに対応して次のように描く．

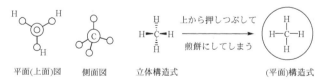

付録 1：分子模型で遊びながら学ぶ有機化学の基礎　　233

　C が 4 価であることは以前から知られており，平面構造と考えられていた．しかしこの構造では説明できない様々な実験事実の蓄積のなかで 1876 年，24 歳のファント・ホッフ（van't Hoff）は立体的な正四面体構造を提案した．この構造で実験事実をすべて説明することができた（他の業績をも合わせて第 1 回ノーベル化学賞受賞）．現在，当たり前として学ぶ C の正四面体構造も明治 10 年・日本が西洋の学問を盛んに取り入れていた頃には正しく理解されていなかったのである．

例 A2　アンモニアの構造式

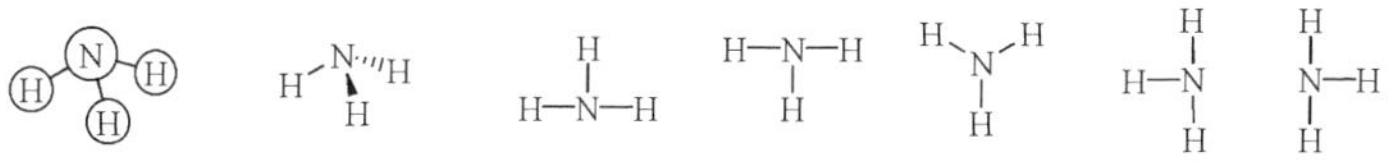

　　　豆細工モデル　　　立体構造式　　　　　　　　　(平面)構造式（どれでもよい）

例 A3　水の構造式

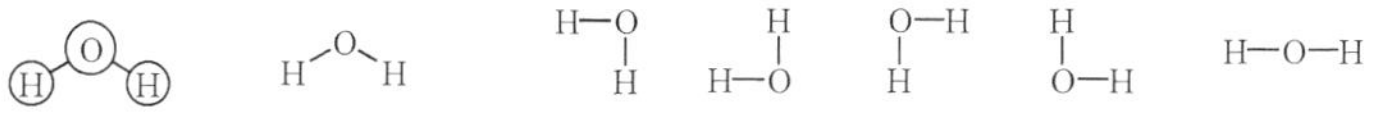

　　　豆細工モデル　　　立体構造式　　　　　　　　　(平面)構造式（どれでもよい）

問題 A2　水，アンモニア，メタンの構造式を書け．必ず自分の手で書いてみよ（手を動かして作業せよ．からだで理解することが大切である）．　　　　　　　　　（答は上記の構造式）

炭化水素

　炭素と水素だけからなる化合物の総称．台所のガス，プロパンガス，石油，ガソリンなどがこの炭化水素である（2 章参照）．

演習 A4　C_4H_{10}（ブタン）の分子模型を作ってみよう．
(1) C（黒玉）4 個と長い棒（ボンド）3 本を用意する．
(2) 4 個の C を 3 本のボンドで自分の好きなようにつないで，全体をひとつのかたまり（つながったもの）とせよ．これで C–C 結合ができたことになる．
(3) 自分で作ったものの形を周りの人のものと比べよ．2 種類の異なった形のものができているはずである（人と違うものを作る努力をせよ）．
(4) 自分のもの（2 種類のうちのどちらか一方）について，C の残った穴のすべてに短いボンドを差し込め（計 10 本）．ボンドの先端に H（青小玉）をつけよ．これで C–H 結合ができたことになる（C_4H_{10} の完成）．
(5) 次に，同様にして，もうひとつの構造の C_4H_{10} 分子を組み立てよ（下図参照）．
(6) 二つの異なった構造の分子模型を比較し，形の違いを理屈でなく体感せよ．片方はひょろ長い形をしており，ぐにゃぐにゃと形を動かすことができる．他方は短いかたまり状の分子であり，形は三角形のまま変化しない．

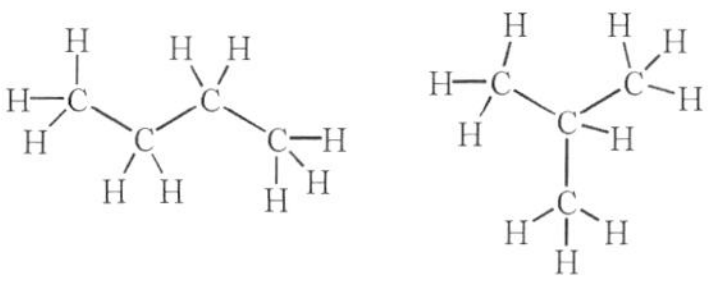

　このように，C_4H_{10} では C を勝手（ランダム）につなぐと自動的に 2 種類の異なった構造のものが生じることがわかる．自然界でもこのようなことが実際におこる．すなわち，天然には C_4H_{10} なる分子式の 2 種類の化合物が存在する．この 2 種類の分子のように，分子式は同じだが，構造が異なるものを**構造異性体**という．

(7) 両異性体共に C–C ボンド（炭素と炭素をつないでいるところ）は単結合（1 本の棒）であり，そのまわりはくるくると自由に回転できることを確認せよ．

(8) ひょろ長い構造異性体を手にとって中央の C–C ボンドを回転させ，分子全体の形をぐにゃぐにゃっと動かしてみよ．この分子は下図の(A)と(B)で示した2つの形を両極端とした，いろいろな形がとれることを確認せよ（p.245〜246）．

(A)　　　　　　(B)

目で見て，手でさわって実感できる，はっきり納得できる．ここが分子模型のすごいところである．
　(B)の形では水素原子同士が空間的に近くに来てぶつかる → 反発しあうため，(A)の形に比べて不安定である（p.246）．こういうことは頭だけでは簡単にはわからないが，分子模型を作ればすぐわかる．

実際の原子サイズ
(この範囲に電子⊖が
拡がっている)

反撥

　＊注意！　ここで作った分子はこわさないで次の分子の作製に用いる．ばらばらの原子（玉と棒）にしてしまうと，次のものを作るときに最初から作業しなければならないので時間がかかる．実際の自然界でもこれと同様に，ある分子をばらばらの原子にしないで，なるべく元のままの形で，別の分子作製の原料として利用している．我々の身体の内部で起こっている物質代謝（生化学で学ぶ），実験室・工場での有機合成などがその例である．

問題A3　上で組み立てたブタン C_4H_{10} の構造異性体の原子のつながりをノートに書き取れ．必ず自分の手で書いてみよ．（平面）構造式も書け．

答　原子のつながりは上図参照.

構造式は

略式は

$CH_3–CH_2–CH_2–CH_3$
または
$CH_3CH_2CH_2CH_3$

$CH_3–CH–CH_3$（上に CH_3）
または
$CH_3CH(CH_3)CH_3$

$CH_3–CH$（上下に CH_3）

演習A5　（省略可）次の炭化水素分子を分子模型で組み立てよ．次に分子の中の原子のつながりをノートに書き取れ．（平面）構造式も書け．

分子構造　　　　　　　構造式

C_2H_6（エタン）

C_3H_8（プロパン）

C₅H₁₂（ペンタン）

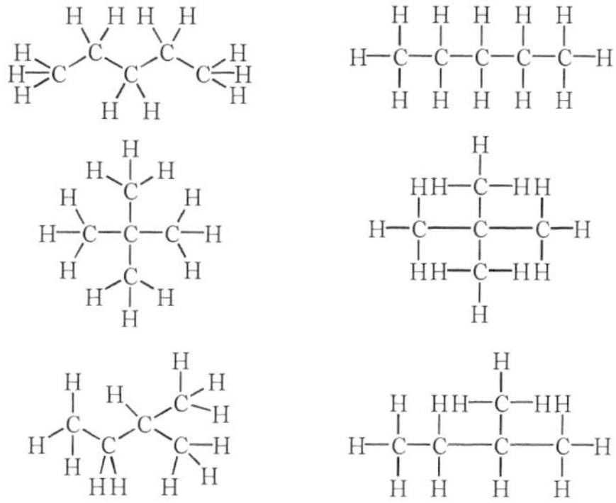

以上のような一連の C_nH_{2n+2} 化合物を一般名で**アルカン**（**飽和炭化水素**）という．

問題 A4　C_5H_{12}（ペンタン）では3種類の構造異性体が可能である．構造式を書け．

(答は演習 A5 を見よ)

参考：C_4H_{10} の2種類，C_5H_{12} の3種類の構造異性体を区別するために，慣用名（昔から使い慣れてきた名前）では，前者をそれぞれ n-ブタン（n＝normal：普通の），i-ブタン（i＝iso：同じ），後者は n-ペンタン，i-ペンタン，neo-ペンタン（neo：新しい）と呼んだが，今は用いない約束．
IUPAC 名（新しく決めた，わかりやすい名称）は p.45 で学ぶ．目下，名称は気にしないでよい．

問題 A5　C_6H_{14}（ヘキサン）には5種類の構造異性体がある．これらの異性体の構造式を全て書け．何種類わかるか，自分で分子模型を使って考えてみよ．3種類わかるだけでよい．全部わからなくても気にしないでよい．

(答は p.50)

環式炭化水素（輪になった（環状の）炭化水素．上述のものは鎖状なので鎖式炭化水素という）

演習 A6　C_6H_{12}（シクロヘキサン*）の分子模型を作ってみよう．
演習 2-1 で作った C_4H_{10} の分子模型(A), (B)を利用してこの分子を作る．
(1) C_4H_{10} の (A) CH₃–CH₂–CH₂–CH₃ の両端の H を一つずつ取って「手」を空ける．
(2) 新しく C (黒玉) を2個取り出し，長い棒を使って–C–C–を作る．
(3) (1)で作った CH₂–CH₂–CH₂–CH₂ と(2)の–C–C–をつないで輪を作る．
(4) 残った穴に短い棒を差し込み，その先に H をつけるとシクロヘキサンが完成．
(5) C_4H_{10} では C–C 単結合は自由に回転することができたが，シクロヘキサンは輪をつくっているので回転できない．回転はできないが上下にぐにゃぐにゃ動かすことは可能である．C_6H_{12} 分子模型を用いて下の2種類の構造を確認せよ．

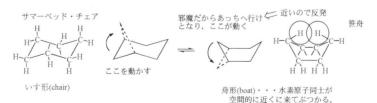

(6) C_6H_{12} の6個の C 原子は平面上にないことを確認せよ．
(7) この分子は2種類の立体構造，いす形 (chair)，舟形 (boat) をとる．これらを立体配座異性体という (p.245)．両配座異性体の構造を再確認せよ．
(8) 舟形の異性体では舟の先端の C–H と尾っぽの C–H の H 同士が接近していることも確認せよ．

このH同士の反発のため，舟形はいす形より不安定である．

*環状の炭化水素をシクロヘキサンのようにシクロ…と呼ぶ．cycle は原義で円．従って cyclo は「円（状）の」という意味．ちなみに bicycle の bi は2の意．従って円・輪が2個＝自転車である．

問題 A6　シクロヘキサン分子の原子のつながりをノートに書き取れ．構造式を書け．

答え：原子のつながりは上図参照（略式構造式の書き方は p.48 参照）．

参考：糖の構造：グルコース（ブドウ糖）：糖には α・β なる配座異性体が存在する（p.118）．

α-異性体，C₁－OH が axial（軸方向）　　　β-異性体，C₁－OH が equatorial（赤道方向）

上記のシクロヘキサン環様のいす形構造（これをピラノース環という）の縦・環に垂直方向を axial（軸方向），横・環の面方向を equatorial（赤道方向）という．axial に OH などの大きい基（グループ）が複数つくとお互いに立体的に反発するために不安定となる．

問題 A7　糖は五員環＝五角形（フラノース）か六員環＝六角形（ピラノース）のどちらかの構造をとっている．では，なぜ四員環や七員環がないのだろうか？
　　　　七員環シクロヘプタン C₇H₁₄ を作って考えてみよ．五員環 five-membered ring は環を作る原子の数が5個という意味．フラノース，ピラノースなる言葉の由来は p.245 と p.118 を参照のこと．

答え　Cの数を5個にして輪を作ると無理なく平面となる．4個の場合にはかなり無理をしてひずませると模型ができる．実際の分子にもひずみがあり，非常に不安定である（演習 A7 の下の＊参照）．7個で輪を作る場合，6個の場合よりもっとぐにゃぐにゃして輪を作るのに苦労する．以上のことは分子模型を組めば，理屈でなく実感できる．分子模型ならではのことである．

演習 A7　（省略可）下記の環状化合物（分子）を分子模型で組み立てよ．次にその分子中の原子のつながりをノートに書き取れ．構造式も書け．

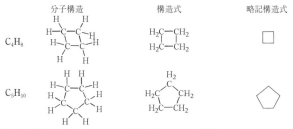

*C₄H₈ と C₅H₁₀ は，C₆H₁₂ と異なり，すべての C 原子が1つの平面上にあることを確認せよ．C₅H₁₀ では無理なく五角形の平面環状構造ができる．
*C₄H₈ では C－C 結合にひずみがある（模型を組み立てる時に無理がある）ことを確認せよ．ひず

みがある分子は不安定である．従って，さらにひずみがかかる C$_3$H$_6$ では相当不安定となる（反応性が高い，すなわち，ひずみがないものに変化しやすい．

  C$_3$H$_6$（環状）＋ H$_2$ → C$_3$H$_8$（開環し，鎖状分子 CH$_3$–CH$_2$–CH$_3$ となる）

注意！作った分子はこわさない！そのまま次の分子の作製に利用する．

不飽和炭化水素（p.140 参照）

これは二重結合*をもつ炭化水素であり，ポリエチレン・ポリ塩化ビニルなどのプラスチックや身の回りの多くの化学工業製品の主要な原料となっている．また，家庭で用いる油脂で，ラードなどの獣脂と異なり，家庭用の植物油が液体である理由は，成分に不飽和炭化水素の鎖部分が含まれているからである（p.135, 143）．*隣同士の2つの原子が2本の手で握手している・つながっていること．

演習 A8　C$_2$H$_4$（エチレン，IUPAC 名はエテン）の分子模型を作ってみよう．
(1) シクロヘキサン分子をこわして2組の CH$_2$（ボンドなし）と2組の–CH$_2$（長いボンド付き）を取り出す．
(2) 曲がったボンドを2本取り出し，2個の CH$_2$（ボンドなし）を2本の曲がったボンドでつないで C$_2$H$_4$ を作る．

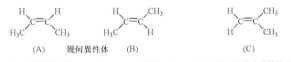

(3) C–C ボンド（単結合）と異なり，C＝C ボンド（二重結合：曲がった棒2本でつないだもの）のまわりは自由に回転できないことを確認・実感せよ．

演習 A9　CH$_3$–CH=CH–CH$_3$（2-ブテン，ブタ-2-エン，命名法 p.143）の分子模型を作ってみよう．
(1) 上で作った C$_2$H$_4$ の4個の–H のうちの2個を，どれでもよいからはずせ．
(2) 上で作った2組の–CH$_2$（長いボンド付き）に(1)ではずした–H をつなぎ，2個の–CH$_3$ を作れ．
(3) (1)ではずした–H の場所に–CH$_3$ を2個つけよ．
(4) できたものの構造を周りの人のものと比べよ．3種類の異なった形のものができているはずである（人と違うものを作る努力をせよ）．
(5) 自分のものが下図の構造のどれにあたるかを確認せよ．
(6) 時間が許せば，同様にして，残りの2つの構造の分子を組み立てよ（下図）．

```
    H       H           H       CH₃          H       H
     \     /             \     /              \     /
      C = C               C = C                C = C
     /     \             /     \              /     \
   H₃C     CH₃         H₃C      H            H      CH₂CH₃
   (A)   幾何異性体     (B)                   (C)
  シス(同じ側の意)     トランス(反対側の意)    (A),(B)とは構造異性体の関係
```

(A)，(B)，(C)は三者共に同じ分子式 C$_4$H$_8$ であるが，つながり方は(A)，(B)が C–C=C–C と同じなのに対して，(C)は枝分かれしていて異なっている．(A)と(B)は立体配置・空間配置のみが異なっている．これは C=C ボンド（二重結合）が自由に回転できないために生じた違いであり，この立体異性現象をシス・トランス異性（幾何異性），(A)，(B)の関係を**シス・トランス異性体（幾何異性体）**という．(A)は C=C を中心にして同じ側に CH$_3$ 基があるので**シス**（または Z；同じ側の意）異性体，(B)は反対側に CH$_3$ があるので**トランス**（または E；反対側の意）異性体という（p.144）．(C)は(A)，(B)と構造異性体の関係である．
(7) (A)，(B)2つの異なった構造の分子模型を比較し，形の違いを確認せよ．シスでは CH$_3$ 基同士に多少の立体反発があり，トランスよりもやや不安定である．

以上，C_2H_4 の H を 2 個，勝手に（ランダムに）CH_3 基に取り替えると自動的に 3 種類の異なった構造のものが生じることがわかる．実際，天然にもこれらの 3 種類の化合物が存在する．

問題 A8　C_2H_4（エチレン），$CH_3-CH=CH-CH_3$（2-ブテン，ブタ-2-エン）の構造式を書け．

答え

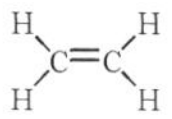

$CH_2=CH_2$　　　　2-ブテン（ブタ-2-エン）は演習 A9 をみよ．

　　　参考　細胞膜の話：100℃でも死なない高温耐性菌が温泉・深海底に存在するが，これらの菌が高温に耐える秘密の一つは膜を構成するリン脂質に不飽和のシス構造が少ないからである．シス体が多いと，それらより作られる膜では分子同士が密に接近できない，いわばガサガサの膜・柔らかい膜になり（下図），高温では膜がこわれてしまう．一方，膜が柔らかいと細胞膜を通した細胞内外への物質の出入りが容易になる点は生物にとって有利である．

　　　油と脂（植物油と獣脂）の融点の違い：飽和脂肪酸（飽和炭化水素の化合物）よりなる中性脂肪と不飽和脂肪酸（不飽和炭化水素の化合物）の多い中性脂肪では固体状態の構造の安定性に差がある．飽和脂肪酸の場合と異なり，不飽和脂肪酸ではシス異性体とトランス異性体が混ざって存在するので，またはシス体同士だと隣同士がトランス体ほど接近できないために，下図のように，分子が規則正しく・または密に並ぶことができない（細胞膜と同じ理屈である）．結果として分子間の引力が弱くなり結晶になりにくい，すなわち固化しにくい．
　　　このように，ここで勉強した単純な物質のシス・トランスの話は，物質の性質や生物の生存に重要な役割を果していることを想起してほしい．

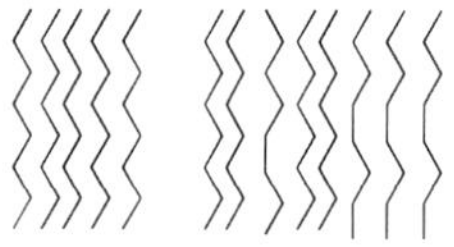

演習 A10　次の二重結合を持つ分子を分子模型で組み立てよ．また構造式を書け．

C_3H_6
　　プロピレン（プロペン）　　　　　　　　　　　　　　　　$CH_2=CHCH_3$

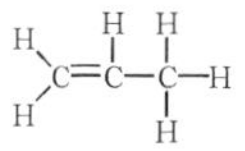

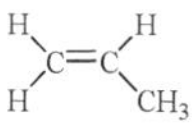

　　　　　　　　　　　　　　　　　　　　　　　　　　　　　$CH_2=CH-CH_3$

C_4H_8
　　1-ブテン（ブタ-1-エン）　　　　　　　　　　　　　　　$CH_2=CHCH_2CH_3$

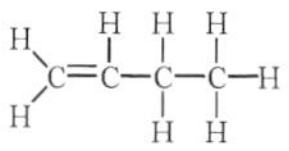

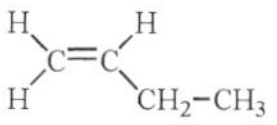

　　　　　　　　　　　　　　　　　　　　　　　　　　　　　$CH_2=CH-CH_2-CH_3$

　　2-ブテン（ブタ-2-エン）　演習 A9. 参照　　　$CH_3-CH=CH-CH_3$（シスとトランス）

C_4H_8 には二重結合の位置の違いに基づく 2 種類の構造異性体があることを確認せよ．

演習 A11　C_2H_2（アセチレン，IUPAC 名はエチン，p.150）の分子模型を作ってみよう．
(1) 2 個の C（黒玉）を 3 本の曲がったボンドでつなぎ，$C\equiv C$（三重結合）を作る．
(2) あまった C の穴に短い棒をつけ，それに H（青小玉）をつける．
(3) できた分子 $H-C\equiv C-H$ の構造を確認する．三重結合で分子は自動的に，直線状になることがわかる．構造式は $H-C\equiv C-H$，$CH\equiv CH$

*二重結合，三重結合を持つ炭化水素をそれぞれアルケン（alkene），アルキン（alkyne），両者を総称して不飽和炭化水素，オレフィンと呼ぶ．これらは二重結合，三重結合を単結合に変えることにより，H_2，H_2O などを付加することができるので，飽和炭化水素アルカンと異なり，反応性に富むことが理解されよう．

付録 1：分子模型で遊びながら学ぶ有機化学の基礎　　239

以上で分子模型の使い方は大体わかったはずである．これから学ぶ物質について何となく知っているだけで今後の授業の予習になるので以下の化合物群については自習すること．→ CHO 化合物，CHN 化合物，アミノ酸・糖と鏡像異性体，芳香族炭化水素とその置換体，配座異性体，ダイヤモンドはなぜ硬い

CHO 化合物の分子模型

ここでは，お酒の成分であるアルコール（エタノール p.90），その構造異性体であるエーテル（p.100），アルコールがからだのなかで酸化されて生じる悪酔いの素のアルデヒド（p.110），その親戚化合物のケトン（p.112），このアルデヒドがさらに酸化されて生じるカルボン酸（食酢の素の酢酸 p.122），カルボン酸とアルコールが反応して生じる果物の香りの素であるエステルについて，分子模型を組み立ててみよう．名称はあとで勉強するのでさしあたっては気にしないでよい．

演習 A12　下記の分子式で示される単結合のみを持つ化合物（分子）を分子模型で組み立てよ．次にその分子の中の原子のつながりをノートに書き取れ．構造式も書け．

分子構造	構造式	示性式（構造式の簡略形）
H₂O		H₂O
CH₄O		CH₃OH メタノール
C₂H₆O		CH₃CH₂OH（C₂H₅OH）エタノール*
		CH₃OCH₃ ジメチルエーテル（メトキシメタン）*
C₃H₈O		CH₃CH₂CH₂OH（C₃H₇OH） 1-プロパノール（プロパン-1-オール）
		CH₃CH(OH)CH₃（(CH₃)₂CHOH） 2-プロパノール（プロパン-2-オール）
		CH₃OCH₂CH₃（CH₃OC₂H₅） エチルメチルエーテル（メトキシエタン）

*一般式 R—OH（ROH）で表されるものをアルコール（p.90），R—O—R′（ROR′）をエーテル（p.100）という．それぞれ H₂O 中の 1 つの H を R に，2 つの H 共に R に置き換えた物質である．水の性質は —OH（ヒドロキシ基）により規定されているので（p.84），OH を分子中に持つアルコールは水に近い性質をもっているが，エーテルはもはや水の性質は持たない．分子模型で H₂O 中の 2 つの H 原子をメチル基 CH₃—で 1 つずつ置き換えることにより，分子の特徴を確認せよ．

＊ジとは 2 という意味である．1 はモノ，3 はトリ，4 はテトラという（p.35）．

＊ CH_3-，C_2H_5-，C_3H_7-，C_4H_9-……をアルキル基と呼び R で表す．

それぞれをメチル基，エチル基，プロピル基，ブチル基，……という（p.37）．

以上は，すべて，あとで，嫌でも身に着くように勉強するので，読み流しておくだけでよい．

演習 A13　(1)　メタノール CH_3OH の分子模型中の C と O から 2 個の H 原子を取りはずし，C—O の
ボンドを二重結合（曲がった棒）にすることにより，ホルムアルデヒド HCHO を組み立て，その
構造式を書け（学校の理科教室にある生物のホルマリン漬けのホルマリンはこの水溶液である）．

(2)　この模型の CHO の H を OH に取り替えることにより最も簡単なカルボン酸であるギ酸 HCOOH
を組み立て，その構造式を書け（ギ酸はアリやハチの毒針から出る毒成分である）．

演習 A14　(1)　エタノール C_2H_5OH の分子模型の C と O から H 原子を 1 個ずつ取りはずし，C—O ボ
ンドを二重結合にすることによりアセトアルデヒド CH_3CHO を組み立てよ．その構造式を書け（こ
のエタノールからアセトアルデヒドへの変化が，お酒を飲んだあとで気分が悪くなったり，頭が痛
くなる原因である p.117）．

(2)　この模型の CHO の H を OH に取り替えることにより，代表的なカルボン酸である酢酸
CH_3COOH を組み立て，その構造式を書け（アセトアルデヒドから酢酸への変化が酔いがさめる
ことに対応）．

演習 15　(1)　アセトアルデヒド CH_3CHO の分子模型の CHO の H を CH_3 に取り替えることにより最
も簡単なケトンであるアセトン $(CH_3)_2CO$ を組み立て，その構造式を書け．

(2)　2-プロパノール（プロパン-2-オール）の分子模型を組み立て，次にこの模型から C—H と O—H
の 2 個の H 原子を取りはずし C—O ボンドを二重結合にすることによりアセトン分子を組み立て
よ（アセトンは実験室で用いられる最も一般的な有機溶媒の一つである．また，2-プロパノール
（プロパン-2-オール）は紙おしぼりの中に消毒剤として用いられている）．

付録 1：分子模型で遊びながら学ぶ有機化学の基礎　　*241*

アセトアルデヒド　　　　　　　　　　　　構造式　　　　　　　　　示性式

CH_3COCH_3

アセトン

2-プロパノール
（プロパン-2-オール）

＊一般式 $\begin{bmatrix} R-C-H \\ O \end{bmatrix}$　$\begin{bmatrix} R-C-R' \\ O \end{bmatrix}$　$\begin{bmatrix} R-C-O-H \\ O \end{bmatrix}$ で表されるものを各々アルデヒド，ケトン，カルボン酸と言い，第一級，第二級アルコールの酸化，アルデヒドの酸化により得られる（p.94）．いずれも ＞C＝O で表されるカルボニル基を持っているため高い反応性を示す（C＝O があるとなぜ高い反応性を示すかは p.115 でふれる）．—CHO をアルデヒド基，—COOH をカルボキシ基という．

演習 A16　（1）酢酸 CH_3COOH の分子模型から—OH，エタノール C_2H_5OH の分子模型から OH の H を取りはずして両者をつなぐことにより代表的なエステルである酢酸エチルを組み立て，その構造式を書け．

酢酸　　　　　　　　　　　　　　　　　　　　　　　　　　　　エタノール

$CH_3-C-O-C_2H_5$　$CH_3COOC_2H_5$

酢酸エチル

一般式 RCOOR′（R—CO—OR′）で表されるものをエステルといい，カルボン酸 RCOOH とアルコール R′OH から H_2O が取れて（脱水），両者がつながること（縮合）により生じる．

CHN 化合物の分子模型（p.82 参照）

　　窒素を含む有機化合物はこのあとで取り上げるアミノ酸のほか，脳のなかの神経伝達物質ドーパミン，タバコに含まれるニコチン，お茶やコーヒー中のカフェインなど色々あるが，ここではその基本となる物質である脂肪族アミンを組み立てる．魚の青臭さ・魚臭さ・なまぐささの素はこのアミンである．

演習 A17　次の分子式で示される単結合のみを持つ化合物（分子）の分子模型を組み立て，その分子の中の原子のつながりをノートに書き取れ．構造式を書け．

NH_3　　　　　　　　　　　　　　　　　　　　　　　　　　NH_3 アンモニア

CH_5N　　　　　　　　　　　　　　　　　　　　　　　　　CH_3NH_2 メチルアミン（メタンアミン）

C_2H_7N　　　　　　　　　　　　　　　　　　　　　　　$CH_3CH_2NH_2$（$C_2H_5NH_2$）エチルアミン（エタンアミン）

　　　　　　　　　　　　　　　　　　　　　　　　　　　　$(CH_3)_2NH$（ジメチル）アミン（*N*-メチルメタンアミン）

C_3H_9N

$CH_3CH_2CH_2NH_2 (C_3H_7NH_2)$　プロピルアミン
（プロパン-1-アミン）

$CH_3CH(NH_2)CH_3$

CH_3CHCH_3
　　　NH_2　　イソプロピルアミン
（プロパン-2-アミン）

$(CH_3CH_2)(CH_3)NH$

$C_2H_5NCH_3$
　　H　　エチル（メチル）アミン
（N-メチルエタンアミン）

$(CH_3)_3N$　　（トリメチル）アミン
（N, N-ジメチルメタンアミン）

＊上記の化合物群をアルキルアミン，または単にアミンと呼び，一般式 RNH_2（$R-NH_2$）（第一級アミン），$RR'NH$（第二級アミン），$RR'R''N$（第三級アミン）で表す（p.82）.

これらはアンモニア NH_3 の H 原子の 1～3 つをアルキル基 R で置き換えたものであり，アンモニアの性質を残している（塩基性，刺激臭：N の非共有電子対がこの性質を示す素である，p.85）. 従ってメチルアミン（メタンアミン）のように R が小さいアルキルアミン（アルカンアミン）は気体であり，水にもよく溶ける（p.83）. $-NH_2$ をアミノ基という.

アミノ酸・糖と鏡像異性体（光学異性体，p.168 参照）

　　これらは，それぞれタンパク質，糖質の成分であり，生化学，食品学，栄養学では必ず学ばなければならない物質である. 味の素（L-グルタミン酸ナトリウム），砂糖（スクロース），ブドウ糖（グルコース）は皆知っていよう.

演習 A18　カルボン酸とアミンとのハーフをアミノ酸という.

酢酸 CH_3COOH $\left(\begin{array}{c} O \\ \parallel \\ CH_3-C-O-H \end{array}\right)$ とメチルアミン（メタンアミン）CH_3-NH_2 とのハーフは最も簡単なア

ミノ酸であり，グリシンと言う. 分子模型で作った酢酸 CH_3COOH の C-H の -H をアミノ基 $-NH_2$ で置き換えることにより，また，メチルアミン（メタンアミン）CH_3-NH_2 の C-H の -H を -COOH で置き換えることによりグリシン分子を作れ. その構造式を書け.

$CH_2(NH_2)COOH$　または　H_2CCOOH
　　　　　　　　　　　　　　　　NH_2

演習 A19　アミノ酸の一種，アラニンはメタン CH_4 中の 3 個の H 原子を，それぞれメチル基 CH_3-，

　アミノ基 $-NH_2$，カルボキシ基 $-COOH$ $\left(\begin{array}{c} -C-O-H \\ \parallel \\ O \end{array}\right)$ で置き換えた分子である.

(1) この分子の模型を組み立てよ.

(2) 隣の人の模型と重ね合わせてみて，模型が同じものか否かを確認せよ.

(3) 分子模型を机上に置き，カルボキシ基を上にメチル基を下にして配置せよ.

(4) 自分の模型では H が中央の C 原子の左側（$-NH_2$ が右側）にあるか，それとも右側（$-NH_2$ が左側）にあるかを調べよ. 隣の人の模型はどちらかを調べよ.

付録 1：分子模型で遊びながら学ぶ有機化学の基礎　　243

（5）このように，アラニン分子にはお互いを重ね合わせることができない，左右が逆になった，鏡で写した関係にあるものが存在することを確認せよ．もし1000人の人がこの分子模型を組み立てたとすると，左右の分子が自然にほぼ500個ずつ＝同数となるはずである．実際，自然現象としてもこのようなことが観察される．

L(＋)　　　　　　　　鏡　　　　　　　D(－)

このような鏡に映した関係にある一対の分子を鏡像体，または対掌体（左右の対の掌の形に対応したもの）といい，それぞれを D，L の記号（絶対配置の表示法 p.169）で区別する．このような立体異性体を鏡像異性体と呼ぶ（p.168）．それぞれが光学活性（p.170）であり，直線偏光（p.170）を右，または左に旋回させる性質（旋光性 p.170）を持つ．ナトリウムの橙色光（波長 589 mm：高速道路・トンネルの照明光）に対し右旋性，左旋性のものをそれぞれ（＋)$_{589}$，（－)$_{589}$ で表現する．

　上記，D，L の構造のどちらが D でどちらが L かの区別を覚える必要はない．ただ，対掌体（右手・左手の関係）にある分子構造が書ければよい．そのうちどちらかが D で，もう一方が L だと居直って十分である．

　味の素，L(＋)-グルタミン酸ナトリウム，はアミノ酸の一つでありL-体のみがうま味の素であり，D(－)-体にうま味はない．絶対配置 D，L とは分子模型で作ったような真の空間配置のことであり，旋光性はそれらの立体異性体が示す一つの性質にすぎない．

芳香族炭化水素とその置換体（p.154 参照）

　これまでに分子模型で作った化合物は，脂肪族といわれる鎖状の炭化水素（CH 化合物）を骨格として，これに様々な官能基（グループ・分子の部品；p.54）がついた一群の物質であった．脂肪族という名は p.35 に示したように脂肪分子が鎖状の炭化水素部分を主要部分として含むことに由来している．

　一方，自然界には分子式 C_6H_6 のベンゼンで代表される芳香族炭化水素といわれる化合物と，これに様々な官能基が付いた化合物群が存在する．我々のからだを構成するタンパク質の構成成分として存在するチロシン，フェニルアラニンなる芳香族アミノ酸，前述のドーパミン，花・植物食品に含まれる色素アントシアニンやお茶のカテキンをはじめとした，健康によいとされる植物ポリフェノールなど多彩である．ベンゼンは化学工業における最も重要な物質の一つであり，頭痛薬のアスピリンなどの各種の医薬品や合成品の原料となっている．また，複素環式芳香族といって環状分子中に炭素以外の元素，窒素や酸素，硫黄原子を含んだ芳香族の親戚も存在する．ニコチンはそのような物質の一例である．

　これらの芳香族化合物は，一部の例外的な性質を除いて，同じ官能基を持つ脂肪族の化合物群と基本的には似た性質を持つ．そこで，ここではこの芳香族について，最低限の必要知識を分子模型を使って学ぶ．

演習 A20　ベンゼン分子 C_6H_6 を組み立てよう．

（1）環状の飽和炭化水素，シクロヘキサン C_6H_{12} を分子模型で組み立てよ．

（2）この分子中の 6 個の CH_2 より各々 H 原子を一つ取り外して C_6H_6 分子とせよ．

（3）このままでは C 原子は原子価が 4 となっていないので，C-C 結合を一つおきに二重結合とせよ（C-C ボンドも一端取り外して，曲がったボンドに換えよ）．

(4) 出来上がったベンゼンの形を観察し，この構造を描け．次に構造式を書け．
　作りあげたベンゼン分子が平面であることに注意せよ．＊構造式より受ける印象から，ベンゼン環のことを世間では亀の甲（かめのこ（う））とも呼んでいる．

このような平面正六角形・平面六員環（炭素6個よりなる一つおきのC=C二重結合の環）を分子中に含んだものを芳香族化合物という．

演習 A21　芳香族分子のひとつ，ナフタレン $C_{10}H_8$ を組み立てよ．構造式を書け（分子構造模型 A 型セットでは二重結合用のボンド数が不足して作成できない）．

＊ナフタレンとは衣服の防虫剤のナフタリンのことである．現在ではパラジクロロベンゼン（分子構造は演習 A23 を参照）が用いられている．

演習 A22　(1) ベンゼン分子を分子模型で組み立てよ．
(2) この分子中の C–H の H の 1 つを OH に置き換えよ．この分子をフェノール＊という．
(3) ヒドロキシ基–OH をアミノ基–NH_2 で置き換えよ．この分子をアニリンという．これは芳香族アミンである．
(4) –NH_2 をカルボキシ基–COOH $\left(\begin{matrix}-C-OH\\ \parallel\\ O\end{matrix}\right)$ で置き換えよ．この分子を安息香酸という．これは芳香族カルボン酸である．
(5) フェノール（昔の病院の消毒薬のにおいの素クレゾールはこの仲間），アニリン（合成染料の原料），安息香酸（薫香に用いる安息香を熱する時に生じる物質）の構造式を書け．

フェノール C_6H_5OH　　アニリン $C_6H_5NH_2$　　安息香酸 C_6H_5COOH

＊脂肪族炭化水素に–OH がついた R–OH はアルコールであるが，芳香環（ベンゼン環）に直接–OH がついた Ar–OH フェノールはアルコールと異なった性質を示す．
＊ベンゼン分子中の H の 1 つをニトロ基–NO_2 で置き換えたものをニトロベンゼン，塩素原子–Cl で置き換えたものをクロロベンゼン，メチル基で置き換えたものをトルエンという．

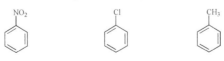

ニトロベンゼン $C_6H_5NO_2$　　クロロベンゼン C_6H_5Cl　　トルエン $C_6H_5CH_3$

演習 A23　ベンゼン分子中の C–H の H 原子の 2 つを –OH と –Cl とで置き換えたクロロフェノール C_6H_4ClOH を分子模型で組み立てよ．組み立ててみて次の三種の異性体が可能であることを確かめよ．

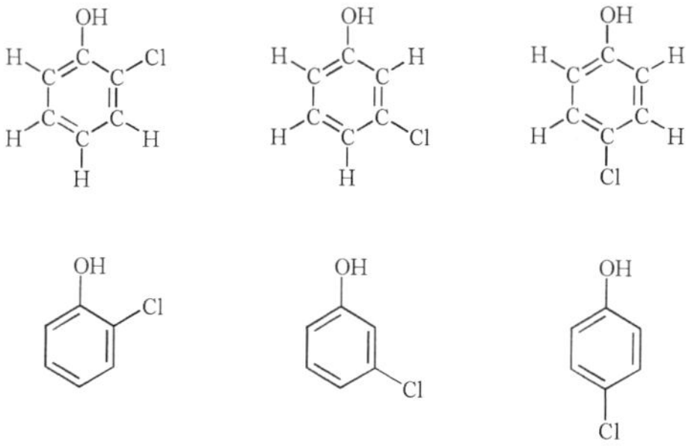

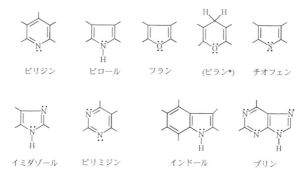

o-クロロフェノール　　m-クロロフェノール　　p-クロロフェノール
　　(2-)　　　　　　　　　(3-)　　　　　　　　　(4-)

＊ o-, m-, p- のそれぞれに対応する位置をオルト位（置），メタ位，パラ位という．p.156 参照．

参考 1：複素芳香族化合物には次のようなものがある．ビタミン・アミノ酸の一部，核酸塩基はこのような複素芳香族化合物である．

ピリジン　　ピロール　　フラン　　（ピラン＊）　　チオフェン

イミダゾール　　ピリミジン　　インドール　　プリン

＊ピランは複素芳香族ではない．フラン・ピランは糖の五員環・六員環骨格であるフラノース，ピラノースの名称のもととなっている化合物である．

参考 2：配座異性体（conformational isomer）

演習 A24　(1) 1,2-ジクロロエタン CH_2ClCH_2Cl 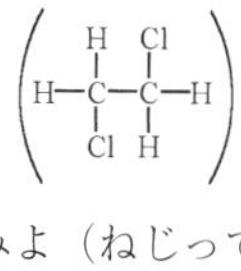 の模型を組み立てよ．

(2) この分子を C–C 結合のところで回転してみよ（ねじってみよ）．
　下図のように，いくつかの異なった空間配置の構造が得られるはずである．
　これを立体配座異性体という．p.235 で述べたシクロヘキサンのいす形，舟形もこの立体配座異性体である．

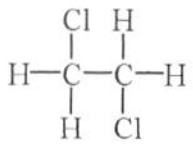

を C–C 軸の方向から眺めると，

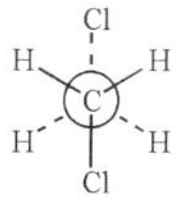

── 手前
┄┄ 向こう側

のように描くことができる．C–C 軸の周りにこの分子を 60° ずつひねると，下記の空間構造が得られる．それぞれを左から，トランス，エクリプスド，ゴーシュ，エクリプスド，ゴーシュ，エクリプスドという．トランスとは反対の意味であり，ゴーシュとはねじれた，エクリプスドは重なった，という意味である．

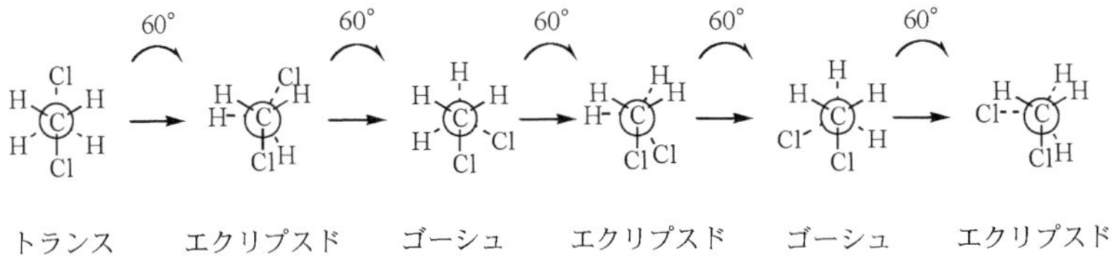

$$\text{Cl}\begin{smallmatrix} \\ \end{smallmatrix} \xrightarrow{60°} \xrightarrow{60°} \xrightarrow{60°} \xrightarrow{60°} \xrightarrow{60°}$$

トランス　　　エクリプスド　　ゴーシュ　　エクリプスド　　ゴーシュ　　エクリプスド

（3）隣り合った Cl 原子間の空間的距離はトランスが一番大きく，エクリプスドが一番小さいことを模型で確かめよ．距離が小さいほど原子間の反発エネルギーは大きく不安定になるので，エネルギー的にはトランスが一番安定，エクリプスドが最も不安定である．実際にはこの安定性に応じた比率で上図の異なった構造のものが存在している．しかし，C-C 単結合は C=C 二重結合と異なり C-C 周りに自由に回転できるので，上図の構造のものを分けて取り出すのは容易ではない．

（4）ブタンでも立体配座異性体が存在することを分子模型を組み立てて確認せよ．

＊ダイヤモンドはなぜ硬いか？　分子模型を使って考えてみよう．

演習 A25　ダイヤモンドは炭素だけからできた物質であるが，ギリシャ語で「征服できない，無敵」の意味のごとく，世の中で最も硬い物質として知られている．この硬さの基はその構造にある．ダイヤモンドはシクロヘキサン（p.235）のいす形構造を炭素原子だけで三次元に組み立てた構造をしている（どの方向から見てもシクロヘキサンのいす形構造をしている）．その最小の構造単位は 10 個の炭素原子で組み立てることができる．自分で試行錯誤を行い，これを組み立てよ．出来上がったものが，がっちりした変形しにくい堅い構造であれば，それはアダマンタンという物質の炭素骨格で，ダイヤモンドの正しい基本構造単位である（構造式は p.3 の図を見よ）．この構造が共有結合で三次元に無限につながったものがダイヤモンドであり，これを崩すためには多数の共有結合を切断する必要がある．adamant：極めて堅いもの・強固な物質・ダイヤモンドの古名

分子模型は結合の長さ（原子間距離）が本当の分子の正しい縮尺となっており，研究にも使われている．ワトソンとクリックによる DNA の構造決定がその代表的な例である．コンピューターグラフィックスは目で見て，分子を自由に回転させることもできるが，手でじかにはさわれない．実際に触ることができる・組み立てることができる分子模型は今でも大いに役に立つ．

付録2： 化合物群の名称・性質・反応性のまとめ

（以下の文章中の化合物群の一般式を書いてみよ）
（アル・ハロ・アミン／オール・エーテル・アルデヒド／ケトン・カルボン酸・エステル／
アミド・アルケン・芳香族・フェノール：変な切り方なので注意）

－油はアルカン・ハロアルカン／「水と油」の君と僕// C_nH_{2n+2}＝R—H, R—X

－アンモニアとくさい仲間・塩基性のアミンさん//NH_3 の H を R に換えて／$R—NH_2$ のアミンさん／カルボキシ基—CO—OH・COOH にアミノ基 —NH_2 と／仲良くそろってアミノ酸（アミン変じてアミノ酸）$R—CH(NH_2)COOH$//

－水の親戚アルコール／アルコールより生じたる／水と他人・油の仲間の（アイウエ）エーテルさん//H_2O　H—O—H の H を R に換えて／R—OH のアルコール・R—O—R′ のエーテルさん／ROH，命名法はアルコ・オール（アルコール）の○○オール（ノール）//

－お酒のアルコール（第一級アルコール）・エタノール／飲みすぎての二日酔い／あたまチョー（CHO）痛やのアルデヒド／アルコール $R—CH_2—OH$ からデヒドの脱水素で R—CHO/からだの中で酸化され／さめてすっきりカルボン酸 R—COOH は／お酢の素//アシル基の RCO— に H をつけて／できたるものは RCOH／これを世間じゃ RCHO チョーと書く／このもの・名前はアルデヒド／命名法はアール・デヒドの○○アール//

－アルデヒドとケトンとは／アルコールの酸化物／ケトンは第二級アルコール RR′CH—OH （RCH(OH)R′）の酸化物で RR′CO，RCOR′//アシル基の RCO— に R′ をつけて／できたるものはケトンの RCOR′／命名法はケト・オン（ケトン）の○○オン／ア（—）ルデヒドの／H を R′ に変えた／ケトンは／ア（—）ルデヒドの親戚です//

－なめて酸っぱいお酢の素／カルボン酸は脂肪酸 RCOOH/
RCO— に OH つけて／できた形は RCO—OH・RCOOH/この H^+ が酸っぱい素よ／命名法は○○酸//

－鼻を刺すカルボン酸とオール（アルコール）より／生まれたるはかぐわしき／香り高き（エステじゃないよ）エステルさん//眠っちゃう／エーテルじゃないよ／酸の H を R′ に変えた／香り高きはエステルさん RCO—OR′//中年の／今や嘆きの脂肪体／中性脂肪はグリセリンのエステルです//

－カルボン酸と／アミンから生まれたアミド//タンパク質のペプチド結合は／アミノ酸同士のアミド結合//

－悲しいね／君とは縁がないけれど／二重結合にゃエンがある／ジエン・トリエン・テトラエン／魚の油 DHA は／頭良くなる C_{22} のヘキサエンのカルボン酸//

－フェノール C_6H_5OH はアルコールではありません／ベンゼン環 C_6H_6 の／フェニル基 C_6H_5— に／ヒドロキシの OH/皆が知ってる体にいいやつ／—OH の／たくさんついたポリフェノール／

－アニリン $C_6H_5—NH_2$ はアミンの仲間で芳香族／ベンゼン環のフェニル基に／アミノ基—NH_2 がついたやつ//

代表的化合物の名称

　－メタン・エタン・プロパンに／クロロホルムは／トリクロロの／メタンです／／

　－メタノールにエタノール（オール）／グリセリンは C_3 のプロパン・1,2,3-のトリオール（1,2,3-プロパントリオール，プロパン-1,2,3-トリオール*）／ジエチルエーテル（エトキシエタン）／（トリメチル）アミン（N,N-ジメチルメタンアミン）／／

　－メタナール（アール）は C_1 でホルムアルデヒド／アセトンの／ジメチルケトンは C_3 で 2-プロパノン（オン，プロパン-2-オン*）／酢酸の名は C_2 でエタン酸／／

　－酢酸と／エタノールから／できたるエステル／酢酸エチル／酢酸の/H をエチルに換えたもの／／

　－エチレンは命名法ではエテン（エン）です/DHA はドコサ（C_{22}）／ヘキサエンにカルボン酸（acid）／／

　－芳香族は／ベンゼン・フェノール・アニリンです／／

IUPAC 置換命名法

　アルコールはアルカン alkane の **-e を取って**（アルコ alcoh）**オール-ol をつける**．エタノール

　アルデヒドはその化合物の炭素数に対応するアルカンの名称の語尾 –ane（アン）の e を取って **-al**（**アール**：アルデヒド aldehyde の語頭の al）をつけたものである．エタナール

　ケトンはアルカンの名称の語尾の e を取って **-one**（**オン**：ケトン ketone の語尾の one）を付ける．2-プロパノン（プロパン-2-オン*）

　カルボン酸はその化合物の炭素数に対応する**アルカンの名称の語尾に酸**をつける（e を取って –oic acid）．エタン酸（酢酸），ethanoic acid

　アルケンはその化合物の炭素数に対応する**アルカン**の名称の**語尾** –ane（アン）**を -ene**（**エン**：アルケン alkene の語尾の ene）**に換えた**ものである．エテン

　メタン・メタノール・メタナール・メタン酸

　プロパン・2-プロパノール（プロパン-2-オール）・2-プロパノン（プロパン-2-オン）

初めて聞く物質名でも

　オールという語尾の名称なら，それは**−OH 化合物**である． 　　　　フラボノール

　アールという語尾名ならそれはアルデヒド**−CHO** の仲間である． 　　レチナール

　オン（トン・ノン）という語尾名ならケトン **RCOR′** の仲間である． テストステロン

　エン（テン）という語尾名なら**二重結合**を持ったものである． 　　カロテン

*化合物の名称には慣用名（昔から用い慣れてきた名称）と国際純正応用化学連合（IUPAC）で定められた組織的名称（置換名と官能種類名）がある．2013 年の IUPAC 勧告では置換命名法を中心にした優先 IUPAC 名が定められた．この命名法では官能基を表す語尾の直前に官能基の位置（炭素骨格中で官能基が結合した炭素の位置番号）を示すようになっている．2-プロパノール → プロパン-2-オール，2-プロパノン → プロパン-2-オン，2,4-ヘキサンジオン → ヘキサン-2,4-ジオン，2-ブテン → ブタ-2-エン，1,3-ブタジエン → ブタ-1,3-ジエンなど．

暗記事項

周期表　　H, He, Li, Be, B, C, N, O, F, Ne, Na, Mg, Al, Si, P, S, Cl, Ar, K, Ca；…Cr, Mn, Fe, Co, Ni, Cu, Zn, …Se, Br, Mo,　　　　　　　　　　　　　　　　I

グループ名：　アルカン R–H（アルキル基）C–H, ハロアルカン R–X　C–X
（官能基）　　アミン R–NH$_2$（アミノ基）, C–NH$_2$
　　　　　　アルコール R–OH（ヒドロキシ基, 水酸基）, C–OH（オール -ol）
　　　　　　エーテル R–O–R′（エーテル結合）C–O–C
　　　　　　アシル基 RCO–　R–$\underset{\text{O}}{\text{C}}$–（アルデヒド・ケトン・カルボン酸・エステル・アミド）
　　　　　　アセチル基 CH$_3$CO–　　　CH$_3$–$\underset{\text{O}}{\text{C}}$–

　　　　　　アルデヒド R–CHO（R–$\underset{\text{O}}{\text{C}}$–H）（アルデヒド基・カルボニル基）C–CHO
　　　　　　　　（アール -al）　　　　　　　　　　　（RCO–アシル基＋–H）
　　　　　　ケトン RCOR′, RR′CO（R–$\underset{\text{O}}{\text{C}}$–R′）（ケトン基・カルボニル基 –$\underset{\text{O}}{\text{C}}$–
　　　　　　　　　　　　　　　　　　　　　　　　　C–CO–C
　　　　　　　　（オン -one）　　　　　　　（RCO–アシル基＋–R′）
　　　　　　カルボン酸 R–COOH（R–$\underset{\text{O}}{\text{C}}$–OH）（カルボキシ基）, C–COOH
　　　　　　　　　　　　　　　　　　　　　　　（RCO–アシル基＋–OH）
　　　　　　エステル RCOOR′（R–$\underset{\text{O}}{\text{C}}$–O–R′）（エステル結合）, C–CO–O–C
　　　　　　　　　　　　　　　　　　　　　　　（RCO–アシル基＋–OR′）
　　　　　　アミド R–CO–NH$_2$（RCO–＋–NH$_2$；ペプチド–CONH–）
　　　　　　アルケン（>C=C<）（エン -ene, エチレン, シス・トランス異性体）
　　　　　　（アルキン（–C≡C–））
　　　　　　芳香族：ベンゼン（C$_6$H$_6$）, フェニル基（　, C$_6$H$_5$–, Ph–）

　　　　　　芳香族一般：ベンゼン　, ナフタレン　, アリール基（Ar–）
　　　　　　フェノール（Ar–OH）（ヒドロキシ基）

数詞：　　　モノ, ジ, トリ, テトラ, ペンタ, ヘキサ,
　　　　　　　　　　　　　　　　（ヘプタ, オクタ, ノナ, デカ）
アルカン：　メタン, エタン, プロパン, ブタン, ペンタン, ヘキサン
アルキル基：　メチル, エチル, プロピル, ブチル（イソプロピル, tert-ブチル）
アルキル基の略記形：Me, Et, Pr, Bu（i-Bu, s-Bu, t-Bu：現在は tert 以外は廃止）

エタン, エタノール, 酢酸の構造式：

250

豆テスト2（13種類の有機化合物群と官能基，代表的化合物名，化学式，性質）　　　（答は表紙の裏）

以下の表の空欄を埋めよ．（教科書 p.52〜65）**IUPAC 置換命名法**（炭素鎖の炭素数で命名する方法）

有機化合物群名	(1) 一般式 R−= C_nH_{2n+1}−	(2) 官能基	(3) 代表的化合物 置換名 （官能種類名*，慣用名）	(4) (3)の示性式・構造式	(5) 代表的性質
① （油）		，	，　　（　，　）	，	油（燃料），（　　　），，低反応性
② （ハロゲン元素）		，	（　　）	，アルカンの親戚，，（発ガン性）
③ （アンモニアの親戚）		，	（　　*）（　　*）	，	アンモニアの親戚，，
④ （水の親戚）			（　，　）（　　*）	（　　）	水の親戚，，
⑤ （水と他人）			（　　*）	（　　）	水と他人，，
⑥ （④から脱水素）		（　　），（　　）（　　）		（　　）	
⑦ （⑥の親戚）		，	・（　，　）（　　）	（　　）	体の異常代謝産物（飢餓，　　）
⑧ （食酢の成分）		，	（　）（　）	（　　）	食酢主成分，（　　　　），
⑨ （果物の香り）	，	，	（　　）	，	芳香（果物の香り・酒の吟醸香），
⑩ （タンパク質結合一般名）		，	（　　）	（　　）	タンパク質，
⑪ （二重結合）		，	（　，　）（　　）		，
⑫ （①と別の油）		，，		，	油（　，　　）
⑬ （⑫と④の親戚）	，	，	，	，	（お茶などの）　，抗酸化作用

1点×13　　1点×21　　1点×28　　1点×37　　1点×27　　1点×30

___点
156

（　　）学科（　　）専攻（　）クラス（　　）番，氏名（　　　　）

*どのような科目，項目の学習においても，身につける・学んだことが応用できるためには，具体例（ここでは具体的化合物）を**1つだけ覚えておく**ことがポイントである．この表はまさにそのためのものである．しっかり理解・記憶し，身につけること！

豆テスト　　*251*

豆テスト 1（周期表，基本的分子の構造式・官能基，数詞，アルカン・アルキル基の名称と化学式）

重要！これは基本！　（教科書 p.9, 31）（答は裏表紙の内側左）

問題 1. 下記の（　）に元素名（元素記号ではない）を入れて元素の周期表を完成させよ．

また ［　］内に族名を入れよ．（配点：各 1 点，計 33 点）

（　水素　）　　　　　　　　　　　　　　　　　　　　　　　　　　　　　（ヘリウム）

（　　　　）（　　　　　　）（　　　　　）（　　　）（　　　）（　　　　）（　　　）

（　　　　）（　　　　　　）（　　　　　　）（　　　）（　　　）（　　　　）（　　　）

（　　　　）（　　　　　　）＊　　　　　　　　　　　（　　　）（　　　）［　　　　］

［　　　　］［　　　　　　］　　　　　　　　　　　　　（　　　　　）

　　　　　　　　　　　　　　　　　　　　　　　　　　　　［　　　　］

＊のあとに続く元素：Sc，Ti，V，Cr（　　　　），Mn（　　　　　　　　），Fe（　　　），Co（　　　　　　　），

Ni（　　　　　　），Cu（　　　　），Zn（　　　　　　）；第五周期元素で第四周期 Cr の下の元素 Mo（　　　　　　）

問題 2. 次の分子の**構造式**を書け（示性式は不可：例：水の構造式は H—O—H）．また，これらの分子中の官
能基（グループ）を〇で囲み，官能基名を述べよ（線でつなぐ）．

構造式：（配点：構造式各 3 点，計 9 点）　　　　官能基名：（配点：各 1 点，計 6 点）

エタン（　　　　　　）；　エタノール（　　　　　　　　　）：（　　　）基，（　　　　　）基
　　3 点　　　　　　　　　　　　3 点

酢酸（　　　　　　　　）：（　　　）基，（　　　　）基，（　　　　　）基，（　　　　　）基
　　3 点

問題 3. 以下の（1），（2）の（　）を埋めよ．（配点：各 1 点，計 5 + 42 = 47 点）

（1）身のまわりの飽和炭化水素について気体・液体・固体をそれぞれ 2，2，1 種類ずつあげよ．

	気体	気体	液体（混合物）	液体（混合物）	固体（混合物？）
	（　　　）	（　　　　　）	（　　　　　　）	（　　　　　）	（　　　　　）

(2)	数詞	炭素数	分子式	名称	アルキル基, $R- = C_nH_{2n+1}-$		
					名称	略号	化学式
1.	（　モノ　）	C_1	（ CH_4 ）	（　　　）	（　　　基）	（　　　）	（　　　）　　＿＿, ＿＿
2.	（　　　　）	C_2	（　　　）	（　　　）	（　　　基）	（　　　）	（　　,　　），＿＿, ＿＿, ＿＿＿
3.	（　　　　）	C_3	（　　　）	（　　　）	（　　　基）	（　　　）	（　　　　），＿＿, ＿＿, ＿＿
4.	（　　　　）	C_4	（　　　）	（　　　）	（　　　基）	（　　　）	（　　,　　），＿＿, ＿＿
5.	（　　　　）	C_5	（　　　）	（　　　）	– – – –	– –	– – – –
6.	（　　　　）	C_6	（　　　）	（　　　）	– – – –	– –	– – – –
7.	（　ヘプタ　）						
8.	（　オクタ　）						
9.	（　ノナ　）	＊採点：（95 −間違った数（但し問題 2 の構造式は×3））					
10.	（　デカ　）						

（　）年（　　　　）学科（　　　）専攻（　　　）番　氏名＿＿＿＿＿＿＿＿

＿＿＿＿点
95

参考文献

Brady, J. E.; Humiston, G. E.; 若山信行他訳:「一般化学」, 東京化学同人, 1991.

Bloomfield, M. M.; 伊藤俊洋他訳:「生命科学のための基礎化学」, 丸善, 1995.

榊原正明:「基礎化学のエッセンス」, 開成出版, 1992.

中田宗隆:「化学 基本の考え方12章」, 東京化学同人, 1996.

武岡淑子, 藤本悦子:「改訂 生活と化学 —界面現象—」, 開成出版, 1997.

立屋敷 哲:「ゼロからはじめる化学」, 丸善出版, 2008.

立屋敷 哲:「演習 溶液の化学と濃度計算」, 丸善出版, 2004.

立屋敷 哲:「演習 誰でもできる化学濃度計算」, 丸善出版, 2018.

中山博明, 立屋敷 哲:「初歩からの有機化学」, 裳華房, 1993.

池田正澄, 太田俊作, 須本国弘:「有機化学入門」, 廣川書店, 1992.

杉森 彰:「基礎有機化学」, 裳華房, 1995.

杉森 彰:「有機化学概説 増訂版」, サイエンス社, 2000.

Fieser, L. F.; Fieser, M.; 後藤俊夫訳:「基礎有機化学 第二版」, 丸善, 1963.

井本 稔:「有機電子論Ⅰ, Ⅱ」, 共立出版, 1954.

辻村 卓・吉田善雄 編:「図説 化学基礎・分析化学」, 建帛社, 1994.

五明紀春, 他:「アプローチ 生体成分」, 技報堂, 1985.

青柳康夫, 筒井知己:「標準食品学総論 第二版」, 医師薬出版株式会社, 1998.

渡辺早苗, 寺本房子, 丸山千寿子, 藤尾ミツ子編:「保健・医療・福祉のための栄養学」, 医歯薬出版, 2000.

奥 恒行, 山田和彦編:「基礎から学ぶ生化学 改訂第2版」, 南江堂, 2014.

香川靖雄・野澤義則:「図説 医化学 第2版」, 南山堂, 1991.

島薗順雄, 香川靖雄, 長谷川恭子:「標準生化学 第2版」, 医歯薬出版, 1999.

新津恒良, 他:「図説 現代生物学 改訂五版」, 丸善, 1994.

立屋敷 哲:「からだの中の化学」, 丸善出版, 2017

池上雄作, 岩泉正基, 手老省三:「物理化学Ⅰ 第2版 物質の構造」, 丸善出版, 2000.

渡辺 啓, 岩澤康裕:「基礎物理化学」, 裳華房, 1995.

McWeeny, R.:「Coulson's Valence, 3rd Ed.」, Oxford Univ. Press, 1979.

朝永振一郎:「量子力学 上下 第二版」, みすず書房, 1969.

化学大辞典編集委員会編:「化学大辞典」, 共立出版, 1963.

新村 出 編:「広辞苑 第六版」, 岩波書店, 2008.

「Webster's New World English Dictionary, 2nd College Ed.」, Williams Collins, 1980.

「The Random House Dictionary of the English Language」, Random House, New York, 1979.

索　　引

あ

IUPAC 名	248
アキシアル axial	118, 236
cis-アコニット酸	177, 179
アシル化	161
アシル基	59, 123
アスコルビン酸	100
アセタール	114
アセチル基	59, 111, 123
アセチル CoA	177
アセチルコリン	86
アセチルサリチル酸	158
アセチレン	150, 228, 238
アセトアルデヒド	111, 240
アセト酢酸	117, 121
アセトン	60, 111〜113, 240
アセトン体	117
アダマンタン	246
アデニン	164
アドレナリン	87, 175
アニリン	63, 155, 244
アボガドロの法則	43
アミド	130
アミド結合	130
アミノカルボニル反応	119
アミノ基	57
アミノ酸	56, 122, 128, 171, 242
——の代謝	182
——の等電点	129
アミノスルホン酸	129
アミロース	119
アミン	56, 80, 82, 242
アラキドン酸	145
アラニン	169, 182, 242
アリール基	63, 155
アリル基	150
RNA	137
アルカリ金属	11, 194
アルカリ土類金属	11, 194
アルカロイド	87
アルカン	30, 40, 56, 235, 248
アルキル化	161
アルキル基	37, 56
——の示性式による表し方	39
——の略記形	249
アルキン	150, 238
アルケン	63, 143, 146, 238
アルコキシド	95
アルコール	58, 89, 90, 239, 241
——の異性体	92
——の合成法	95
——の IUPAC 命名法	90
——の酸性度	95
アルデヒド	59, 60, 108, 110, 239, 241

アルデヒド脱水素酵素	117
アルデヒド糖	118
アルドース	118, 176
アルドステロン	120, 174
アルドール反応	120
α-1,4 結合	118
α-ケト酸	126, 177, 182
アレーン	155
安息香酸	244
アントシアニン	157
アントラセン	161
アンモニア	56, 82, 230, 233
——の沸点	84
アンモニア分子	227
アンモニウムイオン	85

い

イオン	
——のサイズ	197
——の水和	85
——の電子式	204
イオン化エネルギー	194
イオン結合	208
イコサノイド → エイコサノイド	
イコサペンタエン酸	122, 146
いす形	49, 235
位相	222
イソクエン酸	179
イソプレノイド	172
イソプレン	172, 174
一電子結合	210
一酸化炭素	43
EPA	122, 146
イミダゾール	245
イミン	114, 119
インドール	163, 245

う

右旋性	243
右旋性物質	170
内側の電荷（有効核電荷）	196
ウラシル	164

え

エイコサノイド	145
AMP	137, 164
エクアトリアル equatorial	118, 236
エクリプスド	246
s 軌道	199, 214, 217
SDS	138
エステル	59, 61〜63上, 108, 132〜138, 181
エステル化反応	177, 179
エステルコレステロール	136

エストラジオール	100, 120, 174
sp 混成軌道	228
sp^2 混成軌道	227
sp^3 混成軌道	227
エタノール	58, 239, 241, 248
エタン	234, 248
エタン二酸	126
エチルアミン	241
エチレン	63, 227, 238
エチレングリコール	98
エチン	149
ADP	137, 164
エーテル	58, 96, 100, 239
エテン	143, 227
NADH	137, 166, 186
NAD$^+$	166
n-3(6)系	145
エノール	177
エノールピルビン酸	177
エノン	181
エピネフリン	175
FADH$_2$, FAD	137, 178, 180
エマルション	128
LCAO–MO 法	221
エンジオール	150

お

オキサロ	132
オキサロコハク酸	179
オキサロ酢酸	126, 177, 178, 180
オキソニウムイオン	231
オクテット則	202, 209
オゾン層	72
オゾン分解	149
オルト	156, 245
オルニチン回路	182
オレイン酸	145

か

解糖	176
界面活性剤	127, 136
化学結合	208, 226
核酸塩基	163
化合物群の表	53
化合物の名称	55
加水分解反応	179
価数	197
カテキン	157
カテコール	157
カテコールアミン	157, 175
価電子	192, 195, 203
Cannizzaro 反応	120
カフェイン	87
カフェ酸	171

過マンガン酸カリウム　149，159
カルボキシ基　61，122，241
カルボニル化合物　110
カルボニル基　59
　——の立ち上がり　115
カルボン酸　59，61，108，241
　——のエステル　132
　——の性質・命名法　122
カロテン　147
環式炭化水素　235
干渉　223
乾性油　147
官能基　29，54
γ-ヒドロキシ酪酸　126
慣用名　56

き

幾何異性体　144，237
貴（稀・希）ガス　11，194
ギ酸　111，123，240
キシレン　156
軌道　215，220
　——の重なり　213
逆性せっけん　86
求核的置換反応　76
求核的付加反応　113
鏡像体　168，243
鏡像異性体　168，242，243
共鳴　125，148
共鳴エネルギー　125，229
共鳴構造式　160
　カルボン酸の——　125
共役二重結合　147
共有結合　70，208，209，221
共有電子対　208，214
極限構造　148
極性　84
極性分子　70
金属結合　213

く

グアニン　164
クエン酸　55，122，126，177
クエン酸回路　126，177，178
グリココール酸　175
グリコシド　118
グリコシド結合　137，164
クリサンテミン　55
グリシン　131
グリセリン　98，127
グリセリンエステル　127
グリセリン酸　176
グリセルアルデヒド　119，121，
　　　　　　　　169，176
Grignard 反応　120
グルコース　118，176，236
グルタミン　172，183
グルタミン酸　172
グルタミン酸ナトリウム　243
o-クレゾール　157
黒豆色素　55

クロロホルム　72
クーロンの法則　194

け

形式電荷　213
結合性軌道　221，223
結合性分子軌道　209
ケト-エノール互変異性　150，177
ケトース　118，176
ケトン　59，60，108，
　　　　112，181，241
ケトン基　60，112
ケトン体　117
ケトン糖　118
けん化　100，127，136
　——価　100
原子　190
　——のサイズ　197
　——の電子配置　191
　——の同位体　191
　——の同心円モデル　191
原子価　14，213，230
原子核・電子間距離　198
原子番号　12，190
原子量　12，190
元素　190
　——の周期性　197

こ

光学異性体　168，243
光学活性物質　170
香気性物質　171
構造異性体　233
構造式　19，20，232
CoA（補酸素 A）　137，178
ゴーシュ　246
5 炭糖　119
コハク酸　126，179
コーヒー酸　171
孤立電子対　86
コリン　86，138
コール酸　100，128，174，175
コレステロール　136，173，174
コレステロールエステル　136

さ

最外殻電子　192，195，203
細胞膜　138，238
酢酸　55，59，61，111，
　　122，123，240，241，248
酢酸エチル　61，63，133，241
酢酸メチル　133
左旋性物質　170
サリチル酸メチル　158
三価アルコール　98
酸化還元反応　114，117
酸化酵素　117
酸化数　197
酸化反応　94，149，177，
　　　　179，180，181
三重結合　22，30

3 炭糖　169
三電子結合　210
酸無水物　139

し

シアノヒドリン　113
ジエチルエーテル　58，101，102
ジカルボン酸　126
脂環式飽和炭化水素　48
式量　17
軸方向　118，236
σ 結合　33，224
シクロアルカン　48
シクロアルケン　149
シクロヘキサン　48，235，243，246
シクロヘキサン環　158
1,2-ジクロロエチレン　144
ジクロロメタン　71
1,2-ジクロロエタン　71
脂質の代謝　180
シス　144，237
シス・トランス異性体　144，237
システイン　172，183
ジスルフィド結合　172
質量数　190
シトシン　164
CPK モデル　232
ジヒドロキシアセトン　119，
　　　　　　　　121，176
2,3-ジヒドロキシブタン二酸　126
脂肪酸　35，122
示性式　17，29
（ジメチル）アミン　241
ジメチルエーテル　72，101，239
N, N-ジメチルホルムアミド　131
周期表　249
重合　142，147
シュウ酸　126
獣脂　238
臭素　159
縮合　103，114，133
酒石酸　126
硝酸エステル　132
蒸発　84，91
植物油　238
親水基　127
親水性　127
親電子置換　159
親電子的付加反応　113，149，159

す

水酸基　58
水素結合　84，164，231
水素付加（添加）　34
数詞　35，249
スクシニル CoA　179
スチレン　155
ステアリン酸　145
ステロイド　173
ステロイド骨格　174
スフィンゴシン　138

索引 255

す
スフィンゴミエリン 138
スルホン化 161

せ
赤道方向 118, 236
セルロース 118
セロトニン 163
遷移元素 11
旋光性 169

そ
双極子相互作用 115
双性イオン 129
疎水基 127
疎水性アミノ酸 157
疎水性相互作用 128
存在確率 215, 217

た
第一級アミン 82, 87, 242
第一級アルコール 92
第三級アミン 82, 87, 242
第三級アルコール 93, 95
対掌体 168, 243
第二級アミン 82, 87, 242
第二級アルコール 93, 94
ダイヤモンド 246
第四級アルキルアンモニウムイオン 86
第四級アンモニウムイオン 86
タウリン 129
タウロコール酸 129, 175
多価アルコール 96, 98
多価不飽和脂肪酸 122, 145
多環式芳香族化合物 161
脱水 94
脱水縮合 132
脱水素 94, 177, 181
脱炭酸反応 179
脱離反応 77, 103, 177
炭化水素 233
胆汁酸 100, 128, 173, 174

ち
チオアルコール（チオール）
　　　　　　　172, 177
チオエーテル 172
チオエステル 177
チオフェン 245
チミン 164
中性脂肪 61, 100, 134
チロキシン 76, 103, 175, 176
チロシン 157

て
DHA 122, 146
DNA 137
d 軌道 200
定常波 216
Diels–Alder 反応 120
デオキシリボース 137
テストステロン 120, 174

テトラ
テトラアルキルアンモニウム 86
テルペン・テルペノイド 172
テレフタル酸 134
電気陰性度 70, 84, 197
電子 214
　　——の非局在化 148
電子雲 217
電子式 202
電子親和力 194, 195
電子スピン 200
電子対 203
電子対共有結合 70
電子密度 217, 220
デンプン 118

と
糖 242
　　——の代謝 176
同位体 14, 190
同心円モデルの修正 198
同族元素 10, 11
等電点 129
トコキノン 173
ドコサヘキサエン酸 122, 146
トコフェロール 103, 173
ドデシル硫酸ナトリウム 138
ドーパミン 157
トランス 144, 237, 246
トリアシルグリセロール 127, 135
トリエチルアンモニウムイオン 86
トリオース 119, 169
トリカルボン酸回路 126
トリグリセリド 100, 134
トリクロロエタン 71
トリクロロエチレン 72
トリクロロメタン 71
トリハロメタン 74
トリプトファン 163
（トリメチル）アミン 57, 86, 242
N,N,N-トリメチルエタノール
　アミン 138
トルエン 155, 244
トレオニン 171

な
ナイアシン 162
内殻電子 193, 195
ナトリウムエチラート 95
ナトリウムエトキシド 95
ナフタレン 63, 161, 244
波の干渉 215, 222

に
二価アルコール 98
ニコチン 87
ニコチン酸 162
二重結合 22, 30, 63, 237
ニトロ化 161
ニトログリセリン 99, 135
ニトロソアミン 87
ニトロベンゼン 155, 244

乳
乳化 128
乳酸 122, 126, 169
2-オキソ酸 126, 177, 182
2-オキソグルタル酸 179
尿素回路 182

ぬ
ヌクレオシド 164
ヌクレオチド 137, 163, 164

は
配位共有結合 85, 210, 212
π 結合 33, 224
　　——の分極 115
π 電子系の分子軌道 228
ハース式 119
八隅則 202, 209
パッカード式 119
パッチテスト 117
波動関数 215, 217
波動力学 208
バニリン 171
パラ 156, 245
パルミチン酸 134
ハロアルカン 56, 66, 68
　　——の性質 69
　　——の反応 76
　　——の用途 71
ハロゲン化 161
ハロゲン化アシル 138
ハロゲン化アルキル 66
ハロゲン元素 11, 194
半乾性油 147
反結合性軌道 221, 223
反結合性分子軌道 209
パントテン酸 176

ひ
p 軌道 200, 214, 219
非共有電子対 85, 86, 211, 214
非局在化 125, 228
非局在化エネルギー 125, 229
ヒスチジン 163
ビタミン 172
ビタミン A 173
ビタミン B$_6$ 162
ビタミン B$_{12}$ 163
ビタミン C 100
ビタミン D 175
ビタミン E 103, 173
必須脂肪酸 145
非定常波 216
ヒドロキシ基 58
ヒドロキシ酸 126
2-ヒドロキシブタン二酸 126
ヒドロキシ酪酸 117, 121, 126
ビニル基 150
PUFA 145
表面張力 128
ピラノース 245
ピラノース環 49, 236

ピラン	245
ピリジン	162, 245
ピリドキサミン	162, 166
ピリドキサール	162, 166
ピリドキシン	162, 166
ピリミジン	245
ピリミジン塩基	164
ピルビン酸	126, 177
ピロカテコール	157
ピロガロール	157
ピロール	162, 245

ふ

フェナントレン	161
フェニル	63
フェニルアラニン	157
フェニル基	155
フェニルケトン尿症	157
フェニルピルビン酸	157
フェノール	63, 155, 244
不確定性原理	208, 215
付加重合	149
不活性ガス	194
付加反応	33, 34, 63, 113, 149, 177, 181
光・触媒による――	159
不乾性油	147
副殻	198
複素環式芳香族化合物	162
不斉	168
不斉炭素	169
ブタジエン	143
1,3-ブタジエン	147, 228
ブタン	233
ブタン酸	117, 121
ブタン二酸	126
不対電子	203, 209, 210
沸点	84
沸騰	91
ブテン	238
舟形	49, 235
不飽和炭化水素	30, 237
フマル酸	144, 180
フラノース	118, 245
フラバノノール	103
フラン	245
プリン	245
プリン塩基	164
フルクトース	118
プロスタグランジン	146
プロトン付加	103
プロパノール	239, 241
プロパノン	113
プロパン	143, 234
プロビタミン A	173
プロビタミン D	175
プロピルアミン	242
プロピレン	238
プロピレングリコール	100
プロペン	238
フロンガス	72

分岐炭化水素	45
分極	84
分散力	70, 75
分子軌道法	221
分子構造	226
分子式	17
分子模型	230
分子量	17

へ

閉殻構造	193, 194
ヘキサン	235
ヘキソース	119
β-1,4 結合	118
β 位の酸化	181
β-カロテン	172
β 酸化	180
β-ヒドロキシ酪酸	117, 121
ペプチド結合	130
ヘミアセタール	114, 118
ヘミケタール	118
ヘム	44
偏光	169, 170
ベンジル基	155
ベンズアルデヒド	155
ベンゼン	48, 63, 154, 229
――の構造式：共鳴	159
ベンゼン環	158
ベンゼン分子	243
ペンタン	235
ペントース	119

ほ

ボイル・シャルルの法則	43
芳香族アミノ酸	157
芳香族炭化水素	63, 154, 243
芳香族の性質	158
飽和炭化水素	30, 35, 36, 235
補酵素 A（CoA）	137, 178
ホスファチジルコリン	86, 138
ポリエステル	134
ポリエーテル	103
ポリフェノール	156
ポリペプチド	130
ホルマリン	116
ホルムアミド	131
ホルムアルデヒド	60, 111, 240
ホルモン	172

ま

豆細工モデル	232
Markownikoff の規則	149
マレイン酸	144

み

水	230, 233
水分子	226
ミセル	127, 128

む

無機酸	132

無極性分子	70

め

命名の手順	45
メシチレン	156
メタ	156, 245
メタノール	239
メタン	230, 232
メタン分子	227
メチオニン	172, 183
メチルアミン	57, 241
メラトニン	163

ゆ

有機酸	61, 132
有効性電荷	196
油脂のヨウ素価	147

よ

葉酸	176
ヨウ素価	147
ヨードホルム	72
ヨードホルム反応	120

ら

酪酸	122
ラジカル反応	35

り

リコペン	172
リシン	172
立体構造式	232
立体配座異性体	235, 245
リノール酸	145
リノレン酸	145
リボース	137, 164
量子	207
量子力学	208
量子論の考え方	207
両親媒性	136
両親媒性物質	127
リンゴ酸	122, 126, 180
リン酸エステル	132, 137
リン脂質	137

る

ルイス記号	202

れ

レシチン	138
レチナール	173, 184
レチノイン酸	184
レチノール	173, 184

ろ

ロイシン	171
ろう	134
6 炭糖	119
ロンドン力	75
ローンペア	86

著者のたわごと　　本書は有機化学の必要最低限の基礎・狭い範囲を・深く・やさしく学ぶことを目的としている初歩的なテキストである．ところで，高校の旧課程の教科書で化学 IB に比べて初歩的であると考えられている化学 IA は著者の考えでは化学 IB より余程ハイレベルである．IA を本当に理解しようと思えば IB の何倍も大変である．より深く丁寧に学ぶのが IB なら，IA は浅く広くである．浅く広く学んで何が残るだろうか・何が理解できるだろうか．今日，教育界で強調されている考える力・生きる力を養う教育，従来の知識伝承型の教育ではなく，学生の自主的に思考する能力を育成する課題探求型の教育になるのだろうか．広く浅くは目を向けるのには悪くはないが，深く学ばなければ理解するのは難しいし，理解できなければ興味がわくはずがない．知的好奇心は新しい見方・考え方を学ぶ中で育まれる．丸暗記ではなく，なぜかが理解できた時・できなかったことが自分でできるようになった時の学生のすがすがしい表情を皆に知って欲しいと切に思う．これは，学ぶ内容が専門であるとか，専門基礎であるとかいったことには無関係である．おそらくは人間の本性としての知的好奇心の発露であると信じる．初歩的な本が目指すべきことは，その分野の必要最低限の基礎を深く学ぶ，深く狭く・ただしやさしく，ではなかろうか．深く学んだ基礎・身についた基礎・体験に基づいた地に足の着いた知識・考え方・方法論こそ考える力・生きる力・独創力の泉源であるはずである．根っこが張ってない知識・勉強は砂上の楼閣，全くの徒労である．独創も無からは生じない．「理科教育の危機」は案外，教え方・教科書にもその原因があるのではなかろうか．近年，ゆとり教育の反動で，高校の化学基礎と化学の教科書が分厚くなったが，説明が米国式に詳しくなったわけではなく，学習項目が増えたためである．深く広くでは，生徒が消化不良になり，ますます化学嫌いが増えるのではと危惧される．

立屋敷　哲（理学博士）
女子栄養大学名誉教授

1949 年　福岡県大牟田市 生
1973 年　名古屋大学大学院理学研究科修士課程 修了
研究分野：無機錯体化学，無機光化学，無機溶液化学

生命科学，食品・栄養学，化学を学ぶための
有機化学 基礎の基礎　第 3 版

令和 元 年 9 月 20 日発　　　行
令和 4 年 2 月 25 日第 3 刷発行

著作者　　立 屋 敷　　哲

発行者　　池 田 和 博

発行所　　丸善出版株式会社
〒101-0051 東京都千代田区神田神保町二丁目17番
編集：電話(03)3512-3261／FAX(03)3512-3272
営業：電話(03)3512-3256／FAX(03)3512-3270
https://www.maruzen-publishing.co.jp

© SATOSHI TACHIYASHIKI, 2019

組版印刷・製本／藤原印刷株式会社

ISBN　978-4-621-30415-0　C 3043　　　　　Printed in Japan

本書の無断複写は著作権法上での例外を除き禁じられています．

周期表・元素名，基本的な分子の構造式・官能基，数詞，アルカン・アルキル基の名称と化学式
(教科書 p.9, 31)　　(豆テスト1の答，問題は p.251)

1. 元素の周期表（元素記号・元素名・族名・必須元素）
   （　水素　）　　　　　　　　　　　　　　　　　　　　　　　　　　　　　　　（ヘリウム）
   （リチウム）（ベリリウム）（　ホウ素　）（炭素）（窒素）（酸素）（フッ素）（ネオン）
   （ナトリウム）（マグネシウム）（アルミニウム）（ケイ素）（リン）（硫黄）（　塩素　）（アルゴン）
   （カリウム）（カルシウム）＊　　　　　　　　　　　　　　　　　　（セレン）（　臭素　）［ 貴ガス ］
   ［アルカリ金属］［アルカリ土類金属］　　　　　　　　　　　　　　　　　　　　（ヨウ素）
   　　　　　　　　　　　　　　　　　　　　　　　　　　　　　　　　　　　　　［ハロゲン］

   ＊のあとに続く元素：Sc, Ti, V, Cr（クロム），Mn（マンガン），Fe（鉄），Co（コバルト），Ni（ニッケル），Cu（銅），Zn（亜鉛）；第五周期元素で第四周期 Cr の下の元素 Mo（モリブデン）

2. 基本的な分子の構造式（示性式ではない：例：水 H_2O の構造式は H–O–H）とこれらの分子中の官能基（グループ，○で囲んだ部分）と官能基名．

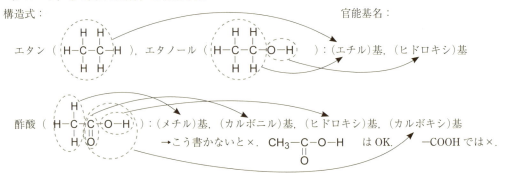

3. (1) 身のまわりの飽和炭化水素：気体・液体・固体，それぞれ 2, 2, 1 種類

	気体	気体	液体（混合物）	液体（混合物）	固体（混合物？）
	（メタン）	（プロパン）	（ガソリン）	（灯油, 石油）	（ろうそく）

(2)

	数詞	炭素数	分子式	名称	アルキル基，R– = C_nH_{2n+1}–		
					名称	略号	化学式
1.	（モノ）	C_1	（CH_4）	（メタン）	（メチル基）	(Me–)	(CH_3–)　　–CH_3, H_3C–
2.	（ジ）	C_2	(C_2H_6)	（エタン）	（エチル基）	(Et–)	(C_2H_5–, CH_3CH_2–), –C_2H_5, H_5C_2–, –CH_2CH_3
3.	（トリ）	C_3	(C_3H_8)	（プロパン）	（プロピル基）	(Pr–)	(C_3H_7–, $CH_3CH_2CH_2$–), –C_3H_7, H_7C_3–, –$CH_2CH_2CH_3$
4.	（テトラ）	C_4	(C_4H_{10})	（ブタン）	（ブチル基）	(Bu–)	(C_4H_9–, $CH_3CH_2CH_2CH_2$–), –C_4H_9, H_9C_4–, –$CH_2CH_2CH_2CH_3$
5.	（ペンタ）	C_5	(C_5H_{12})	（ペンタン）	－ － － －	－ －	－ － － －
6.	（ヘキサ）	C_6	(C_6H_{14})	（ヘキサン）	－ － － －	－ －	－ － － －
7.	（ヘプタ）						
8.	（オクタ）						
9.	（ノナ）						
10.	（デカ）						